松辽盆地及外围上古生界油气资源战略选区研究丛书

延吉残留断陷盆地
油气地质特点及勘探潜力

张吉光　金成志　金银姬　著

科学出版社

北　京

内 容 简 介

　　本书系统论述了小型残留断陷型盆地——延吉盆地的地层、构造特征、层序地层与沉积相、烃源岩、储盖层特征和成藏条件、油气分布规律，提出先拉张后挤压、次生孔隙带等论点，用已有资料分析总结了小盆地的地质特点与油气聚集规律，对丰富和发展残留型盆地油气成藏理论有一定的学术意义，对进一步勘探开发延吉盆地油气资源具有现实的指导意义，对调查勘探类似小盆地具有一定的借鉴意义。

　　本书可供盆地研究人员、广大石油地质工作者和大专院校石油地质专业的师生参考。

图书在版编目（CIP）数据

延吉残留断陷盆地油气地质特点及勘探潜力 / 张吉光，金成志，金银姬著.
—北京：科学出版社，2014.11
　（松辽盆地及外围上古生界油气资源战略选区研究丛书）
　ISBN 978-7-03-042137-1

　Ⅰ.①延…　Ⅱ.①张…②金…③金…　Ⅲ.①断陷盆地–石油天然气地质–研究–延边朝鲜族自治州②断陷盆地–油气勘探–研究–延边朝鲜族自治州　Ⅳ.①P618.13

中国版本图书馆 CIP 数据核字（2014）第 234441 号

责任编辑：王　运　韩　鹏 / 责任校对：韩　杨
责任印制：肖　兴 / 封面设计：华路天然

科 学 出 版 社 出版
北京东黄城根北街 16 号
邮政编码：100717
http://www.sciencep.com
中国科学院印刷厂 印刷
科学出版社发行　各地新华书店经销
*
2014 年 11 月第　一　版　　开本：787×1092　1/16
2014 年 11 月第一次印刷　　印张：19 1/4
字数：456 000

定价：158.00 元
（如有印装质量问题，我社负责调换）

前　言

延吉盆地位于吉林省东部、长白山脉北麓。地势北高南低，平均海拔150m，地形为丘陵状起伏，中间平坦开阔，四面环山。盆地东西宽约50km，南北长55km，总面积1670km²，是我国陆上面积较小的沉积盆地之一。地处中、俄、朝三国交界地带，靠近日本海，被誉为"东北亚黄金大三角"。

境内河流均属图们江支流，主要有布尔哈通河、海兰江、朝阳河和烟集河。地理坐标为东经129°14′~129°46′，北纬42°32′~43°04′。属中温带半湿润气候区。春季干燥多风，夏季温热多雨，秋季凉爽少雨，冬季漫长寒冷，年平均气温5.8℃，7月最热，平均气温为21.2℃，1月最冷，平均气温为−13.4℃，年极端最高气温为37.1℃，极端最低气温为−34.8℃。全年无霜期146天，平均日照2294小时，年均降水量583mm，结冰日平均达175天左右。

行政区划分属吉林省东部延边朝鲜族自治州延吉市、龙井市、和龙市境内。与朝鲜咸镜北道会宁市、稳城郡隔图们江相望。有汉、朝、满、回等12个民族，其中朝鲜族人口占总人口的65.8%，是中国境内朝鲜族最集中的地区。目前已形成公路、铁路、航空纵横交错的交通运输体系。以两条国道、三条省道为主干线的公路网遍及全区，为延边地区经济的发展提供了良好的基础条件。

延吉盆地区内土质主要为灰棕壤土、冲积土和黑土等，矿产资源种类多样。现已发现煤、铅、锌、金、镉、铁、钼、硅灰石、石灰石、辉绿岩、矿泉水等30多种矿产资源。有900余种经济植物和数十种珍贵野生动物。盛产苹果梨、人参、鹿茸、烟叶及各种山野菜。种植和养殖资源主要有水稻、玉米、大豆、蔬菜、家畜、家禽、参茸及熊胆等，是中国苹果梨、红晒烟、黄牛、细毛羊出产基地。

延吉盆地油气勘探始于1986年。先后投入一定的工作量，包括二维地震2287.2km、三维地震58.3km²，探井21口、进尺32185.175m，地质浅井10口、进尺9623.9m，试油16口井60层，压裂6口井24层。在盆地南部找到一小气田，提交天然气探明储量3.00×10⁸m³。有2口井获低产工业油流，陆续开展过相关研究工作。但受资料所限，尚未开展过系统研究。并有观点认为，延吉盆地断层发育，形成的油气已经散失，油气勘探前景差，因而暂停了油气勘探工作。

为了给我国东北亚长、吉、图经济战略开发区和延边朝鲜族自治州的国民经济发展中长期开发规划提供科学依据及能源支持，由全国油气资源战略选区调查与评价专项"松辽盆地及外围上古生界油气资源战略选区"项目下达开展新一轮工作，工作周期为2010年1月~2012年12月，共3年，旨在原有认识的基础上，系统研究延吉盆地基础石油地质条件及资源勘探前景，揭示油气成藏条件及分布规律，探索小型含油气盆地的油气成藏规律和勘探思路与方法，试图为同类型盆地油气富集规律的认识提供借鉴。

全书共分八章。第一章简要回顾研究区勘探成果、历程和程度，提出勘探程度仍较低的看法。第二章简述研究区地层序列及调整原因，方便后续研究与部署。第三章从延吉盆地所处大地构造位置入手，探讨盆地伸展构造、挤压褶皱系统、构造演化等特征，提出盆地既邻近吉黑褶皱系和中朝准地台两个大地构造单元的接壤处，又处于吉黑褶皱系内吉林优地槽褶皱带和延边优地槽褶皱带衔接处的特殊大地构造位置。确认延吉盆地是后期改造较强烈的箕状断陷组合；早白垩世早期形成伸展断裂系统，晚白垩世末期形成较强烈的挤压褶皱构造，形成两凹、一凸、一斜坡格局。经历初始张裂、伸展扩张、缓慢沉降、回返剥蚀改造等四个构造演化阶段。第四章根据地质、地震资料，应用层序地层学方法综合确定延吉盆地发育 11 个二级层序。认为铜佛寺组主要受东西两侧物源控制，形成具有三个沉积中心的湖泊体系，铜佛寺组属于断陷湖盆的鼎盛阶段。头道组、铜佛寺组和大砬子组分别对应低位体系域（LST）、湖侵体系域（TST）和高位体系域（HST）。第五章经对延吉盆地烃源岩有机地球化学特征进行研究，认为优质烃源岩主要发育在铜佛寺组。盆地面积较小，但优质烃源岩所占比例较大（71%）。与相似盆地类比，油气资源丰度较高。第六章系统研究了砂岩储层的内外在特征。其砂岩储层以长石砂岩和岩屑长石砂岩为主，砂岩物性在低孔低渗背景下，有四个次生孔隙发育带。自生矿物以绿泥石–次生加大石英–浊沸石为特征，处于早成岩阶段 B 期和中成岩阶段 A 期。砂岩溶蚀溶解作用主要发生在铜二、三段。溶蚀、溶解作用和裂缝发育形成了大量次生孔隙，是改善储层物性的主要因素，其中裂缝发育提高了储层约 4% 孔隙度。存在局部好盖层，泥岩高排替压力是主要的微观封闭形式。预测盆地中具有自生自储和正常生储盖两类组合。第七章综合考量了油气成藏的各项条件：延吉盆地轻质、中质和重质原油均有分布。天然气为原油降解气。地层水水型为 $NaHCO_3$ 型，属微咸水。多井发现的原油为同源，均来自于铜佛寺组的烃源岩。发育两期含烃包裹体，第 I 期属淡水流体，均一温度为 80.3℃；第 II 期属于高盐度流体，均一温度平均为 108.17℃。铜佛寺组含油包裹体指数 GOI 较高，平均为 7.55%。延吉盆地主成藏期为大三期或龙井期，其中清茶馆凹陷成藏期较长。已发现的油气藏类型为背斜型（断背斜、披覆背斜）。将延吉盆地划分为朝阳川、清茶馆、德新三个成藏系统。第八章认识到延吉盆地有以下的油气分布规律：初始湖泛面控制了有效烃源的发育层系，而烃源区内形成的凹中隆及周缘为油气的指向区。湖侵背景下明显的水退过程控制了主力储层的分布。最大湖泛面控制了区域盖层的发育。区域逆冲褶皱作用与大规模油气运聚同步。有效烃源岩与输导砂体的配置状况决定了区带含油性的优劣。含油气层位相对集中于铜二、三段。油层不受埋深控制。上气下油，次生气藏与稠油油藏相伴而生。不整合与油气关系密切。

参加本书编写工作的有张吉光、金成志、金银姬等。其中，张吉光编写第一章、第二章、第三章、第六章、第七章、第八章；金成志编写第四章；金银姬编写第五章；最后由张吉光统改定稿。任收麦、乔德武、张兴洲审阅了全稿。邓传伟、刘艳杰、丛培泓等参加研制和图件编制。先后参加该项研究工作的还有王海峰、赵腾飞、常宗元、杨利伟、周庆华、李博、张浩、邓大伟、付晨东、何雪莹、肖丽华、胡玉双、刘为付、李卓、张景军、王开燕、徐舒、海玉珍、王莎莎、王维安、刘文慧、丁桂霞、孟凡晋、魏巍、焦金鹤、胡安文、李春华、关立明等。刘立、孟元林教授给予具体指导。对他们付出的辛勤劳动，在此一并致谢。

在本书写作过程中，得到李廷栋院士、康玉柱院士、高瑞祺教授、张抗教授、龚再升教授、李思田教授、查全衡教授等给予的精心指导，大庆钻探工程公司物探研究院和大庆油田公司勘探开发研究院的相关技术人员、东北石油大学、吉林大学地球科学学院相关老师给予了大力支持，在此表示衷心感谢。

在研究过程中，得到国土资源部油气资源战略研究中心赵先良、张大伟、乔德武、吴裕根、任收麦、姜文利等研究员的悉心关照和具体指导，得到王玉华、王青海教授的指导和帮助，一并予以衷心感谢。

由于时间和水平所限，书中错误和遗漏之处在所难免，敬请专家学者批评指正。

作　者

2013 年 8 月

目　　录

第一章 勘探成果、程度与历程

第一节 勘探概况

延吉盆地位于吉林省东部延边朝鲜族自治州延吉市、龙井市、和龙市境内。地理坐标为东经 129°14′~129°46′，北纬 42°32′~43°04′。盆地东西宽约 50km，南北长 55km，总面积 1670km²。在盆地内共完成二维地震 2287.2km、三维地震 58.3km²，探井 21 口、进尺 32185.175m，地质浅井 10 口、进尺 9623.9m，试油 16 口井 60 层，压裂 6 口井 24 层。共有 4 口井获工业油气流。延 10、延 14 井获工业油流，延 4、延 402 井获工业气流，延参 1 井为低产油流井（图 1.1）。

该盆地的基底为石炭系—二叠系褶皱变质岩或海西晚期花岗岩，共发育 7 套沉积充填序列。各充填序列间均以不整合或假整合为界。除第四系充填序列外，其余 6 个充填序列共划分成 7 个组。自下而上分别为白垩系下统屯田营组（K_1tn）、长财组（K_1c）、头道组（K_1td）、铜佛寺组（K_1t）、大砬子组（K_1dl）、白垩系上统龙井组（K_2l）、古近系始新统—渐新统的珲春组（E_{2-3}h）及覆于其上的古近系或新近系玄武岩。地层最厚可达 3000m，主要分布在箕状断陷中心部位。

第二节 勘探程度及已有认识

一、前人基础地质工作

延边地区的基础地质工作最早始于 20 世纪 30 年代，至今已有近 80 年的历史。

中华人民共和国建立以来，延边地区的地质研究工作进入了崭新的历史时期。曹义纯等于 1953 年对和龙、延吉、汪清一带进行了 1∶50 万的地质调查。1962~1965 年南京地质古生物研究所周志火等赴该盆地考查，并将分布在老头沟—铜佛寺一带，相当于西田彰一所建的龙井统的下部层位建为"铜佛寺组"。自下而上的地层顺序为：屯田营火山岩、长财组煤系、铜佛寺组、龙井组红层、大砬子组砂岩夹油页岩。

1975 年吉林省编表组采用了区调队建立的层序。1978 年长春地质学院张川波将延吉盆地的白垩系自下而上划分为：铜佛寺组（相当于延吉盆地原大砬子组砂砾岩段）、大砬子组、龙井组。前两个组的时代定为早白垩世，后一组定为晚白垩世。1983~1985 年吉林省地质科学研究所及东煤总公司煤田地质局 112 队对延吉盆地侏罗系—白垩系地层进行了划分，均将龙井组置于大砬子组之上，长财组至屯田营组置于侏罗系，1989 年吉林省地质矿产勘查开发局、1991 年安俊义、刘桂年等对该区地层也分别提出

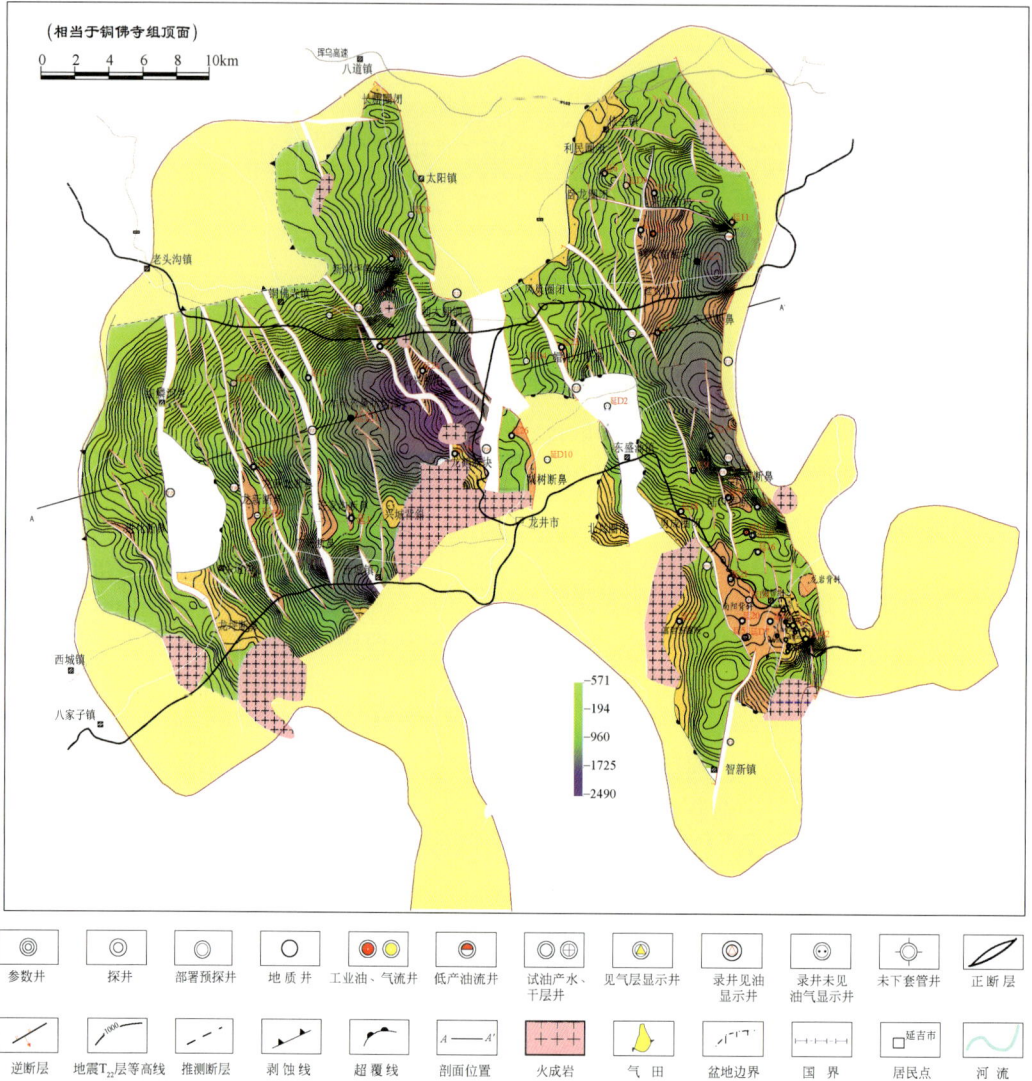

图 1.1　延吉盆地 2012 年勘探成果图

了另外的划分方案。

　　在延吉盆地的地质勘探工作中，地质矿产部及煤田地质局以找矿、找煤为主进行了较多的工作，完成 1：20 万区域地质填图、1：10 万重力法、磁法、电法勘探，在盆地边缘打了 20 多口浅井，确定了延吉盆地是一个位于中朝地台北侧海西期台缘褶皱带和北东向中生代延吉褶皱带接合部位的中新生代叠加断陷盆地，厘清了盆地盖层白垩系和新生界的充填序列。进入 80 年代，特别是 1986 年以来，大庆石油管理局以找油为目的对延吉盆地进行了石油勘探工作，系统地开展了 1：10 万高精度航磁测量、地球化学勘探、大地电磁测深、地震勘探和钻井等，揭露了盆地完整的地层层序，为地层划分与对比提供了重要资料。

二、油气勘探历程

1. 盆地早期评价阶段（1986~1991年）

1986年开始对延吉盆地进行石油勘探，完成的工作主要有1：10万高精度航磁测量（1986年）、1：10万重磁力勘探（仅限于延吉市区内）、地球化学勘探（1986年、1990年）、石油地质调查（1986~1987年）、大地电磁测深（1988年）、地震普查（1988~1989年4km×4.5km、5km×9km测网）。完成航磁测线2624.7km，大地电磁测深35个点，重力点1386个，磁力1419点，化探1084个点。施工地震测线17条，333.1km。钻探参数井1口（1991年）、进尺2533.0m，同时完成三口地质浅井，进尺2870.45m（图1.2）。

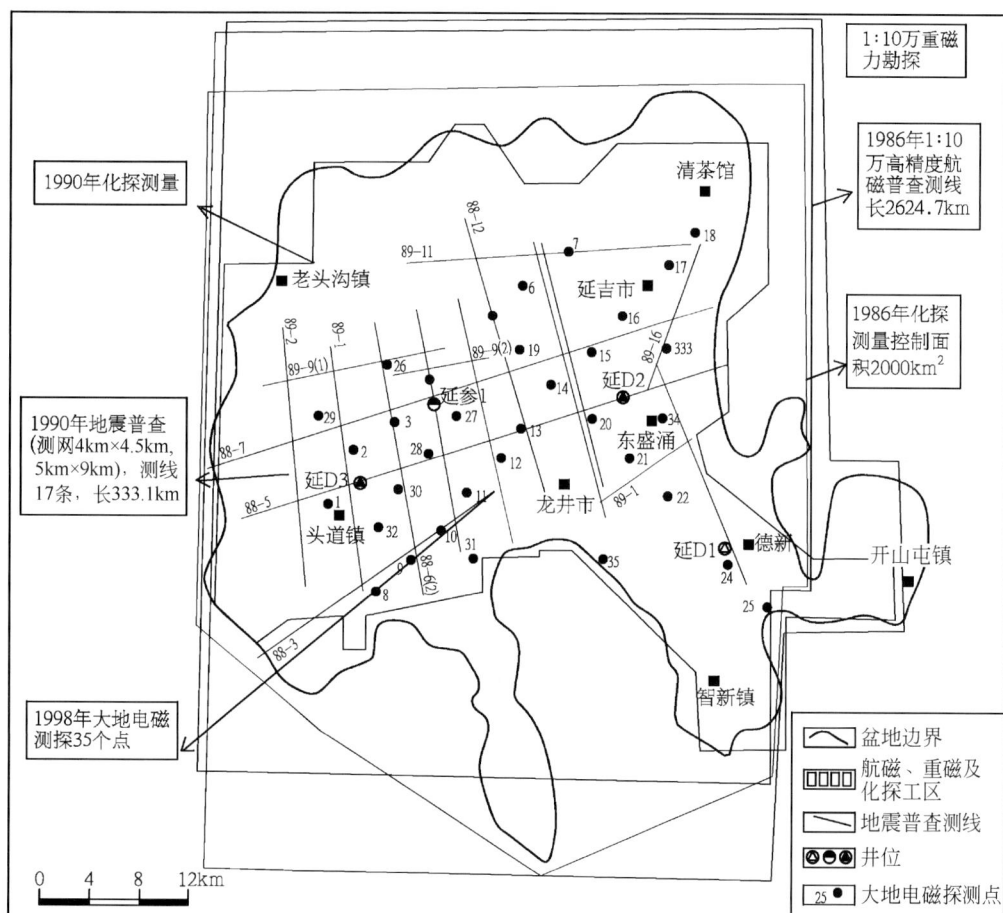

图1.2　延吉盆地1986~1991年勘探程度图

在此期间，大庆石油管理局勘探部1988年委托张之一等开展了区域地层、沉积盖层、基底结构、含油气远景评价等项研究工作，著有《吉林省延吉盆地地质特征及含油气初步评价报告》。提出燕山晚期侵入的安山玢岩、玄武安山玢岩，形成一系列串珠状的孤立山峰。局部安山玢岩的侵入，证明当时热流值较高。在梨花洞发现四处沥青脉等显示。在智新乡东沟地面发现有油砂，层状产出，倾向80°~120°，倾角20°，槽探揭露油层厚1.1m，为棕色油砂，含油均匀饱满，火烧冒黑烟，浓沥青味。

同时，为配合勘探工程实施，1991年外围盆地勘探项目组织了延参1、延D2、延D3等井地层划分对比、生储油条件的初步分析。认为盆地是小型陆缘中新生代裂拗转化型盆地，晚期（龙井组）以后有辉石安山岩喷发活动，形成厚1700m的辉石安山岩。第三系、第四系有二期玄武岩岩浆活动。提出盆地基底为石炭系—二叠系浅变质岩与白岗质花岗岩呈间互条带状分布。有21条较大的基岩断裂。认为主要生油层为大砬子组，地温梯度为33.5~37℃/km，属于较高地温梯度。由于燕山晚期安山岩的侵入，该区地温梯度升高，利于油气形成。远景区在朝阳川、清茶馆、德新三个凹陷，其面积分别为52.5km²、85.3km²、40km²，朝阳川凹陷为最有利勘探区。需要说明的是，当时，将大砬子组下伏地层称为泉水村组，相当于现在的头道组。大砬子组尚未两分为现在的大砬子组和铜佛寺组。可能受资料限制，该阶段除了有张之一等承担的区域地质调查的单项研究外，尚未开展其他的单项地质研究工作。

总之，这一阶段的勘探以盆地早期评价的手段为多，投入航磁、地震、地质井等工作，著有勘探生产总结报告。以钻探延参1井，揭示较厚沉积地层，延D1井发现油砂为标志，对盆地构造格局和基底岩性有了基本了解，初步建立了盆地西部拗陷地层层序，对生储层进行初步评价，确立了两套生储层，提出了三个油气远景区（朝阳川、清茶馆、德新），盆地油气远景资源量为1.04亿t。

2. 断陷及圈闭评价阶段（1992~1994年）

1992~1993年进行了1km×2km测网地震详查，共完成二维地震1954.1km（分为三个工区施工：1992年朝阳川凹陷839.20km、1992年东部拗陷750.95km、1993年延吉北部363.95km）。钻地质浅井3口、进尺2919.05m，参数井1口（1992年）、进尺2932.0m，预探井3口、进尺4295.27m（图1.3）。所取得显著成果是在德新凹陷南阳东构造上的延4井获工业气流（11563m³/d），从而对延吉盆地的勘探获重大突破。同时开展了"延吉盆地地层古生物研究"（张莹等，1992）、"延吉盆地大砬子组沉积特征与油气关系研究"（姚新民等，1992）等课题研究，著有勘探生产总结报告。揭示了盆地东部拗陷地层，探讨了各组地层古生物特征，初步提出盆地沉积特征。

3. 断陷评价、圈闭及油藏评价、气田试采并举阶段（1995~2008年）

期间钻地质浅井4口、进尺3834.45m，预探井12口、进尺15660.9m，评价井2口、进尺2268.0m。其中在清茶馆凹陷兴安南构造上的延10井获工业油流（2.24t/d）。2001年在延10井区完成58.3km²（偏移后满覆盖面积）三维地震（图1.4）。2003~2006年基本未投入勘探实物工作量，工作陷入停滞。2006年，又先后钻探11口开发井，其中6口井获商业气流。2007年12月延4井投入试采，日产气1628m³/d。至2008年9月30日，日产气1463m³/d，累计产气39.3595×10⁴m³。2008年由大庆勘探开

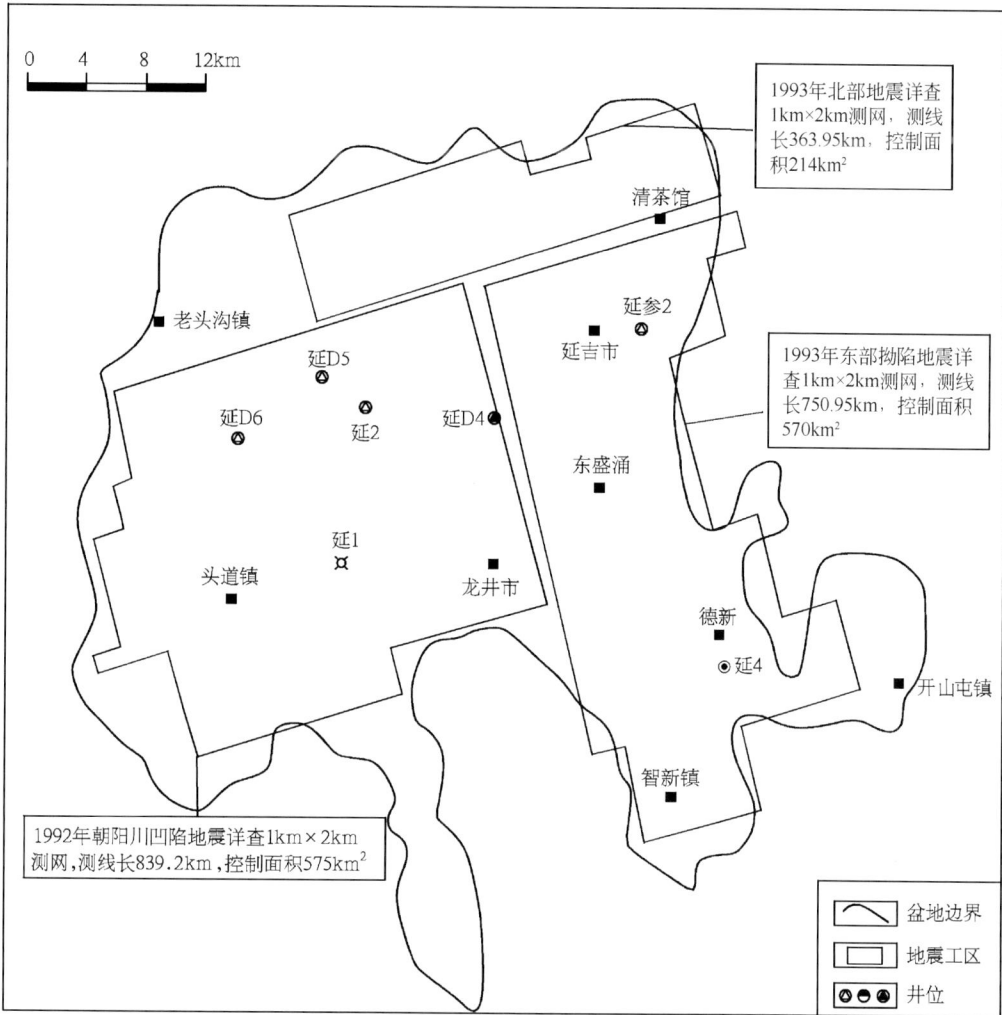

图 1.3　延吉盆地 1992～1994 年勘探程度图

发研究院提交了《延吉盆地龙井气田大砬子组气藏新增天然气探明储量报告》（常中元等）。申报延吉盆地龙井气田新增天然气探明地质储量 $3.00 \times 10^8 \mathrm{m}^3$，探明含气面积 $5.22 \mathrm{km}^2$。含气层位为大砬子组，储层岩性为砂岩。

在此期间，先后完成《延吉盆地石油地质分析》（王世辉等，1995）、《延吉盆地油气地球化学研究》（刘世妍等，1995）、《延吉盆地油气成藏特点及勘探远景》（陈昭年等，2003）等研究报告和勘探生产总结报告。

其中，《延吉盆地石油地质分析》运用已有探井资料开展了烃源岩、储集层、构造解释、沉积相、断层封闭性等多项研究，是当时完成的一份较为综合的研究报告。其提出了铜佛寺组、大砬子组为两套主要生油层，发育深湖相沉积，达到较好生油岩级别，具有较强的生油能力。中孔低渗型储层，铜佛寺组和大砬子组储层岩石类型基本一致，以岩屑长石砂岩为主（约占 70%），其次为长石砂岩（约占 30%）。铜佛寺组和

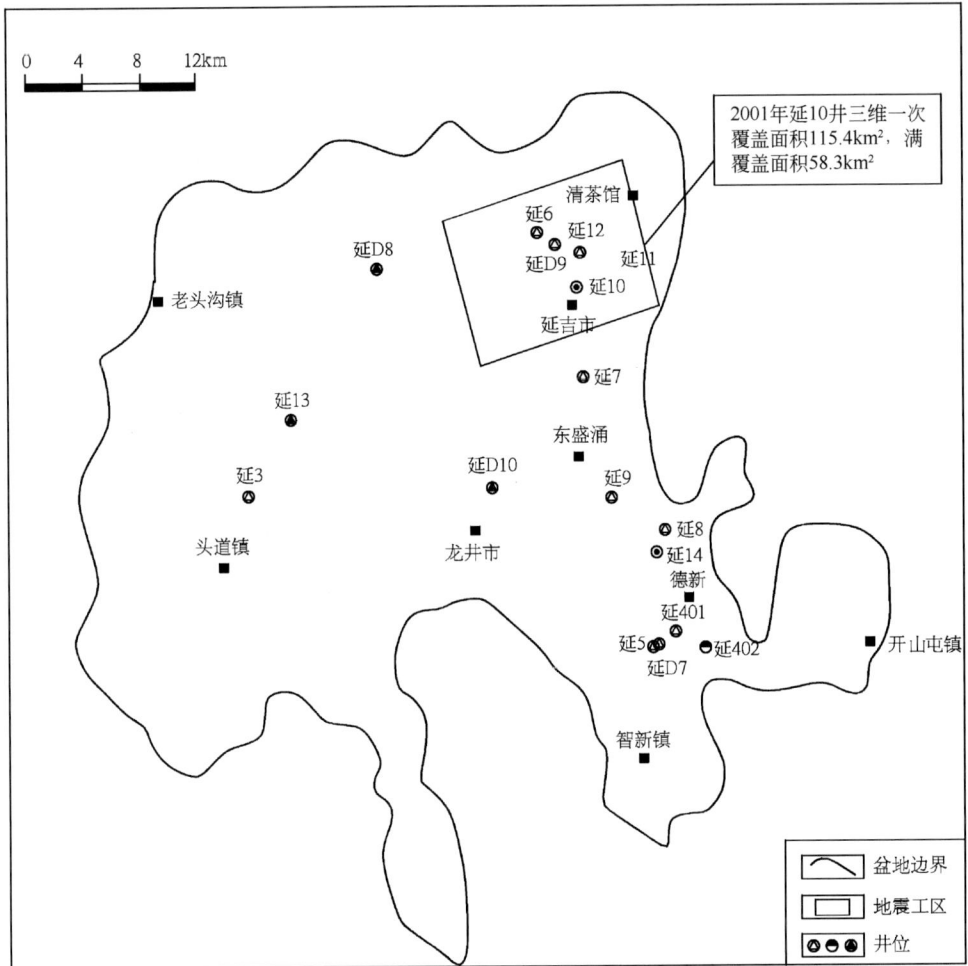

图 1.4 延吉盆地 1995~2008 年勘探程度图

大三段为主要盖层，东部断层封闭性好于西部。划分了 6 个油气运聚系统和两个有利勘探区。同年配套开展了"延吉盆地油气地球化学研究"。

2003 年 11 月，陈昭年等完成《延吉盆地油气成藏特点及勘探远景》报告，对地层对比、延参 2 井层序划分、烃源岩评价、热演化史、油源对比、成藏类型、资源评价等方面均进行了研究，提出石油资源量是 $0.33 \times 10^8 \sim 0.99 \times 10^8$ t。天然气资源量为 $27.11 \times 10^8 \sim 81.32 \times 10^8$ m³。用裂变径迹资料（延参 1 井 8 块样品），进一步确定大砬子末期进入成熟期。这份研究报告的成果相对系统一些。同期，2003 年 9 月，刘文龙等完成的《外围盆地评价优选及勘探部署研究》报告中，关于延吉盆地主要做了构造拼图和重点井含油气主控因素分析，提出东部凹陷的西部断陷带为有利构造带。

2003 年 8 月，李忠权等完成了《大庆探区外围盆地含油气性评价与优选》报告，其中对延吉盆地主要完成了延参 2 井沉积相划分、油源对比、烃源岩评价、储层评价。提出原油来自铜佛寺组，大多埋藏较浅，原油遭受次生降解。

三、油气勘探程度评价

延吉盆地从 1986 年开始油气勘探以来，虽然历时 26 年，时间跨度较大（图 1.5），但其中真正投入工作量相对较多、开展较为系统研究评价的时段，主要是两段。一是延参 1 井获低产油流后至 1995 年，二是 2003 年前。在当时的技术条件下，仍然取得较好的勘探成果。证实盆地有较好的生油潜力，获得了工业油气流的突破（表 1.1），提交了 $3.0 \times 10^8 m^3$ 天然气探明储量。

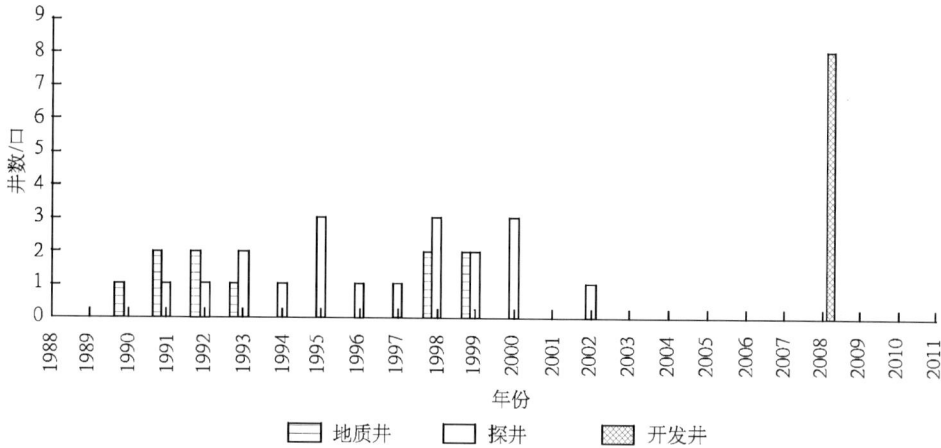

图 1.5 延吉盆地钻探工作量直方图

表 1.1 延吉盆地钻探效果统计表

年份	井号	井数	见油气显示井	工业油气流井	少量油气流井
1990	延 D1	1	延 D1		
1991	延参 1、D2、D3	3	延参 1		延参 1
1992	延参 2、D4、D5	3	延参 2、D5		
1993	延 1、2、D6	3	延 2、D6		
1994	延 4	1	延 4	延 4	
1995	延 9、401、402	3	延 9、401、402	延 402	
1996	延 8	1	延 8		
1997	延 10	1	延 10	延 10	
1998	延 5、7、12、D7、D8	5	延 5、7、12、D7		
1999	延 6、13、D9、D10	4	延 6、D9		
2000	延 3、11、14	3	延 3、11、14	延 14	
2001					
2002	延 15	1	延 15		

年份	井号	井数	见油气显示井	工业油气流井	少量油气流井
2008	延新101、102、103、201、202、203、204、205、206、2-12、1-7	11	延新201、202、203、204、205、206、2-12、1-7	延新202、203、205、2-12	
2012	龙1、2	2	龙1、2		
总计（未含开发井）		31	24	4	1

但也应看到，时过10多年，随着技术进步，延吉盆地的油气勘探工作有许多方面需进一步工作，包括：二维地震资料采集技术落后，分辨率低，应进行三维地震施工，以获取分辨率高、可以深层次解释的地震资料。整个钻探程度还不够，如果按类别进行统计，已有的探井钻探成功率是21.05%，属平均偏下水平。按勘探程度计算（表1.2～表1.4），全盆地拥有地震测线密度为1.37km/km²、探井数0.0114口/km²，勘探程度仍然较低。至于地质井数，虽然达到10口，但由于以了解地层为目的，不作为钻探成功率基数。

虽然在地质研究上取得一定的认识，但尚未系统进行层序地层研究，储层评价及成岩相分析、成藏年代、岩石压裂液配伍性等方面也未进行过研究。可见勘探程度和研究程度都很低。

表1.2 延吉盆地物化探工作量统计表

年份	地区	比例尺或测网	工种	工作量	施工单位
1986	延吉盆地	1:10万	高精度航磁	2624.7km	
1986	延吉市区	1:10万	重磁力	重力1386点 磁力1419点	东方地球物理公司
1986	延吉盆地	普查	地化勘探	388点	大庆油田研究院
1988	延吉盆地中部	概查	大地电磁测深	35点	长春地质学院
1988～1989	延吉盆地中部	4km×4.5km、5km×9km	地震勘探	333.1km	西南石油地质局
1990	延吉盆地	内部1km×1km 边缘2km×4km	地化勘探	控制面积2000km² 696点	大庆油田研究院
1992	朝阳川凹陷	1km×2km	地震勘探	839.2km	华东石油地质局
1992	东部拗陷	1km×2km	地震勘探	750.95km	华东石油地质局
1993	延吉北部	1km×2km	地震勘探	363.95km	大庆物探公司
2001	延10井区	40m×20m面元	三维地震	58.3km²	吉林省煤田地质局

表1.3 沉积盆地勘探程度评价标准表

勘探程度	密度/（口/km²）
低	<0.01
中	0.01～0.1
高	0.1～0.5
成熟	>0.5

表 1.4　延吉盆地勘探程度统计表

构造单元	面积/km^2	探井数/口	密度/(口/km^2)
朝阳川	556	5	0.0010
清茶馆	218	7	0.0321
德新	223	7	0.0314

第二章　地层发育特征

第一节　地层岩性特征

延吉盆地主要发育白垩系，沉积厚度大、生物化石丰富。盆地内也分布有古生界，但缺失三叠系、侏罗系，新生界地层发育较少。地层自下而上为古生界石炭系山秀岭组，二叠系庙岭组、柯岛组、开山屯组，下白垩统屯田营组、长财组、铜佛寺组、大砬子组，上白垩统龙井组，古近系珲春组，新近系土门子组、船底山组。延吉盆地白垩系各组特征简述见图2.1。

一、古　生　界

（一）石　炭　系

该区石炭系分布很少，仅在盆地的东南方向有局部出露。

上石炭统山秀岭组（C_3s）：该组主要由生物灰岩组成，下部为火山凝灰岩，厚度大于571m。该组成倒转层序，与下二叠统庙岭组的接触处有1.5m厚度的风化壳存在，后者的砾石碎屑来源于山秀岭组，二者产状相近，为平行不整合接触。

（二）二　叠　系

二叠系是延吉盆地周围较为发育的沉积岩层之一，在盆地的东、西、南三个方向均有大面积的出露，以下二叠统的柯岛组和庙岭组居多。总的厚度在4200m左右。根据沉积旋回、化石组合和地层接触关系，将其分为下统的庙岭组、柯岛组和上统的开山屯组，各组间均为平行不整合接触。

1. 庙岭组（P_1m）

分布于盆地西侧的北塘沟、西新屯、璋项村一带以及盆地南侧的上胜地和山秀岭周围地区。总厚度1614~1268m。下部为含钙凝灰质砾岩与含砾砂岩互层夹钙质砂岩组成的粗碎屑沉积。产海百合茎及腕足类化石，厚666m，与下伏的山秀岭组呈平行不整合接触，上部为黑色粉砂岩、钙质粉砂岩、凝灰质细砂岩，并夹凝灰岩及结晶灰岩，盛产浅海相动物群，厚度约848~602m。

地层系统			厚度/m	岩性剖面	关键界面	三级旋回	层序	二级沉积旋回	体系域	沉积相
系统	组	段								
新生界			6～21							
上白垩统	龙井组		209～632							河流相
					T₂					
下白垩统	大砬子组	二段	198～702				SQ11		高位体系域	扇三角洲平原相
										扇三角洲前缘相
										滨浅湖相
							SQ10			扇三角洲前缘相
					T₂₁		SQ9			
		一段	141～437				SQ8			半深-深湖相
							SQ7			
					T₂₂		SQ6			扇三角洲前缘相
	铜佛寺组	三段	56～238				SQ5		水进体系域	扇三角洲平原相
										滨浅湖相
		二段	118～196				SQ4			半深-深湖相
							SQ3			
		一段	43～237				SQ2			近岸水下扇相
					T₂₃		SQ1			
	头道组		6～200		T₄				低位域	冲积扇相
	屯田营—长财组		18～565							火山岩相
上古生界										

⫿⫿ 表土	— 泥岩	⋯⋯ 粉砂岩	∘·∘ 砂岩	∘∘ 砂砾岩	∘∘ 砾岩	⊞ 灰岩
+ + 花岗岩	▽△▽ 火山角砾岩	∨∨∨ 安山岩	■ 含油	⧄ 含气		

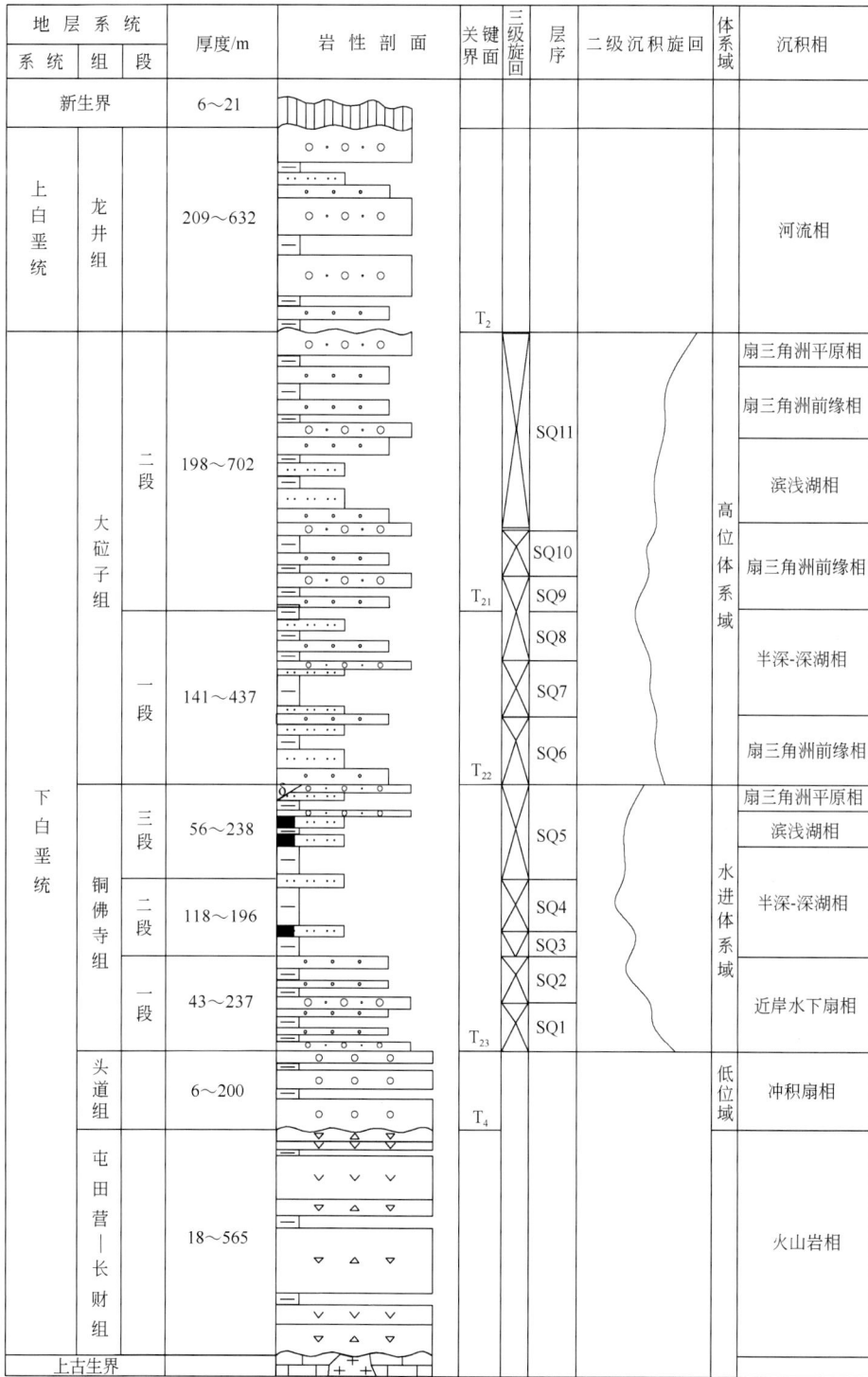

图 2.1　延吉盆地白垩系地层综合柱状图

2. 柯岛组 （P_1k）

该组分布较广，盆地四周皆有出露，以柯岛地区出露最好。总厚度在 2000m 以上。根据沉积相变化和岩性特征可分为上、下两个亚组（张之一和高品文，1989）。

下亚组（$P_{11}k$）：为一套复理石建造的火山喷发–沉积旋回，夹碳酸盐岩透镜体，岩性主要为灰色、灰黑色、灰紫色的凝灰质砾岩、凝灰质砂岩，黑色粉砂岩及凝灰岩，厚度大于 1268m，与下伏庙岭组（P_1m）为平行不整合接触。

上亚组（$P_{12}k$）：具硅质火山岩建造特征，与下亚组整合相伴分布。主要为一套灰绿色、紫色、淡蓝色片理化凝灰质板岩、粉砂岩、火山角砾岩，夹少量凝灰质碎屑岩及熔岩。其间的火山凝灰质成分已发生绢云母化和绿泥石化。厚度可达 1500m。

3. 开山屯组 （P_2k）

该组分布较为局限，主要出露于盆地东侧的白龙村、开山屯一线。该组上部为灰绿色片理化火山角砾岩、凝灰质砂岩夹凝灰质砾岩；下部为片理化凝灰质砾岩、花岗质巨砾岩夹片理化流纹灰岩。厚度可达 2620m。

二、中 生 界

（一）下白垩统屯田营组（K_1tt）

下白垩统屯田营组系吉林省煤田地质局由钧磊、杨学林 1959 年创建，建组地点在延吉盆地北屯田营村南公路旁。主要分布于延吉天宝山、老头沟、八道沟、屯田营、汪清天桥等地。由灰绿色、紫灰色安山岩、安山角砾岩、安山集块岩、凝灰岩和少量安山玄武岩组成，常夹有正常碎屑沉积岩，局部夹流纹质凝灰岩，厚 0～750m，产植物化石，常不整合在古生代地层或海西期花岗岩之上。现将延 6 井屯田营组代表剖面介绍如下（张莹等，1992）：

上覆地层：铜佛寺组

～～～～～～不整合～～～～～～

屯田营组：（735.0～1300.0m）	565.0m
14. 黑、灰黑色泥岩与灰绿色火山角砾岩互层	11.0m
13. 灰绿色安山岩夹灰黑色凝灰质角砾岩、灰绿色凝灰岩	22.5m
12. 灰黑、灰紫色泥岩与灰绿、灰紫色安山岩互层夹灰紫色凝灰质角砾岩	21.5m
11. 灰紫、灰绿色安山岩与灰绿色凝灰岩互层夹灰绿、灰紫色凝灰质角砾岩	57.0m
10. 黑灰色玄武安山岩夹灰绿色凝灰岩	62.5m
9. 中下部紫灰、灰黑色泥岩与灰紫、灰白、灰绿色凝灰质角砾岩	86.5m
8. 灰白色凝灰岩夹灰绿色火山角砾岩、灰白色凝灰质角砾岩、灰黑色泥岩	18.5m
7. 灰紫、灰绿色凝灰岩与凝灰质角砾岩互层	83.5m
6. 灰绿、灰紫色凝灰质角砾岩	45.0m

5. 灰绿色凝灰岩夹凝灰质角砾岩、灰紫色泥岩	30.0m
4. 灰绿色安山岩	45.5m
3. 灰绿色凝灰岩与凝灰质角砾岩互层	23.5m
2. 灰绿色凝灰岩与安山岩互层	34.5m
1. 灰绿、灰紫色凝灰岩与凝灰质角砾岩互层	23.5m

（未见底）

（二）下白垩统长财组（K₁cc）

下白垩统长财组系吉林省煤田地质局由钧磊、杨学林 1959 年创建，建组地点为和龙市长财村。仅在延吉盆地边缘老头沟出露，岩性主要由灰色至深灰色砂岩、粉砂质泥岩夹砾岩组成，含薄煤 2～7 层，煤的厚度变化大，常为透镜状。产植物化石：*Coniopteris onychioides*，*C.* cf. *burejensis*，*Cladophlebis punctata*，*C.* cf. *argutula*，*Arctopteris* sp.，*Ruffordia goepperti*，*Onychiopsis elongata*，*Nilssonia* cf. *orentalis*，*Ginkgoites* cf. *sibircus*，*Phoenicopsis* sp.，*Elatocladus manchurica*，*E.* sp.，*Sphenolepis kurriana*，*Pagiophyllum* cf. *crassifolium*，*Podozamites lanceolatus* 等。厚 0～200m，超覆在下伏屯田营组火山岩之上。现将长财组建组剖面介绍如下：

上覆地层：铜佛寺组

～～～～～不整合～～～～～

长财组（K₁cc）	376.1m
20. 灰、深灰色砂岩	11.6m
19. 煤层	
18. 灰、深灰色中细粒砂岩和砂质泥岩，上部夹三层碳质泥岩及煤线	20.7m
17. 碳质泥岩夹薄煤二层和灰绿色砂岩一层	2.7m
16. 灰黑、浅灰色砂岩，夹煤线	9.6m
15. 煤层夹泥岩	
14. 灰、深灰色中细粒砂岩夹砂质泥岩	26.2m
13. 灰白色砾岩，砾径大于5cm	11.5m
12. 灰色砂岩和灰黑色砂质泥岩	17.6m
11. 煤层夹砂岩，底部碳质泥岩	
10. 灰色砂岩，下部砂质砾岩	2.0m
9. 安山岩	188.5m
8. 浅灰色砂岩夹煤线，下部灰黑色砂质泥岩和页岩	27.8m
7. 煤层，夹灰黑色泥岩和灰色细砂岩	
6. 灰白色砂岩夹砂质泥岩	20.8m
5. 煤层，靠下部夹薄层细砂岩	
4. 灰白色砂岩与砂质泥岩互层	17.7m
3. 煤层，夹砂质泥岩、碳质泥岩和砂岩	
2. 深灰色砂岩夹凝灰质砂岩和含砾砂岩	11.3m
1. 角砾岩	8.1m

~~~~~~不整合~~~~~~

下伏地层：鞍山群；目前在钻井中并未钻遇此套地层

（三）下白垩统头道组（K₁td）

该组系1991年刘桂年、安俊义创建，标准发育地点在盆地西南的和龙市头道镇，广泛分布于盆地内。岩性下部主要为杂色砂岩、砾岩；上部为紫红色含砾泥岩、含砂泥岩、砂岩、砂砾岩。产植物和叶肢介化石，不整合于长财组煤系或煤系基底岩系之上。现将延参1井头道组代表剖面介绍如下：

上覆地层：铜佛寺组

----------平行不整合----------

头道组：（2300.5~2500.0m）	200.0m
3. 灰紫色砾岩	27.0m
2. 紫红色泥岩	5.0m
1. 灰紫色砂砾岩	168.0m

~~~~~~不整合~~~~~~

下伏地层：基岩（花岗岩）

（四）下白垩统铜佛寺组（K₁tf）

下白垩统铜佛寺组系南京地质古生物研究所东北中生队周志炎等建立，层型剖面为老头沟—铜佛寺—朝阳川剖面，其含义指盆地西部位于无争议的龙井组之下直接覆于长财组煤系之上的一整套上千米地层。1987年张川波重新厘定大砬子组及铜佛寺组的涵义，将周志炎等建立的"铜佛寺组"划分成两部分，上段为大砬子组，下段为狭义的"铜佛寺组"，后者的含义仅包括同一剖面合成屯以西至老头沟的一段地层。合成屯以东底部以砾岩、砂岩为主，向上油页岩逐渐增多的岩段，被确认为厘定后的大砬子组。1991年安俊义、刘桂年等将张川波重新厘定后的同一剖面中的"铜佛寺组"划分为大砬子组和头道组，并认为头道组其标准发育地点并不在铜佛寺镇，而在头道镇，故取名"头道组"。由此可见，原铜佛寺组实质上是横跨2~3个构造断块，至少包括两个地层单元的综合地质体，过去因构造重复而又未去伪存真，致使铜佛寺组的总厚度累计达千余米。

铜佛寺组既不同于头道组，也不同于大砬子组，具有独特的岩性组合和生物组合。在凹陷中部以灰黑、黑色泥、页岩、深灰色粉细砂岩为主，底部见少量杂色砂砾岩，在盆地边缘则相变为黄褐色砂砾岩为主，夹少量暗色泥页岩。产丰富的介形类、叶肢介、双壳类、腹足类等化石。为古松柏类花粉–无突肋纹孢组合：①古松柏类花粉含量较高；②被子植物花粉极少；③蕨类植物孢子以无突肋纹孢的含量较高。与下伏头道组为平行不整合接触。现将延参1井铜佛寺组代表剖面介绍如下：

上覆地层：大砬子组

----------平行不整合----------

铜佛寺组：(1657.0～2300.0m) 463.5m

三段 (1657.0～1847.0m)

32. 浅灰色细砂岩夹灰黑色泥岩、杂色砂砾岩 35.5m

31. 灰黑色泥岩、粉砂质泥岩、浅灰色粉砂岩、泥质粉砂岩 13.0m

30. 浅灰色细砂岩为主，中下部夹深灰色泥岩、泥质粉砂岩、粉砂岩、黑灰色粉
砂质泥岩，上部夹灰黑色泥岩、杂色砂砾岩 17.0m

29. 浅灰色粉砂岩与泥岩互层，上部夹灰黑色粉砂质泥岩 18.0m

28. 杂色砂砾岩夹灰黑色泥岩、泥质粉砂岩 3.5m

27. 灰黑色泥岩、浅灰色粉砂岩夹浅灰色细砂岩、泥质粉砂岩、灰黑色粉砂质泥岩，
底部有一层灰黑色钙质粉砂岩 33.0m

26. 灰黑色泥岩与浅灰色粉砂岩互层夹细砂岩、浅灰色泥质粉砂岩、灰黑色粉砂质
泥岩 35.0m

25. 浅灰、棕色粗砂岩、细砂岩、中砂岩 15.0m

24. 灰黑色泥岩、浅灰色细砂岩夹一层泥质粉砂岩 20.0m

————整 合————

二段 (1847.0～2062.5m)

23. 浅灰色细砂岩、泥质粉砂岩、粉砂岩、灰黑色泥岩、粉砂质泥岩，顶部为中
砂岩 14.0m

22. 下部为浅灰色细砂岩夹灰黑色泥岩、粉砂质泥岩，上部为灰黑色泥岩夹浅灰
色中砂岩、粉砂岩、灰黑色粉砂质泥岩 18.5m

21. 灰黑色泥岩、粉砂质泥岩及浅灰色粉砂岩 5.5m

20. 灰黑色泥岩夹粉砂质泥岩、浅灰色粉砂岩、细砂岩 18.5m

19. 灰黑色粉砂质泥岩、浅灰色细砂岩 4.5m

18. 浅灰色泥质粉砂岩、灰黑色泥岩夹浅灰色细砂岩、灰黑色粉砂质泥岩 14.5m

17. 灰黑色泥岩夹浅灰色中砂岩、粉砂岩及灰黑色粉砂质泥岩 17.5m

16. 灰黑色泥岩夹浅灰色粉砂岩、灰黑色粉砂质泥岩 36.0m

15. 浅灰色细砂岩夹灰黑色泥岩、杂色砂砾岩、浅灰色粉砂岩、灰黑色粉砂质泥岩 29.0m

14. 灰黑色泥岩、浅灰色粉砂岩互层夹粉砂质泥岩、泥质粉砂岩 20.0m

13. 灰黑色泥岩夹粉砂质泥岩薄层 19.5m

12. 灰黑色泥岩、浅灰色粉砂岩互层夹细砂岩、粉砂质泥岩 18.5m

————整 合————

一段 (2062.5～2300.0m)

11. 浅灰色粗砂岩、中砂岩、灰黑色泥岩、粉砂质泥岩 18.0m

10. 杂色砂砾岩、灰黑色泥岩 4.0m

9. 灰黑色泥岩与浅灰色细砂岩互层夹泥质粉砂岩、粉砂质泥岩 21.5m

8. 灰黑色泥岩、杂色砂砾岩 7.5m

7. 灰黑色泥岩与灰紫色砾岩互层，中部夹一薄层灰紫色泥质粉砂岩 35.0m

6. 砾岩、粉砂质泥岩、泥质粉砂岩 9.5m

5. 灰紫色砾岩与泥岩互层，下部夹一层粉砂质泥岩薄层 40.0m

4. 中下部为灰紫色砾岩与泥岩互层，上部为紫色泥岩、粉砂质泥岩、泥质粉砂岩 20.5m

3. 灰紫色砾岩夹泥岩、粉砂质泥岩、泥质粉砂岩   23.0m

2. 上部和下部为灰紫色砾岩夹泥岩、粉砂质泥岩，中部为灰紫色泥岩夹粉砂质泥岩、

泥质粉砂岩   38.0m

1. 灰紫色泥岩与粉砂质泥岩互层，下部夹砾岩   20.5m

-----------平行不整合-----------

下伏地层：头道组

（五）下白垩统大砬子组（K_1dl）

原系上床国夫 1937 年命名的大砬子统，1940~1941 年日本人西田彰一在盆地东部智新乡（大砬子）建立标准剖面，1953 年东煤 303 队将其改称大砬子组。本组是盆地由断陷转化的产物，因而在盆地范围内分布广泛，在老头沟、铜佛寺、大砬子、金谷一带出露最佳，在盆地西北部和东南部大面积分布。各钻孔均有揭露，沉积厚度为 230~890m。岩性主要有灰黑色泥岩、页岩、深灰色粉砂质泥岩，泥质粉砂岩，灰白、灰色砂岩组成。见桫椤孢-层环孢组合：①蕨类孢子以桫椤孢、层环孢、无突肋纹孢含量较高；②被子植物花粉以棒纹粉、三沟粉、三孔粉为主；③裸子植物花粉以克拉梭粉和松科花粉为主。与下伏铜佛寺组为整合或平行不整合接触。延参 1 井大砬子组代表剖面如下：

上覆地层：龙井组

～～～～不整合～～～～

大砬子组：（693.5~1657.0m）   584.0m

二段（693.6~1219.5m）

40. 浅灰色泥岩夹紫色细砂岩、粗砂岩、浅灰色泥质粉砂岩   15.4m

39. 杂色砂砾岩与浅灰色泥岩互层，上部夹粉砂岩、泥质粉砂岩   29.5m

38. 浅灰色泥岩为主，上部夹灰紫色细砂岩和浅灰色粉砂质泥岩，中部夹杂色砂砾岩

和紫色细砂岩，下部浅灰色泥质粉砂岩和粉砂质泥岩   28.0m

37. 上部为浅灰、黑灰色泥岩、灰紫色细砂岩、粉砂岩、杂色砂砾岩，中部为浅灰、

紫色泥质粉砂岩、杂色砂砾岩和浅灰色泥岩，下部为浅灰色泥岩夹粉砂岩、杂

色砂砾岩、紫色粉砂质泥岩   31.5m

36. 杂色砂砾岩夹浅灰色泥岩、粉砂质泥岩   17.0m

35. 浅灰色泥岩夹粉砂质泥岩、紫色浅灰色泥质粉砂岩、紫色细砂岩   14.0m

34. 杂色砂砾岩夹浅灰色泥岩、紫色细砂岩、浅灰色粉砂岩   25.5m

33. 杂色砂砾岩与灰黑色泥岩互层，上部夹灰、灰黑色粉砂质泥岩   13.0m

32. 杂色砂砾岩夹灰黑色泥岩   18.0m

31. 灰黑色泥岩夹杂色砂砾岩、紫色细砂岩、灰黑色粉砂质泥岩   13.5m

30. 杂色砂砾岩夹灰黑色泥岩、浅灰、深灰色粉砂质泥岩   40.0m

29. 灰紫、灰黑、浅灰色泥岩夹浅灰色粉砂岩、细砂岩、泥质粉砂岩、粉砂质泥岩、

杂色砂砾岩   45.5m

28. 下部为黑色泥岩夹粉砂质泥岩、灰紫色砂岩和粗砂岩，上部为杂色砂砾岩、灰

黑色泥岩夹粉砂质泥岩、紫色粉砂岩   30.0m

27. 杂色砂砾岩、灰黑色泥岩偶夹紫色粗砂岩　　　　　　　　　　　　　22.5m

26. 上部为紫红色泥岩夹粉砂质泥岩，中部为灰黑、浅灰色泥岩夹浅灰、灰紫色粉
　　砂质泥岩、含砾粉砂质泥岩，下部为灰黑色泥岩夹浅灰色泥质粉砂岩　　18.5m

25. 浅灰色细砂岩、泥岩、杂色砂砾岩和泥质粉砂岩　　　　　　　　　　　10.0m

24. 灰、灰黑色泥岩夹浅灰色粉砂岩，中部夹中砂岩、粗砂岩　　　　　　　28.5m

23. 灰黑色泥岩夹杂色细砂岩、砂砾岩、浅灰色粉砂岩和泥质粉砂岩　　　　15.5m

22. 灰、灰黑色泥岩与杂色砂砾岩互层，中部夹一层浅灰色粉砂岩　　　　　24.0m

21. 杂色砂砾岩、灰黑色泥岩、浅灰色粉砂岩、粉砂质泥岩　　　　　　　　11.0m

20. 浅灰色、灰黑色泥岩夹浅灰色粉砂质泥岩、泥岩粉砂岩、粉砂岩　　　　10.5m

19. 杂色砂砾岩与灰黑色泥岩互层，下部夹一层粉砂岩　　　　　　　　　　43.0m

18. 紫红、灰黑色泥岩为主，上部夹浅灰色细砂岩、泥质粉砂岩、粉砂岩，下部夹
　　杂色砂砾岩　　　　　　　　　　　　　　　　　　　　　　　　　　12.0m

17. 紫红色泥岩与浅灰色细砂岩互层夹粉砂岩　　　　　　　　　　　　　　9.5m

　　　　　　　　　——————整　合——————

一段（1219.5～1657.0m）

16. 灰黄、灰黑、黑灰色泥岩夹浅灰色粉砂岩、细砂岩、中砂岩　　　　　　12.5m

15. 杂色砂砾岩与浅灰、灰黑色泥岩互层夹粉砂岩、细砂岩、中砂岩　　　　35.0m

14. 紫红、灰黑、黑灰色泥岩夹灰黑色粉砂质泥岩、浅灰色泥质粉砂岩、细砂岩、
　　粗砂岩、粉砂岩　　　　　　　　　　　　　　　　　　　　　　　　22.5m

13. 杂色砂砾岩与浅灰、灰黑色泥岩互层　　　　　　　　　　　　　　　　43.0m

12. 灰黑色泥岩夹浅灰色粉砂岩、泥质粉砂岩　　　　　　　　　　　　　　8.0m

11. 杂色砂砾岩与灰黑、浅灰色泥岩互层　　　　　　　　　　　　　　　　29.5m

10. 下部为浅灰、灰黑色泥岩夹黑灰色粉砂质泥岩、泥质粉砂岩、紫色粉砂岩，
　　上部为深灰色砂砾岩夹浅灰色粉砂岩、泥质粉砂岩　　　　　　　　　23.5m

9. 杂色砂砾岩、灰黑深灰色泥岩夹紫色粗砂岩、黑灰、灰黑色粉砂质泥岩　49.5m

8. 黑灰、灰黑色泥岩、杂色砂砾岩夹紫色细砂岩、浅灰色粉砂岩、紫色粗砂岩　38.0m

7. 杂色砂砾岩与灰、浅灰、灰黑色泥岩互层夹浅灰色粉砂岩、细砂岩、紫色泥质
　　粉砂岩　　　　　　　　　　　　　　　　　　　　　　　　　　　　59.0m

6. 中下部杂色砂砾岩与浅灰、灰黑色泥岩互层夹灰绿色细砂岩，上部为灰黑色泥
　　岩夹紫色泥质粉砂岩　　　　　　　　　　　　　　　　　　　　　　26.0m

5. 浅灰、黑灰、灰黑色泥岩夹浅灰色细砂岩、泥质粉砂岩、粉砂质泥岩、杂色砂
　　砾岩　　　　　　　　　　　　　　　　　　　　　　　　　　　　　13.5m

4. 灰黑色泥岩与杂色砂砾岩互层夹浅灰色、粉砂质泥岩、泥质粉砂岩、细砂岩、
　　中砂岩　　　　　　　　　　　　　　　　　　　　　　　　　　　　30.0m

3. 杂色砂砾岩、灰黑色泥岩和浅灰色细砂岩　　　　　　　　　　　　　　11.5m

2. 下部灰黑色泥岩与浅灰色细砂岩互层，中上部灰黑色泥岩夹杂色砂砾岩、浅
　　灰色粉砂岩、细砂岩、中砂岩　　　　　　　　　　　　　　　　　　23.5m

1. 下部灰黑色泥岩夹浅灰色粉砂岩、泥质粉砂岩、粉砂质泥岩、杂色砂砾岩，
　　上部浅灰、灰黑色泥岩、粉砂质泥岩互层夹杂色砂砾岩、浅灰色粉砂岩　12.5m

　　　　　　　-----------平行不整合-----------

下伏地层：铜佛寺组

（六）上白垩统龙井组（K_2lj）

系日本人西田彰一1940～1941年建立，1953年东煤303队改称龙井组，原指大砬子区的大砬子统与和龙盆地含煤岩系的中间层，以龙井市为中心，在盆地内广泛分布的红色沉积。从地貌上看，富岩屯一带，龙井组红层地势低平，大砬子组砾岩为陡崖，呈现大砬子组"覆"于龙井组之上的假象，也是将两组地层的层序长期颠倒的客观原因之一，事实证明陡崖处为断层接触，钻孔中揭示的大砬子组下段之下的"红层"是头道组，而不是龙井组红层。

龙井组为延吉盆地白垩系最高层位，主要分布在延吉、屯田营、朝阳川、龙井及金谷一带。岩性主要为紫红色、暗紫色、灰绿色、蛋青色等杂色碎屑岩夹泥岩和泥灰岩团块为主特征的一套红色建造，厚0～840m（延参2井）。产丰富的介形类、叶肢介、双壳类、腹足类、轮藻、植物、孢粉等化石。为克拉梭粉-网面三沟粉孢粉组合：①被子植物花粉具一定含量，一般为1%～5%，个别达40%，棒纹粉、三孔粉、网面三沟粉最常见；②裸子植物花粉以隐孔粉、克拉梭粉含量较高。与下伏大砬子组为不整合接触。延参1井龙井组代表剖面如下：

上覆地层：第四系

～～～～～～不整合～～～～～～

龙井组：（6.0～693.6m）	584.0m
18. 杂色砂砾岩、紫红色泥岩夹灰白、浅灰色粉砂岩、紫红色粉砂质泥岩、浅灰色泥质粉砂岩	52.5m
17. 紫红色泥岩为主，下部夹浅灰色中砂岩、灰白细砂岩，上部夹紫红色粉砂质泥岩、浅灰色泥质粉砂岩	20.0m
16. 下部为杂色砂砾岩，上部为紫红色泥岩、杂色砂砾岩夹浅灰色粉砂岩	25.0m
15. 紫红色泥岩夹浅灰色粉砂岩、泥质粉砂岩	7.5m
14. 杂色砂砾岩夹紫红色泥岩、粉砂质泥岩、浅灰色粉砂岩、泥质粉砂岩	42.0m
13. 上部为紫红色泥岩、粉砂质泥岩夹浅灰色细砂岩、粗砂岩，中部为杂色砂砾岩、灰白色细砂岩夹紫红色泥岩、浅灰色泥质粉砂岩，下部为紫红色泥岩、粉砂质泥岩	45.5m
12. 杂色砂砾岩与紫红色泥岩互层	34.0m
11. 紫红色泥岩与浅灰色粉砂岩互层夹紫红色泥质粉砂岩、浅灰色细砂岩	15.0m
10. 杂色砂砾岩、紫红色泥岩夹灰紫色粗砂岩、细砂岩、紫红色泥质粉砂岩、浅灰色粉砂岩	31.5m
9. 下部杂色砂砾岩，上部为紫红色泥岩、浅灰、灰紫色细砂岩	20.0m
8. 紫红色泥岩与浅灰色粉砂岩互层夹杂色砂砾岩、粉砂质泥岩	32.5m
7. 杂色砂砾岩夹紫红色粉砂质泥岩、泥岩	15.5m
6. 紫红色泥岩夹浅灰色粉砂岩、灰紫色粉砂质泥岩、杂色砂砾岩	42.5m
5. 紫红色泥岩夹杂色砂砾岩、浅灰色泥质粉砂岩、紫色粉砂质泥岩	30.0m
4. 灰紫、浅灰色泥岩与杂色砂砾岩互层	15.5m

3. 中下部为杂色砂砾岩、紫红色泥岩夹紫色粗砂岩、浅灰色粉砂质泥岩，上部为
　　紫红色泥岩、粉砂质泥岩　　　　　　　　　　　　　　　　　　　　　　33.0m
2. 紫红色泥岩夹灰紫色粉砂岩、浅灰色粉砂质泥岩，偶夹浅灰色粗砂岩、泥质粉
　　砂岩　　　　　　　　　　　　　　　　　　　　　　　　　　　　　　　9.0m
1. 杂色砂砾岩与浅灰、紫红、灰绿色泥岩互层夹粉砂质泥岩、泥质粉砂岩　　52.5m
～～～～不整合～～～～

下伏地层：大砬子组

三、新　生　界

（一）古近系珲春组（$E_{2-3}hc$）

1959 年吉林煤田 203 队称珲春煤系，1965 年改称珲春组，参考剖面位于吉林珲春煤田 749 钻孔。主要分布于吉林珲春凉水、土门子、延吉开山屯、清茶馆、白龙洞等地。岩性主要为砾岩、砂岩、页岩、凝灰质页岩、凝灰质砂岩及煤层。产植物化石，与下伏地层为不整合接触。盆地内钻井尚未钻及这一套地层。

（二）新近系土门子组（N_1tm）

1940 年由日本学者冈田重光命名为土门子统，1965 年 1：20 万珲春、春化幅地质报告改称为土门子组，参考剖面位于吉林春化东北 8km 处草坪村的草帽顶子。主要分布于吉林珲春春化、老头沟、二道沟、杨家店等地。岩性主要为砂岩、砾岩、凝灰质页岩及硅藻土。与下伏珲春组呈平行不整合接触。盆地内钻井尚未钻及这一套地层。

（三）新近系船底山组（N_2cd）

1953 年刘毓初将吉林桦甸县青场木沟附近产出部位最高的一期玄武岩命名为船底山玄武岩，1988 年《吉林省区域地质志》称其为船底山组，时代为上新世。主要分布于吉林敦化杨家店、二龙山，珲春向岔、延吉磨盘山等地。岩性主要为暗绿、黑褐色致密、气孔状玄武岩、橄榄玄武岩、安山玄武岩。与下伏土门子组为不整合接触。盆地内钻井尚未钻及这一套地层。

第二节　地层对比

一、井间地层对比

（一）地层对比原则

在相同的大地构造背景下，盆地的形成、演化和沉积充填均具有相似的旋回变化

特点。相应地，地温梯度的变化、成岩程度也具有一致性。应用综合地层对比方法，可以避免岩心、古生物等资料受限所带来的地层划分对比的局限性。地层划分对比原则主要有：

（1）盆地各凹陷具有相一致的沉积旋回。主要是应用岩石组合（旋回）及颜色、岩性突变面、测井曲线突变点（依据合成地震记录排除断点）以及电阻曲线组合形态特征的相似性进行划分。

（2）有机质热演化的指标变化值较一致。

（3）黏土矿物随埋深变化较为相似。

（二）地层对比标志

大体确定四项地层对比标志（表2.1）：

（1）龙井组：紫红色泥岩与厚层杂色砂砾岩，成岩弱。

（2）大砬子组下部：灰黑色泥岩、页岩、深灰色粉砂质泥岩，泥质粉砂岩，灰白色砂岩互层。泥岩颜色比铜佛寺组浅，成岩程度中等。

（3）铜佛寺组中部：以灰黑、黑色泥岩、页岩、深灰色粉细砂岩为主。黑色泥岩、页岩为显著特征，成岩强。

（4）头道组：厚层杂色砂砾岩夹紫红色含砾泥岩、含砂泥岩。

在单井地层划分基础上，借助地震剖面的地震反射标志层（图2.2），确定断陷基本结构后进行地层横向对比。

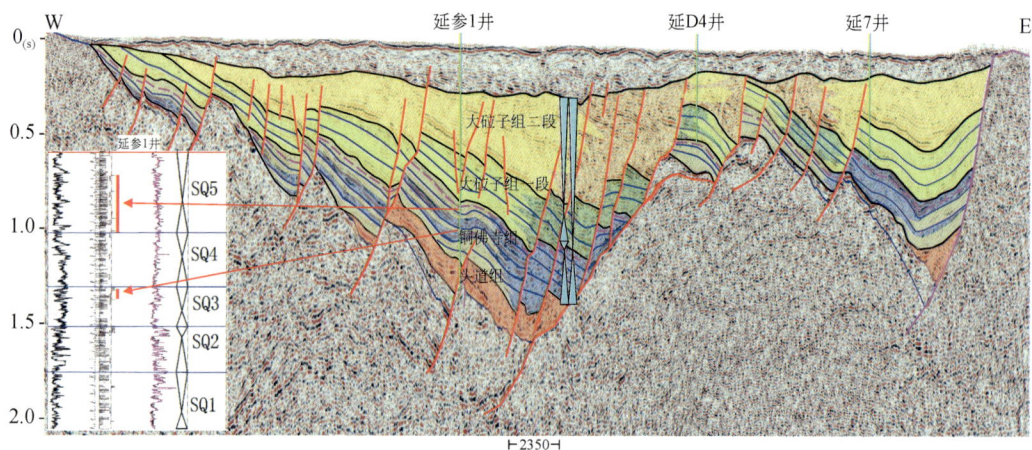

图 2.2　延吉盆地过延参1井—延7井东西向剖面主要目的层层序分析图

（三）地层对比结果

探井揭示地层主要为铜佛寺组和大砬子组。因此，依据各组段岩性组合、颜色、生物化石组合带、结合测井、地震资料，对盆地内29口探井、地质井进行联井划分对比（图2.3～图2.8）。将铜佛寺组分为3段、大砬子组分为2段。各组段特征如下。

表 2.1 延吉盆地地层划分对比标志

地层 组	段	生物化石 介形类	叶肢介	孢粉	其他化石	岩性	电性 2.5m 底梯度 视电阻率
龙井组	三		Nemestheria sp.	克拉梭粉-网面三沟粉组合：①被子植物花粉具一定含量，一般为 1%~5%，个别达 40%，棒纹粉，网面三沟粉最常见，三孔粉、网面三沟粉以隐孔粉、克拉梭粉含量较高	Pseudohyria sp.	砖红色泥岩、砂岩	平缓波状 7~50Ω·m，最大 75Ω·m
	二		Ellipsograpta (?) sp.			砖红色泥岩、砂岩	平缓波状
	一	Ziziphocypris simakoni Cand-oniella sp.					
大砬子组	二	Triangulicyptia obtusangularis +ypridea jubaolingensis	Yanjiestheria bellula Neobiestheria dalaziensis Yanjiestheria jiaoheen-sis Yanjiestheria cassis Y. simples Or.thestheria minuta Or.thesth-eria reticulata	桫椤孢-层环孢组合：①蕨类孢子以桫椤孢，层环孢，无突肋纹孢含量较高；②被子植物花粉常见以棒纹孢，三沟粉，三孔粉为主；③裸子植物花粉以克拉梭粉和松科花粉为主	Viviparus orongoensis Viviparus matsumotoi	西部灰色泥岩夹灰色红色粉砂岩、东部黑色泥岩、灰白色砂岩 灰黑色泥岩、黄色砂岩	上部宽锯齿状组合，下部平直与稀疏锯齿状组合
	一	Mantelliana papulosa			Sphaerium yanbianense	黑色泥岩夹砂岩 灰白色砂岩	锯齿状组合
铜佛寺组	三	Ilyocyprimorpha yanbianensis Vlakomia jilnensis	Orthestheria elliptica Orthesth-eriopsis tongfosiensis O. ellipt-ica O. orbita	古松柏类花粉-无突肋纹粉组合：①古松柏类花粉含量较高；②被子植物花粉极少；③蕨类植物孢子以无突肋纹孢的含量较高	Otozamites sp. Lioplacdes cf. cholnobyi Filisphaeridinium Granodisous	黑色泥岩夹砂岩	宽锯齿状组合
	二	Vlakomia ustinorskii parvoinulla contracta			Probaicallia vitimasis Vespe-ropsis Balmula	黑色泥岩夹砂砾岩	低阻锯齿状
	一	Mongolianella sp.				黑色泥岩夹砂岩	宽钟状组合
头道组	二					紫红色砂泥岩、砂砾岩	锯齿状与平直线相间
	一					杂色砂砾岩	箱状

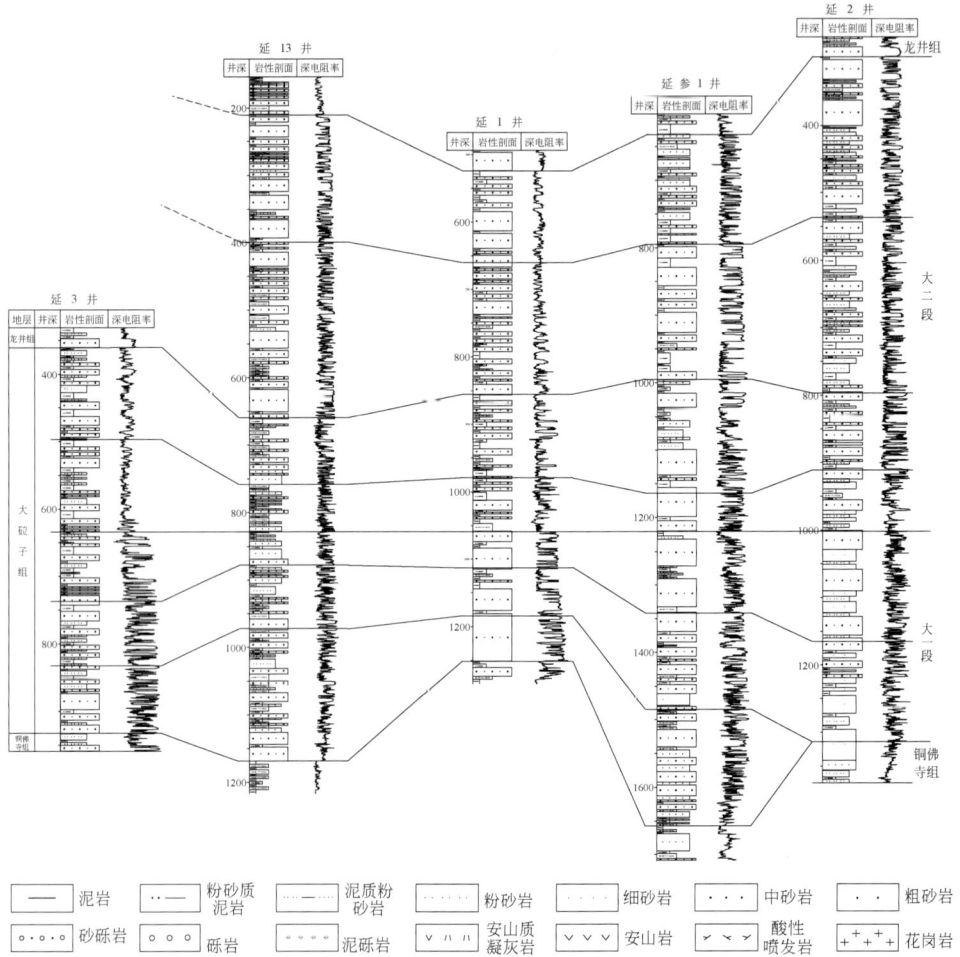

图2.3 朝阳川凹陷大砬子组延3井—延2井地层对比图

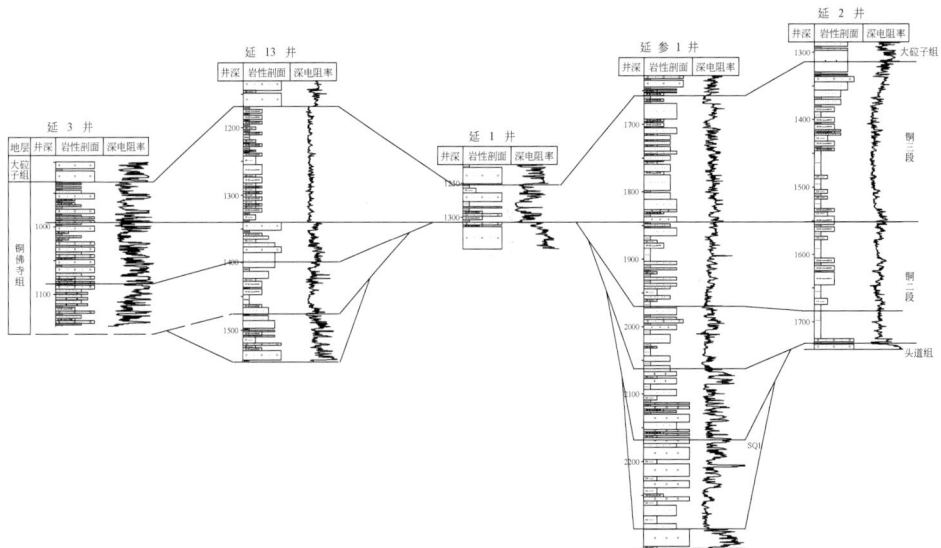

图2.4 朝阳川铜佛寺组延3—延2井地层对比图（图例见图2.3）

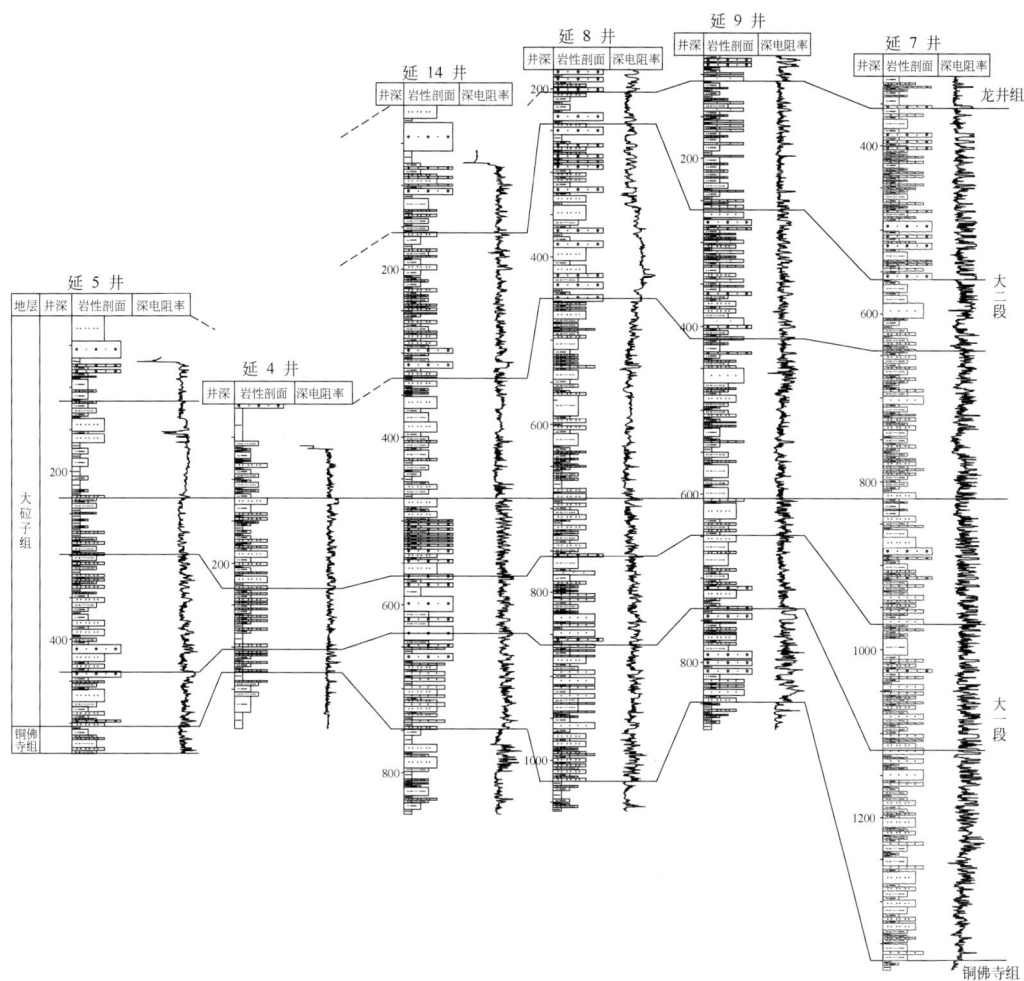

图 2.5 德新大砬子组延 5 井—延 7 井地层对比图（图例见图 2.3）

1. 铜佛寺组

（1）铜一段底部为地震 T_{23} 反射层。主要由厚层灰紫色砾岩夹泥岩、粉砂质泥岩组成，下部薄层泥岩为灰紫色，而上部以薄层灰黑色泥岩为主，粗砂岩、中砂岩增多。一般厚 0～230m，最厚 619m（延参 2 井）。视电阻率曲线为宽钟状组合（延参 1 井），地层电阻率一般为 1300～4000Ω·m。显示为由粗变细的正旋回。黏土矿物以绿泥石为主。镜质体反射率（R^o）超过 1.3%。受古地形影响，边缘及凸起部位地层较薄（图 2.4、图 2.6、图 2.8）。

（2）铜二段为厚层黑色泥岩夹薄层砂岩组合。一般厚 110～380m，最厚 420m（延 4 井）。视电阻率曲线为低阻锯齿状组合（延参 1 井），地层电阻率一般为 60～200Ω·m。镜质体反射率（R^o）为 1.0%～1.3%，黏土矿物主要为伊利石+伊蒙混层+绿泥石组合。

（3）铜三段顶部为地震 T_{22} 反射层。为较厚层粉细砂质夹黑色泥岩、粉砂质泥岩组合。一般厚 60～170m，最厚 238m（延 2 井）。视电阻率曲线为宽锯齿状组合（延参 1

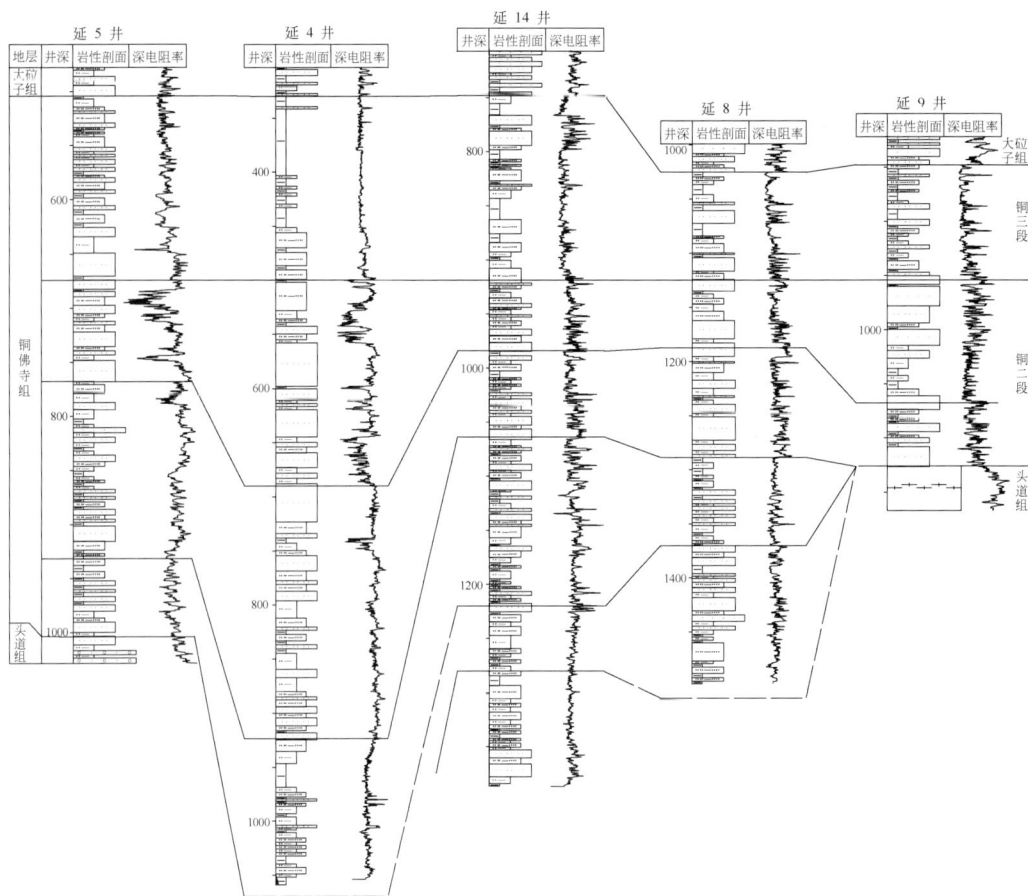

图 2.6 德新铜佛寺组延 5 井—延 9 井地层对比图（图例见图 2.3）

井），地层电阻率一般为 60 ~ 200Ω·m。镜质体反射率（R^o）为 0.5% ~ 1.0%，黏土矿物也为伊利石+伊蒙混层+绿泥石组合，但伊利石+伊蒙混层含量多，绿泥石含量少。未见高岭石。大体组成一个由细到粗的反旋回。

2. 大砬子组

（1）大一段顶部为地震 T_{21} 反射层。由灰黄、灰黑、黑灰色泥岩夹浅灰色粉砂岩、细砂岩、中砂岩组成，其中灰黑色泥岩与下部铜佛寺组相比明显变少。一般厚 60 ~ 170m，最厚 238m（延 2 井）。视电阻率曲线为锯齿状组合（延参 1 井），地层电阻率一般为 550 ~ 1500Ω·m。不同井的电阻值差别较大，如延 13 井大一段的电阻值为 287 ~ 1320Ω·m，但共同点都是电阻值较其上覆和下伏层段高。大体组成一个由细到粗的反旋回。镜质体反射率（R^o）为 0.3% ~ 0.5%，黏土矿物主要为伊利石+伊蒙混层+高岭石组合（图 2.3、图 2.5、图 2.7）。

（2）大二段顶部为地震 T_2 反射层。由厚层浅灰色粉砂岩、细砂岩、砂砾岩夹浅灰色泥岩、粉砂质泥岩、泥质粉砂岩组成。一般厚 60 ~ 170m，最厚 238m（延 2 井）。视电阻率曲线为宽锯齿状组合（延参 1 井），地层电阻率一般为 285 ~ 1010Ω·m。大体组

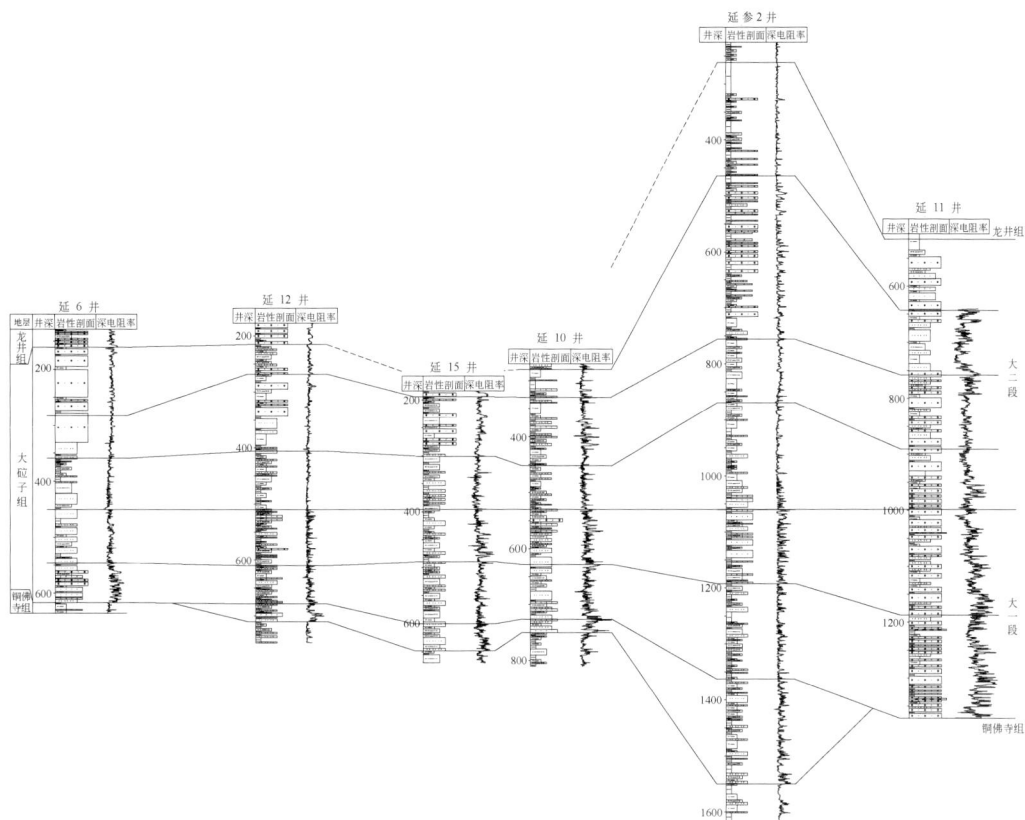

图 2.7 清茶馆大砬子组延 6 井—延 11 井地层对比图（图例见图 2.3）

成一个由细到粗的反旋回。但由于后期遭受不同程度剥蚀，有些井的旋回性不明显，对比难度较大（图 2.5）。黏土矿物主要为蒙脱石+高岭石+伊蒙混层组合。

（四）问题讨论

（1）盆地周边露头有长财组分布，但钻井尚未揭示代表长财组的岩性组合，考虑实用性和可操作性，盆地内暂未划分长财组。

（2）德新地区（延 8 井以南）原大砬子组一、二段地层归属为铜佛寺组。德新地区生油门限仅 700m，与朝阳川、清茶馆地区生油门限约为 1500m 相比，相对差 800m。而基于延吉盆地在较一致的构造发育史条件下，也应有统一的埋藏史和热史考虑，德新地区 700m 以下成熟地层归属铜佛寺组更合理一些。

（3）铜佛寺组与大砬子组间的界线。对处于盆地不同位置的探井来说，砂岩段、砂砾岩段或泥岩段发育程度有较大差别，因而其界线往往容易混淆。但根据泥岩的颜色和地震剖面上反射标志层可以区分。如铜佛寺组与大砬子组均为砂岩、砂砾岩夹泥岩的岩性组合。二者间的差异主要是：铜佛寺组黑色泥岩较为发育，大砬子组泥岩颜色变浅为灰黑、灰色等，由此确定二者的界线。

地层划分对比是否合理，直接影响了对盆地形成发育特点的认识、对石油地质条

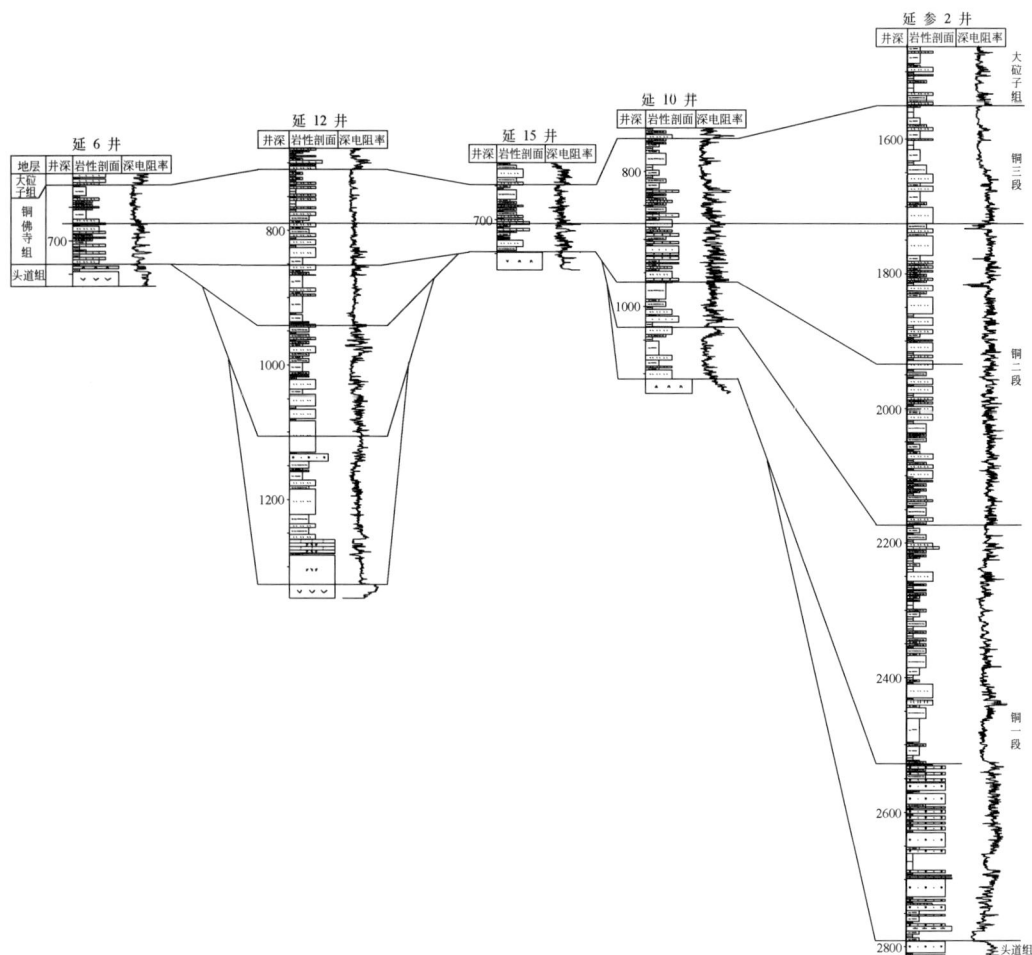

图 2.8 清茶馆铜佛寺组延 6 井—延参 2 井地层对比图（图例见图 2.3）

件的认识。重新厘定地层后理顺了以下关系：

（1）全盆地具有统一的热演化史，以铜佛寺组为主的地层曾经被埋藏到 2000m 以下，达到相应的温度，使有机质有效地向烃类转化。后期遭受了较大幅度抬起，尤其是德新地区抬起幅度更大。其中的剥蚀界面对应大砬子组末期，剥蚀厚度至少在 600m 以上，段内无大的沉积间断。

（2）靠近断裂的沉降中心具有厚度较为一致的地层沉积。

二、钻井地层与露头剖面对比

盆地内已钻井上部均见有红色砂泥岩，其下为红绿色或红、灰色砂泥岩互层，被子植物花粉含量高，个别样达 40%，与龙井市附近龙井组剖面特征一致，该段地层应属龙井组。

在各井龙井组之下均为灰黑色泥岩、灰白、黄、粉红色砂岩，在各井中均见有以 *Triangulicypris* 为代表的介形类化石群，个体较大的 *Yanjiestheria* 叶肢介化石群，与大砬子组建组剖面化石特征一致，层位应属大砬子组（表 2.2）。

表 2.2 延吉盆地晚中生代生物化石组合带划分（张莹，1992）

地层			植物	孢粉	轮藻	沟鞭藻
龙井组	三段	被子植物群	Popurus-Pagiophyllum 组合	Classopollis-Retitjicolpites 组合	Mesochara inima-Aclistochara 组合	
	二段					
	一段					
大砬子组	二段				Atopochara trivolvis-Obtusochara madleri 组合	
	一段		Onychiopsis psilotoides-Coniopteris saportana 组合	Cyathidites-Tricolpites 组合		
铜佛寺组	三段	拟金粉蕨-茹福德蕨植物群	Onychiopsis elongata-Elatocladus manchurica 组合	Palaeoconiferus-Cicatricosisporites 组合		Filisphaeridinum-Granodisous 组合
	二段					Vesperopsis-Balmula 组合
	一段					
头道组						
长财组			Nilssonia sinensis-Coniopteris burejensis 组合	Laevigatosporites-Cedripites-Clavatipollenites 组合		
屯田营组			Cladophlebis argutula-Ginkgo huttoni 组合	Psophosphera-Araucariacites-Deltoidospora 组合		

在大砬子组之下，见有以 *Ilyoprimorpha*，*Vlakomia* 为代表的介形类化石群，个体较小的 *Orthetheria* 叶肢介化石群，与铜佛寺镇西边剖面化石特征一致，该层位应是铜佛寺组（张莹，1992）。

在延参 1 井 2300m 以下又出现紫红色砂泥岩、砂砾岩，灰、杂色砂砾岩，岩性特征与老头沟东部剖面，头道镇附近露头的头道组岩性特征一致，其层序也一致，均伏于铜佛寺组之下，层位应是头道组。

综上所述，井下剖面可与露头各组对比，因而证实了自下而上的层序为：头道组、铜佛寺组、大砬子组、龙井组。

三、与邻区地层对比

（一）铜佛寺组

该组含沟鞭藻化石 *Vesperopsis-Balmula* 组合，与松辽盆地登娄库组沟鞭藻化石组合面貌一致，均为属种单调，孢粉化石以克拉梭粉、古松柏粉花粉、松科花粉、无突肋纹粉为主要分子,被子类花粉极少,偶然见到星粉、棒纹粉等,其特征与登娄库组相同。该组合植物化石:*Onchiopsis elongata*,*O. psilotoides*,*Acanthopteris gathoni*,*Ruffordia cf. goepperti* 等为 *Ruffordia Onychiopsis* 植物群代表分子和少量原始被了植物,缺乏苏铁类植物,与松辽盆地汪家屯所见植物组合相同,层位与登娄库组相当。该植物组合还分布在龙爪沟地区东山组。也含鱼化石。叶肢介化石以直线、似直线叶肢介为主,这两个属广泛分布于下白垩统,如:松辽盆地登娄库组、泉头组,吉林保家屯组、通山组,辽西地区孙家湾组下部,福建坂头组,浙江寿昌组,皖南岩塘组,辽东桓仁组,青海红水沟组等。国外见于原苏联、蒙古国、美国和德国下白垩统。

综上所述,铜佛寺组与松辽盆地登娄库组、龙爪沟地区东山组、辽西地区孙家湾组下部相当(表2.3)。

表 2.3　延吉盆地与邻区中新生代地层对比简表

		延吉盆地	松辽盆地	辽西地区	海拉尔盆地	黑龙江省东部
第四系		第四系	第四系	第四系	第四系	第四系
新近系		船底山组	泰康组		呼查山组	
		土门子组				道台桥组
			大安组			富锦组
古近系		珲春组	依安组			宝泉岭组
白垩系	上统	龙井组	明水组		青元岗组	海浪组
			四方台组			
			姚家组			
			嫩江组			
	下统	大砬子组	青山口组	孙家湾组	伊敏组	猴石沟组
			泉头组		大磨拐河组	东山组
		铜佛寺组	登娄库组		南屯组	穆棱组
		头道组			铜钵庙组	
		长财组	营城组	阜新组		城子河组
			沙河子组	九佛堂组		东荣组
						滴道组
		屯田营组	火石岭组	义县组	兴安岭群	

(二) 大 砬 子 组

该组介形类化石以具饰边的 *Triangulicypris* 繁盛为特征,该属主要分布于松辽盆地青山口组一、二段,泉头组、营城组,辽西地区孙家湾组,并与孙家湾组所含 *Cypride-alimpida*,*Cjiudaolingensis*,*Triangulicypris nana* 等化石相同,该组孢粉化石中:裸子植物花粉以克拉梭粉、无口器粉含量高,蕨类植物孢子以桫椤孢、层环孢、无突肋纹孢含量高，被子植物花粉常见，含量低。主要有网面三沟粉、三孔粉等。组合面貌与松辽盆地泉头组，辽西孙家湾组组合面貌一致。

植物化石见到：*Frenelopsis parceramosa*，*Onychiopsis elongata*，*O. psilotoides*，*Cladopblebis* cf. *browianq* 等，还有被子植物化石：*Sapindopsis magnifolia*，*Saliciphyllum longifolium*，*Ficopbyllnm* sp.，*Sassafras* sp. 等 10 个种。其面貌与含被子植物化石 8 个属的泉头组组合面貌一致。双壳类见有：*Trjgonoidessinensis*，*Sphearium yanbianensis*，*Nipponiana yanjjensis* 等。属 T. P. N 动物群，与浙东的永康组，滇东的普昌河组、马头山组、松辽盆地泉头组，辽西地区孙家湾组，黑龙江省东部猴石沟组、城子河组面貌一致，叶肢介以延吉叶肢介繁盛为特征，该属广泛分布于我国早白垩世：辽东梨树沟组、聂尔库组、辽西沙海组、青海河口群、甘肃民堡组、云南曼岗组、普昌河组，浙江馆头组等。

综上所述，大砬子组与松辽盆地泉头组、辽西地区孙家湾组上部相当。

（三）龙 井 组

本组含双壳类化石 *Pseudohyria*，*Plicatounio* 等，其中 *Pseudohyria* 见于松辽盆地姚家组—明水组，*Plicatounio* 见于泉头组—嫩江组，以青山口组、姚家组最多。叶肢介化石有：*Nemestheria* sp.，*Ellipsograpta*（?）sp.，均见于松辽盆地青山口组。孢子化石中：被子植物花粉具一定含量，一般为 1% ~ 5%，部分样品可达 30% ~ 40%，主要分子有：网面三沟粉、三孔粉、棒纹粉等，个别见到柳粉，栎粉、古松柏粉未见到。裸子植物花粉以隐孔粉、克拉梭粉含量高。

综上所述，龙井组与姚家组、青元岗组相当。

第三节 地 层 分 布

一、屯田营组（K_1tt）

根据现有地震资料解释结果（图 2.9），盆地内地层分布不均，西部只在老头沟镇、铜佛寺镇、进化村、许家沟及龙水坪零星发育，一般厚 300 ~ 500m。最厚处位于朝阳川镇东南，紧靠侵入岩体，可达 900m。盆地东部发育范围较大，在清茶馆—德新乡一线以西，长新屯—卧龙村—东盛涌镇—勇成一线以东的狭长范围内展布，向西及东北方向超覆尖灭，亦为西薄东厚，但是局部厚度变化较大，一般厚 350 ~ 550m，最厚处位于南部的德新乡附近，可达 900m。

二、头道组（K_1td）

在朝阳川、清茶馆–德新凹陷内发育（图 2.10），但分布范围较小。朝阳川凹陷头道组沿朝阳川—太阳镇一线的北北西向控陷断裂向西展布。靠近断裂地层较厚，向北、

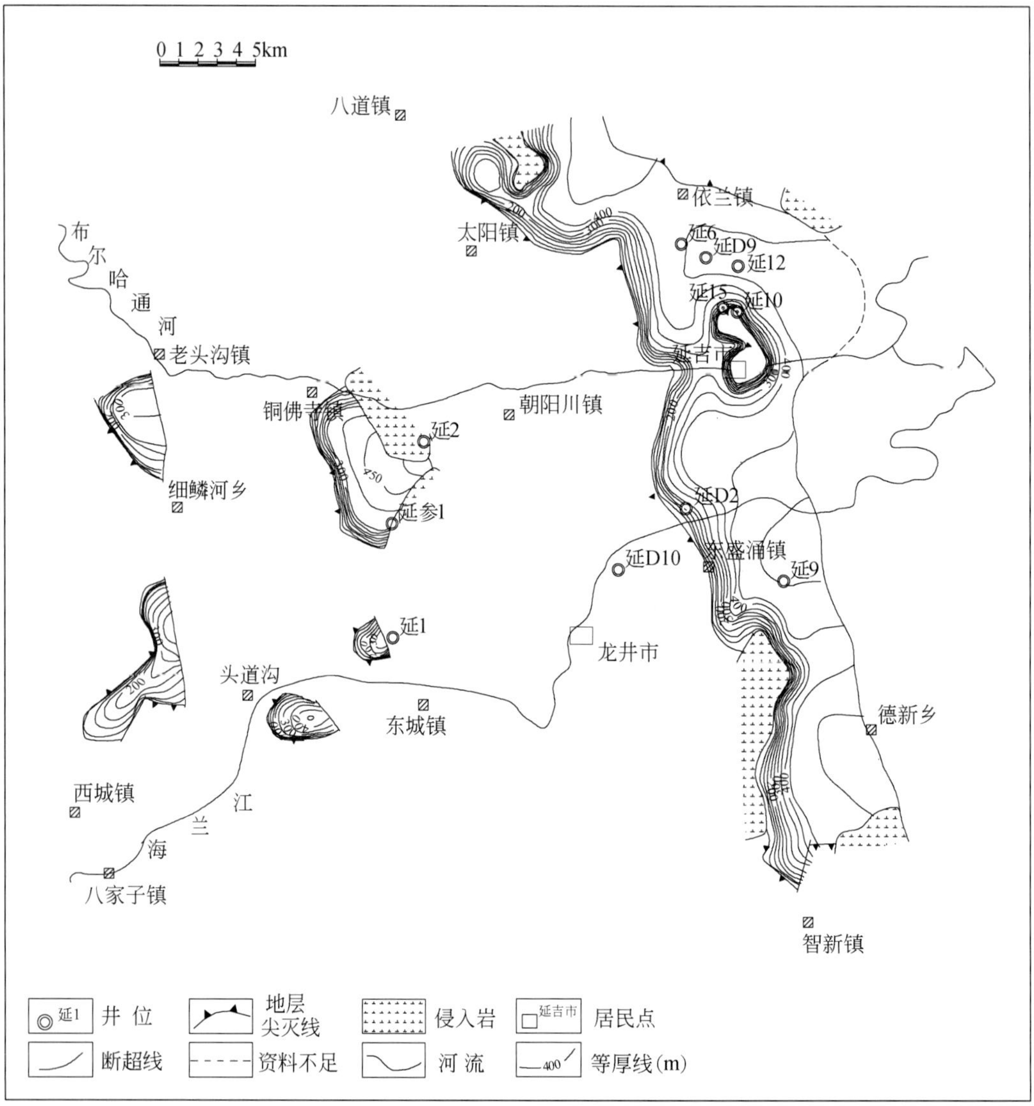

图 2.9 延吉盆地屯田营组厚度图

西、南三个方向减薄，一般厚 450～750m，最厚可达 900m。清茶馆凹陷沿清茶馆—东风村一线的头道组一般厚 300～450m，最厚超过 500m，向西超覆尖灭于兴安—延吉市一线。德新凹陷头道组总体上呈现西薄东厚的分布特点，一般 350～750m，最厚处位于延 402 井附近，可达 1250m，向西超覆尖灭至勇成—智新镇一线。

三、铜佛寺组（K_1tf）

该套地层在朝阳川、清茶馆-德新两个凹陷内均有发育（图 2.11）。朝阳川凹陷除东界沿袭了头道组外，其北、西、南展布范围较头道组均有大面积扩大，西部超覆于

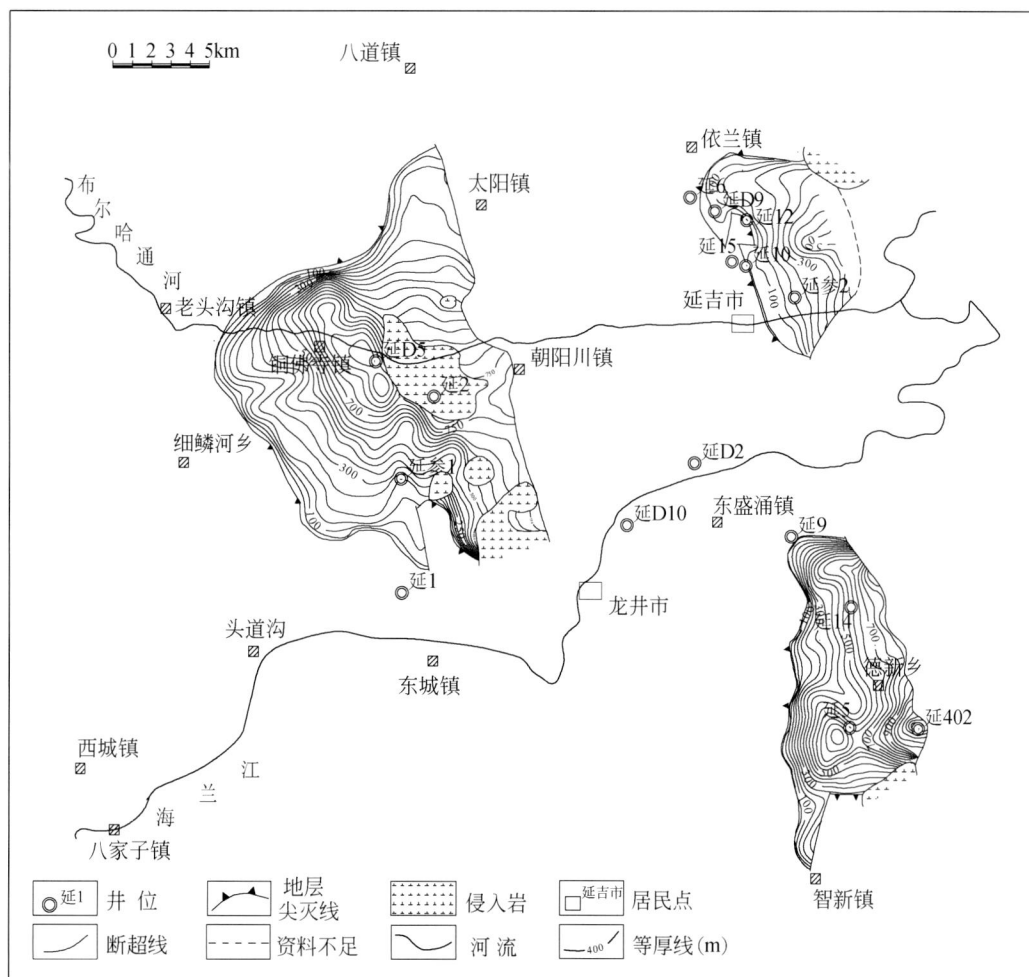

图 2.10 延吉盆地头道组厚度图

亚东水库—西城镇一线，北部至八道镇—老头沟镇一线处剥蚀状态，南部以东城镇为界，西侧断截于八家子—东城镇一线、东侧超覆于东城镇—龙井市一线。受龙坪村—细鳞河乡一线的近南北向断层控制，龙坪村、头道沟及细鳞河乡一线区域内地层缺失。大部分地区厚度变化平缓，但西南部差异较大，一般厚 400～750m，最厚处接近1000m，位于延 13 井以东，延 D5 井以南，延 2 井以西，延参 1 井以北的范围内。

清茶馆-德新凹陷铜佛寺组地层沿清茶馆—龙岩一线向西展布，中西部超覆于延D4 井附近的龙井凸起上，厚度较薄、变化小，一般 200～250m，最厚可达 300m。西北部剥蚀尖灭于凤巢村—利民一线，西南部超覆尖灭于帽儿山—智新镇一线。清茶馆-德新凹陷总体呈现西薄东厚、南北厚、中部薄的分布特点，一般厚 400～700m，最厚可达 1350m，位于延参 2 井东部。

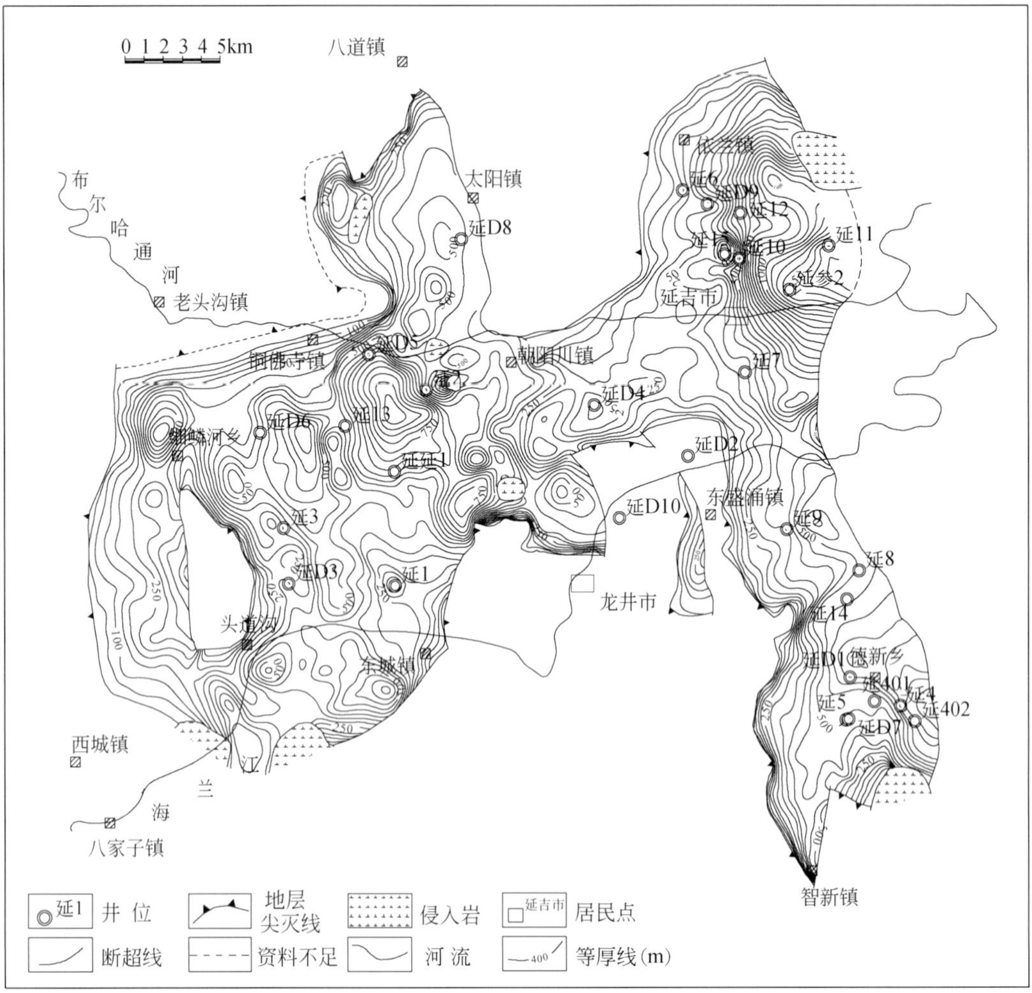

图 2.11　延吉盆地铜佛寺组厚度图

四、大砬子组（K_1dl）

大砬子组一段在朝阳川、清茶馆-德新凹陷内发育（图 2.12）。在朝阳川地区沿长新屯—勇进村—梨树屯一线向西展布，基本沿袭了铜佛寺组分布范围，但其北部较头道组略有缩小，西部变化不大，南部略有增大。北部在八道镇—新兴坪—铜佛寺镇一线遭受剥蚀，西部超覆于亚东水库—西城镇一线，南部超覆尖灭于东城镇—龙井市一线。该段地层基本继承铜佛寺组厚度变化特征，一般厚 250～400m，最厚可达 500m。

清茶馆-德新地区大砬子组沿清茶馆—延东村—龙岩一线向西展布，总体沿袭铜佛寺组分布格局，但在南、北部分布范围缩小，中西部面积有较明显扩大，北部卧龙村—清茶馆一线遭受剥蚀，中部向西超覆于延 D4 井附近的龙井凸起之上，并与朝阳川地层相接，西南部超覆于龙井市—智新镇一线。地层总体呈现西薄东厚、南薄北厚的

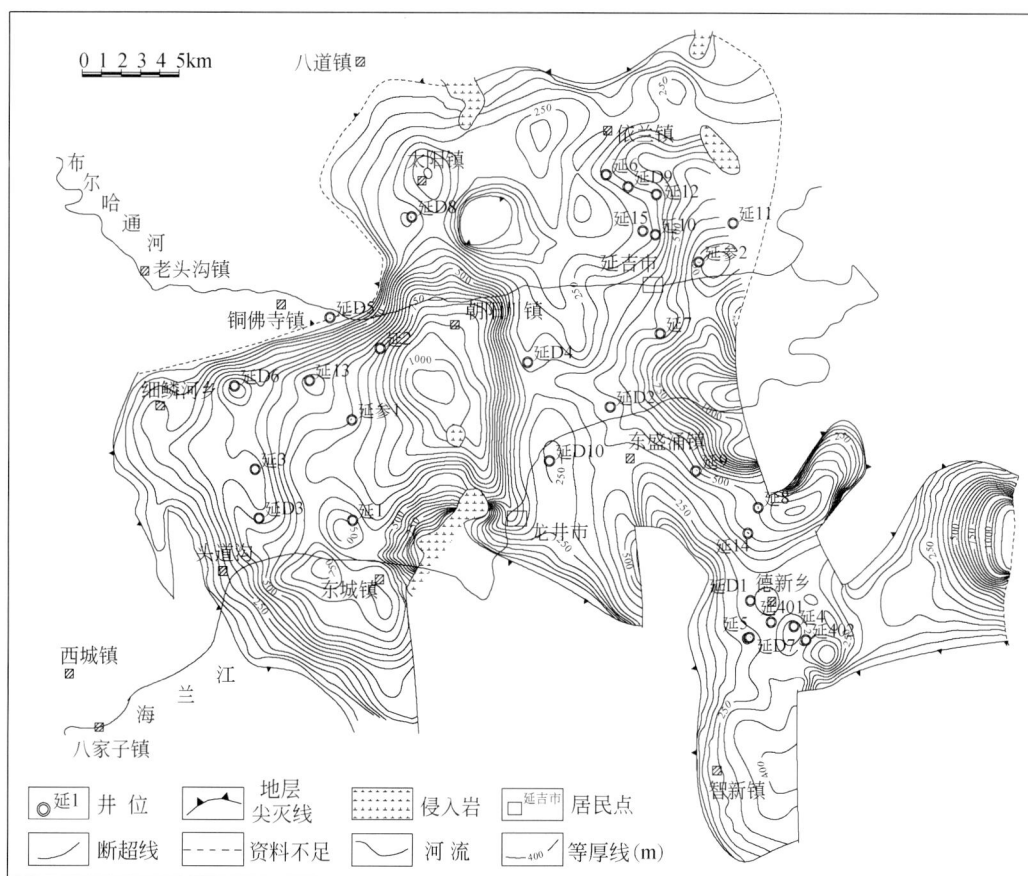

图 2.12　延吉盆地大砬子组一段厚度图

分布特点，一般 250～450m，最厚可达 625m，较厚区位于延 11 井以南、延参 2 井、延 7 井、延 9 井以东，延 8 井以北的区域内。

大砬子组二段在朝阳川、清茶馆-德新凹陷内发育（图 2.13）。朝阳川地区二段地层沿合作村—勇进村—梨树屯一线展布，分布范围变化不大，北部基本沿袭大一段分布范围，西南部较大一段略有缩小，南部面积则有所扩大。北部边界在八道镇—新兴坪—铜佛寺镇一线遭受剥蚀，西部超覆尖灭至进化村，南部以东城镇为界，西侧被近南北向断层断截向南超覆至盆地边界、东侧超覆于侵入岩体边界。该套地层总体呈现西薄东厚、北薄南厚的分布特点，中西部厚度变化平缓，一般厚 400～750m，较厚处位于朝阳川镇、合成村、富兴屯、北兴村、丰满村所限定的区域内，最厚可达 1050m。

清茶馆-德新地区大砬子组二段基本沿袭东部边界，但在延 8 井及延 402 井附近，在露头区见到该套地层出露。相对大一段，大二段分布范围有较大幅度的扩展，中部向西超覆于延 D4 井—延 D10 井一线附近的龙井凸起之上并与朝阳川地区地层相接，西南部超覆于富岩屯—智新镇一线。总体呈现西薄东厚、南北薄中部厚的分布特点，一般 300～700m，最厚可达 1150m，位于英成村附近的断裂根部，也是全盆地的最厚处。

另外，在盆地外围也出露大砬子组地层，如盆地南部的朝阳乡以南、盆地西部老

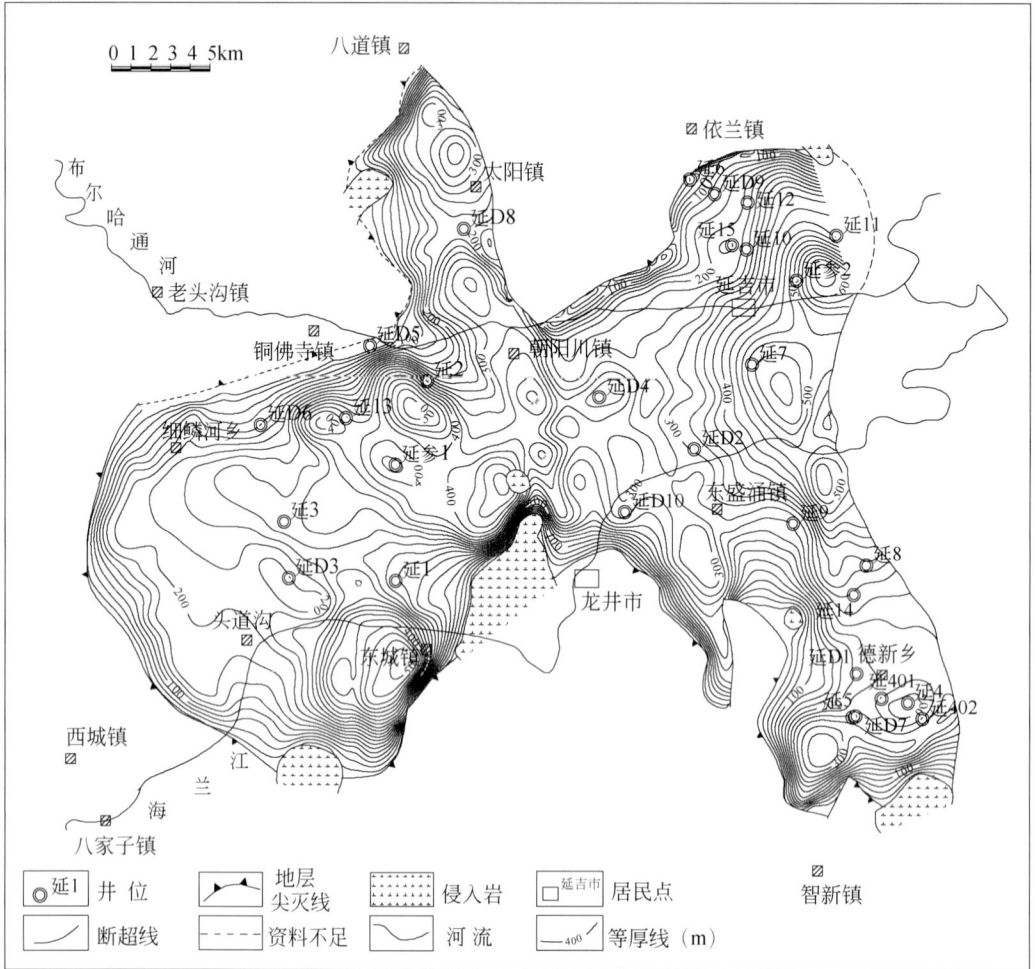

图 2.13　延吉盆地大砬子组二段厚度图

头沟镇以西、盆地西南部八家子镇的西部及南部均出露大砬子组。

五、龙井组（K_2lj）

南北两侧剥蚀边界为八家子镇—大新水库—龙井市—富岩屯—北兴屯—陆口洞一线以及细鳞河乡—合成村—太阳镇—利民一线，西部超覆于亚东水库—八家子镇一线，东部剥蚀边界为龙岩—延东村一线。此外，在德新乡南部也有两处零星发育。地层总体呈现南北薄中部厚的分布特点，一般厚 300～600m，最厚可达 700m。

另外，在盆地外围也出露龙井组，盆地西南部八家子镇以南依次出露三处龙井组。

第四节　小　　结

（1）延吉盆地形成前发育上石炭统山秀岭组、下二叠统的柯岛组和庙岭组、开山屯组，形成后自下而上发育下白垩统屯田营组、头道组、铜佛寺组、大砬子组，上白垩统龙井组，古近系珲春组，新近系土门子组、船底山组。

（2）应用综合对比方法，利用多项资料，依据岩性颜色、岩性突变面、测井曲线突变点等标志识别单井岩性剖面的旋回变化，横向上借助地震剖面进行地层对比。共识别三个标志层和若干局部标志。分别确定头道组以紫红色砂泥岩、砂砾岩，铜佛寺组黑色泥岩夹粉细砂岩，大砬子组灰色、灰黑色泥岩夹灰白色砂岩的岩性组合为特点的地层序列。其中铜佛寺组产丰富的介形类、叶肢介、双壳类、腹足类等化石。井中揭示地层剖面可与露头各组较好对比，但井中未识别出长财组。铜佛寺组与松辽盆地登娄库组相当。

（3）头道组一般厚450～750m，分布局限。铜佛寺组一般厚400～750m，最厚可达1350m，分布范围比头道组明显扩大。大砬子组一般厚650～1050m，最厚可达1050m。各组地层呈现西薄东厚的分布特点，靠近断裂地层较厚。盆地南北两端的大砬子组地层剥蚀严重。

第三章 构造特征与构造演化

第一节 大地构造背景

一、大地构造位置

延吉盆地大地构造位置较为特殊。与中国东北东部的其他中新生代盆地相比（图 3.1），延吉盆地不仅邻近吉黑褶皱系和中朝准地台两个一级构造单元的接壤处，而且处于吉黑褶皱系内吉林优地槽褶皱带和延边优地槽褶皱带的衔接处（图 3.2）。

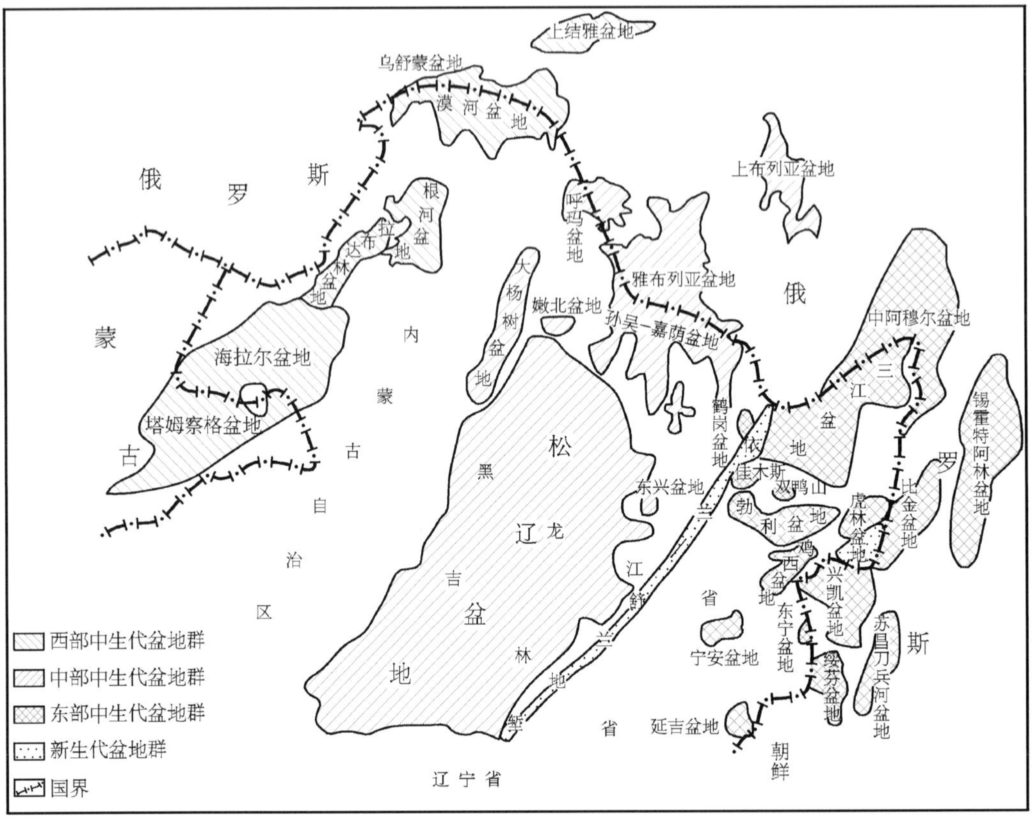

图 3.1　东北地区中新生代沉积盆地分布示意图

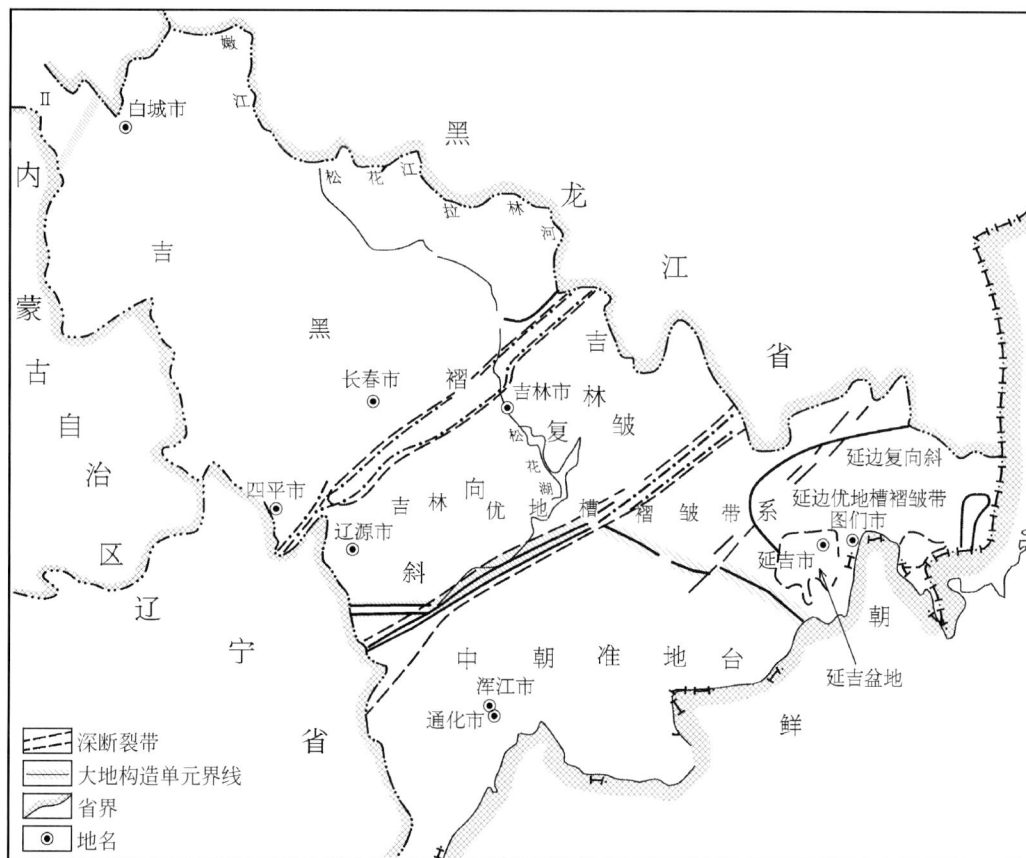

图 3.2 延吉盆地区域构造位置图

二、盆地基底结构

(一) 深部断裂特征

延吉盆地及其周边发育有5条区域性深断裂,分别为赤峰–开源超岩石圈断裂(古洞河–白金段)、集安–松江岩石圈断裂、图们江壳断裂、石门–和龙壳断裂和新合–马滴达壳断裂(图3.3)。其中古洞河–白金超岩石圈断裂和图们江壳断裂限定了延吉地区中生代晚期伸展断裂系统的发育范围。新合–马滴达壳断裂对龙井组以后延吉地区逆冲褶皱系统的形成起到了决定性作用。

古洞河–白金断裂是赤峰–开源超岩石圈的东段。断裂形迹可见于和龙市至龙井市白金乡,向东南直插入朝鲜境内,与朝鲜清津断裂连为一体,向西北被集安–松江断裂切割。走向300°~310°,在卧龙一带断裂产状倾向210°、倾角50°~70°。主要由逆断层组成,它们都是挤压强烈的逆冲断层带,深断裂一线在海西晚期、燕山期岩浆活动

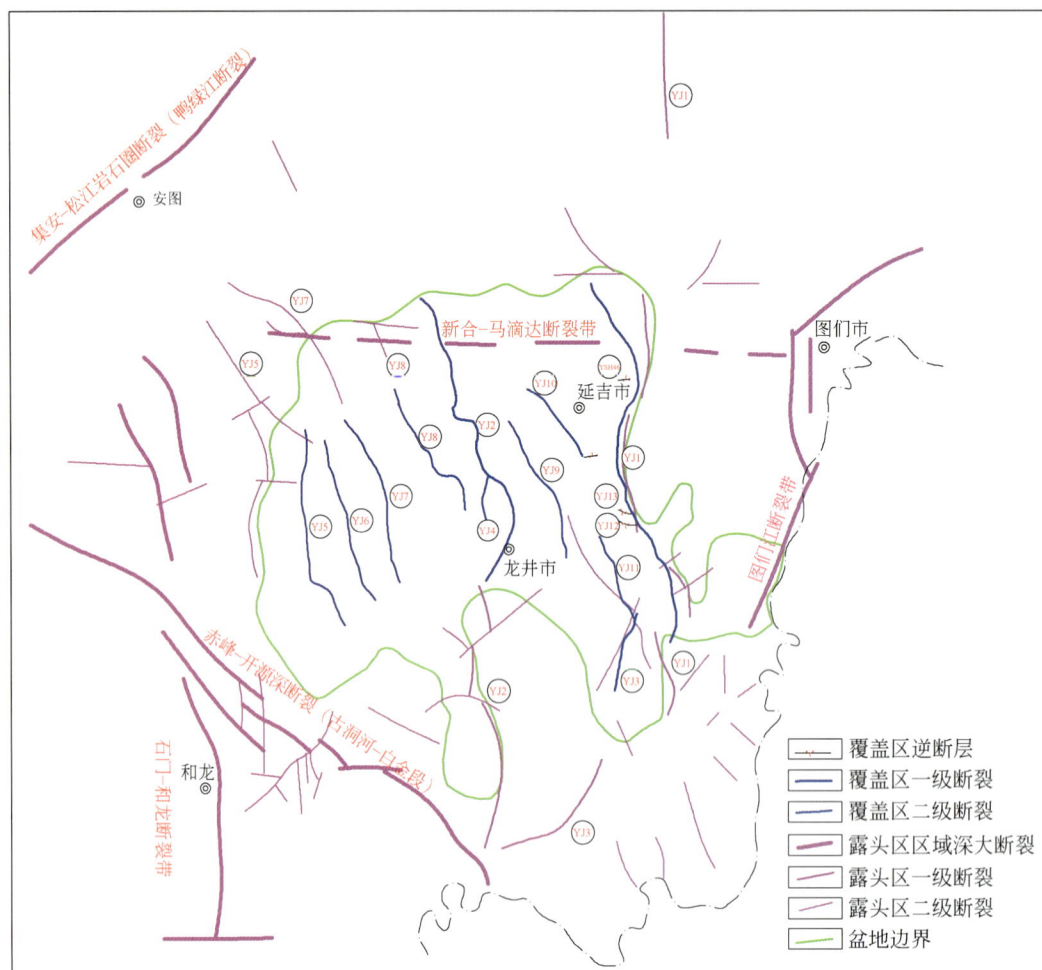

图 3.3 延吉盆地及邻区断裂系统格架图

强烈，有大规模的花岗岩体展布。沿深断裂有一系列逆断层出现，而且糜棱岩化及构造角砾岩化现象极为普遍；白金乡一带新生代玄武岩沿图们江河谷溢出，其方向与深断裂一致，表明其近期活动迹象。

图们江壳断裂位于图们—罗子沟一线，向北北东延入黑龙江省，向南南西从图们市始沿图们江延伸至朝鲜境内。其由压性断层组成，总体走向20°，断面倾向北西，倾角60°~80°。沿断裂带南部有古近纪或新近纪盆地呈串珠状展布；北部有燕山早期花岗岩侵入。该断裂带控制中生代盆地的生成和发展以及燕山早期花岗岩的侵入，该断裂形成于中生代之前，并且多次活动。

新合-马滴达壳断裂西起安图县新合一带，向东经延吉市，过朝鲜又复入珲春的马滴达村一带，由数条断续出露的压性断层组成。断面倾向北，倾角40°~70°。它切割古生代、中生代地层和海西期、燕山期侵入岩，以强烈的东西走向挤压断裂带为主要特征，向东延至延吉盆地北部。该断裂是发生于海西期而于燕山期、喜马拉雅期甚至现今仍继续活动的、影响较深、延伸较远、规模较大的断裂带。

集安–松江岩石圈断裂一定程度限制了盆地西向发展。石门–和龙壳断裂的作用相对较小，在此不作详细讨论。

（二）基底断裂特征

在上述背景下，中生代形成发育了 9 条基底断裂（图 3.4）。自东往西为 YJ1、YJ2、YJ5、YJ6、YJ7、YJ9、YJ10 等。它们全部为伸展断裂。

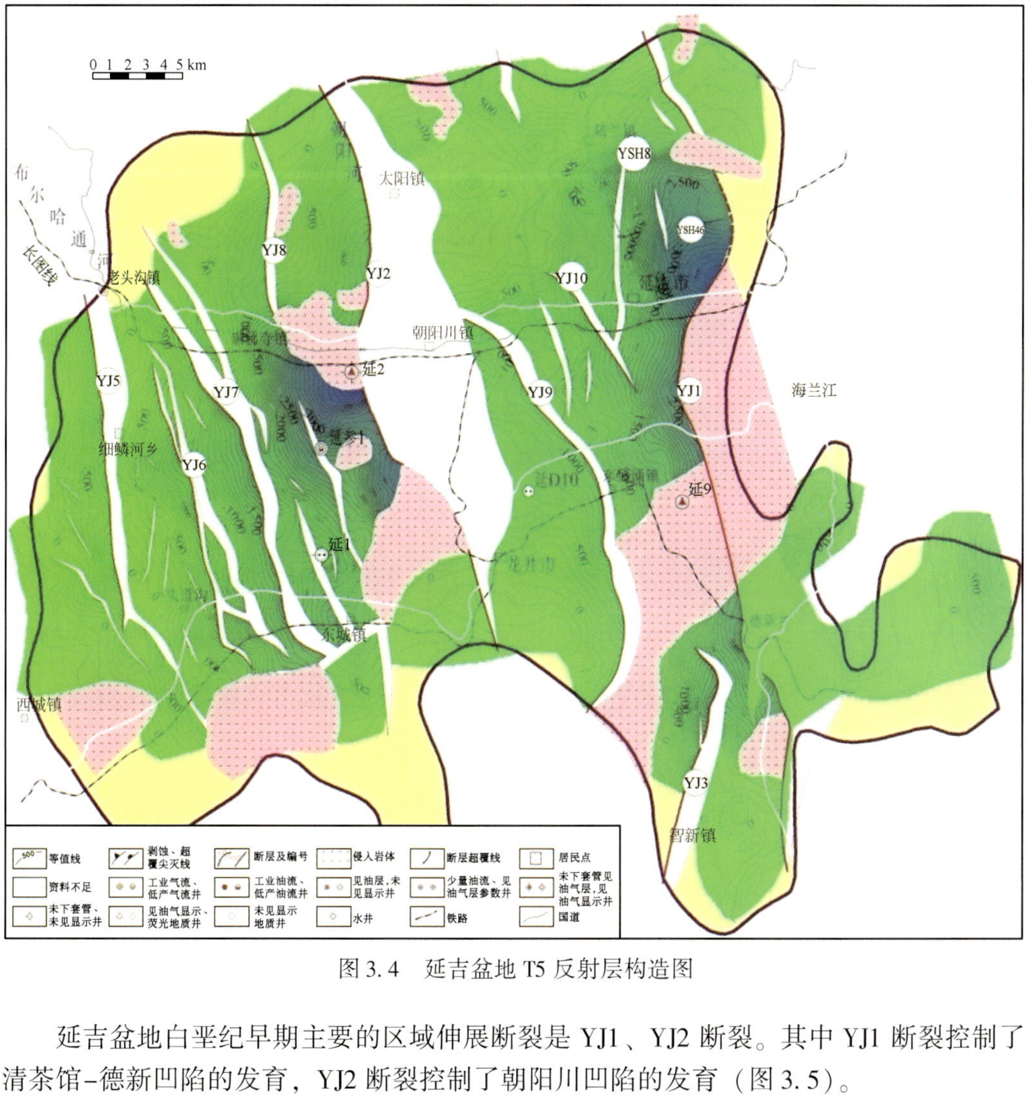

图 3.4　延吉盆地 T5 反射层构造图

延吉盆地白垩纪早期主要的区域伸展断裂是 YJ1、YJ2 断裂。其中 YJ1 断裂控制了清茶馆–德新凹陷的发育，YJ2 断裂控制了朝阳川凹陷的发育（图 3.5）。

YJ5、YJ6、YJ7、YJ8 断裂分布于朝阳川凹陷，规模明显比 YJ2 小，是 YJ2 断裂在伸展沉降过程中派生的次级断裂。它们使朝阳川凹陷的沉降格局复杂化，控制着 4 个次级的 NNW 向凹槽的发育与充填（图 3.5）。

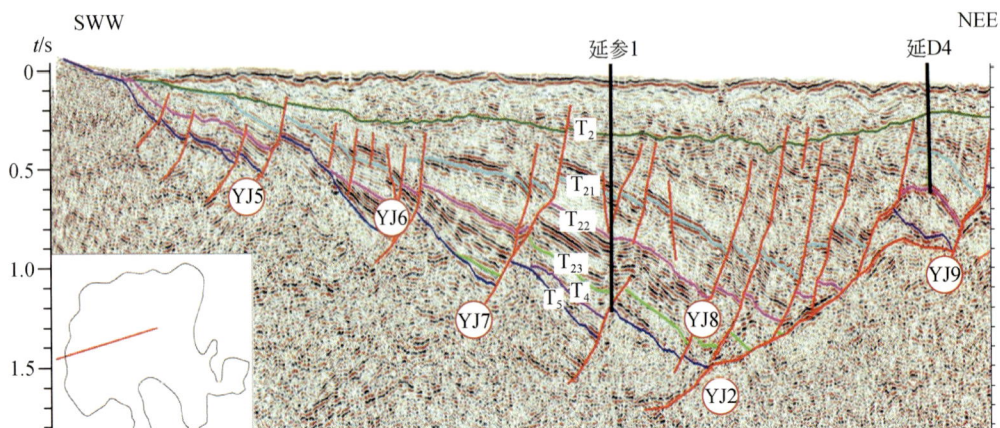

图 3.5　朝阳川凹陷 89-7（西段）叠偏剖面

YJ9、YJ10 断裂发育于清茶馆–德新凹陷的上倾斜坡部位，规模明显比 YJ1 断裂小，是 YJ1 断裂在伸展沉降过程中派生的次级断裂，它们使清茶馆–德新凹陷东深西浅的斜坡结构复杂化，控制了两个凹槽的发育（图 3.6）。

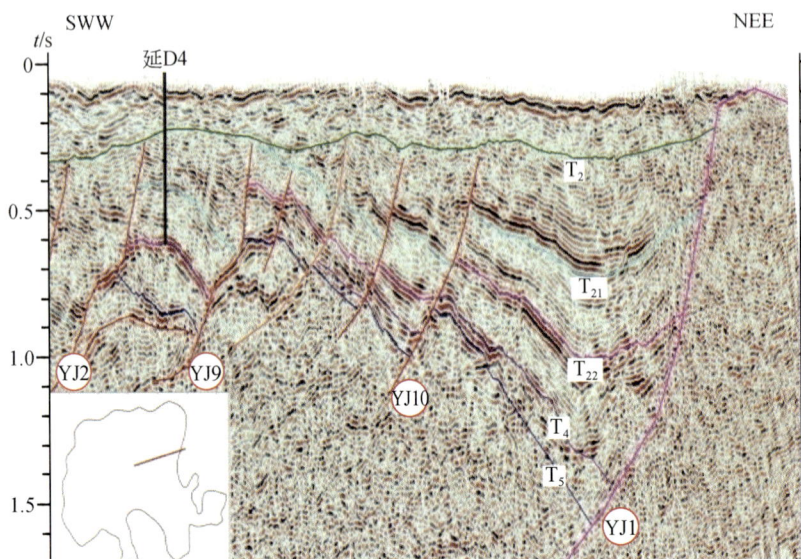

图 3.6　清茶馆凹陷 89-7（东段）叠偏剖面

1. YJ1 断裂（东部控陷断裂）

YJ1 断裂是控制清茶馆–德新凹陷的东边界断裂，亦是延吉盆地的东边界断裂。在地震剖面上（图 3.6）断裂特征清楚，形迹能够被完整地揭示。上陡下缓，为犁式，断面倾角由下部 25° 转为上部约 51°。整体 NNW 向延伸，长度 48km，在基岩顶面（T_5层）上最大垂向断距达 3900m，一般垂向断距约 3000m，断裂可分为南段、中段、北段 3 段。

南段为 NNW 走向，南端转近 SN 向。倾角相对较缓，断裂根部头道组由西向东呈快速加厚的楔状结构（图 3.7）。中段走向发生明显变化，由南段 NNW 走向至此转向近 SN 走向（图 3.8）。北段又变为 NNW 走向。

YJ1 断裂向北部露头区的形迹非常清楚，位置确切（图 3.8）。断裂东部出露大面积的海西晚期花岗闪长岩，下白垩统屯田营组地层零星覆盖于花岗闪长岩之上。断裂西部大面积出露下白垩统大砬子组和上白垩统龙井组。

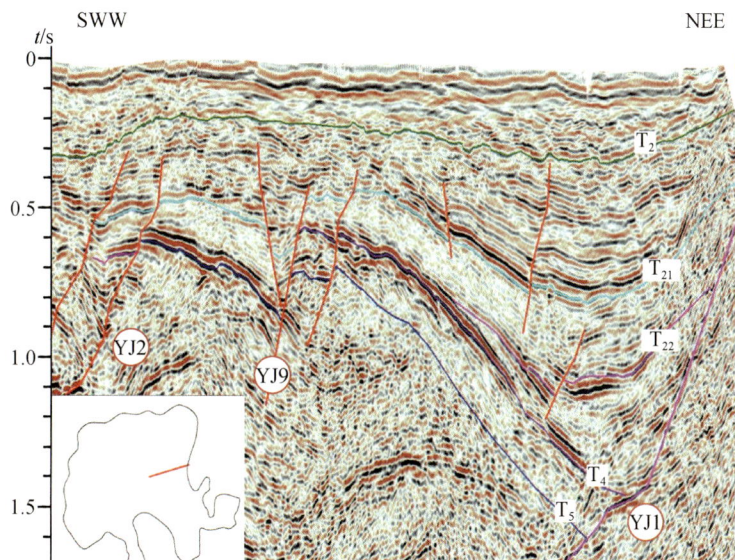

图 3.7　清茶馆凹陷 93-133 叠偏剖面

2. YJ2 断裂（西部控陷断裂）

YJ2 断裂是控制朝阳川凹陷发育的东边界断裂。也为上陡下缓的犁式，断面倾角由下部 17°转为上部约 45°，剖面上构成上凹的曲面。整体延伸方向 NNW 向，倾向 SWW，延伸长度 29km。剖面断裂形迹清楚，上、下盘完整，中部垂直断距达 3100m，水平断距 6500m。而南北两端垂直断距分别为 3100m 和 150m，水平断距分别为 1500m 和 2000m。

北段与流经八道沟—朝阳川镇的河道位置吻合。南段因有侵入岩体沿老断面上升侵入，使断层形迹不清楚。后期的岩浆侵入活动破坏了 YJ2 断裂的原始断面结构。

从个别破坏程度较小的剖面推测，其原始断面结构可能呈现两种情形。第一种情形是，YJ2 断裂位置发育一个低角度的伸展断面（图 3.5），该低角度断面之上发育一组高角度正断层。另一种可能的情形是，YJ2 断裂的位置发育一个由数条断层组成的阶梯状断层带，阶梯状断层带就是其原始断面的结构特征。不管是上述哪一种情形，现今图面上标示的、狭义的 YJ2 断层是众多分支断层中剖面上落差较大、空间上延伸比较稳定的一条断层。

在延吉盆地南北端的露头区均可见确切的断裂形迹（图 3.9）。断裂切入二叠系。

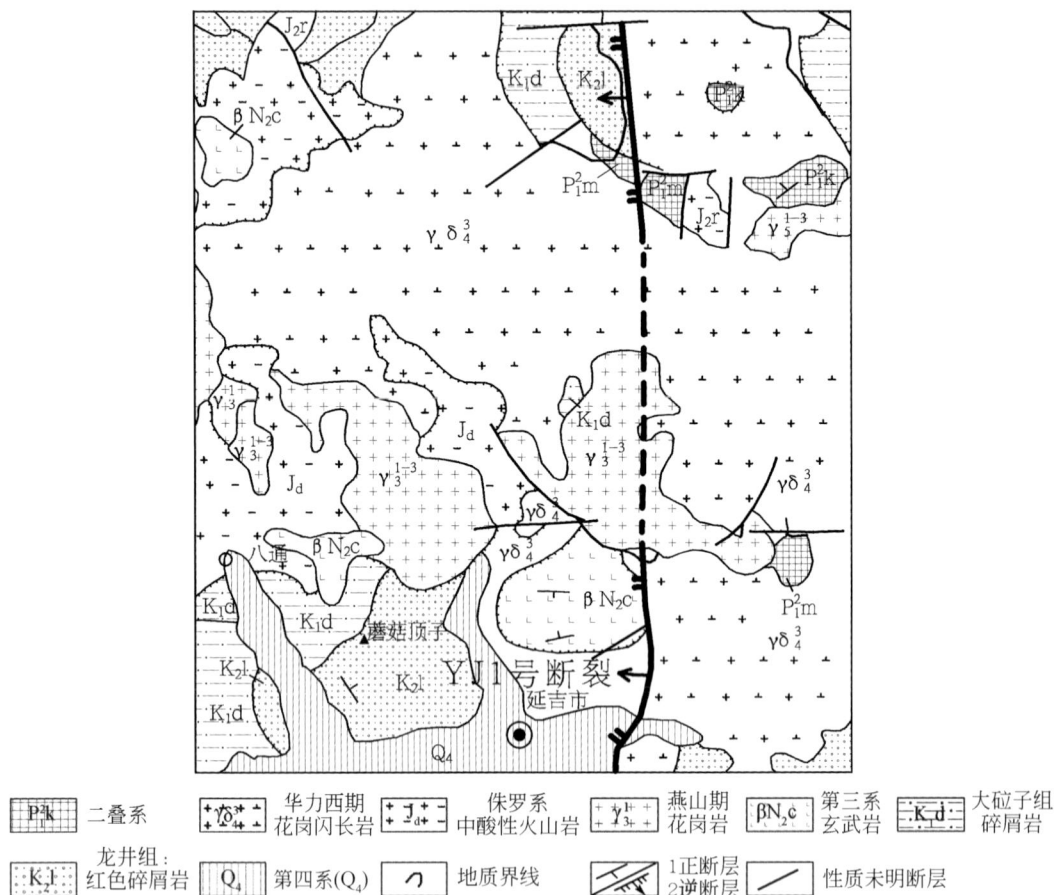

图 3.8 延吉盆地北部及露头区 YJ1 断层形迹

沿断裂有印支早期、晚期岩体广泛发育。北端断裂之东有成片的屯田营组发育。南端断裂在区域上呈右阶斜列，并且沿山谷分布。该断裂切入加里东晚期花岗岩基底及寒武系奥陶系地层。断裂东侧，出露大面积的加里东晚期花岗岩和零星分布的早古生代地层，而断裂西侧，为延吉盆地的沉降区，除出露有加里东晚期花岗岩和早古生代地层以外，还出露有下白垩统长财组、大砬子组和上白垩统龙井组。

3. YJ3 断层

YJ3 断层位于延 5 井西南，是东盛涌坡折带南部的东边界断层（图 3.10）。断层呈 NNE 走向，倾向 NWW，倾角约 25°。最大断距 1600m。断裂西侧根部头道组由西向东呈快速加厚的楔状结构。在延吉盆地南部露头区，可见 YJ3 断层切入二叠系，并向东南方向继续延伸。

4. YJ5 断层

YJ5 断层（T_5 层）是细鳞河断坡与朝阳川凹陷的控凹断层。剖面断层平直，形迹清晰，倾角相对较缓，T_5 层延伸长度 21.5km，走向 SN，最大断距 800m；分两段。北段走向 SN，倾角相对较缓。南段走向 NNW，垂向断距明显减小。其是 YJ2 断裂在伸展沉降过程中派生的次级断裂。断裂西侧根部铜佛寺组由西向东楔状结构明显，断层两侧地层落差大。

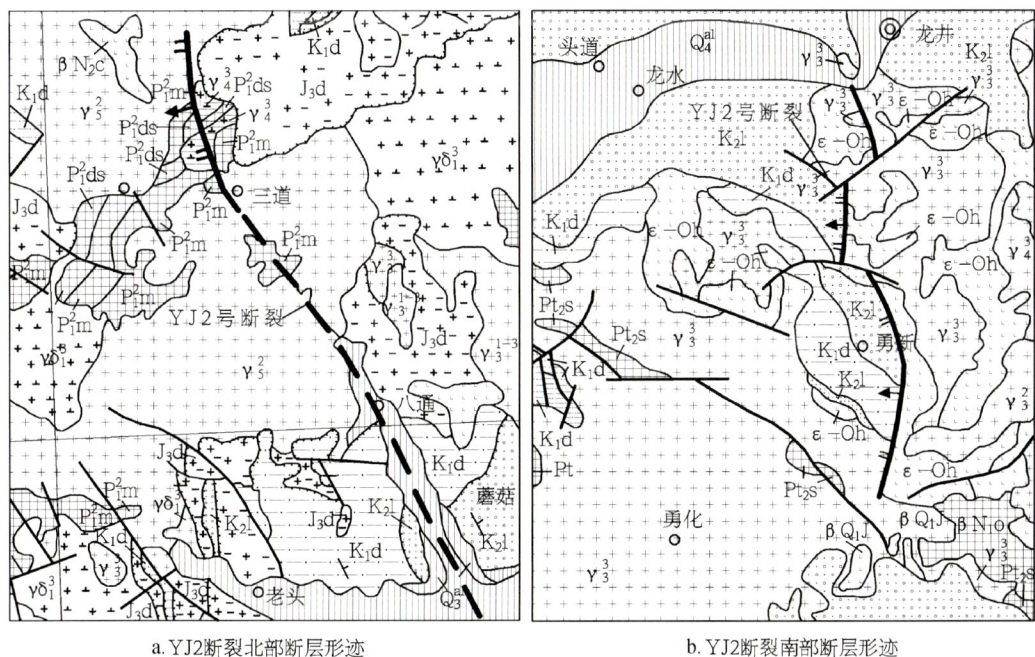

a. YJ2断裂北部断层形迹　　　　　　　　b. YJ2断裂南部断层形迹

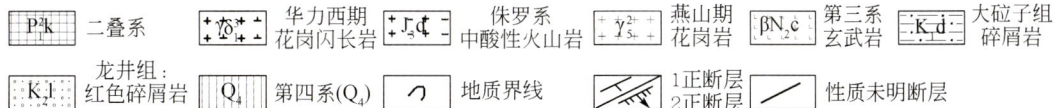

图 3.9　延吉盆地及露头区 YJ2 断层形迹

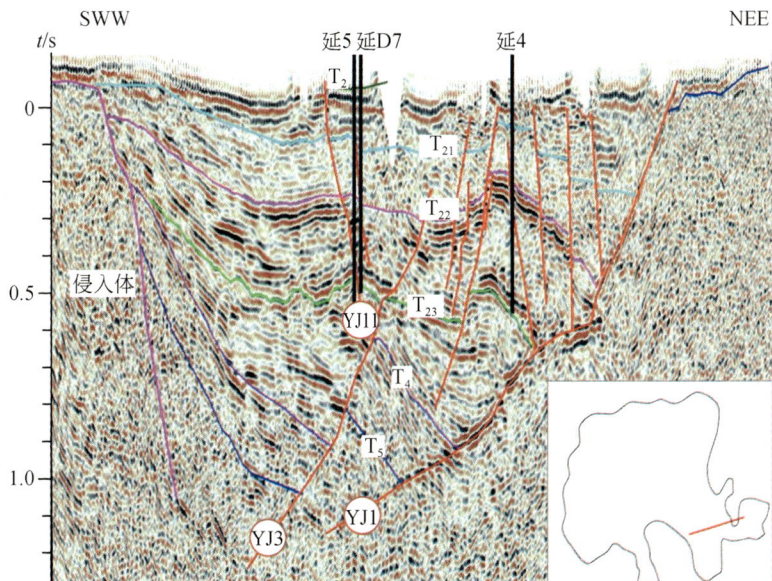

图 3.10　延吉盆地德新次凹 93-117 线地震剖面

在延吉盆地之北的露头区，可见确切的断裂形迹，断裂切入二叠系、下白垩统屯田营组，沿断裂有海西晚期及印支早期、晚期岩体广泛发育，零星出露燕山早期岩体。断裂西侧依次发育有中生代屯田营组、长财组、大砬子组和龙井组地层，部分地区零星出露早古生代地层。断裂东侧，主要出露海西晚期花岗闪长岩及屯田营组、大砬子组地层，且地层倾向西南（图3.11）。

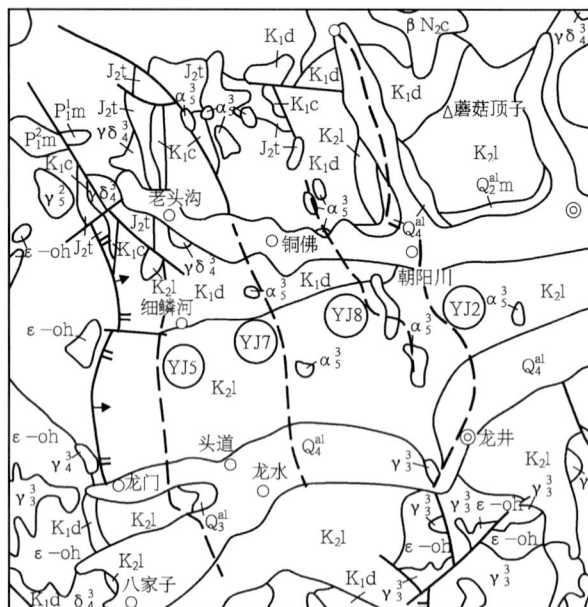

图 3.11　延吉盆地西北部及露头区断层形迹

5. YJ6 断层

YJ6 断层延伸长度 18km，走向 NNW，倾向 SWW（图3.3、图3.5）。T_5 层延伸长度 18km，最大断距 520m；发育在朝阳川凹陷理北坡折带中部，虽与 YJ5 断层同期发育，但其规模较 YJ5 断层小，对构造和沉积的控制能力较 YJ5 断层弱。

6. YJ7 断层

YJ7 断层为 NNW 走向，延伸长度 23.4km。T_5 层最大断距 600m。是理北坡折带与大马次凹的控带断层（图3.5）。断层西侧根部头道组—铜佛寺组由西向东楔状结构明显，断层两侧地层落差大，是 YJ2 断层在伸展沉降过程中派生的次级断裂，也是头道组—铜佛寺组—大砬子组的同沉积断层。

在盆地之北的露头区，可见确切的断层形迹。它切穿屯田营组火山岩和大砬子组砂砾岩地层。沿断层还发育有印支早、晚期火山岩体及零星燕山早期火山岩体（图3.11）。

7. YJ8 断层

YJ8 断层位于延 D5 井—延 2 井一线（图 3.3），邻近 YJ2 断层，是朝阳川内大马次凹与丰满断阶带的分界断裂，发育在朝阳川凹陷的沉降中心位置，走向近 NW。断裂西侧根部头道组—铜佛寺组由西向东楔状结构明显，断层两侧地层落差大（图 3.5），是 YJ2 断层在伸展沉降过程中派生的次级断裂，控制着断裂西侧东断西超的箕状断陷的发生、发育与充填，是头道组—铜佛寺组—大砬子组的同沉积断裂。YJ8 断层与 YJ5、YJ7 断层规模相当，相比较走向略有变化，YJ5 走向 SN，YJ7 走向 NNW，YJ8 走向近NW。YJ8 断层位置与地质图（图 3.11）中沿龙井市—铜佛寺镇发育的燕山晚期（晚白垩世）次辉石安山分布带十分吻合，是侵入岩体通道。YJ8 断层南段受侵入岩体影响，剖面特征不清，向南并入 YJ2 断层。该断层延伸长度 13.0km，倾向近 SW 向。剖面断裂形迹清楚，断层落实。T_5 层延伸长度 11km，最大断距 750m。

8. YJ9 断层

YJ9 断层位于清茶馆-德新凹陷东界（图 3.6），呈向东弯曲的弓形，大体 NNW 向延伸，长度 26.5km。基底（T_5 层）以下断面较缓，T_5 层向上断面平直，断面较陡。分南、中、北三段。南段走向 NNE，T_5 层垂向断距 700m，中段走向近 SN，T_5 层垂向断距700m。北段走向 NNW。断层面视倾角由下至上呈缓—陡—缓—陡变化。

YJ9 断层虽为控凹断层，但规模小，是 YJ1 断层在伸展沉降过程中派生的次级断裂。

9. YJ10 断层

YJ10 断层位于延吉市西（图 3.6），发育在清茶馆-德新凹陷的上倾斜坡上。基底（T_5）层面下断面较缓；T_5 层向上断面平直，断面较陡。断层西侧根部铜佛寺组由西向东楔形结构不明显，NW 向延伸，长度 8.5km。北段断面倾角较陡、断面平直，南段断面倾角较北段断面倾角缓，最大断距 500m。

YJ10 断层距 YJ9 断层东 4km，是 YJ1 主干断裂派生的次级断层，是清茶馆-德新凹陷内东盛涌坡折带与清茶馆次凹的分界断层，即控带断层。与其他次级断层相比，其规模相对较小。对上倾斜坡区起加深、分割、复杂化的作用。

综上所述，基底断裂控制了延吉盆地的形态、性质，控制了朝阳川凹陷、清茶馆、德新次凹的发生、发展及充填。

（三）基 底 岩 性

根据盆地周边露头和钻井揭示，盆地基底岩性大体分为两个区（图 3.12）：一是大面积分布的海西期岩浆岩区，二是石炭系—二叠系分布的变质岩区。盆地内部的岩浆岩体基本沿大断裂展布，并与盆地周边的岩浆岩体相连通，分布面积较大，基本占据盆地面积的 1/2 左右。从周边露头看，主要为花岗岩。部分钻井也见有花岗岩。

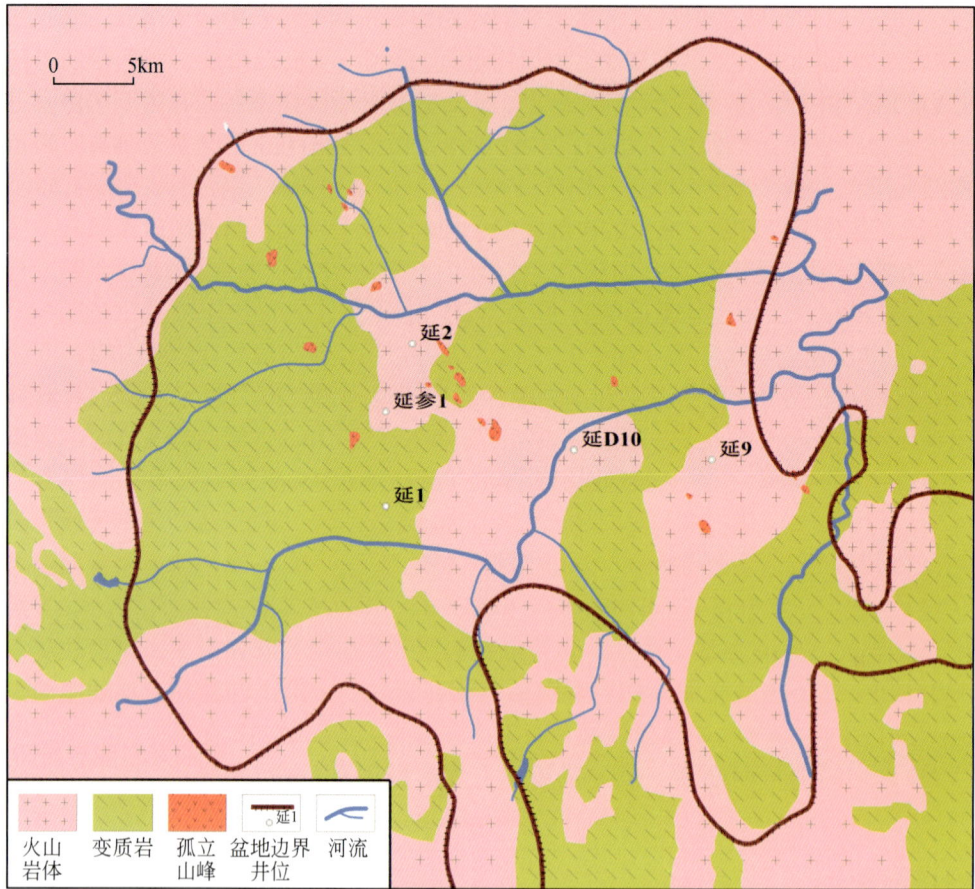

图 3.12 延吉盆地基底岩性分布预测图

延 D10 井在井段 973.0～988.8m（厚 15.8m。未穿）岩性为灰绿色花岗岩，斑状结构，斑晶为正长石且较大，正长石有绿泥石化现象，花岗岩风化程度较弱。为海西晚期产物。上覆地层大砬子组。

延参 1 井在井段 2500.0～2533.0m（厚 33.0m）见浅绿灰色花岗岩（2503.10m），块状构造，半自形粒状结构，主要由斜长石（36%）、钾长石（32%）、石英（25%）及黑云母（7%，具绿泥石化）组成，岩石见破碎现象，裂缝中充填方解石。上覆地层头道组。

延 2 井在井段 1732.50～1782.63m（厚 50.13m）见杂色花岗岩、灰色蚀变安山岩、粗面岩。花岗岩为中粒花岗结构，块状构造，致密，坚硬，含灰色捕房体。岩石主要由钾长石、斜长石、石英及黑云母组成。蚀变安山岩为斑状结构，基质为交织结构，斑晶主要为斜长石（具环带构造），基质由微晶斜长石、少量石英等组成，岩石蚀变强烈，斜长石多黏土化。粗面岩为粗面结构，块状构造，岩石主要为长石柱状微晶构造，呈平行排列，长石全被黏土矿物交代。

其余占盆地面积近半的变质岩多具碳酸盐化、绢云母化。如延 1 井在 1307.5～1453.64m（厚 146.14m）揭示的岩性经镜下分析（9 块），深度分别为 1310.75m、

1315.06m、 1315.55m、 1358.40m、 1372.48m、 1374.66m、 1410.85m、 1451.00m、1453.64m，分别是变余角砾岩，含泥不等粒砂岩、变余砂砾岩、泥板岩、蚀变英安岩。

变余角砾岩：（镜下）变余角砾状结构，大小颗粒混杂，胶结物为泥质，具绢云母化，岩块为酸性喷发岩。

含泥不等粒砂岩：（镜下）变余砂砾状结构，大小颗粒混杂，泥质具绢云母化、绿泥石化，充填颗粒之间。

变余砂砾岩：（镜下）变余砂砾状结构，大小颗粒混杂，泥质具绢云母化，充填孔隙，胶结坚硬。

泥板岩：（镜下）泥板状结构，泥质多具绢云母化，定向排列，见方解石脉。

变余含砾不等粒砂岩：（镜下）变余含砾不等粒砂状结构，孔隙发育差，大小颗粒混杂，胶结物主要为泥质，绢云母化强烈，岩块为石英岩、花岗岩等。

蚀变英安岩：（镜下）块状构造，致密坚硬，具裂缝、斑状结构。

对该井岩心测得伊利石结晶度大部分小于0.2°（$\Delta 2\theta$），属于浅变质带（表3.1）。

表3.1　延吉盆地延1井伊利石结晶度分析统计表

地　　层	井深/m	伊利石结晶度	含有的其他矿物	备　　注
大一二段	1154	0.28	蒙脱石、绿泥石	含有蒙脱石，未变质
	1235.5	0.5	蒙脱石	含有蒙脱石，未变质
	1238.5	0.4	伊蒙混层	含有伊蒙混层，未变质
铜三段	1307	0.3	蒙脱石	含有蒙脱石，未变质
前中生界	1314	0.2	绿泥石	
	1356	0.21	绿泥石	
	1357	0.21	绿泥石	
	1372	0.19	绿泥石	
	1373	0.19	绿泥石	
	1413	0.2	绿泥石	
	1417	0.19	绿泥石	
	1520	0.19	绿泥石	

受燕山运动影响，早白垩世初为前断陷期，伴有大规模的火山喷发，沉积了屯田营组—长财组火山岩和火山碎屑岩。

第二节　不整合面及构造层

一、不整合面的识别

（一）不整合类型

沉积地层中的不整合历来是人们在勘探实践中注重研究的重要内容之一。按照规模大小，通常将不整合分为三级。由构造运动引起形成的不整合确定为一级，具体又称为角度不整合（含断褶不整合、褶皱不整合）、侵蚀不整合或削蚀不整合。由于沉积过程中湖水进退形成的不整合为二级，又叫做超覆不整合、退覆不整合或与之相当的假整合。地史中短暂的无沉积面或沉积间断定义为三级，相当于层序地层中的三级层序界面。当然，由于受勘探程度的限制，三级不整合并不能全部认识清楚。加之，有的不整合面（无沉积面）对油气的生成与聚集的影响较小，故不做重点讨论。

（二）由下到上发育三个一级不整合、三个二级不整合

延吉盆地从沉积地层的基底、下白垩统的屯田营组到上白垩统的龙井组，发育六个不整合。其中三个一级不整合、三个二级不整合。根据地震、测井和地质等有关资料，可以识别这些不整合。

1. 基岩顶部及屯田营组顶部的角度不整合

为全区性角度不整合，属一级不整合，相当于地震 T_5、T_4 反射层。这一界面很易识别，表现为下部地层岩性致密坚硬、密度大（密度在 $2.55g/cm^3$ 以上），局部缝洞发育，高电阻。地震剖面上易形成强振幅同相轴且其上下波组特征截然不同，表明不整合面上下地层倾角发生明显变化（图 3.13）。

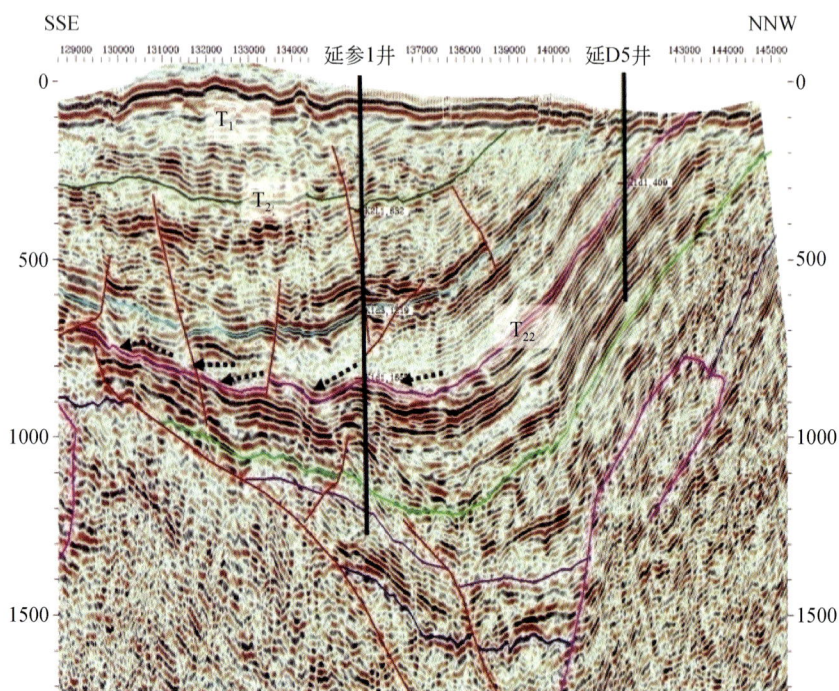

图 3.13　过延参 1 井—延 D5 井地震剖面的不整合特征

屯田营组以安山岩为主，夹有凝灰质角砾岩、粉细砂岩，上部为粉细砂岩夹煤层。在盆地北部出露地表，在龙井凸起及侧翼的延 6 井钻孔中有揭示（图 3.14），在盆地东北部的清茶馆凹陷钻遇较多，其他地区尚未钻遇。与上覆地层为角度不整合。其地层

分布虽不受断陷范围控制，却受火山活动的控制，形成后经历较长时间的剥蚀，因此多为残留的厚薄不均的地层。在龙井凸起及两侧，屯田营组较厚。地震剖面上往往反映为 T_5、T_4 反射层的合并。在屯田营组分布较厚处，两套波组特征也存在较大差异。

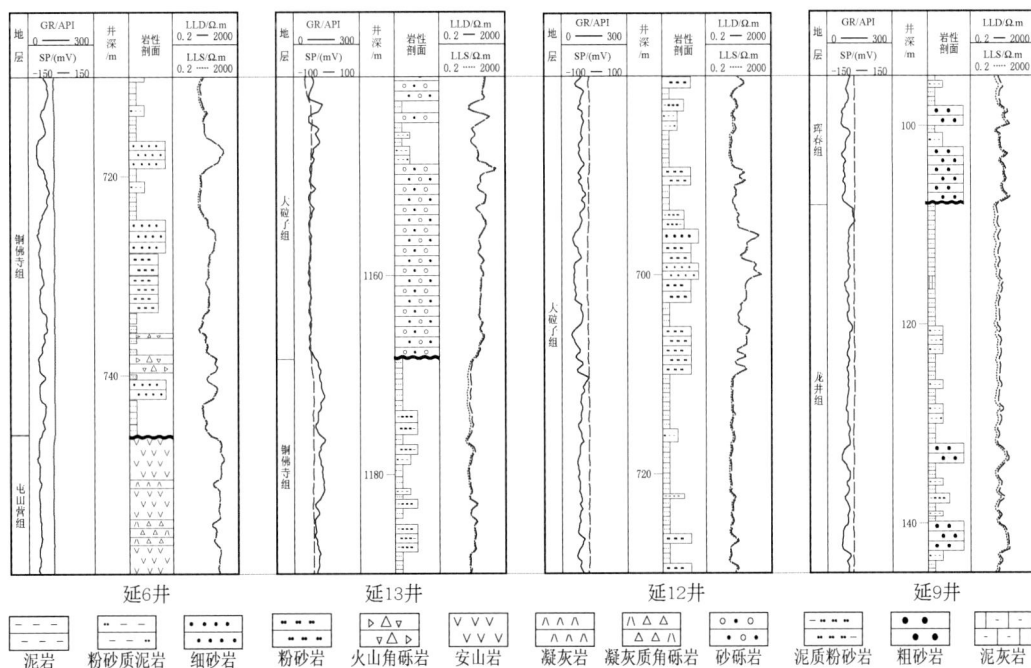

延6井　　　　延13井　　　　延12井　　　　延9井

泥岩　粉砂质泥岩　细砂岩　粉砂岩　火山角砾岩　安山岩　凝灰岩　凝灰角砾岩　砂砾岩　泥质粉砂岩　粗砂岩　泥灰岩

图 3.14　岩性剖面的不整合特征图

2. 铜佛寺组一、二、三段顶部局部不整合和超覆不整合

属二级不整合。在深凹部位发育头道组的粗碎屑沉积。上覆铜佛寺组则大体由下部砂砾岩、中部黑泥岩、上部粉细砂岩组成复合旋回。铜佛寺组湖相细碎屑沉积与下伏头道组粗碎屑沉积之间可以形成很好的波阻抗界面，为 T_{23} 强振幅地震反射层，但地层倾角变化不大（图3.15）。铜佛寺组与头道组在凹陷中间为整合接触关系、边部则与屯田营组以角度不整合形式接触。铜佛寺组顶面，即铜三段顶部，相当于 T_{22} 地震反射层。在龙井凸起上基本无铜佛寺组沉积，可形成局部不整合（具体应属断褶不整合）；在断陷边缘可以看到明显的上超，与上覆大砬子组为超覆不整合，而断陷中部钻井未显示明显的沉积间断，与上覆大砬子组应为整合接触（图3.14），反射轴可连续追踪。铜一段、二段顶部在凹陷边部均为超覆不整合，凹陷中部为整合接触。

由于断裂活动的差异及气候变化的周期性，早白垩世出现两次湖水扩张、退缩再湖侵的过程，表现为无沉积及侵蚀作用。地震剖面上见到削截、顶超反射，断陷中出现连续沉积，在地震剖面上表现为上超、整一反射，与三级层序界面对应，可连续追踪对比。

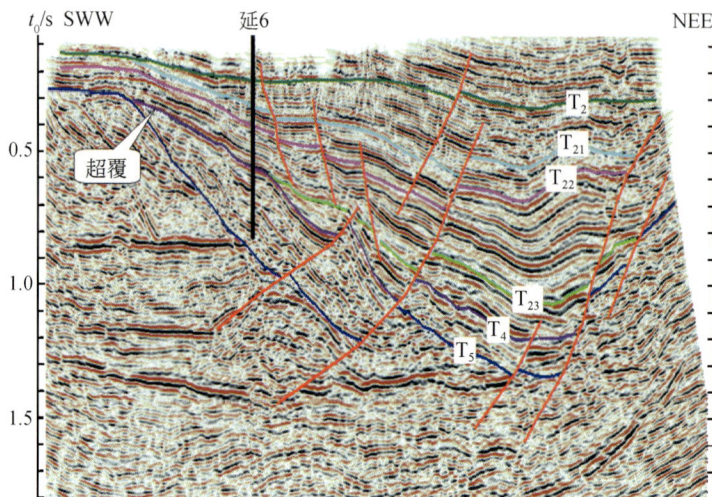

图 3.15　过延 6 井 Inline412 线地震解释剖面

3. 大砬子组顶部角度不整合

为一级不整合。大砬子组主要为一套粉细砂岩、厚层灰黑色、灰色泥岩、含少量砂砾岩的较完整旋回。大砬子组沉积末期，全区发生较为强烈的构造运动，发生较大规模的抬起、剥蚀，形成区域性角度不整合（图 3.14），相当于 T_2 地震反射层，可以见到明显的削蚀。同深度的镜质体反射率差别也较大，估算剥蚀厚度至少有 700m。岩性和声波资料也能反映这一特征（图 3.16）。

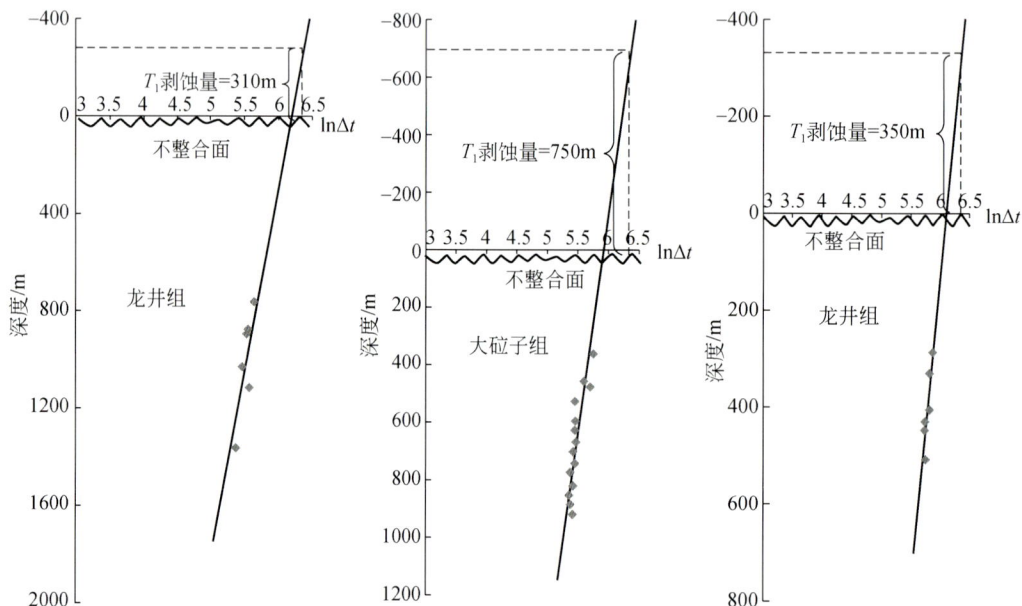

图 3.16　用声波时差求取剥蚀量

4. 龙井组顶部角度不整合

为一级不整合。龙井组岩性由紫红色泥岩、灰绿色粉细砂岩、砂砾岩等组成。其顶部角度不整合相当于 T_1 地震反射层，规模与大砬子组末期相当，甚至超过后者。二者的不整合特点还体现在盆地北部和南部分别出露地表（图3.15）。

龙井组以后的新近纪（珲春组、四方台组）、第四纪还有构造活动并产生不整合，但资料较少，暂不讨论。

二、构造层划分

构造层是地质演化过程中在一定构造单元里、在一定时期内形成的地层组合，它在时间上代表地壳演化历史中一定的构造时期，在空间上代表某一构造事件所影响的范围。各构造层之间的分界线通常表现为明显的沉积间断，出现区域性地层角度不整合接触关系。每个构造层在构造变形的格局、类型、样式、强度和构造应力方向等方面都有其各自的特点。

根据前述地层的划分、地层间接触关系、地震反射层终止端特征、构造运动、各套地层空间展布格局之间的差异等条件，将延吉盆地划分为3个构造层。即：屯田营组构造层（前断陷期）、下白垩统头道组+铜佛寺组+大砬子组构造层（伸展断陷期）、龙井组构造层（拗陷期）等（图3.17）。其中下白垩统构造层包含断陷初始期亚构造层（头道组）、断陷鼎盛期亚构造层（铜佛寺组）、断陷持续期亚构造层（大一段）和断陷萎缩期亚构造层（大二段）四个亚构造层。

（一）前断陷期构造层（屯田营组）

屯田营组构造层主要分布在清茶馆–德新凹陷北部和龙井凸起北部。与下伏古生界和上覆下白垩统均为角度不整合接触。从过延6井Inline412线地震剖面（图3.15）上可以看出，屯田营组在凸起上厚度较大，而在凹陷中却较薄，其层型结构与上覆地层差异较大。头道组反射同相轴超覆到 T_4 层面上。因该构造层以屯田营组火山岩系和可能的长财组煤系为主，其分布与凹陷的展布关系不大，不受盆地的控陷断裂控制，应是箕状断陷成盆前的产物。表明其间发生过大规模构造活动并伴随火山喷发。但由于探井揭示的屯田营组较少，更未钻遇长财组，该构造层的其他特点有待于进一步研究。

（二）下白垩统伸展断陷构造层（头道组+铜佛寺组+大砬子组）

下白垩统伸展断陷构造层由头道组、铜佛寺组和大砬子组构成，与下伏屯田营组构造层为超覆不整合、角度不整合关系，与上白垩统龙井组构造层之间存在区域性角度不整合。从延吉盆地多条剖面都可以看出，T_2 反射层为区域不整合界面，龙井组以

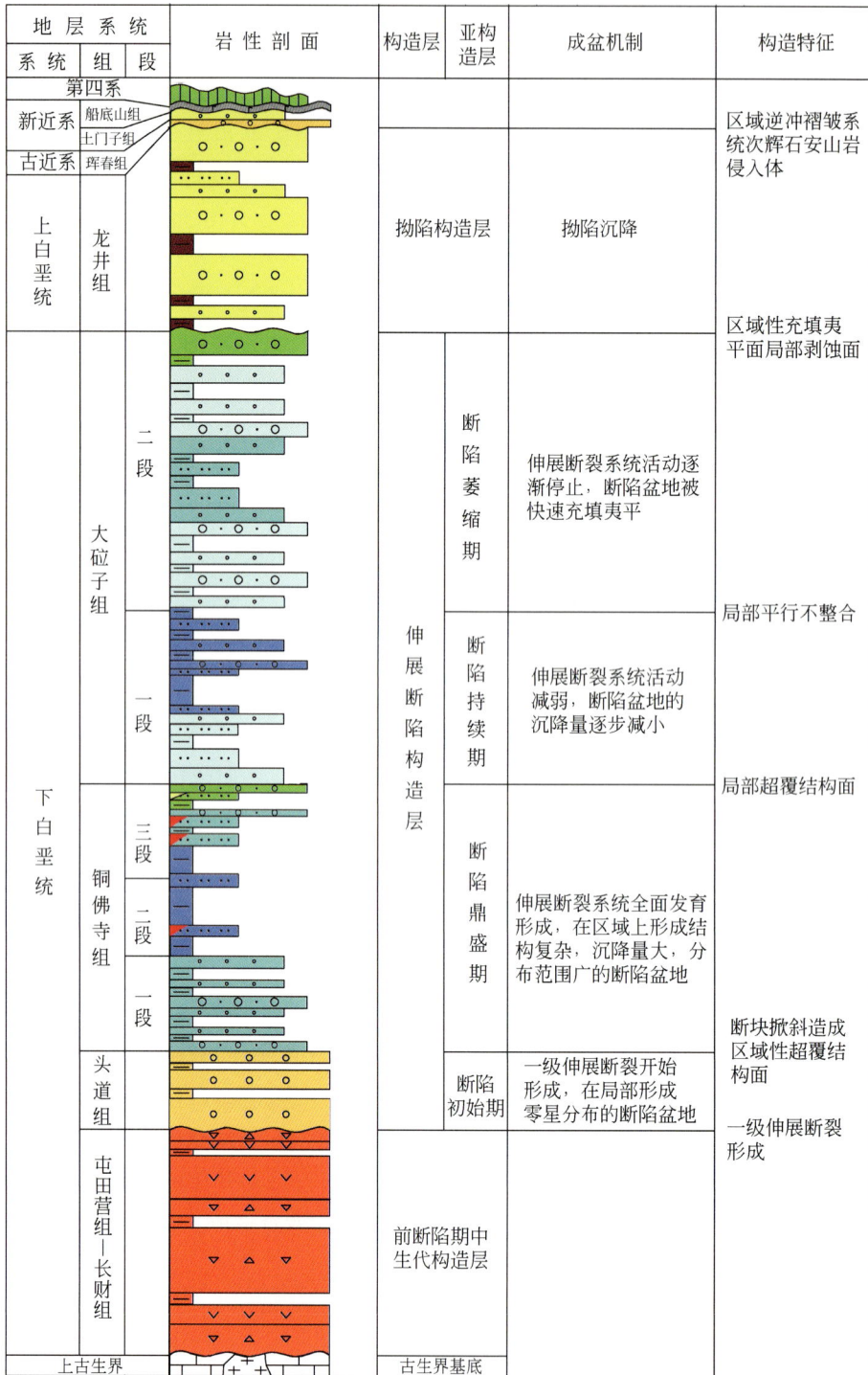

地层系统			岩性剖面	构造层	亚构造层	成盆机制	构造特征
系统	组	段					

图中主要内容（地层系统、岩性剖面、构造层、亚构造层、成盆机制、构造特征）如下：

- 第四系
- 新近系 船底山组
- 古近系 土门子组 / 珲春组
- 上白垩统 龙井组
- 下白垩统 大砬子组（二段、一段）、铜佛寺组（三段、二段、一段）、头道组、屯田营组—长财组
- 上古生界

构造层：拗陷构造层；伸展断陷构造层；前断陷期中生代构造层

亚构造层与成盆机制：
- 拗陷沉降
- 断陷萎缩期：伸展断裂系统活动逐渐停止，断陷盆地被快速充填夷平
- 断陷持续期：伸展断裂系统活动减弱，断陷盆地的沉降量逐步减小
- 断陷鼎盛期：伸展断裂系统全面发育形成，在区域上形成结构复杂，沉降量大，分布范围广的断陷盆地
- 断陷初始期：一级伸展断裂开始形成，在局部形成零星分布的断陷盆地
- 古生界基底

构造特征：
- 区域逆冲褶皱系统次辉石安山岩侵入体
- 区域性充填夷平面局部剥蚀面
- 局部平行不整合
- 局部超覆结构面
- 断块掀斜造成区域性超覆结构面
- 一级伸展断裂形成

图例：表土、泥岩、粉砂岩、砂岩、砂砾岩、砾岩、灰岩、花岗岩、火山角砾岩、安山岩、含油、含气

图 3.17　延吉盆地构造层划分图

角度不整合与下伏地层接触（图3.18）。从地层的横向分布来看，头道组、铜佛寺组和大砬子组都严格受下部控陷断裂的控制，而龙井组的分布则不受控陷断裂的影响。从地层厚度的变化看，铜佛寺组在控陷断裂根部明显加厚，远离控陷断裂迅速减薄；而龙井组分布十分广泛，分布范围和沉积厚度完全不受断层影响。最大沉积厚度超过2000m（延参2井），形成下部头道组磨拉石建造、中部湖泊含油气建造、上部湖沼细碎屑泥岩建造。铜佛寺组多为块体沉积，凹陷间不连通。大砬子组在凸起区覆盖，具有持续沉降性质。形成断层、断块和各类局部构造。这是盆地的主要构造层。

根据头道组、铜佛寺组、大砬子组分布特点，又进一步分为4个亚构造层。

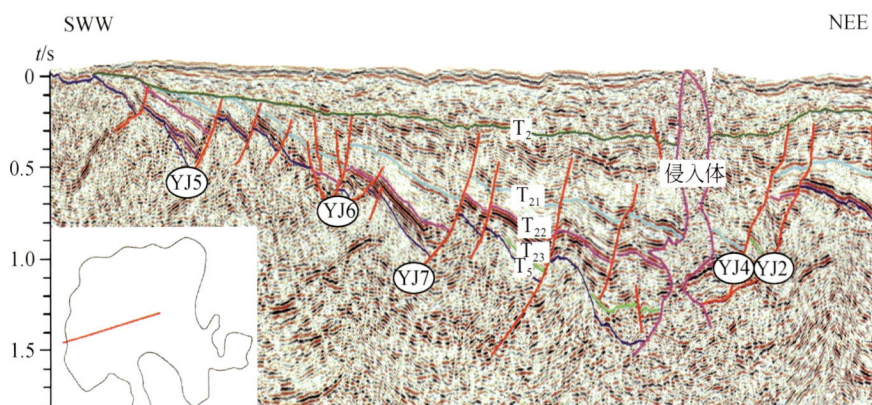

图3.18　朝阳川凹陷92-133叠偏剖面

1. 断陷初始期亚构造层（头道组）

断陷初始期亚构造层由头道组构成。上覆铜佛寺组与头道组之间存在由断块掀斜造成的区域性超覆结构面。沉积厚度一般为300～1250m。

从延吉盆地构造演化模式图上可以看出（图3.19），断陷初始期一级伸展断裂开始生成，古地貌高差较小，盆地发育规模很小，局部分布头道组，但局部沉积厚度达到1250m。显示断陷形成初期快速陷落、快速堆积的特点。

2. 断陷鼎盛期亚构造层（铜佛寺组）

断陷鼎盛期亚构造层由铜佛寺组构成（T_{23}～T_{22}）。与上覆大砬子组一段存在局部超覆结构面（图3.20）。在此期间，伸展断裂系统全面发育形成，且活动强烈，使湖盆范围急剧扩展，古地貌反差拉大，沉降量大，沉积范围广、厚度大（最厚1350m）。

3. 断陷持续期亚构造层（大砬子组一段）

断陷持续期亚构造层由大砬子组一段构成，大一段与大二段之间主要为整合接触，局部发育平行不整合和超覆不整合。与断陷鼎盛期相比，断陷持续期伸展断裂活动减弱，古地貌反差变小，沉积厚度为250～400m，横向变化减弱，扇三角洲体系逐渐进积，湖域范围逐步缩小（图3.21），湖盆边缘地层厚度迅速减薄，断陷盆地的沉降量也

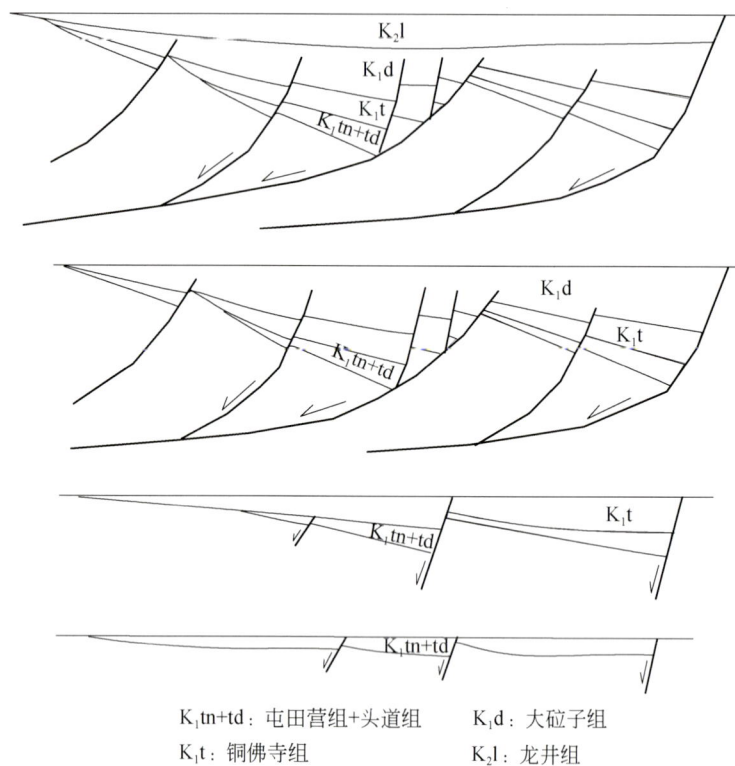

K_1tn+td：屯田营组+头道组 K_1d：大砬子组

K_1t：铜佛寺组 K_2l：龙井组

图 3.19 延吉盆地构造演化模式图

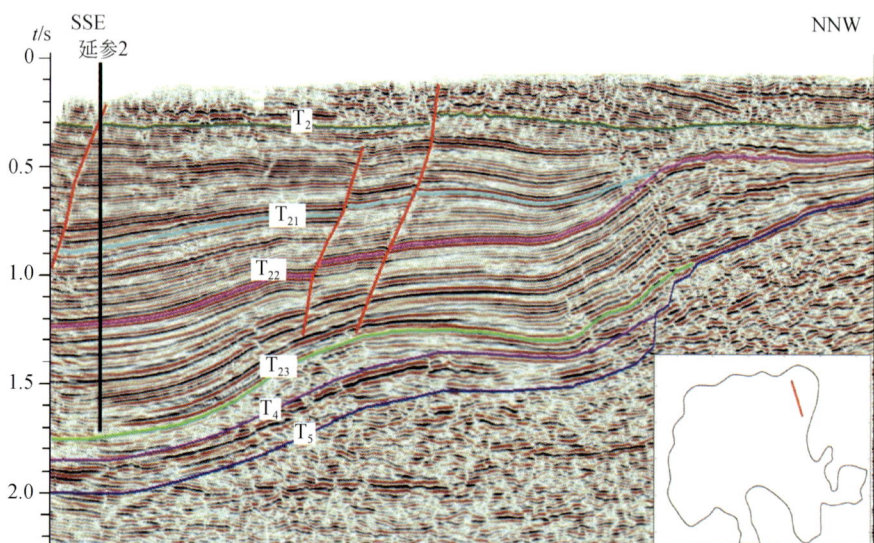

图 3.20 延 10 井区三维叠前时间偏移 Trace596 剖面

逐步减小。

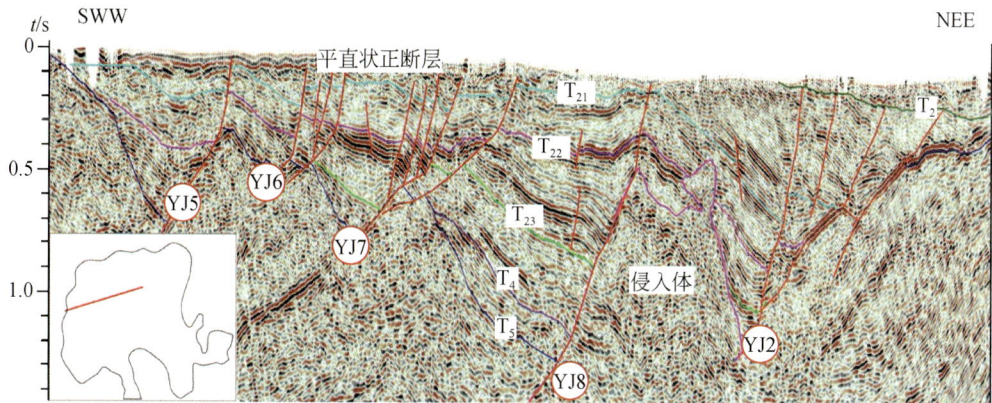

图 3.21　朝阳川凹陷 92-141 叠偏剖面

4. 断陷萎缩期亚构造层（大砬子组二段）

断陷萎缩期亚构造层由大砬子组二段构成，全区广泛分布，伸展断裂活动逐渐停止，构造活动相对较弱，湖盆充填夷平。构造应力场开始发生转变。

（三）上白垩统拗陷构造层（龙井组）

上白垩统拗陷构造层由龙井组构成。龙井组分布范围广，不受控陷断裂的控制和影响，大面积覆过控陷断层。龙井组后期构造运动发生转变，由近东西向的区域性伸展作用，转变为近南北向的区域性挤压褶皱作用，形成轴向为北东东向的区域性褶皱系统。同时发育次辉石安山岩侵入体。

新生界构造层由古近系珲春组、新近系土门子组、船底山组构成。但盆地中尚未钻遇，实际上不存在，在此不再讨论。

第三节　盖层断裂及构造特征

一、盖层断裂体系

（一）盖层断裂发育与分类

1. 盆地沉积盖层内断层较为发育

盆地沉积盖层内断层较为发育（表 3.2）。

表 3.2 延吉盆地盖层主要断裂统计表

序号	断层名称	走向	最大延伸长度/km	倾角/(°)	断开层位	最大断距/m
1	YJ1	NNW	48.0	15~25	T_{21}、T_{22}、T_{23}、T_4、T_5	2350
2	YJ2	NNW	28.5	15~25	T_{21}、T_{22}、T_{23}、T_5	3100
3	YJ3	NNE	13.5	15~25	T_{21}、T_{22}、T_{23}、T_4、T_5	1600
4	YJ4	NNW	6.5	15~30	T_{21}、T_{22}	950
5	YJ5	NNW	21.5	30~40	T_{21}、T_{22}、T_4、$T5$	800
6	YJ6	NNW	18.0	20~30	T_{21}、T_{22}、T_5	520
7	YJ7	NNW	23.5	30~40	T_{21}、T_22、T_23、T_5	600
8	YJ8	NNW	13.0	25~35	T_{21}、T_{22}、T_{23}、$T5$	750
9	YJ9	NNW	26.0	30~40	T_{21}、T_{22}、T_5	700
10	YJ10	NNW	9.5	30~40	T_{21}、T_{22}、T_4、T_5	500
11	YJ11	NNW	10.0	30~40	T_{21}、T_{22}	300
12	YJ12	NWW	2.0	20~30	T_{21}、T_{22}	200
13	YJ13	NWW	1.5	20~30	T_{22}	250
14	YSH8	NNE	11.0	30~40	T_{21}、T_{22}、T_{23}、T_4、T_5	320
15	YSH12	NWW	7.5	30~40	T_{21}、T_{22}、T_{23}	200
16	YSH46	NNW、NEE	2.0	20~30	T_{22}、T_{23}、T_4、T_5	400

在盆地形成发展中，一部分断层继承基底断裂的走向、倾向等进一步发育，一部分则是伴随控陷断裂、控带断层而派生的次级断层。主要特点有：

（1）以北北西走向为主，延伸长度 6.5~48km，最大断距 200~3100m。

（2）以伸展断层为主，长期发育的断层有 14 条，它们控制了凹陷的分布范围，凹陷的走向，控制了构造带的展布和局部构造的发育，有些可能是油气运移通道，有些持续活动的断层对油气聚集保存起破坏作用。断开 2~3 个层位的断层（早期发育的断层）有 92 条，多为正断层，长 1~3km，它们对局部构造的形成、油气成藏或破坏均产生了一定的作用。

（3）有少数逆断层形成。

2. 分为控陷、控带、控藏等三类断层

按照断层规模，形成发育时间，对盆地、凹陷、构造带、局部构造圈闭等形成中的控制作用等分为控陷（一级）、控带（二级）、控构造（三级）三类断层（表3.2）。

（二）伸展断裂特征

伸展断裂系统是由不同尺度的伸展断层和具横向调节性质的横向和纵向断层组成，其中主干伸展断层对伸展构造变形以及断陷的形成和演化有重要的影响。伸展断裂系统中可以发育不同方向的断层，但是它们应该同时体现统一的伸展应变场特征（沈华等，2005）。

1. 伸展断层剖面样式

伸展断层是伸展盆地（凹陷）、伸展构造的基本结构要素。伸展断层的剖面几何形态一般有犁式断层、座椅式断层、平直式断层。

1）平直式正断层

平直式正断层的特征是断层面平直，按照旋转程度分为非旋转平面状断层和旋转平面状断层。平直式正断层是盖层次级断层的主要构造样式，一般发育时期相对较短，规模较小，多属于三级断层，且大多是后生断层。延吉盆地的朝阳川凹陷和西部斜坡带发育的伴生断层，主要为这种类型（图3.21）。

2）犁式正断层

犁式正断层又叫铲式正断层，是伸展型盆地较为常见的一种断层样式。在剖面上构成上凹的曲面，呈上陡下缓的犁状形态。其特征是随着深度增加，断层面倾角逐渐变缓，沿沉积层、基岩顶面等滑脱。这类断层具有旋转性质。

铲式正断层的形成过程是：早期由于岩层翘倾产生较缓的断层面（A—C层），地层倾斜，进入到D—E期后岩层翘倾作用停止，也就是断层停止旋转，地层（D—E）变为水平，相应地断层面比A—C层的断层面要陡，二者连接起来构成铲式正断层（图3.22）。

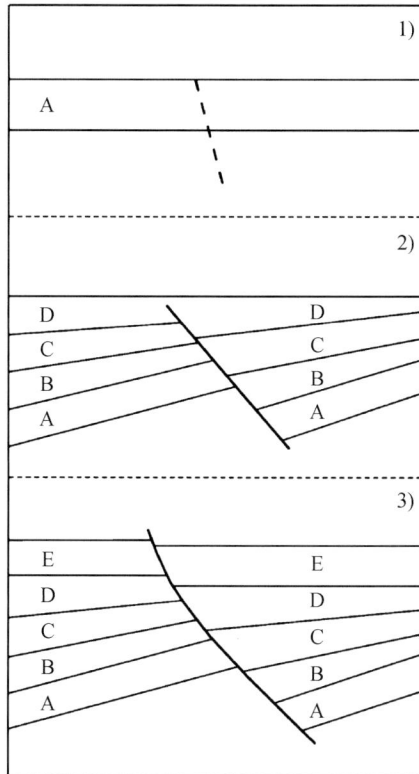

图 3.22 犁式正断层示意图

在断层演化过程中断层上盘岩层发生旋转，或断层两盘及断层本身同时发生旋转，使得断层两盘的同一标志层的倾角不同，这类断层一般发育期相对较长，规模较大，且大多具有同生性质，多属于一、二级断层。犁式正断层一般都为凹陷的控陷断层，控制了凹陷的发育和演化。延吉盆地的 YJ1 和 YJ2 断裂属于此类型，它们分别控制了朝阳川凹陷和清茶馆-德新凹陷的发育和演化。控陷断裂造成箕状断陷陡坡剧烈沉降，后期的伸展掀斜作用造成缓坡地层倾斜（图3.6）。

3）座椅状正断层

其特征是断层面上下陡中间缓，呈座椅状。延吉盆地尚未发现此类断层。

2. 伸展断层的生长特征

在持续活动的断层中，大部分为生长断层。下面以 YJ7 和 YJ8 断层为例，揭示其特征。通过编制其断距-时间（标志层）关系，可以了解延吉盆地伸展断裂在各个阶段生长速率的变化。

将三级层序界面作为地质时间标志点，可直观地了解 YJ7 和 YJ8 断层在各个历史时期的生长速率（图3.23），大体分为三段。早期（头道组）和晚期（大砬子组）段均比较平缓，而中段（铜佛寺组）斜率较大。表明 YJ7 断层在铜佛寺期活动最为强烈，是其主要生长发育期。

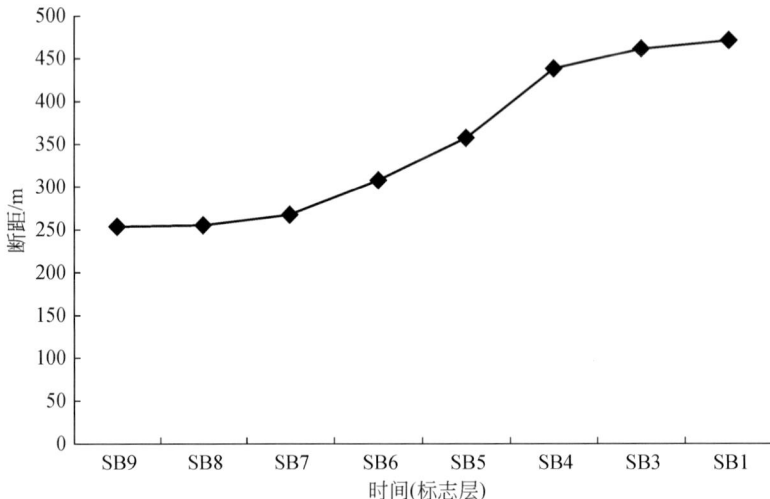

图 3.23　延吉盆地 YJ7 断层断距-时间关系图

YJ8 断层的活动规律与 YJ7 断层基本相当，剧烈活动期比 YJ7 断层稍早（图3.24）。

3. 伸展断裂系统的空间扩展特征

延吉盆地控陷断裂的形成具有复杂的历史，最初是各个区段独立发展，随后是相邻区段相互影响、相互作用，进而连接成一条完整的边界断层。

伸展断层（正断层）、特别是控陷正断层作为伸展盆地（凹陷）、伸展构造的基本

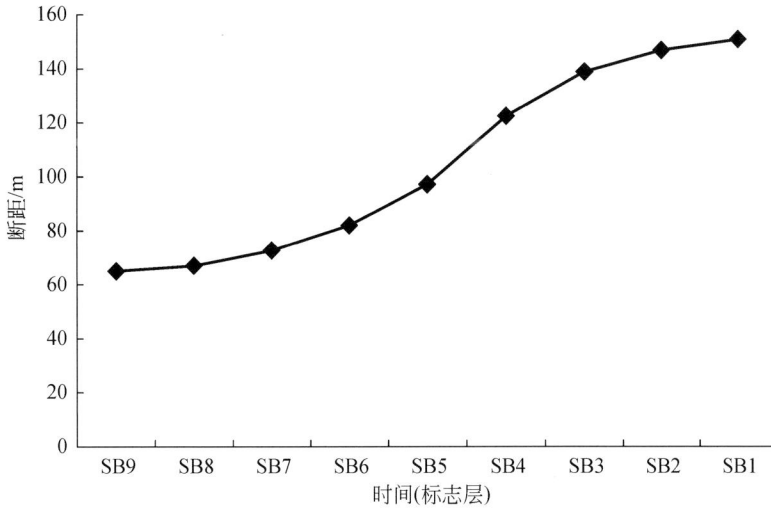

图 3.24 延吉盆地 YJ8 断层断距–时间关系图

结构要素，其生长发育过程影响着伸展区的构造格架和沉积作用。

正断层生长是一个递进的动态过程，大量延伸短、位移小的正断层随着时间的推移，应力的增加，将逐渐连接成少量延伸长、位移大的断层，从而表现出在不同的演化阶段具有不同的位移分配样式。大致可将其生长连接过程分为四个阶段（图 3.25）。第一个阶段，断层之间还没有发生重叠或相互作用，断层都还处于走向推进的生长状态；在两条断层的断错处，它们的总位移为零。第二个阶段，断层开始发生相互作用，各断层的位移通过传递斜坡的倾斜和旋转发生改变；在靠近断错处，各条断层的位移梯度都很陡。传递斜坡是存在于具有相同倾向的两条正断层之间的变换带。在重叠处，由地层的倾斜、旋转产生。第三个阶段，发生在两条断层之间的新生断层开始破坏传递斜坡。第四个阶段，传递斜坡被破坏，两条断层被新生成的变换断层连接起来。

1）YJ1 控陷断裂的空间扩展机制

YJ1（磨盘山断裂）是控制清茶馆–德新凹陷发育的东边界断裂，亦是延吉盆地的东边界断裂。YJ1 断裂主要活动期在铜佛寺组沉积时期（图 3.26）；大砬子组沉积时期断层的活动性明显减弱。

头道组沉积时期该断裂分两个区段进行独立活动，即 92-128 测线以南区段和 89-7 测线以北区段。其位移–长度曲线均呈较完整的似钟状形态。在头道组沉积时期，YJ1 断裂南北 2 个区段均呈 NNW 走向独立活动，分别控制发育了 2 个局部的沉积–沉降中心。随着伸展作用的继续，各区段间相互连接成为一条完整的断层。在铜佛寺组沉积时期，YJ1 断裂的位移–长度曲线整体由多个呈似钟状或半椭圆形部分组成，说明该时期各区段已完成了硬连接。在各区段间的连接区域，无论在平面上，还是在剖面上，现今仍可看到相互连接的痕迹。

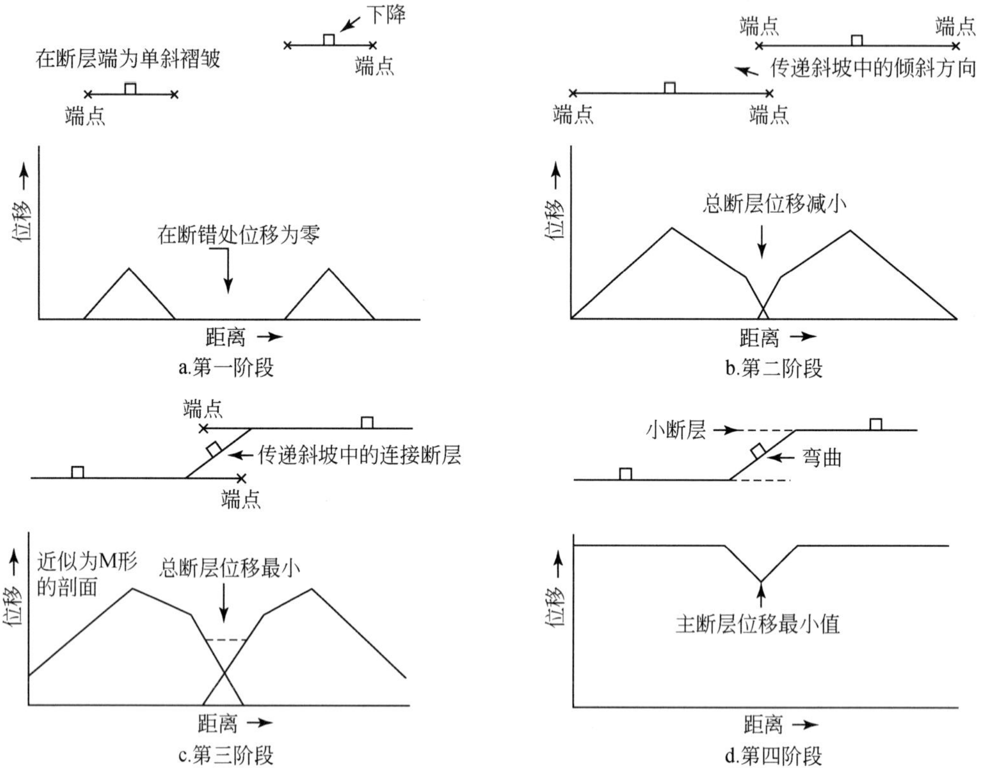

图 3.25 断错断层的演化阶段以及相应的位移-长度图

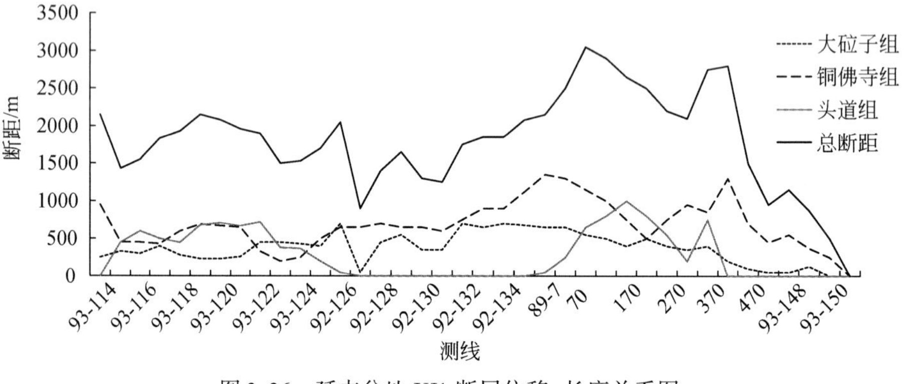

图 3.26 延吉盆地 YJ1 断层位移-长度关系图

2）YJ2 控陷断裂的空间扩展机制

YJ2（虎鼻山断裂）是控制朝阳川凹陷发育的东边界断裂。其主要活动期在铜佛寺组沉积时期；大砬子组沉积时期活动性明显减弱（图 3.27）。

似钟状的位移-长度曲线特征表明该断裂自头道组沉积期以来，一直作为一个整体在活动。中间活动性强、两端活动性弱的曲线形状，说明该断裂在地质时期没有发生过断裂间的联合作用。其活动强度较大的区段在北段（92-133 测线至 92-141 测线间区段）。同时可以看出，头道组沉积时期，断层只发育了北段，随着后期断裂活动的增

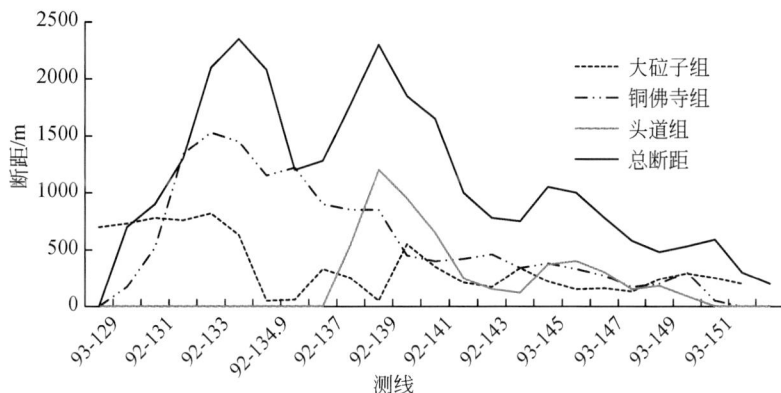

图 3.27　延吉盆地 YJ2 断层位移–长度关系图

强，断层逐渐向南延伸。

YJ1 和 YJ2 控陷断裂均向外延伸进入露头区（图 3.3）。表明伸展断裂系统的原始分布范围远大于现今延吉盆地的范围，但总体上被限定在图们江壳断裂和古洞河–白金超岩石圈断裂之间。

3）伸展断裂系统的空间演化

头道组沉积时期，YJ1 断裂只发育南段和北段，中段不发育。在其南段发育了德新次凹；在北段发育了清茶馆次凹，地层厚度自断层根部向外逐渐减薄（图 3.28）。YJ2 断裂只发育了北段，在 YJ2 断裂北段的西侧发育了朝阳川凹陷的雏形，地层厚度也为自断层根部向外逐渐减薄。

铜佛寺时期，处于断陷活动的鼎盛时期，断裂活动强烈，YJ1 断裂的北段、中段和南段逐渐连接到一起，形成一条大的控陷断裂，控制了清茶馆–德新凹陷的整体发育，南部德新次凹和北部清茶馆次凹沉积的地层厚度大，次凹间地层厚度相对较薄。YJ2 断裂逐渐向南延伸。对朝阳川凹陷沉积地层的控制作用较强烈，地层也较厚。

大砬子组沉积时期，YJ1、YJ2 断裂规模进一步扩大，但断裂活动处于相对平缓阶段，沉积规模也有相应扩大，但沉积范围仍然控制在 YJ1 断裂以西。

综上所述，YJ1 断层和 YJ2 断层为控制区域伸展格架的主干伸展断裂。两者的活动时间、断层性质完全相同，断面自浅而深由陡变缓，具备一定的犁式断层特征。其中 YJ1 断层控制了清茶馆–德新凹陷的发育，YJ2 断层控制了朝阳川凹陷的发育，这两条断层及其控制形成的两个伸展凹陷共同构成了延吉地区中生代伸展系统的基本格架。

延吉地区中生代伸展系统基本结构的另一特征，就是次级伸展断层广泛发育，将上述基本构造格架复杂化。它们对延吉盆地空间变化也起了一定的作用。

二、伸展凹陷形成

1. 伸展凹陷剖面构造样式

盆地或凹陷的边界正断层的几何形态和运动学特征的差异，导致了伸展型断陷盆

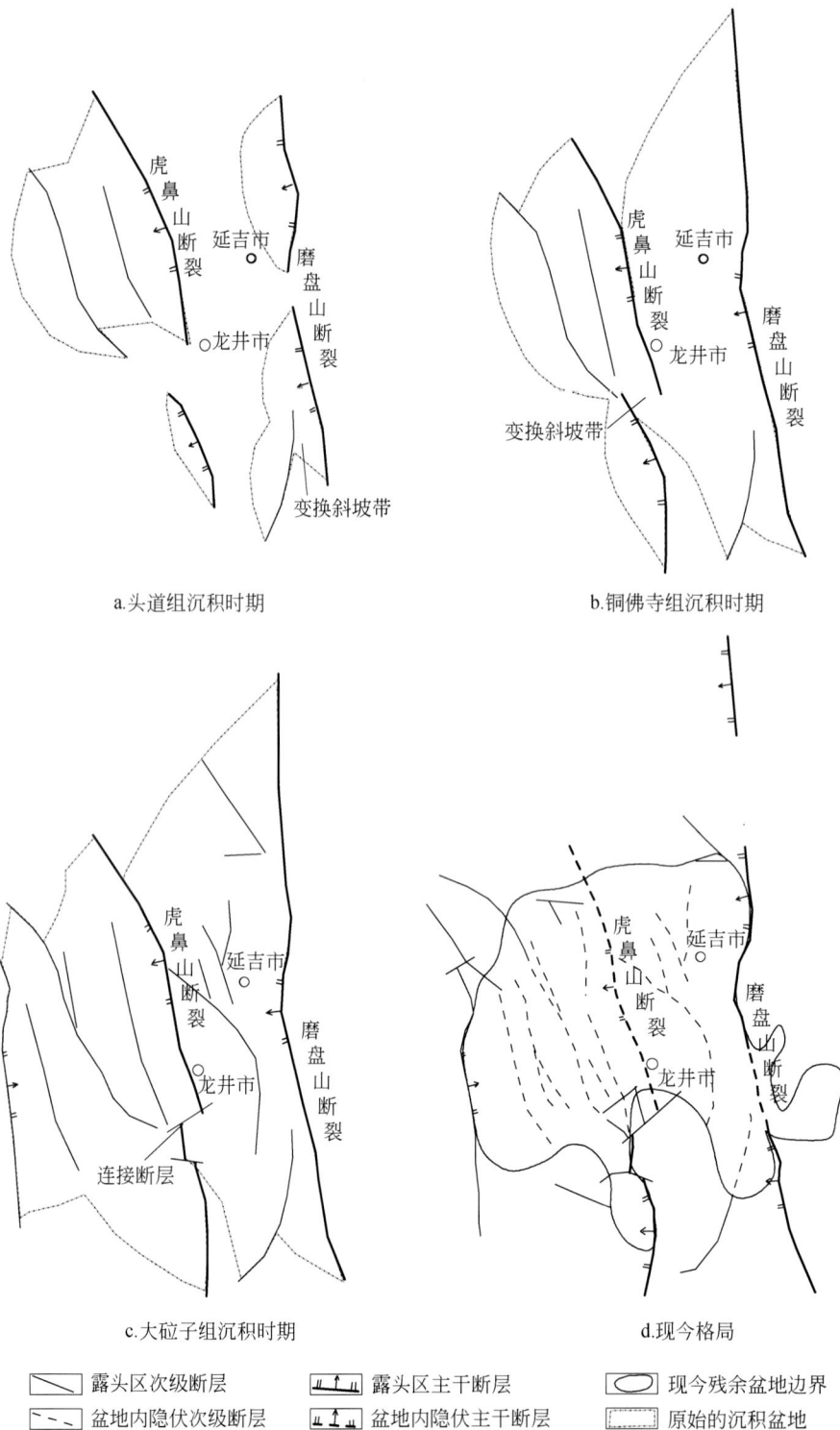

a.头道组沉积时期

b.铜佛寺组沉积时期

c.大砬子组沉积时期

d.现今格局

图 3.28　延吉盆地伸展断裂系统演化过程

地构造样式的不同。构造样式是剖面形态、平面展布、排列及应力机制上有密切联系的一系列局部构造的特定组合，是同一期构造变形或同一应力作用下所产生的构造的总和。

延吉盆地的伸展断层控制了北北西向箕状断陷（半地堑）的形成、排列和发育。其伸展构造样式主要呈多米诺式半地堑组合。

断陷盆地按其几何形态可以分为四种类型的断陷盆地结构样式（图3.29），分别为：①由非旋转平直式正断层控制的地堑与地垒；②由旋转平直式正断层控制的多米诺式掀斜（箕状）半地堑系；③由铲式正断层控制的半地堑；④由坡坪式正断层控制的复式半地堑。

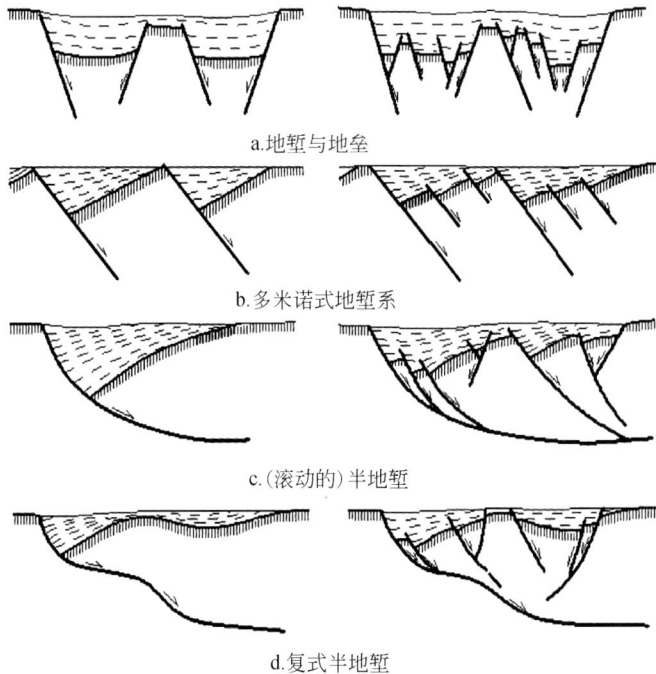

a.地堑与地垒

b.多米诺式地堑系

c.(滚动的)半地堑

d.复式半地堑

图3.29　盆地伸展构造的四种基本样式

左图为基本型，右图为可能的复杂型

多米诺式半地堑是由连续的多个半地堑组成的构造样式，由平直式正断层或铲式正断层控制。而延吉盆地属于这种由数个西倾的多米诺式半地堑组合而成（图3.30）。

2. 延吉盆地的伸展率

半地堑的伸展作用使盆地区的地壳或岩石圈被伸展断层（正断层）伸展减薄，裂开为大小不等、形状各异的断块体。断块间的离散伸展运动使断层上盘断块在自身重力作用下滑落，同时沿断层面引起瞬时卸载而导致下盘断块的瞬时均衡上升，于是产生了断层两盘断块的垂直差异升降运动和断块掀斜运动。伸展运动可用伸展量和伸展率来定量表示。伸展量指断块体伸展前后长度之差；伸展率指伸展量与伸展前长度之比。

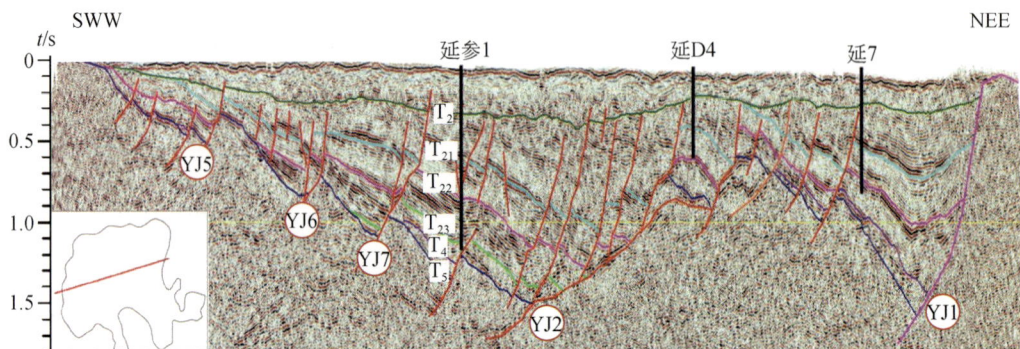

图 3.30　延吉盆地 89-7 线地震剖面

选择延吉盆地基底面、头道组底面、铜佛寺组底面和大砬子组底面作为不同时代的基准面进行长度平衡的测量和计算，求解出延吉盆地部分剖面在不同时间段内的水平伸展量和伸展率（表 3.3）。

表 3.3　延吉盆地伸展构造的伸展量与伸展率

剖面	基底长度 /km	总伸展量 /km	总伸展率 /%	头道组时期		铜佛寺组时期		大砬子组下段时期	
				伸展量 /km	伸展率 /%	伸展量 /km	伸展率 /%	伸展量 /km	伸展率 /%
88-7 测线	33.5	8.5	25.4	1.2	4.3	6.2	21.1	1.8	5

计算结果表明：伸展运动开始于头道组时期，到铜佛寺组达到鼎盛，伸展率为 21.1%。大砬子组下段时期伸展活动开始减弱。

三、构造单元划分

（一）划分原则

对于小型盆地，按照减少层级、方便使用的思路划分构造单元。从盆地成因特点确定划分延吉盆地构造单元的原则：①基底结构，包括基底岩性和基底断裂；②控陷断裂的走向；③沉积岩厚度及分布；④构造层分布特点。

（二）单元分区

延吉盆地的构造格局可划分为"两凹、一凸、一斜坡"4 个二级构造单元，8 个亚二级构造单元（图 3.31、表 3.4）。

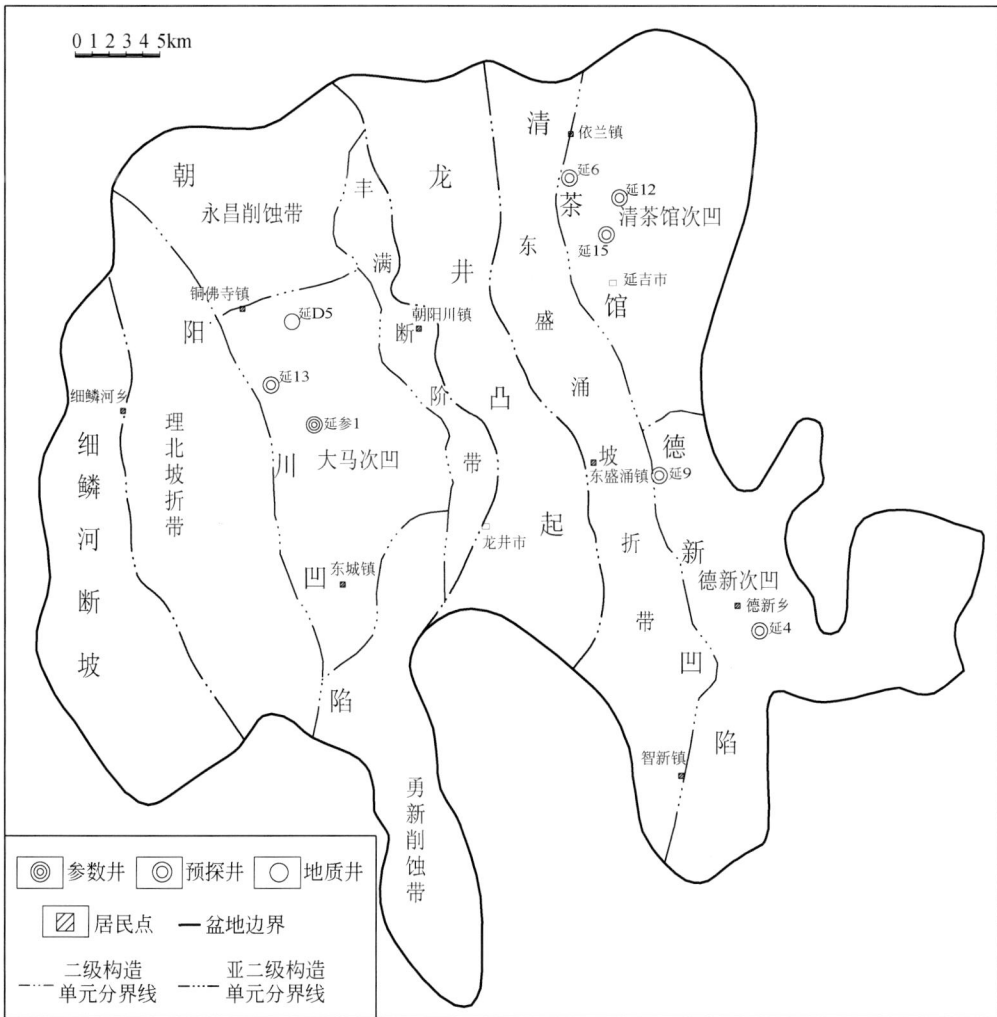

图 3.31　延吉盆地构造单元划分图

表 3.4　延吉盆地构造单元划分表

盆地	二级构造单元		亚二级构造单元		沉积岩最大厚度/m
	名称	面积/km²	名称	面积/km²	
延吉盆地 1670km²	细鳞河斜坡	170		170	1300
	朝阳川凹陷	6752	理北坡折带	205	2100
			勇新削蚀带	125	700
			大马次凹	165	4000
			丰满断阶带	60	1600
			永昌削蚀带	120	1300
	龙井凸起	200		200	1400
	清茶馆–德新凹陷	6252	清茶馆次凹	185	3900
			德新次凹	235	2400
			东盛涌坡折带	205	2100

（三）构造单元特征

1. 细鳞河斜坡

细鳞河断坡位于盆地西部边缘，其南北长 28km，东西宽 4～8km，面积 170km²。东界受 YJ5 断层控制，西界即为盆地边界。斜坡上发育数条 NNW 反向正断层，其基岩顶面（T_5 层）和铜佛寺组顶面（T_{22} 层）均呈斜坡。基岩顶面埋深海拔 -1000～400m，铜佛寺组顶面埋深海拔 -600～250m。地层向东倾，倾角 20°～25°。沉积盖层铜佛寺组、大砬子组和龙井组，这些地层均不同程度地遭到削蚀。

2. 朝阳川凹陷

朝阳川凹陷受 YJ2 断裂控制，东邻龙井凸起，西连细鳞河斜坡。南北长 30km，东西宽 15～22km，面积约 675km²。凹陷内发育地层比较全（头道组、铜佛寺组、大砬子组和龙井组），沉积岩最厚超过 3500m。进一步细分为 5 个亚二级构造单元。

1）理北坡折带

是介于 YJ5 断层、YJ7 断层之间呈东倾的陡坡。南北长 29km，东西宽 5～8km，面积约 205km²。基岩顶面（T_5 层）埋深海拔 -2100～0m，T_{22} 层埋深海拔 -1500～100m。倾角 20°左右。沉积盖层铜佛寺组、大砬子组和龙井组。向西铜佛寺组逐渐减薄，大砬子组和龙井组不同程度地遭到削蚀。

2）勇新削蚀带

位于盆地南部抬起剥蚀区内，沉积盖层较薄。南北长约 23km，东西宽 2～6km，面积 125km²，沉积地层大砬子二段和龙井组，总厚度 700m。

3）大马次凹

大马次凹位于朝阳川凹陷中心部位，受控于 YJ2 和 YJ8 断层。南北长约 18km，东西宽 5～10km，面积约 165km²。是朝阳川凹陷的沉降中心。随断裂的活动而逐渐加深，沉积盖层齐全，总厚度 4000m。

4）丰满断阶带

YJ2 断层的西侧发育一个由数条断层组成的近南北向阶梯状断裂带。位于 YJ2 断裂至 YJ8 断裂之间。南北长 22km，东西宽 1～3km，面积约 60km²，总厚度 1600m。

5）永昌削蚀带

位于朝阳川凹陷延 D5 井以北、延 D8 井以西区域，是盆地发育晚期铜佛寺地区大幅度抬升而后遭受削蚀的区域。南北长 10km，东西宽 8～14km，面积约 120km²，总厚度 1300m。在新兴坪村附近剥蚀残余区域发育的新兴坪鼻状构造，直观地展现了该区当时褶皱变形及后期剥蚀残余部分的构造形态。

3. 龙井凸起

隆起和凸起的差别一般是指经构造变动岩层拱起后的规模和上覆地层的厚度。如果规模大、上覆地层较薄（一般仅几百米厚），称为隆起。如果规模相对较小、上覆地层较厚（一般超过千米），称为凸起。以凸起上覆地层相对厚薄做依据，进一步分为高凸起和低凸起。薄者为高凸起，厚者为低凸起。

龙井凸起位于延吉盆地朝阳川凹陷和清茶馆-德新凹陷之间，南起龙井市南琵岩山北坡经帽儿山（国家森林公园）至北面的蘑菇顶子以北。走向 NNW，南北长 30km，东西宽 4~7km，面积约 200km^2。沉积岩最大厚度 1400m。根据基岩顶面（T$_5$ 层）和铜佛寺组顶面（T$_{22}$ 层）构造形态，细分为 3 个部分。

龙井凸起南部在龙井市附近，延 D2 井以南，表现为高凸起。由北向南盆底面由海拔 -1000m 快速抬升上山（琵岩山、虎鼻山），地层倾角 11°~13°。覆盖有大砬子组、龙井组地层。

龙井凸起中部在东丰村-帽儿山国家森林公园，表现为 NNW 向（铜佛寺组）的断块，覆盖龙井组、大砬子组和铜佛寺组沉积盖层。铜佛寺组厚度较薄，铜佛寺组最厚不超过 300m。相对于龙井凸起的南部和北部表现为低凸起。

龙井凸起北部以蘑菇顶子为中心，也表现为高凸起。沉积盖层小于 600m，发育大砬子组二段、龙井组。龙井组在凸起北部边缘大面积遭受剥蚀，蘑菇顶子西北部被剥蚀殆尽。

4. 清茶馆-德新凹陷

位于 YJ2 断层和龙井凸起之间。呈 NNW 向。南北长 48km，东西宽 8~23km，面积约 625km^2。凹陷中发育屯田营组、头道组、铜佛寺组、大砬子组和龙井组，沉积岩最大厚度近 3900m。根据铜佛寺组顶面（T$_{22}$ 层）构造格局，又细分为 3 个亚二级构造单元。

1）东盛涌坡折带

东盛涌坡折带位于延吉市北依兰镇至智新乡一带。西为龙井凸起，东为德新次凹、清茶馆次凹。南北长 40km，东西宽 3~6km，面积约 205km^2。NWW 向延伸，地层东倾，地层倾角 13°~16°，为上倾斜坡部位。其南部、中部、北部构造差异较大。

南部为 YJ3 断层的下降盘，深层地层相对齐全，浅层龙井组剥蚀殆尽，总厚度 2000m。

中部发育在 YJ9 断层与 YJ10 断层之间。覆盖铜佛寺组、大砬子组、龙井组，总厚度约 1500m。

北部北西高东南低，沉积盖层逐渐向上超覆而形成超覆圈闭，如卧龙圈闭、利民圈闭。此处沉积岩中厚度约 1300m。

2）清茶馆次凹

清茶馆次凹位于清茶馆–德新凹陷北部，南北长 20km，东西宽 4～10km，面积 185km^2。凹陷原型保持较好，地层埋藏较深，发育屯田营组–长财组、头道组、铜佛寺组、大砬子组、龙井组，沉积岩最大厚度约 3900m。最深处在延参 2 井（井深 2932m，未到底）附近，发育地层较全。

3）德新次凹

德新次凹位于清茶馆–德新凹陷南部，南北长 25km，东西宽 4～15km，面积 235km^2。发育头道组、铜佛寺组、大砬子组，头道组顶面（T$_{23}$层）埋深海拔 -1500～ -500m，地层发育相对较全。是凹陷的南部沉降中心。由于后期大幅度抬升遭到破坏，逐渐隆升呈背斜形态，铜佛寺组、大砬子组以及龙井组上部曾不同程度地遭受剥蚀，以龙井组剥蚀量为最大。延 14 井以南龙井组几乎被剥蚀殆尽。

四、局 部 构 造

根据现有地震资料解释（图 1.1、图 3.4、图 3.32），延吉盆地发育三级局部构造 24 个，层圈闭 67 个，圈闭面积约 219.0km^2（表 3.5）。四级构造类层圈闭 38 个，构造类层圈闭面积 184.4km^2。

表 3.5　延吉盆地层圈闭统计表

层名	构造类		非构造类		鼻状构造		重查		发现	
	个	km^2	个	km^2	个	km^2	个	km^2	个	km^2
T$_2$	1	6.5							1	6.5
T$_{21}$	11	55.7	4	31.5	2	5.1	8	72.2	9	20.1
T$_{22}$	15	54.5	9	33	2	10	10	54.5	16	43
T$_{23}$	1	3	7	28			3	5.3	5	25.7
T$_4$	2	10.1	2	20.8			2	10.1	2	20.8
T$_5$	8	53.5					6	36.5	2	17
合计	38	184.4	22	113.3	4	15.1	29	179.7	35	133.1

背斜、断块和断鼻类构造均与断层活动有关，主要是在早白垩世伸展断陷期发育形成。而由于早白垩世侵入岩体在上倾方向遮挡形成了岩性圈闭。它们均在龙井后期发生挤压褶皱构造运动中受到不同程度的改造。盆地中心基本保持原有的构造形态，但南北两端的构造圈闭变动幅度较大。南阳背斜就是在龙井期后期受褶皱构造运动最终定型的逆牵引背斜圈闭。

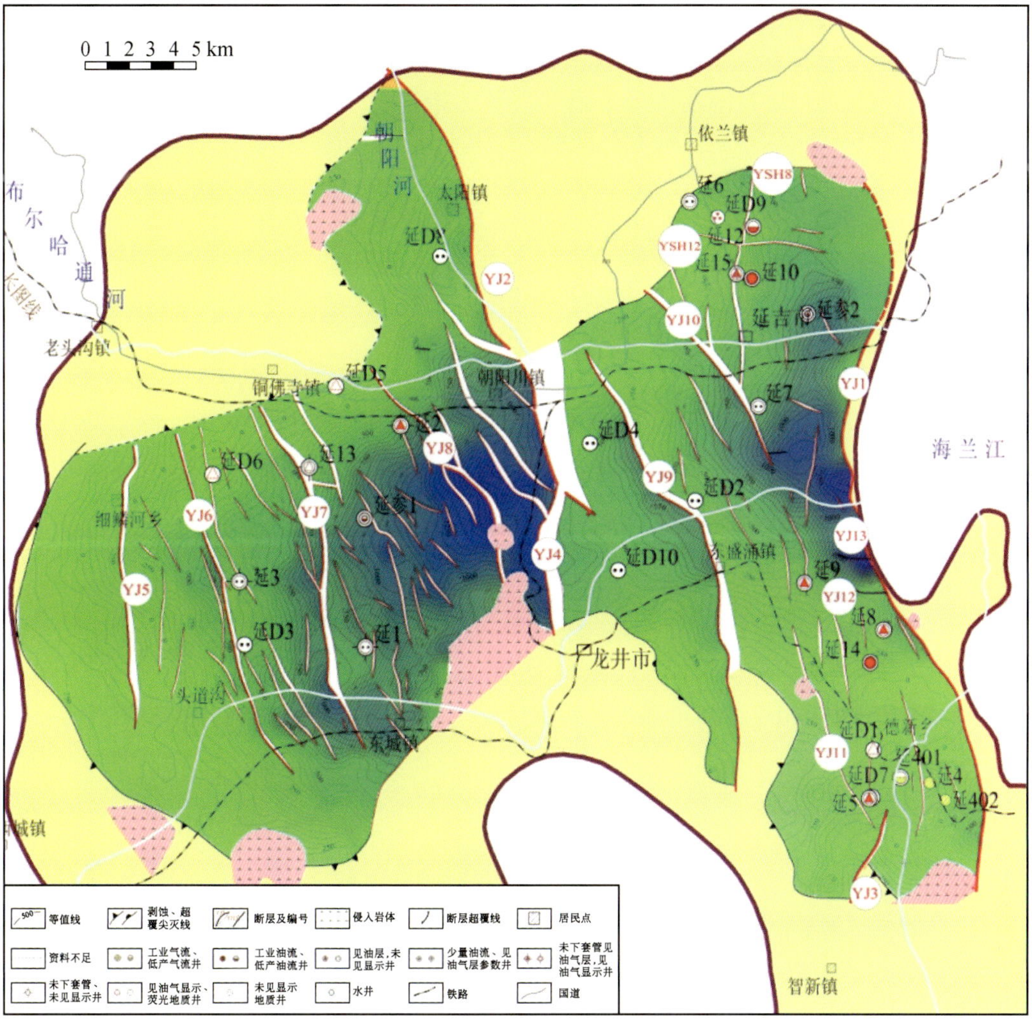

图 3.32 延吉盆地 T_{21} 反射层构造图

第四节 原型盆地的改造机制与盆地性质

原型盆地的改造机制是指原型盆地面貌发生改变，如被分割、抬升、剥蚀、岩浆侵入或被深埋。即原型盆地经历了后期的改造。根据盆地后期改造形式及主要动力学特征，可以将改造盆地分为：抬升剥蚀型、叠合深埋型、热力改造型、构造变形型、肢解残留型、反转改造型、流体改造型和复合改造型。就延吉盆地而言，应属于复合改造型断陷盆地。即是一个后期改造较为强烈的断陷盆地。

一、逆冲褶皱系统的基本特征

第三章第三节阐述延吉盆地在早白垩世形成发育阶段受区域伸展构造作用控制呈

现为多米诺式半地堑组合盆地，即属于断陷盆地。而在白垩纪末发生的 NNW-SSE 向的较强烈的区域性挤压作用，结束了延吉断陷盆地的发育，促使挤压褶皱构造的形成。表现为早期沉积的地层在南北方向上遭受严重的抬升剥蚀，总体呈现为南北两个背斜夹中间一个宽缓向斜的格局。地震剖面揭示了其几何学特征。

（一）逆冲系统构造样式及时代确定

1. 褶皱的构造样式

北部背斜位于延吉盆地北部老头沟镇—铜佛寺镇—太阳镇—利民村一带，呈 NEE-SWW 走向，北翼地层倾向 NNW，倾角约 $5° \sim 8°$，南翼地层倾向 SSE，倾角约 $15° \sim 18°$，两翼地层倾向相反，倾角不等，北翼地层产状较缓，南翼地层产状较陡，为一斜歪褶皱。核部地层为头道组，两翼地层依次为铜佛寺组、大砬子组一、二段，龙井组已完全被剥蚀，大砬子组二段被部分剥蚀。在剥蚀较严重的朝阳川凹陷北部地区，铜佛寺组也遭受了部分剥蚀。

中部向斜位于延吉盆地中部细鳞河乡—大马村—朝阳川镇—延吉市一带，NEE-SWW 走向，北翼地层倾向 SSE，倾角约 $15° \sim 18°$，南翼地层倾向 NNW，倾角约 $8° \sim 10°$，两翼地层倾向相反，倾角不等，北翼地层产状较缓，南翼地层产状较陡，为一斜歪褶皱。翼间角 $150° \sim 160°$，为平缓向斜。该向斜各套地层保存较完整，核部地层为龙井组，两翼地层依次为：大砬子组二段、一段，铜佛寺组，头道组和屯田营组。地震剖面反映大砬子组二段、大砬子组一段、铜佛寺组和头道组同一褶皱层的厚度在褶皱的轴部和翼部是相等的，为一等厚褶皱，同时上下各褶皱面彼此平行弯曲，且具有同一曲率中心，因此也称为平行褶皱或同心褶皱。由于各褶皱面共有一个曲率中心，其曲率半径必然不等，对于向斜而言，顺轴面向上，褶皱面的弯曲愈趋紧闭（图 3.33）。

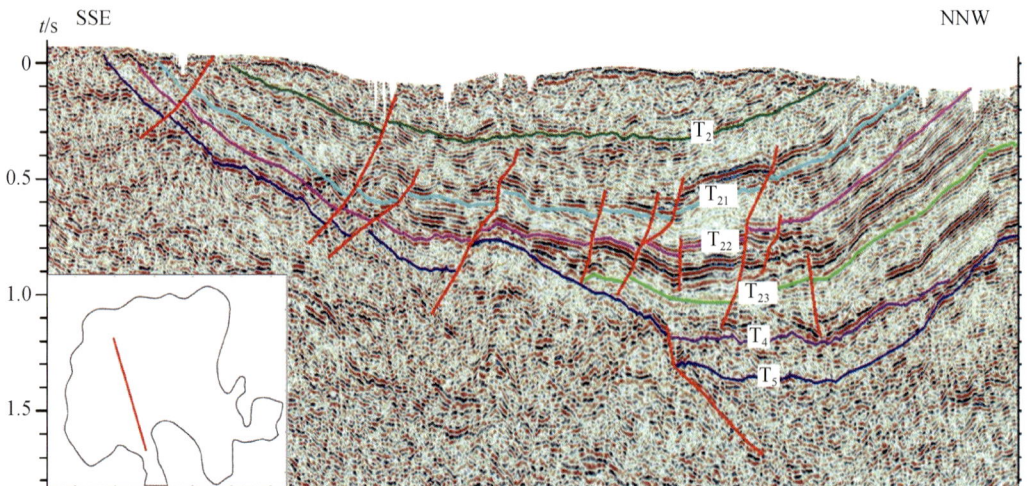

图 3.33　朝阳川凹陷 92-324 叠偏剖面（同心褶皱）

南部背斜位于延吉盆地南部龙井市以南，NEE-SWW 走向，北翼地层倾向 NNW，倾角约8°～10°，南翼地层倾向 SSE，倾角约18°～20°，两翼地层倾向相反，倾角不等，北翼地层产状较缓，南翼地层产状较陡，为一斜歪褶皱。核部地层为头道组，两翼地层依次为铜佛寺组、大砬子组一、二段，龙井组已完全被剥蚀，其中大砬子组二段部分被剥蚀。该背斜北翼形态较复杂，伴生或派生许多次级小构造，如发育一系列次级小褶皱、伴生一些断裂构造，使褶皱遭到破坏，在德新凹陷的北部派生出两条逆断层，即 YJ12 和 YJ13 断层（图 3.34）。

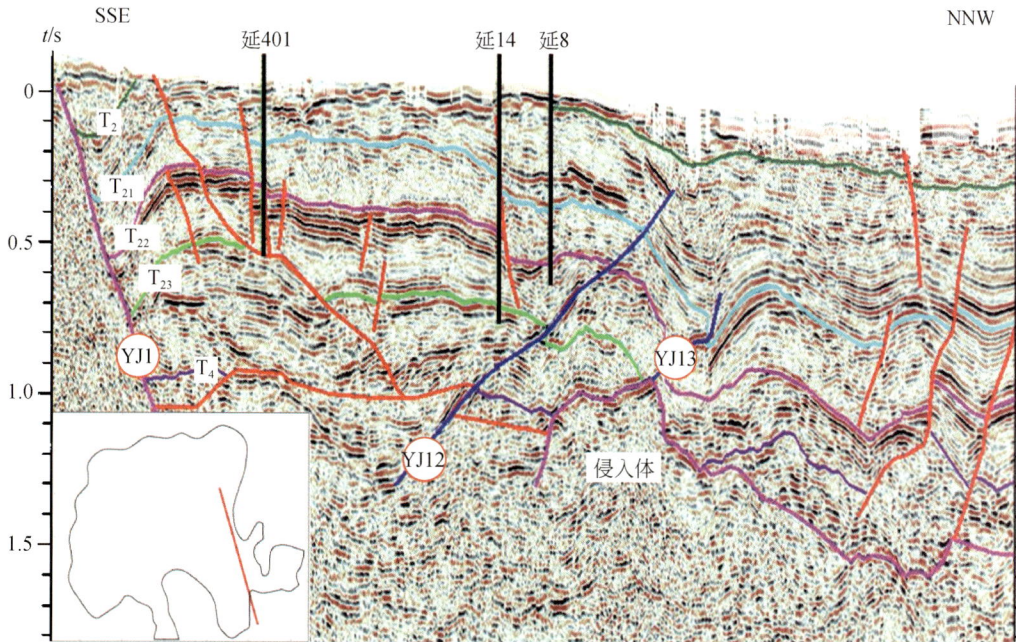

图 3.34　德新凹陷二维 93-346 叠偏剖面（逆断层）

2. 褶皱形成时代确定

褶皱形成时代有长有短，对于短期形成的褶皱，主要依据区域性角度不整合来确定其形成时代。但应注意，在构造发展的继承区，这种不整合可以为假整合所取代。所以利用不整合确定褶皱形成时代需结合区域构造和褶皱形态分析。如果不整合面以下的地层均褶皱，而其上的地层未褶皱，则褶皱运动应发生于不整合面下伏的最新地层沉积之后和上覆最老地层沉积之前。如果不整合面上、下两套地层均褶皱，但褶皱方式、形态又都互不相同，则至少发生过两次褶皱运动。

前已述及，龙井组与上覆地层之间存在一个明显的角度不整合面（图 3.13），不整合面之上的地层未卷入褶皱中，不整合面之下的龙井组地层卷入了褶皱中，在向斜部位龙井组保留完整，在背斜部位则缺失。据此，推测褶皱的形成时间发生在晚白垩世龙井组沉积之后。

（二）逆冲系统空间格架

三个主要褶皱在空间上的排列特征为平行排列（图 3.35），褶皱的走向均为 NEE-SWW 向，反映延吉盆地遭受了 NNW-SSE 向的区域挤压作用。中部向斜轴部开阔，在北部向背斜过渡的共用翼部地层产状急速变陡，南部向背斜过渡的共用翼部地层产状相对较缓，呈现中部向斜北翼陡、南翼缓，北部背斜北翼缓、南翼陡，南部背斜北翼缓、南翼陡的不对称特点。其构造格局表现为南北两个背斜夹中间一个向斜的特点。

图 3.35　延吉盆地中生代构造纲要略图

而斜歪褶皱的产状特征喻示其成因机制可能与区域上自 NNW 向 SSE 的逆冲褶皱作

用相关。推测延吉盆地晚白垩世褶皱形成的成因机制可能与下伏逆冲断层系统的发育有关（图 3.36）。在延吉盆地北部，新合-马滴达断裂控制了逆冲褶皱系统的发育，从空间相关性上推测，在延吉盆地南部，古洞河-白金断裂也应与该逆冲系统的发育关系密切。

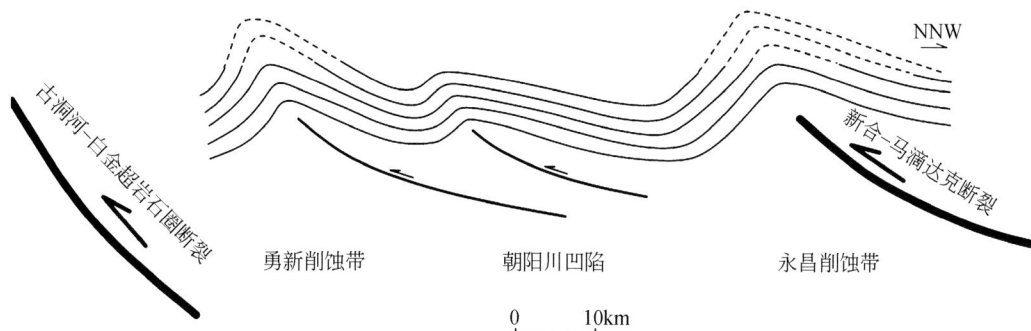

图 3.36 褶皱运动学示意图

综上所述，晚白垩世末期发生的区域性挤压作用，既导致较强烈的挤压褶皱构造的形成，也结束了延吉伸展构造的发育，并对深层断陷也造成了一定的改造。

（三）岩浆侵入作用

延吉盆地燕山晚期（晚白垩世）发生了一次大规模的岩浆活动，此次活动发生在主要目的层沉积之后，故对原型盆地的改造、烃源岩的演化及油藏的保存条件均可能具有显著的影响。

岩浆上升运移到地壳中的活动过程称为侵入作用，包括岩浆以机械力挤压围岩、用热力熔化围岩以及在侵入过程中岩浆的同化和分异作用直到冷却结晶成岩。根据岩浆侵入深度分为深成侵入和浅成侵入。岩浆侵入过程中主要以其极高的温度熔化围岩同时也有一定的机械挤压而占据一定空间，然后逐渐冷却凝固形成侵入岩体。这种情况多半发生于地壳较深处，一般位于地表 3~6km 以内，称为深成侵入，形成的岩浆岩成为深成侵入体。地壳顶部岩层中承受的压力较小，脆性大，岩层的裂缝发育，层间结合也较松散，岩浆以机械力挤入围岩多在离地表较近处发生，统称浅成侵入，形成的岩体称为浅成侵入岩体。

前人研究结果表明，燕山晚期（晚白垩世）出露的侵入岩体虽然具有结晶成分，但是结晶程度不高，为浅成次辉石安山岩。延吉盆地共有 17 处晚白垩世发育的次辉石安山岩地表露头，呈 NNW 向条带状展布。尤其在朝阳川凹陷内侵入岩体分布特征明显，在龙井市至铜佛寺乡一线（YJ8 号断层），地表有明显凸起山峰。清茶馆-德新凹陷出露地表的次辉石安山岩规模较小。

一般来讲岩浆处于高压状态下，运动时即以其巨大的压力沿着围岩层理和断裂等薄弱部分挤入围岩，并占据一定空间，同时将热力传给围岩，从而冷却凝固形成各种不同产状的侵入岩体。根据侵入岩体与围岩产状协调关系，分为谐和侵入体和不谐和侵入体，其中谐和侵入体与围岩产状协调一致，不谐和侵入体与围岩产状不一致。延吉盆地晚白垩世时期形成的侵入岩体主要属于后一种类型，遇到侵入岩体，反射轴突然中断。侵入岩体的发育破坏了地震反射轴。在剖面有效反射层内识别出由下至上穿透反射层的杂乱反射体，其外形像岩浆上涌形成的不规则"钟形"。侵入体内地震反射杂乱，外部呈上拱形态，与两侧地层的产状明显不同，同时延2井钻遇的地层证实为花岗岩（图3.37）。类似的侵入体反射特征在盆地内多处发育，它们主要沿断裂挤入（图3.12、图3.38、图3.39）。

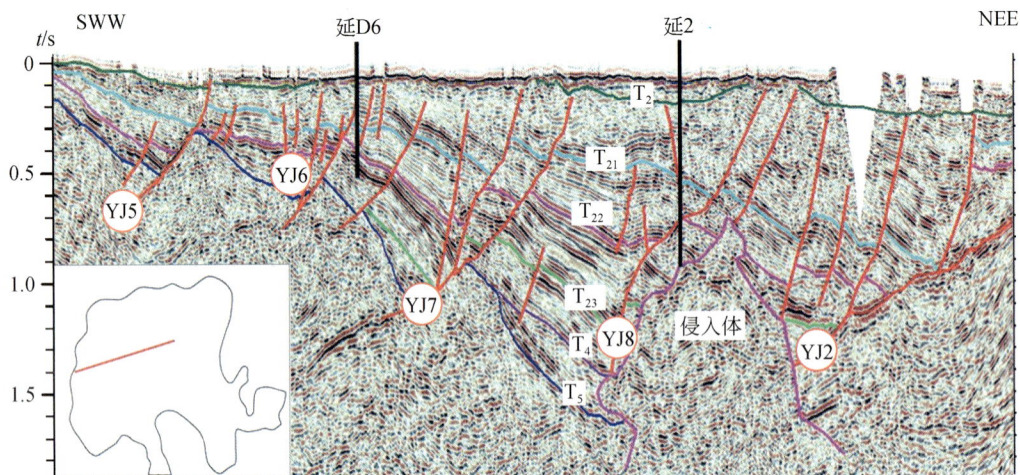

图 3.37　朝阳川凹陷 92-139 叠偏剖面

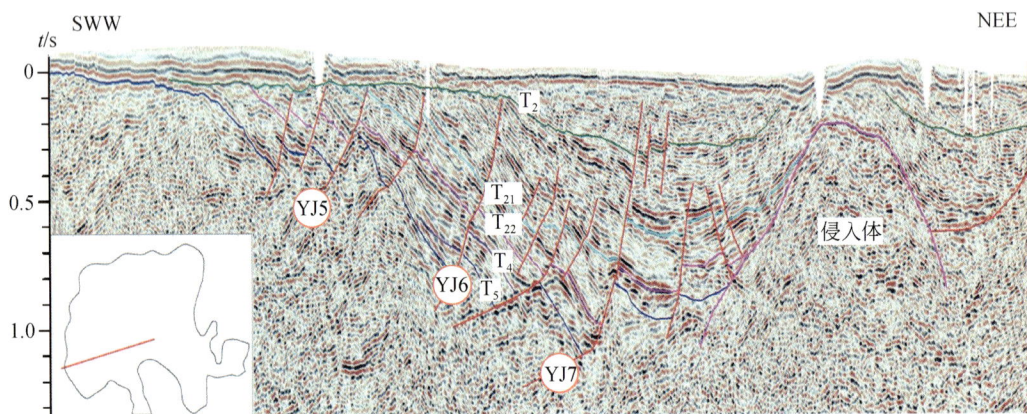

图 3.38　朝阳川凹陷 92-128 叠偏剖面

　　侵入岩体还破坏了 YJ2 控凹断裂的原始断面结构（图3.39），使其复杂化。也改变了 YJ8 断层的断面形态，使其结束于火山岩体侵入的位置，同时周边地层遭受挤压变形。

　　在清茶馆–德新凹陷内的延9井也钻遇了灰白色花岗岩，其发育规模也较大（图3.40）。侵入岩体对 YJ1 控凹断裂的形态也有影响。

　　延吉盆地侵入岩体的分布特点是：

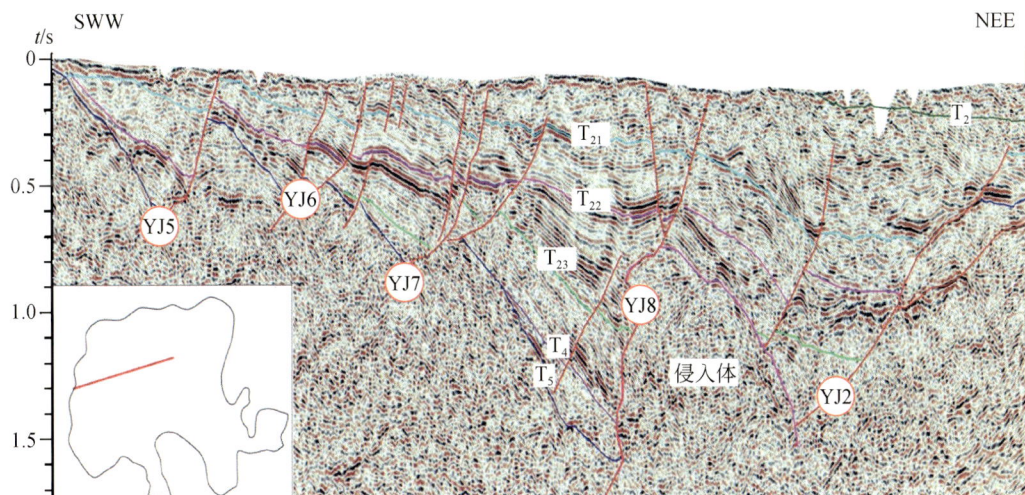

图 3.39　朝阳川凹陷 92-140.1 叠偏剖面

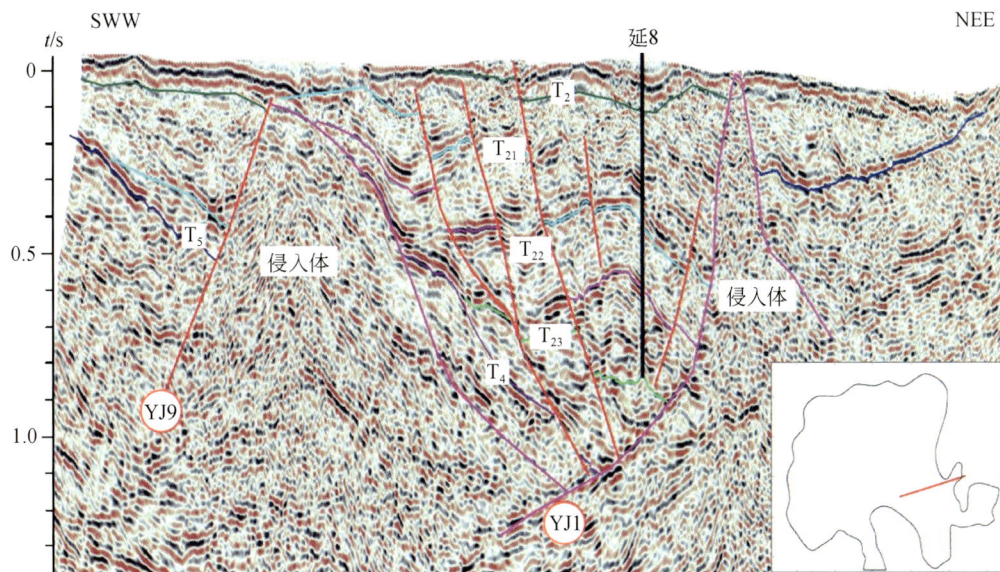

图 3.40　朝阳川凹陷 93-124 叠偏剖面

（1）侵入体沿断裂带发育，尤其是 YJ1 和 YJ2 两条控凹大断层处均发育大规模的侵入岩体。

（2）断层与断层之间交叉处，岩浆更容易侵入。侵入岩体对盆地内构造形态的改变主要体现在：①破坏早期形成的断层，使其复杂化。该区侵入岩体对断层的破坏作用较明显，无论是清茶馆–德新凹陷，还是朝阳川凹陷均表现明显。②岩浆侵入产生的穹隆构造，引起局部地区的隆升，从而使盆地内沉积的地层遭受显著的抬升剥蚀（图 3.41）。③岩浆活动破坏了延吉盆地清茶馆–德新凹陷和朝阳川凹陷的整体形态，使地层抬升，形成凸起（图 3.42）。

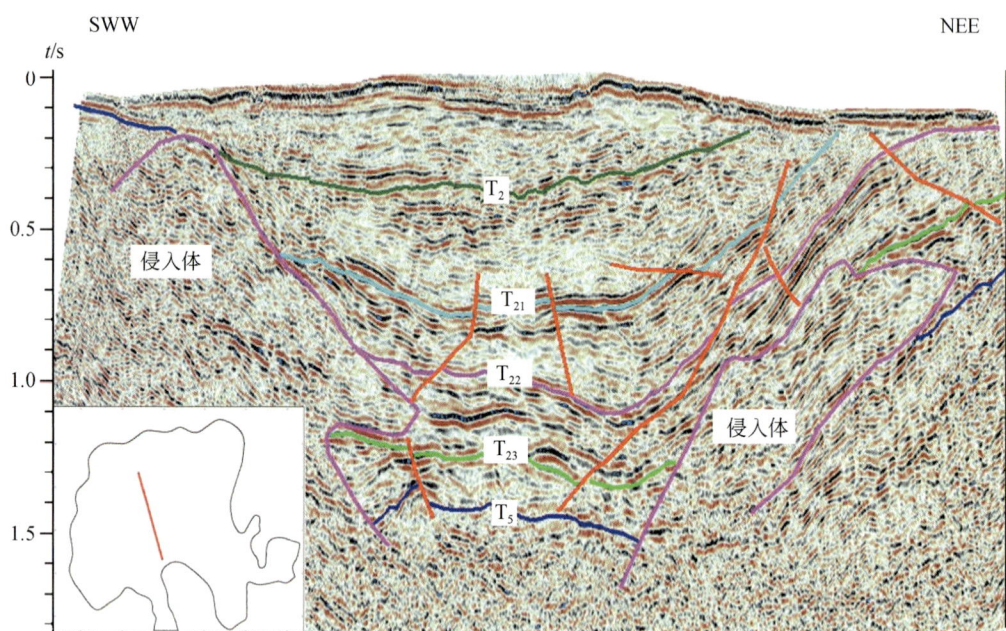

图 3.41　朝阳川凹陷 88-10 叠偏剖面

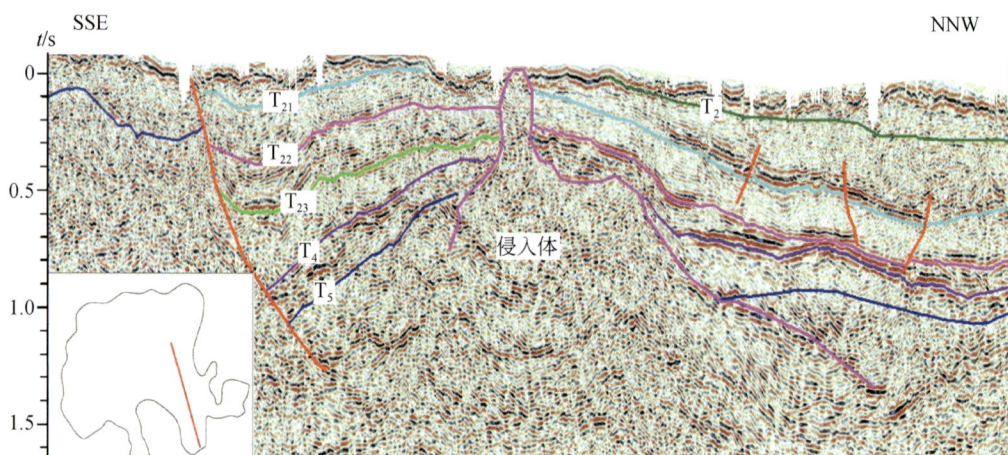

图 3.42　朝阳川凹陷 93-342 叠偏剖面

二、盆地的现今残留格局与盆地性质

（一）延吉盆地的改造机制与现今残留格局

延吉原型盆地在遭受区域挤压褶皱作用和局部岩浆侵入作用双重影响下，形成了现今的残留格局。表现在：①与原型盆地相比南北两端盆地范围大为减小（图 3.43）；②在盆地中部分地区和个别方向上，由盆地中心向边缘未见明显的沉积减薄和地层尖灭现象，地层常表现为近等厚抬升（图3.33）；③在盆地的不同部位有侵入岩体的出露。

延吉盆地地形图充分展示了现今延吉盆地的地形特征，研究区四周被山脉环绕，研究区内地势较低，总体呈现为南北两个背斜夹中间一个宽缓的向斜，轴向均为 NEE 向。

根据地震剖面反射轴展布特征，利用地层等厚及地震反射结构外延的方法，恢复了延吉盆地铜佛寺组原始沉降格局（图3.43）。从中可见铜佛寺组原始地层沉积范围很广，向南北方向延伸很长，这是因为早白垩世的区域伸展构造运动使头道组、铜佛寺组、大砬子组沉积期间，形成轴向为北北西向的沉降格局，南北方向沉积范围较为开阔（图3.43a）。但在晚白垩世龙井组沉积末期，受区域褶皱构造运动的影响，延吉盆地遭受了严重的构造改造作用，早期沉积的地层在南北方向上遭受抬升剥蚀，特别是褶皱的隆升部位，剥蚀较严重（图3.43b），褶皱斜跨于沉降轴呈 NNW 向的头道—铜佛寺—大砬子地层之上，对其原型构成了强烈改造。从而形成了盆地轴向为 NEE 向的两个背斜夹中间一个宽缓的向斜的残留格局（图3.43c）。

岩浆活动对盆地的局部热力作用也有一定的影响。

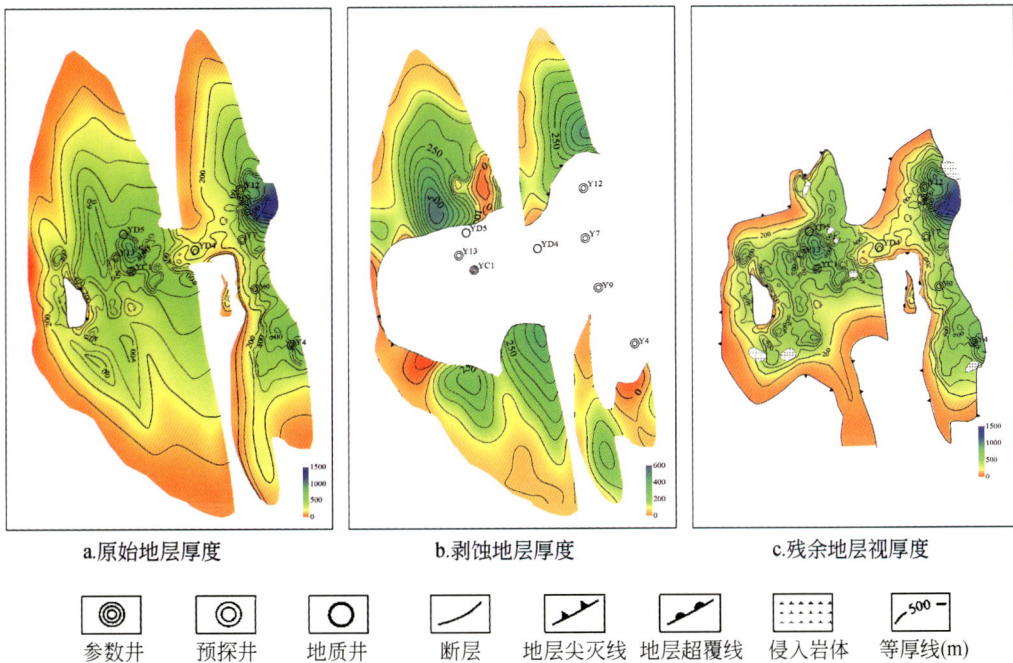

a.原始地层厚度　　　　　b.剥蚀地层厚度　　　　　c.残余地层视厚度

参数井　预探井　地质井　断层　地层尖灭线　地层超覆线　侵入岩体　等厚线(m)

图3.43　延吉盆地铜佛寺组的原始分布与剥蚀残留格局

（二）盆地性质

由上述，延吉盆地实质上是由两期盆地叠置而成。即由早白垩世形成的伸展断陷组合和晚白垩世残留盆地的叠合。因此，将延吉盆地定位为一个后期改造较为强烈的断陷盆地更贴切一些，即小型残留断陷盆地。

延吉盆地中生代沉积盆地主要目的层（铜佛寺组、大砬子组）受到一定程度的剥蚀和改造，尤其是南北两端被剥蚀的程度较高，但盆地主要部位沉积地层全，相带也较完整。而上覆地层（龙井组）相对较厚，但后期也受到不同程度的剥蚀、破坏。这种盆地类型与我国二连、海拉尔、百色等盆地类似。

第五节　构　造　演　化

一、地槽发展阶段

吉北地槽区（含延吉盆地）的构造演化可划分为两个阶段：地槽发展阶段（寒武纪—二叠纪）、滨太平洋大陆边缘活化阶段（三叠纪—新生代）。吉南地台区发展演化历程可归结为三个大地构造发展阶段：地槽发育阶段（太古宙—早中元古代）、准地台发展阶段（晚元古代—二叠纪）、滨太平洋大陆边缘活化阶段（三叠纪—新生代）。

南部吉南台区地台基底的形成在地槽发育阶段大体经历了陆核逐步开始形成到向地台的过渡，经过中元古代末期强烈的中条运动，地槽回返褶皱，进入了地台早期发展阶段；而吉北槽区在地槽发育阶段，即在早二叠世末地槽逐渐缓慢隆起上升，海水全部退出，基本结束地槽历史，经过晚二叠世—早三叠世过渡性历史阶段，最终转入地台发育晚期阶段。从而在早印支褶皱运动的基础上，晚三叠世开始南、北两区均沦为滨太平洋构造域大陆边缘活动区。

吉林省为古亚洲和滨太平洋两大构造域重叠控制区，早二叠世末大规模海侵在吉林省业已结束，地槽升起但未发生褶皱运动，南台北槽逐渐统一。晚二叠世已为陆相沉积，基底构造性质趋向一致。古亚洲大陆趋于僵化，滨太平洋大陆边缘活化带开始发育。因此晚二叠世—早三叠世是上述两个构造域交替发展的时期，在地质发展史上出现了过渡阶段。

二、盆地形成发展阶段

自中生代以来，由于太平洋板块对亚欧板块的俯冲挤压，古亚洲大陆复而破裂。因此，本区中生代构造活动极为强烈，主要表现在大规模差异性断块运动和平缓的褶皱，并改造或继承先期断裂，形成一系列规模不等的断陷盆地或拗陷盆地。早白垩世，大洋板块向西俯冲，引起大陆板块的向东仰冲，使吉林省地壳处于拉张状态，在刚性基底上产生大量张性正断层及地壳大规模的裂陷，形成规模不等的沉积盆地。其中尤以松辽盆地规模最大，延吉盆地为较小规模的沉积盆地之一。延吉盆地就是在这样的构造背景下形成的。其形成发育可分为五个阶段（图3.44）。

（一）前断陷期（头道组沉积前）

早白垩世早期，在 NNW 张性正断层的构造应力环境下，发育的屯田营组不受控陷

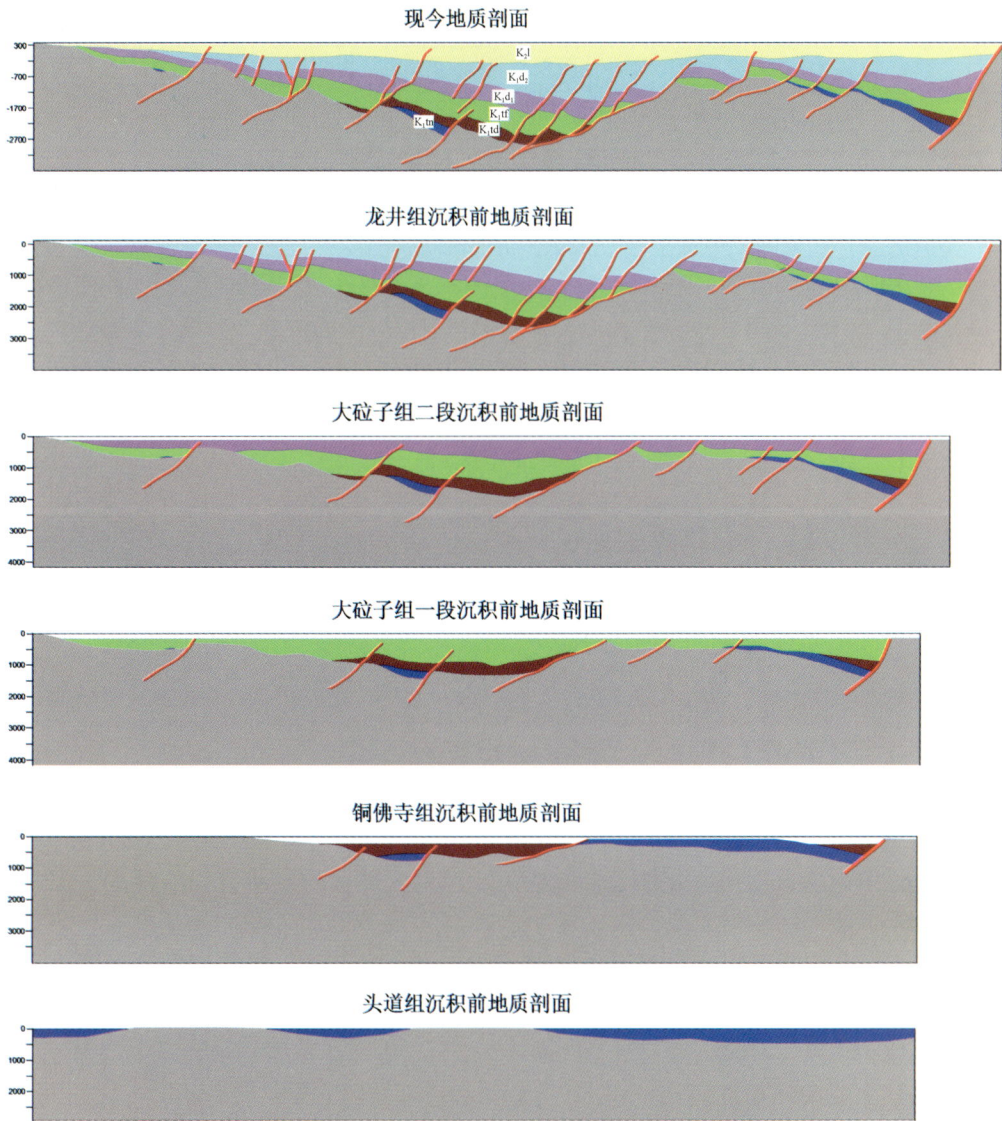

图 3.44 延吉盆地 89-7 线构造发育史剖面

断裂所控制，在龙井凸起及两侧，屯田营组较厚，是箕状断陷成盆前的产物，这是燕山早期构造活动、火山喷发活动产生的结果，主要形成安山岩、安山角砾岩、安山集块岩，主要分布于盆地北部。

（二）断陷早期（头道组）

伸展断裂活动初期，形成了盆地雏形，充填了头道组杂色砂砾岩构成的冲积扇粗碎屑。该时期古地貌高差较小，盆地发育规模很小，仅在局部形成零星分布的箕状断陷。在 YJ1 和 YJ2 断层的根部，分别形成了清茶馆–德新、朝阳川凹陷的雏形；清茶馆-德新凹陷结构较简单；在朝阳川凹陷，头道组的厚度由 YJ2 断层根部向斜坡部位总体逐渐减薄。继承基底断层走向，发育一些次级断层。如 YJ7、YJ8 两条次级断层使朝阳川凹陷的结构被复杂化，在东深西浅的背景下形成了几个次级凹槽。

（三）剧烈断陷期（铜佛寺组）

伸展断裂活动剧烈，控制了数个 NNW 向箕状断陷的发育。湖盆范围急剧扩展，古地貌反差拉大，地层厚度变化相对较快。继续派生多条次级断层，清茶馆-德新凹陷的结构开始复杂化，YJ9、YJ10 两条次级断层控制了两个次级凹槽的形成。近岸水下扇和扇三角洲体系广泛发育，河湖相充填物快速沉积，形成了延吉盆地的主要生油层和储集层。

由于派生次级断层的继续发育（YJ5、YJ6、YJ7、YJ8 号断层），朝阳川断陷的结构被进一步复杂化，东深西浅的数个多米诺式次级凹槽继续发育。

铜佛寺组沉积时期，YJ7 和 YJ8 断层控制发育的铜佛寺组地层范围远远大于头道组地层沉积范围，且铜佛寺组沉积时期断层上下盘地层厚度差更大，楔状形态更加明显，说明该时期断裂活动性较头道组要剧烈。使朝阳川箕状断陷发育两个由次级断层控制的较大坡折带。清茶馆-德新箕状断陷的坡折则呈现挠曲结构。

（四）稳定沉降与断陷萎缩期（大砬子组）

燕山运动后期，伸展断裂活动减弱，古地貌反差变小，大砬子组一段厚度横向变化减弱，扇三角洲体系逐渐进积，湖域范围逐步缩小。随着同沉积断裂的进一步减弱，箕状断陷逐渐被填平补齐。大砬子组二段沉积时期，随着构造应力场的减弱，沉积了具有拗陷期性质的沉积物，坡折带完全消失，沉积范围更加广阔，为延吉盆地湖盆范围最大时期。其末期的剧烈构造活动导致区内产生巨大变化，整个应力方向由先期的 NNW 转入 NNE 向。所形成的断层多以压性正断层为主。

到大砬子组沉积时期，YJ7 和 YJ8 断层控制发育的地层范围较铜佛寺组沉积时期的范围明显减小，说明大砬子组沉积时期断裂活动性逐渐减弱。

（五）盆地拗陷期（龙井组及以后）

龙井组沉积时期，同沉积断裂发育萎缩，沉积范围已不受控陷断裂的控制，大面积覆过控陷断层，分布范围广。

晚白垩世龙井组沉积之后，再未接受全盆地范围的整体沉积，延吉盆地遭受挤压，南北两侧抬升，盆地北部和南部剥蚀较严重，朝阳川凹陷北部地层剥蚀最为严重，地层剥蚀厚度最大，连下部的头道组地层都遭受剥蚀；德新次凹南部地层遭受抬升剥蚀，龙井组地层被剥蚀殆尽；朝阳川凹陷和清茶馆次凹的凹陷中心位置地层保存较完整，龙井组之下的头道组、铜佛寺组和大砬子组地层未遭受抬升剥蚀。南北部剥蚀程度不同，北部剥蚀程度较高，南部剥蚀程度较低。

　　龙井组的剥蚀残留格局主要受制于轴向 NEE 的褶皱作用，背斜部位龙井组大面积剥蚀，向斜部位则残留较多。从这个角度讲，晚期压性断层对于油气保存是有利的，这一认识与前人的观点也有着截然不同。前人认为，延吉盆地存在着许多"通天"断层，即断至地面的断层。

　　新生代喜马拉雅运动对吉林省也有较大的影响，表现为继承性断裂活动和断陷盆地的继续下沉。前者导致了基性–碱性岩浆沿断裂带喷溢，后者接受了陆相含煤碎屑岩及油页岩沉积，并发生古近纪或新近纪地层的平缓褶皱。第四纪地壳升降运动加速，河流切割加剧，最终形成了今日错综复杂的地貌景观。

第六节　小　　结

　　（1）延吉盆地地处吉黑褶皱系内吉林优地槽褶皱带和延边优地槽褶皱带的衔接处的特殊位置，是滨太平洋大陆边缘活化阶段形成的断陷盆地。其基底岩性大体分为两个区：一是大面积分布的海西期岩浆岩区，二是石炭系—二叠系分布的变质岩区。

　　（2）延吉盆地可划分为"两凹、一凸、一斜坡" 4 个二级构造单元和 9 个亚二级构造单元。依据三个一级不整合纵向上划分为三个构造层。其中下白垩统伸展断陷构造层中包含了断陷初始期、断陷鼎盛期、断陷持续期和断陷萎缩期 4 个亚构造层。

　　（3）深大断裂限定了延吉地区中生代晚期伸展断裂系统的发育范围，并对龙井组以后逆冲褶皱系统的形成起到了决定性作用。延吉盆地白垩纪早期主要的区域伸展断裂（YJ1、YJ2 断裂）分别控制了清茶馆–德新凹陷和朝阳川凹陷的发育。而 6 条次级伸展断层使朝阳川箕状断陷的沉降格局复杂化并控制着 NNW 向凹槽的发育与充填，使侵入体沿断裂带发育。伸展断裂经历了头道组初始活动期、铜佛寺组剧烈活动期和大砬子组萎缩期三个演化阶段。而伸展运动主要发生在铜佛寺组时期，伸展率为 21.1%。

　　（4）白垩纪末发生的 NNW-SSE 向的区域性挤压作用导致较强烈的挤压褶皱构造的形成，使延吉盆地总体呈现为南北两个背斜夹中间一个宽缓的向斜。三个主要褶皱在空间上的排列特征为平行排列，褶皱的走向均为 NEE- SWW 向。中部向斜轴部开阔，北部背斜北翼缓、南翼陡，南部背斜北翼缓、南翼陡。后期改造作用使原型盆地面积大为缩小，地层遭受明显剥蚀。盆地北部地层剥蚀厚度大，盆地南部亦遭受剥蚀，使延吉盆地成为残留断陷型盆地。其对原型盆地的改造、烃源岩的演化及油藏的保存条件均可能具有影响。

　　（5）延吉盆地发育三级局部构造 24 个，层圈闭 67 个，圈闭面积约 219.0km²。四级构造类层圈闭 38 个，构造类层圈闭面积 184.4km²。构造类圈闭主要为背斜、断块、断鼻；另发育有地层超覆圈闭。

第四章　层序地层与沉积特征

第一节　层序地层划分

陆相断陷盆地层序级别的划分有严格定义，不同级别的层序边界不整合发育范围和位置均有所不同。一级层序边界发育的不整合面超过盆地或占据盆地大部分区域；二级层序发育的不整合面分布在盆地范围内，盆地边缘不整合特征明显；三级层序边界也发育在盆地范围内，不整合面分布在盆地的局部地区。

在朝阳川凹陷、清茶馆–德新凹陷共解释五个特征明显的地震反射层，包括 T_5、T_4、T_{23}、T_{22}、T_{21}、T_2 层。由此在未定义反射层地质属性的情形下，首先确定各凹陷的地震层序。然后，利用合成地震记录建立与探井地层层序的关系。

一、层序单元划分

（一）一级层序

一级层序旋回的形成、发育、结束与不同时期的构造幕有关。因此，一级层序旋回的界面应为符合区域构造事件、反映构造应力场转换的区域不整合面。

由前述，延吉盆地发育三个区域不整合。其中主要目的层白垩系发育了两个区域性不整合面，分别对应 T_4 反射层和 T_2 反射层。

T_4 为断陷期与前断陷期之间的角度不整合。T_4 反射层之下发育的屯田营组地层与之上发育的头道组之间沉积中心不一致，沉降格局存在较大差异，屯田营组地层的发育并不受盆地控陷断裂的控制，故此将其作为一级层序划分的界线。

T_2 为伸展断陷构造层与拗陷构造层之间的界线，其区域性不整合特征清楚。从地层的横向分布来看，伸展断陷构造层严格受控陷断裂的控制，而龙井组的分布则不受控陷断裂的影响。从地层厚度的变化规律来看，伸展断陷构造层在控陷断裂根部明显变厚，远离控陷断裂迅速减薄；而凹陷构造层分布十分广泛，分布范围和沉积厚度完全不受断层影响，因此将其作为一级层序划分的又一界线。

以上两个区域性不整合将延吉盆地整个白垩系地层划分为三个一级层序，分别为前断陷期火山碎屑建造发育的屯田营组旋回、断陷期河湖建造发育的头道组—铜佛寺组—大砬子组旋回和后断陷期河沼建造发育的龙井组旋回。

断陷期发育的头道组—铜佛寺组—大砬子组一级基准面旋回，恰似一完整水进—

水退旋回，其最大湖泛面发育于铜佛寺组末期。头道组时期，处于断裂初始发育阶段，区域性伸展断裂刚刚开始活动，并逐步增大。随着断裂活动的加大，可容纳空间也随之增加，头道组处于低位体系域沉积时期，可容纳空间的增加速率大于沉积物补给速率，即 $A/S>1$ 时，沉积物发生退积作用。

铜佛寺组时期属于断陷湖盆发育的鼎盛阶段，区域性伸展断裂活动急剧增强，可容纳空间迅速增大，基准面迅速上升，处于湖侵体系域沉积阶段，地层沉积范围迅速扩大。可容纳空间增加速率大于沉积物补给速率，$A/S>1$ 时，沉积物退积作用继续发生。

大砬子组时期属于断陷湖盆的萎蔫阶段，断裂活动减弱，可容纳空间减小，基准面下降，属于一级层序发育过程中的高位体系域沉积阶段。可容纳空间增加速率小于沉积物补给速率，$A/S<1$ 时，沉积物发生进积作用。

总之，头道组—铜佛寺组—大砬子组是一个完整的一级层序，头道组相当于低位体系域，铜佛寺组相当于湖侵体系域，大砬子组相当于高位体系域。

（二）二级层序

二级层序旋回为一级层序旋回（即构造基准面旋回）内部的次一级旋回，它以局部不整合或与之相当的整合为界，即在盆地主体部位无沉积间断，但在盆地边缘有明显的不整合存在。

延吉盆地在断陷期共发育两个控制二级层序发育的不整合面，相当于 T_{23} 反射层、T_{22} 反射层。

T_{23} 反射层为断陷孕育期低位体系域阶段和断陷鼎盛期湖侵体系域阶段之间的不整合。反射层上下地震反射特征明显不同，界面之下，同相轴连续性好，振幅强，界面之上地震反射同相轴连续性明显变差，振幅减弱（图4.1、图4.2）。断陷初期仅在局部形成零星分布的断陷盆地。而断陷鼎盛期，古地貌反差拉大，湖盆范围急剧扩展，沉降量大，地层厚度增加很快，在区域上形成结构复杂、分布范围广的断陷盆地。铜佛寺组与头道组之间形成由于断块掀斜造成的区域性超覆结构面。界面之下岩性明显变粗，测井曲线突变特征明显。确定 T_{23} 层为二级层序界面。

T_{22} 反射层为断陷鼎盛期湖侵体系域阶段和断陷持续期高位体系域阶段之间的不整合。T_{22} 反射层上超的不整合特征清楚，界面之上反射层超覆于该界面之上（图4.3）。与断陷鼎盛期相比，断陷持续期伸展断裂系统活动减弱，古地貌反差变小，地层横向变化不明显。界面之上沉积物粒度明显变大，测井曲线上界面特征明显，确定 T_{22} 层为二级层序界面。

T_{23} 反射层和 T_{22} 反射层将断陷发育的地层划分为三个二级层序，分别为头道组旋回、铜佛寺组旋回和大砬子组旋回。

头道组旋回发育时期，处于断裂初始发育阶段，可容纳空间也随之增加，且增加速率大于沉积物补给速率，$A/S>1$，头道组沉积旋回内部仅发育上升半旋回，不发育下降半旋回（图4.4）。

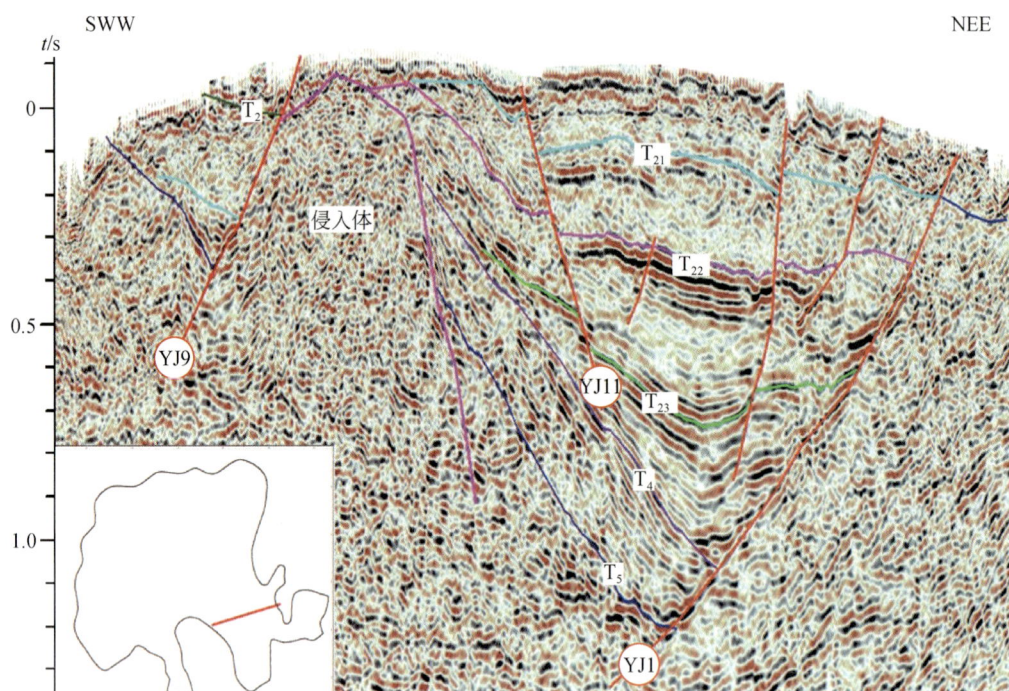

图 4.1　德新次凹 93-120 叠偏剖面

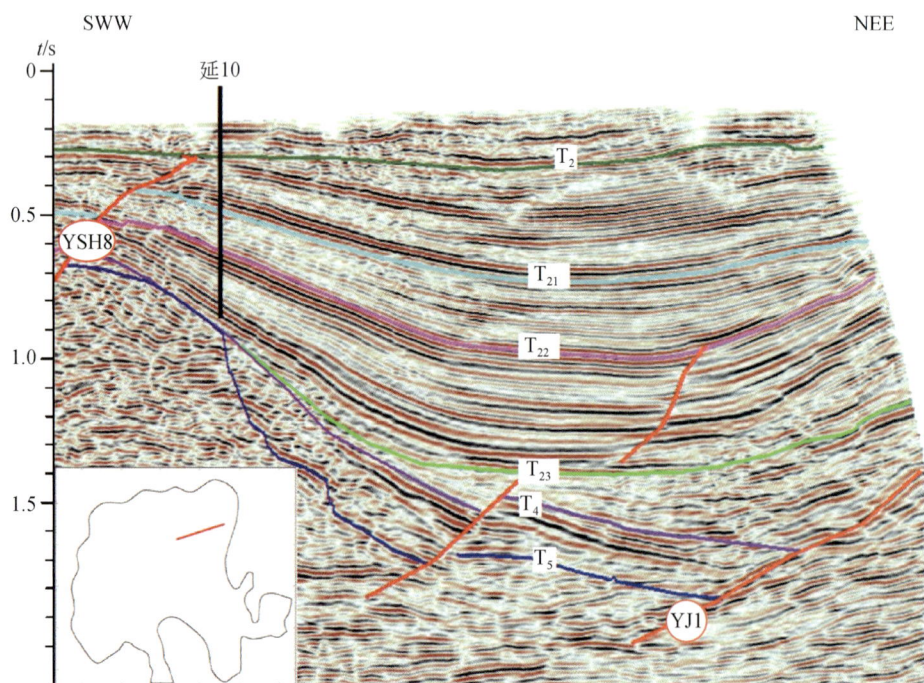

图 4.2　延 10 井区三维 Line205 叠前偏移剖面

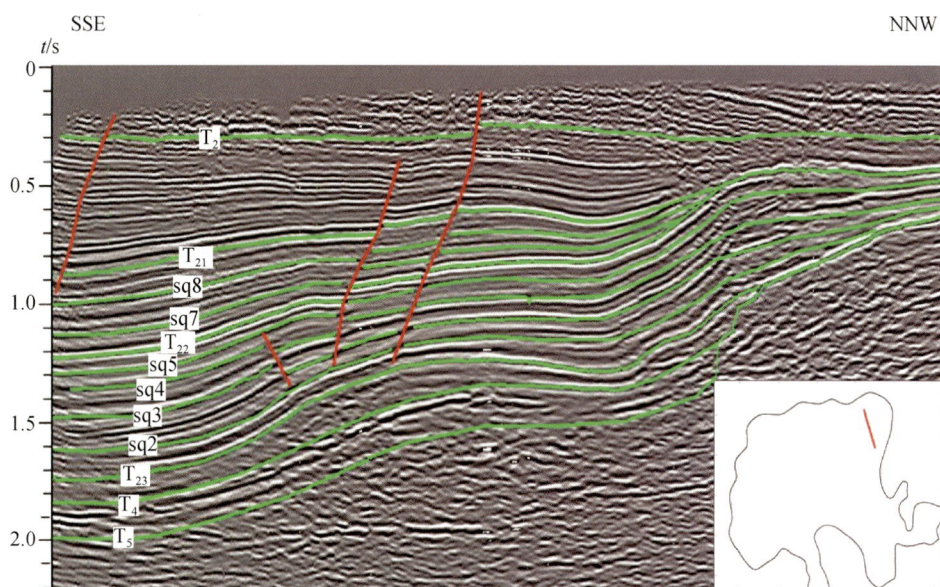

图 4.3 延 10 井区三维 Trace596 叠前偏移剖面

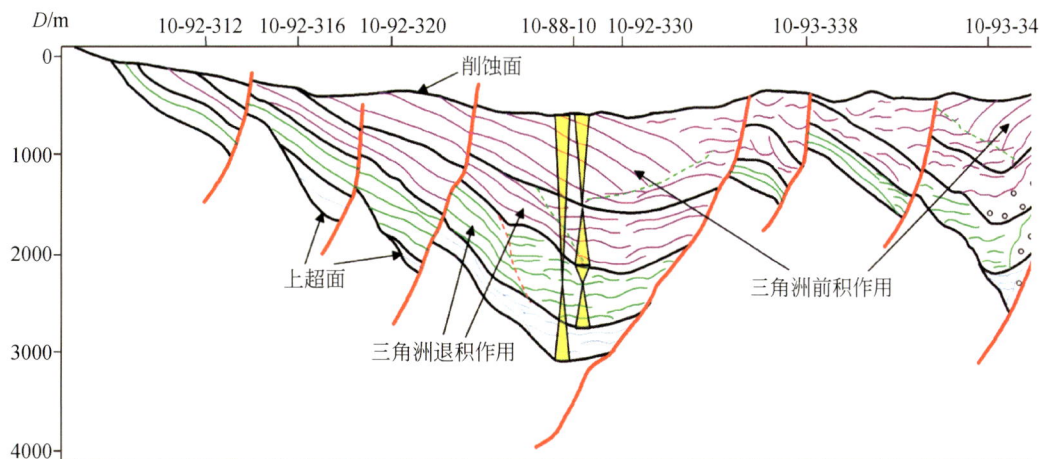

图 4.4 延吉盆地一、二级层序地层划分示意图

铜佛寺组时期属于断陷湖盆发育的鼎盛阶段，基准面迅速上升，可容纳空间迅速增大，属于一级层序中的水进体系域沉积阶段，地层沉积范围迅速扩大。总体上以上升半旋回占主体，仅在铜佛寺组末期发育下降半旋回。早期，随着构造运动的增强，可容纳空间逐渐增大，水体逐渐加深，可容纳空间增加速率大于沉积物补给速率（A/S>1），沉积物退积作用发生，发育上升半旋回；到铜佛寺组末期，盆地的沉积充填作用逐渐加强增强，扇三角洲物源体系慢慢向湖盆推进，湖泊水体范围开始减小，沉积物仍然以泥质沉积为主，向上砂岩逐渐增多，单层厚度变大。可容纳空间增加速率小于沉积物补给速率（A/S<1），沉积物发生进积作用，发育下降半旋回。

基准面上升向下降的转换位置是铜佛寺组，也是整个断陷期的最大可容纳空间的形成时期。此时湖侵范围最广、湖泊水体最深，为最大湖泛面密集段发育期。其沉积物以层厚、质纯的暗色泥质发育为特征。电性上表现为低电阻、高自然伽马值，处在自然伽马曲线上基值由低向高再由高向低变化的拐点处。该段泥岩的有机质含量较高，有机质类型较好。

大砬子组时期属于断陷湖盆的萎蔫阶段，断裂活动减弱，基准面下降，可容纳空间减小，属于一级层序发育过程中的高位体系域沉积阶段。大砬子组沉积旋回，以下降半旋回占主体。早期，可容纳空间逐渐增大，水体逐渐加深，可容纳空间增加速率大于沉积物补给速率（A/S>1），沉积物退积作用发生，发育上升半旋回；到大砬子组二段末期，盆地的沉积充填作用增强，大型扇三角洲、三角洲物源体系向湖盆推进，湖泊水体范围逐渐收缩，沉积物以泥质砂与砂岩、粉砂岩不等厚互层为特征，向上砂岩逐渐增多，单层厚度变大。可容纳空间增加速率小于沉积物补给速率（A/S<1），沉积物发生进积作用，发育下降半旋回。

基准面上升向下降的转换位置是大砬子组。电性上表现为低电阻、高自然伽马值，同样处在自然伽马曲线基值由低向高再由高向低变化的拐点处。

（三）三 级 层 序

依据主要目的层铜佛寺组和大砬子组内部具有时间意义的界面或层面的识别、以基准面旋回为参照面划分较高级次旋回。一级层序基准面旋回和二级层序基准面旋回的形成、发育主要是受盆地较大的构造运动控制。二级层序基准面旋回内次级的、较高级次的基准面旋回则是除局部构造运动或二级断裂的活动等控制因素外，还有沉积物补给量的变化对旋回形成与发育的影响。也就是说，构造运动提供的可容纳空间的增长速率与沉积物补给速率的相对变化（A/S）导致三级层序旋回的形成与发育，旋回的级别越高、沉积物补给对旋回形成、发育的影响越大，即自旋回作用在地层旋回形成过程中逐渐占主导因素。

用岩心资料确定的岩相类型、相序或相组合的变化也是三级层序划分的重要依据。

基准面上升，可容纳空间增大时的扇三角洲前缘由一系列的水下分流河道和分流间湾沉积叠置而成，由一系列的正旋回叠置而成，形成了整体向上变细的正旋回，下部主要以砾岩沉积为主，夹薄层含砾粉砂岩，向上泥岩含量逐渐增加。岩相类型丰富，向上发育完全，A/S值较高（图4.5）。

基准面下降，可容纳空间减小时的扇三角洲前缘沉积仍然由数个相互切割、纵向上叠置的复合水道砂体组成。单个砂体具有向上变细的旋回。层理、岩性类型单一，主要由砾岩、递变层理砂岩和块状层理粉砂岩、泥岩组成。整体上单层砂层厚度有向上变大、粒度变粗的趋势，表明由于沉积物补给速度的增加，A/S值逐渐减小（图4.6）。

尽管探井所钻遇地层所处的沉积背景不同，沉积岩性构成各不相同。但其岩性旋回的纵向叠置形成的三级层序的数量以及由三级层序的纵向叠置所反映的二级层序有固有特征及可对比性。总体上，铜佛寺组发育5个三级层序，大砬子组发育6个三级层序（图2.1）。

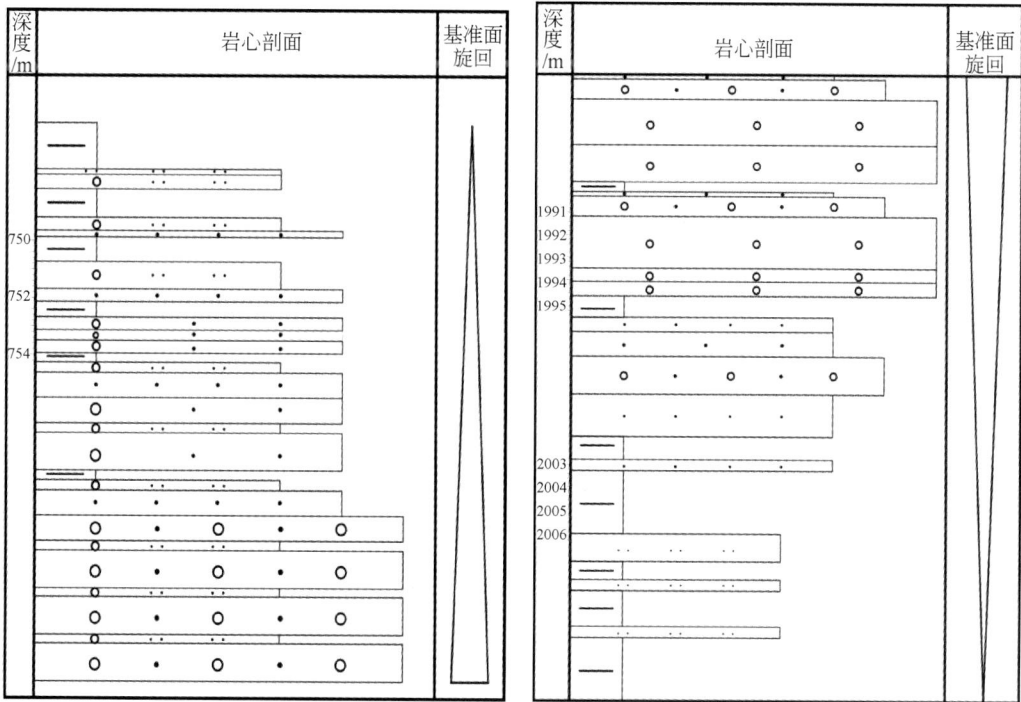

图4.5 可容空间增加时短期地层旋回的沉积特征　图4.6 可容空间减少时短期地层旋回的沉积特征

铜佛寺组沉积期处于箕状断陷发育的鼎盛时期，也是水进体系域沉积阶段。因此其一、二级层序体现了以水进旋回占主体的背景，只在末期，呈现短时间的水退现象。这种沉积背景也影响着其三级层序的发育特点。

1. 一层序（SQ1、铜一段下部）

底界面为铜佛寺组的底界面，顶界面为一个明显的水进—水退的转换面（图4.7）。该旋回发育于铜佛寺组长期基准面旋回上升期，水体变深、湖水扩张明显，因此旋回具有不对称结构，即基准面上升期沉积的地层厚度大于下降期的厚度。构成该旋回的短期旋回同样具有不对称性，以上升期沉积的地层为主。上升半旋回测井曲线（自然伽马、侧向电阻率曲线）具钟形展布特征，下降半旋回测井曲线呈现明显漏斗形态，沉积物以粗碎屑沉积为主。该旋回基准面上升和下降的转化位置，测井曲线变化明显。电性上表现为低电阻、高自然伽马值。在自然伽马曲线上基值由低向高再由高向低变化的拐点处即是转换点。

2. 二层序（SQ2、铜二段上部）

顶界面为铜佛寺组下部第一套扇三角洲进积砂岩的顶界（延参1、延12井）。其基准面上升期沉积的地层厚度略大于上升期的厚度，构成基准面上升期的短期旋回进积

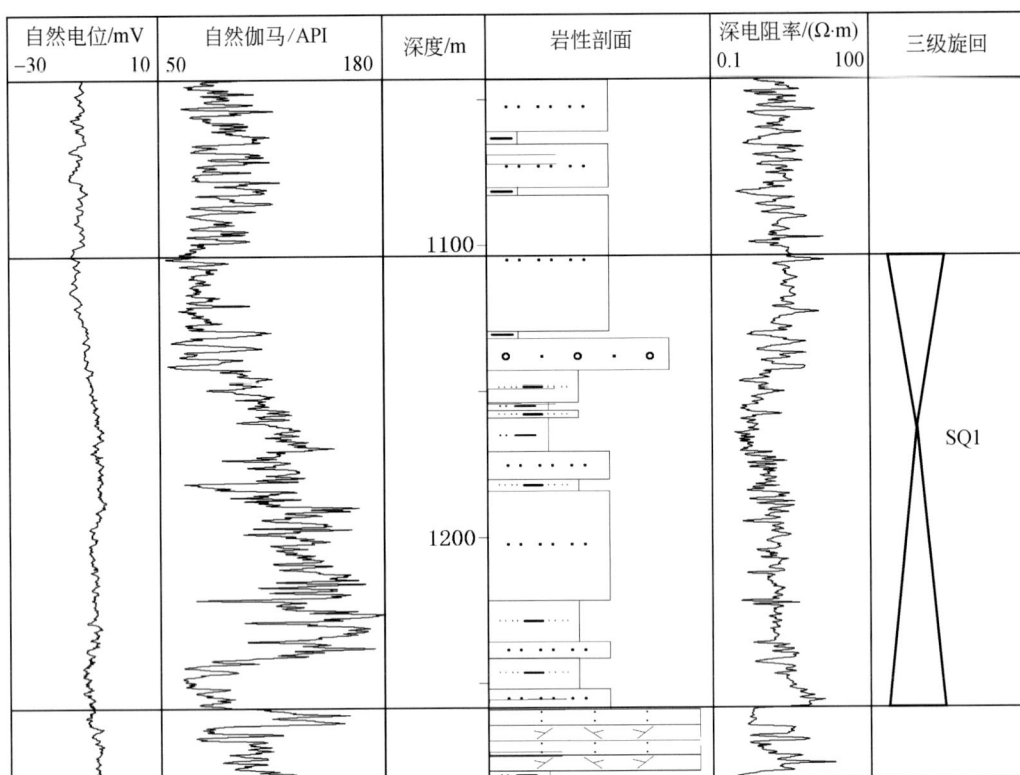

图 4.7　延 12 井 SQ1 层序划分图

叠加样式。SQ1 发育时期，并未形成真正意义上的河湖系统，而 SQ2 期，箕状断陷的沉降格局基本形成，稳定的湖泊区开始出现，从而在基准面上升和下降的转换位置沉积了一套较稳定的泥岩，形成了延吉盆地断陷期的初始湖泛面。

3. 三层序（SQ3、铜二段下部）

顶界面为铜佛寺组下部第二套扇三角洲进积砂岩的顶界。此期仍以水进旋回占主体，基准面上升期沉积的地层厚度大于下降期的厚度。在基准面上升和下降的转化位置，同样表现了自然伽马曲线基值由低向高再由高向低变化的特点。

4. 四层序（SQ4、铜二段上部）

在湖平面总体上升的背景下，形成上升半旋回和下降半旋回规模基本相当（图4.8）的 SQ4 层序段。其湖侵背景下明显的水退过程发育了较好储集层。

5. 五层序（SQ5、铜三段）

底界面为明显的水退—水进过程的转换面，顶界面为大砬子组的底界面。基准面上升期沉积的地层厚度略大于下降期的厚度（图4.9），具有不对称性。基准面上升和下降的转换位置沉积了较大厚度的湖泊黑色泥岩，表明形成于箕状断陷沉积可容纳空间最大时期，湖盆最大扩张，水体最深，水域最广。

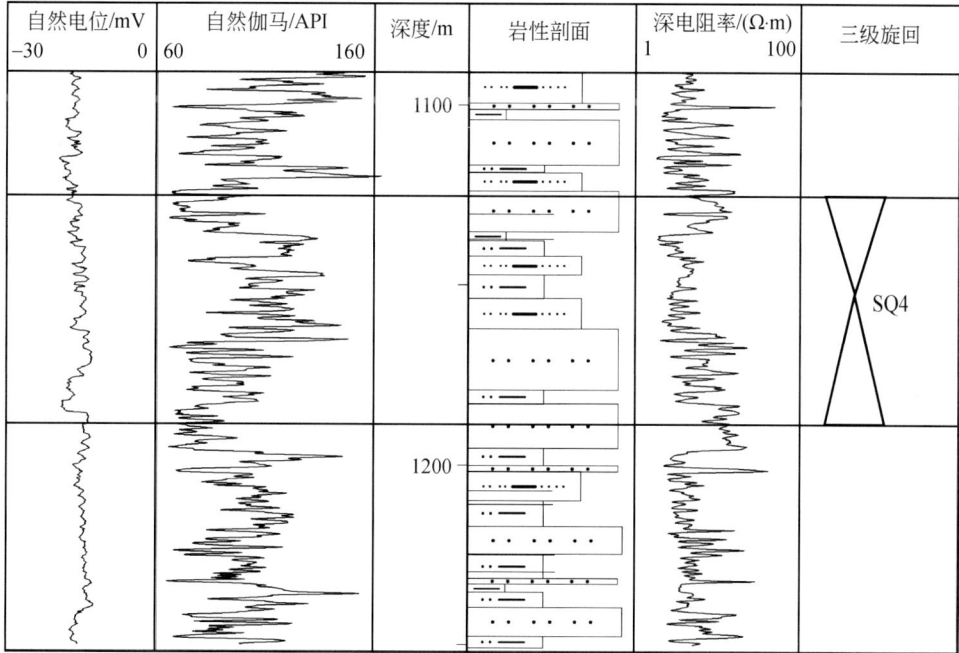

图 4.8 延 8 井 SQ4 层序划分图

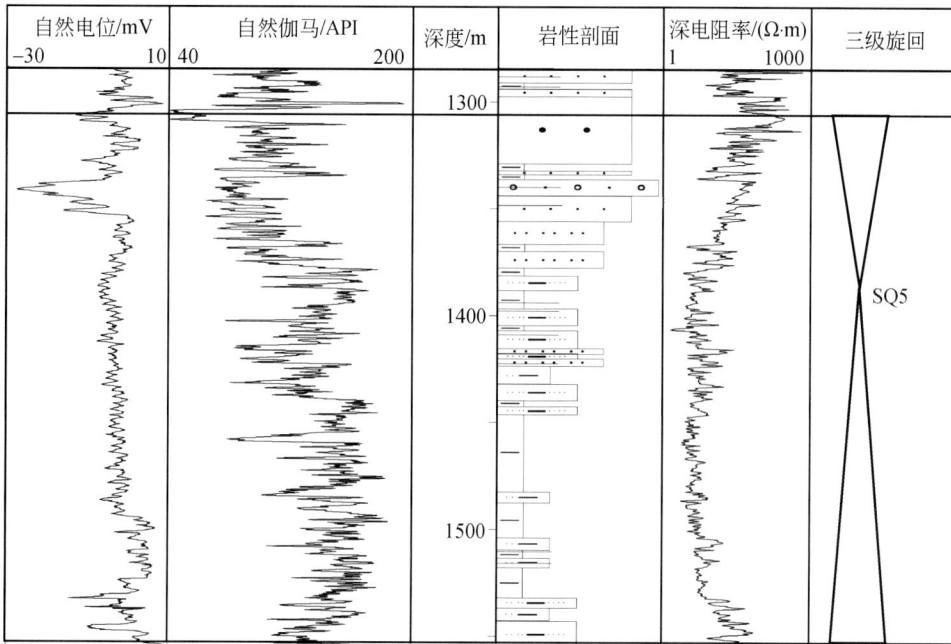

图 4.9 延 2 井 SQ5 层序划分图

6. 六层序（SQ6、大一段下部）

大砬子组沉积时期属于断陷湖盆的萎蔫阶段，断裂活动减弱，可容纳空间减小，基准面下降，属于一级层序发育过程中的高位体系域沉积阶段。可容纳空间增加速率小于沉积物补给速率，$A/S<1$ 时，沉积物发生进积作用。但在大砬子组内部二级层序发育过程中，大砬子组早期，水进旋回开始发育，到大一段末期，水体达到最大，之后水体开始下降，发育水退旋回。

六层序（SQ6）底界面为大砬子组的底界面，五层序（SQ5）的顶界面。顶面为一个水退—水进的转换面。虽然大砬子组一段与铜佛寺组沉积时期相比，水进趋势开始减弱，但是 SQ6 层序仍然以上升半旋回占主体，故基准面上升期沉积的地层厚度略大于下降期的厚度（图 4.10），其转化面位置，测井曲线变化明显，电性上表现为低电阻、高自然伽马值。

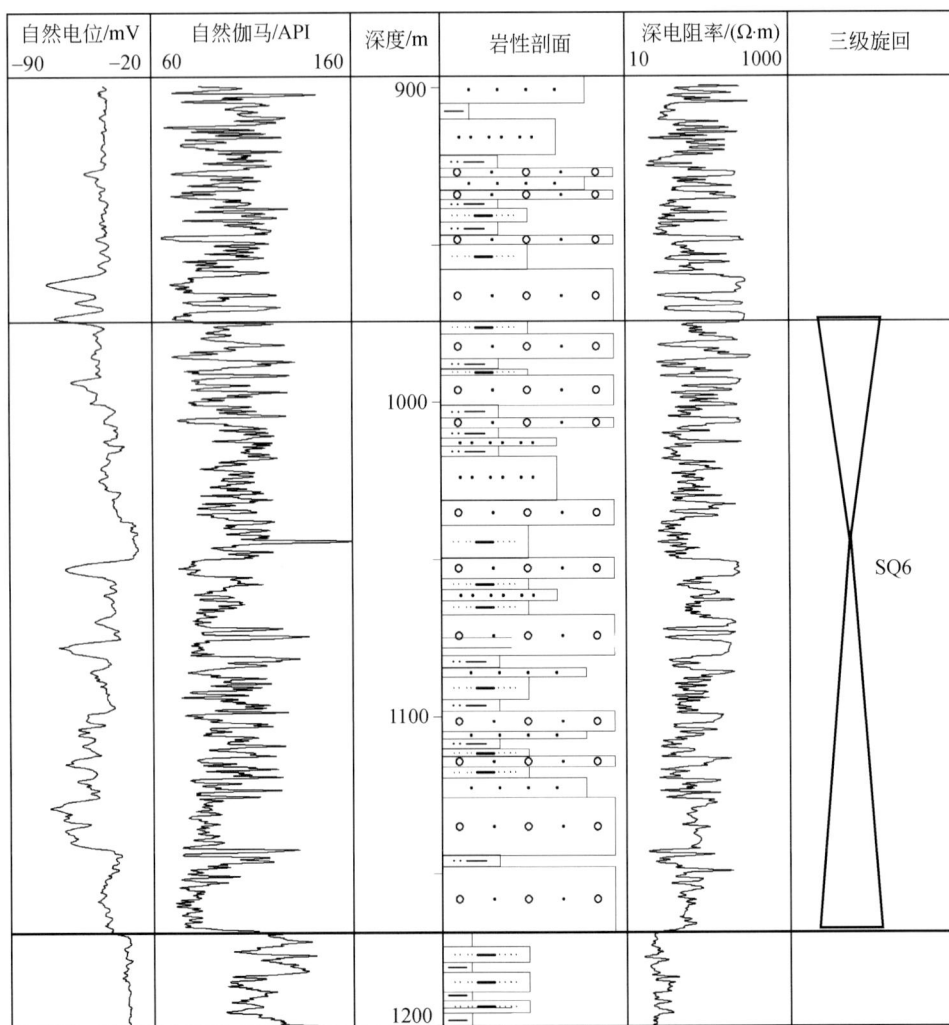

图 4.10 延 13 井 SQ6 层序划分图

7. 七层序（SQ7、大一段中部）

仍然以上升半旋回占主体，基准面上升期沉积的地层厚度大于下降期的厚度（图4.11），该旋回基准面上升和下降的转化位置，测井曲线变化明显，电性上同样表现为低电阻、高自然伽马值。

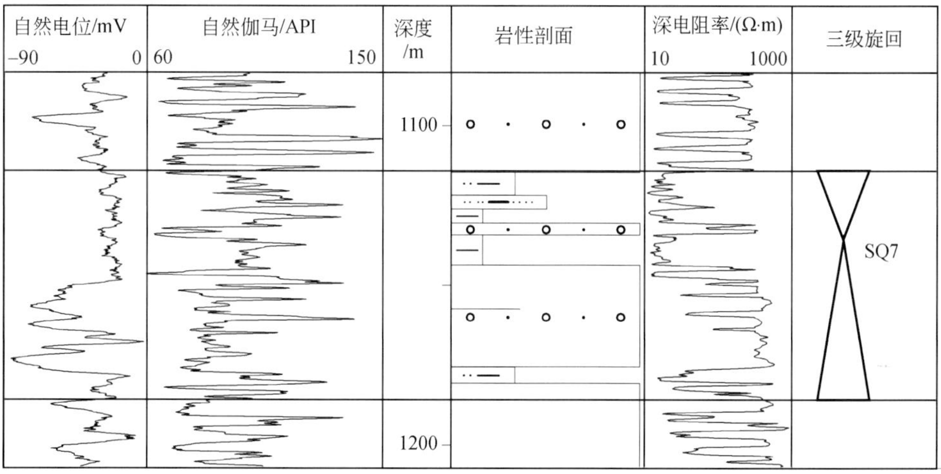

图 4.11　延 1 井 SQ7 层序划分图

8. 八层序（SQ8、大一段上部）

岩性粒度总体比 SQ7 层序细（靠近物源区除外），且层序旋回变化特征明显。由下向上，自然伽马值先增大，达到极值后开始减小，由钟形和漏斗状曲线叠加而成，形成完整的旋回。下部由多个次级小水进旋回叠加组成大水进旋回，上部的水退旋回亦然。水进旋回和水退旋回基本相当。当然，在斜坡部位，可容纳空间小，岩性相对变粗，层序旋回欠齐全。

9. 九—十一层序（SQ9—SQ11、大二段）

大砬子组二段沉积时期，断裂活动明显减弱，沉积物供给充足，可容纳空间的增加速率小于沉积供给速率（$A/S<1$），沉积物发生进积作用，水退旋回占主体，湖平面迅速下降。此时发育的 SQ9、SQ10 层序以水退旋回占主体；到 SQ11 层序沉积时期，属于整个断陷盆地的沉积末期，湖沼淤积，湖平面变化旋回特征不明显。

其中 SQ11 属于进积—退积对称性，特征明显，该旋回在测井曲线形态上表现为由退积叠加样式渐变过渡到进积叠加样式。对应的岩性剖面上则表现为旋回下部单层砂岩厚度向上减薄，粒度变细，泥质含量增加，泥岩夹层厚度增大；旋回上部砂岩厚度逐渐增大，粒度变粗，泥质含量减小，泥岩夹层厚度减小。下部短期旋回叠加样式呈退积型，岩相类型较多，砂岩厚度向上减小，粒度变细。上部短期旋回叠加样式呈进积型，砂岩厚度向上增大，粒度变粗（图4.12）。

上述三级层序的形成显然与延吉盆地可容纳空间增长速率与沉积物供给速率之间

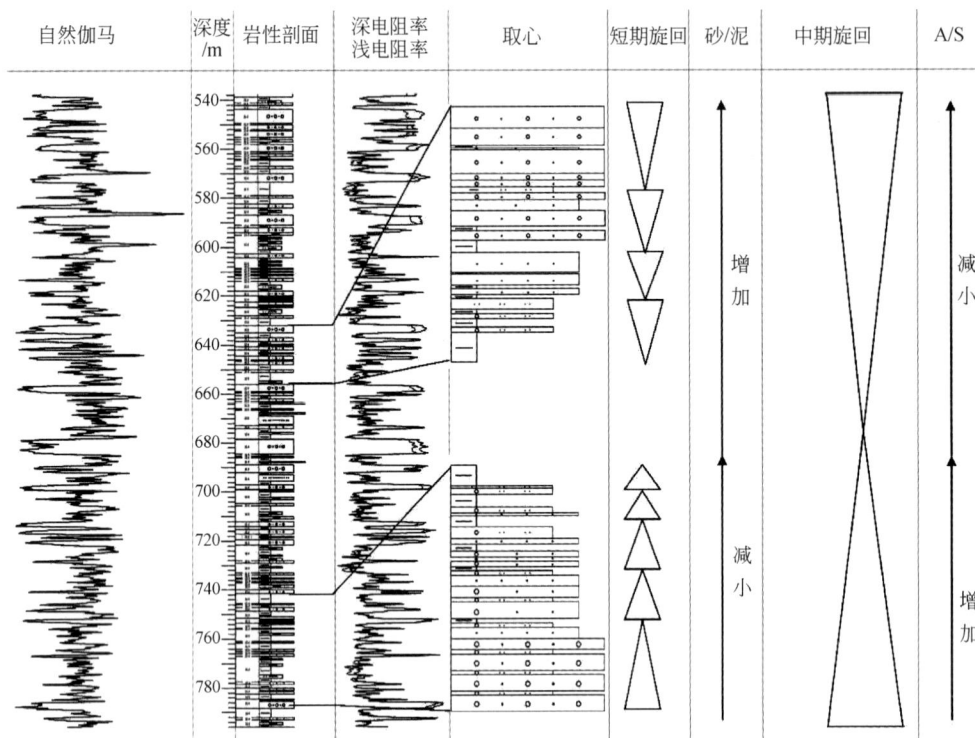

图 4.12 进积-退积对称型三级基准面旋回岩性-电性响应

的比值有关。二级层序基准面水进旋回背景下，发育的三级层序基准面旋回同样以水进旋回占主体，二级层序基准面水退旋回背景下，发育的三级层序基准面旋回同样以水退旋回占主体，二者密切相关。

二、层序地层格架

在单井基准面旋回划分的基础上，依据合成地震记录将单井基准面旋回与地震层序进行桥式连接，结合地震剖面上不同类型的反射终止端如上超、下超、顶超、削截等，识别地震层序界面及其内部的重要界面，建立起朝阳川凹陷、清茶馆-德新凹陷的等时地层格架。

（一）铜佛寺期

由凹陷边缘到中心，层序发育的数量、地层剖面的旋回厚度，均有一定规律变化（图 4.13、图 4.14）。

铜佛寺组沉积时期，凹陷中心部位层序（SQ1—SQ5）发育齐全，边缘部位层序逐渐缺失，单个层序发育厚度减薄，沉积物粒度逐渐增大（图 4.13）。沿箕状断陷沉降轴沉积物颗粒总体较细，下部层序除因原始地形高部位导致缺失外，晚白垩世的岩浆侵入也经常造成下部层序的缺失。

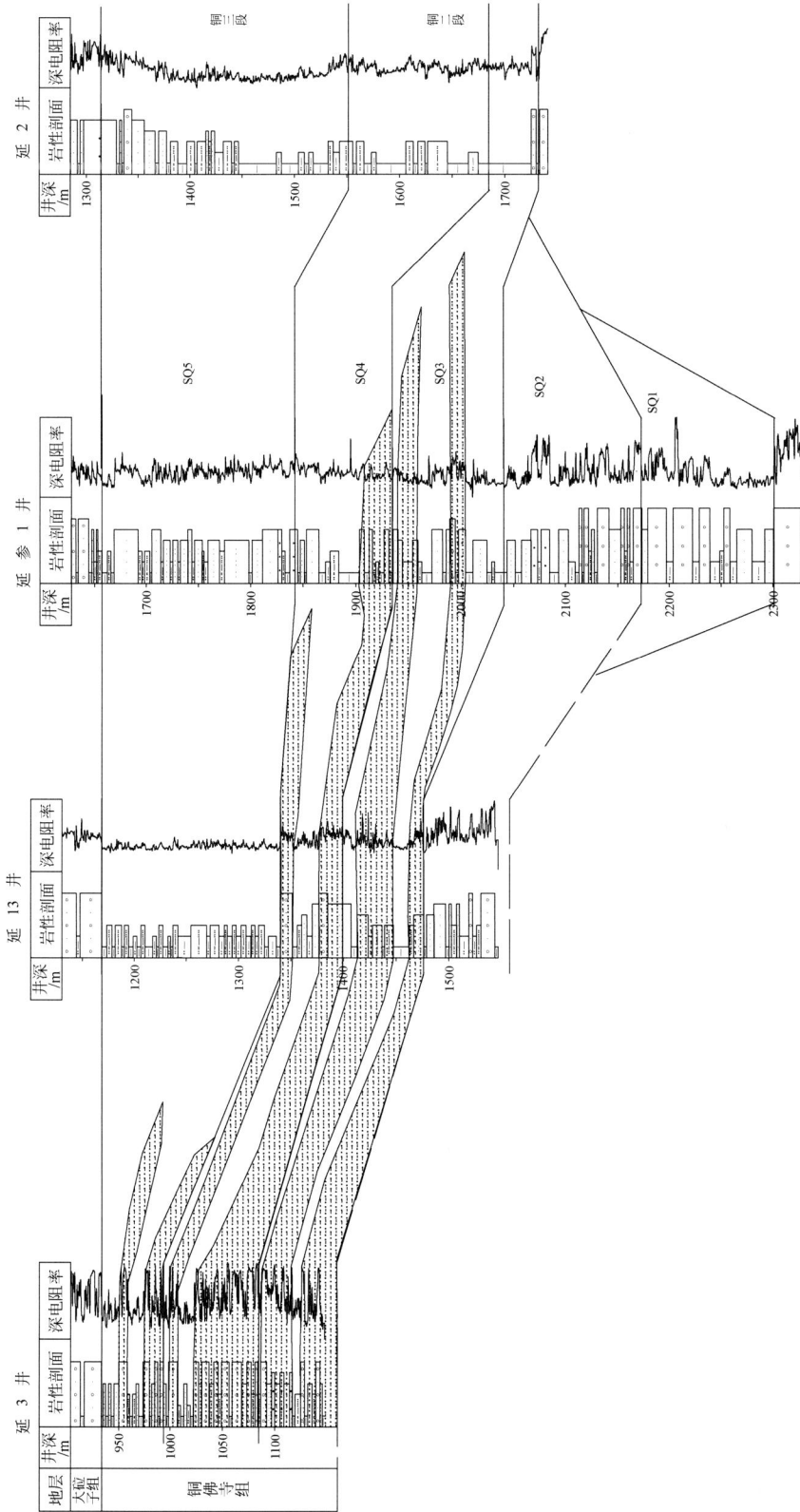

图 4.13 朝阳川凹陷延3井—延13井—延参1井—延2井铜佛寺组连井剖面图

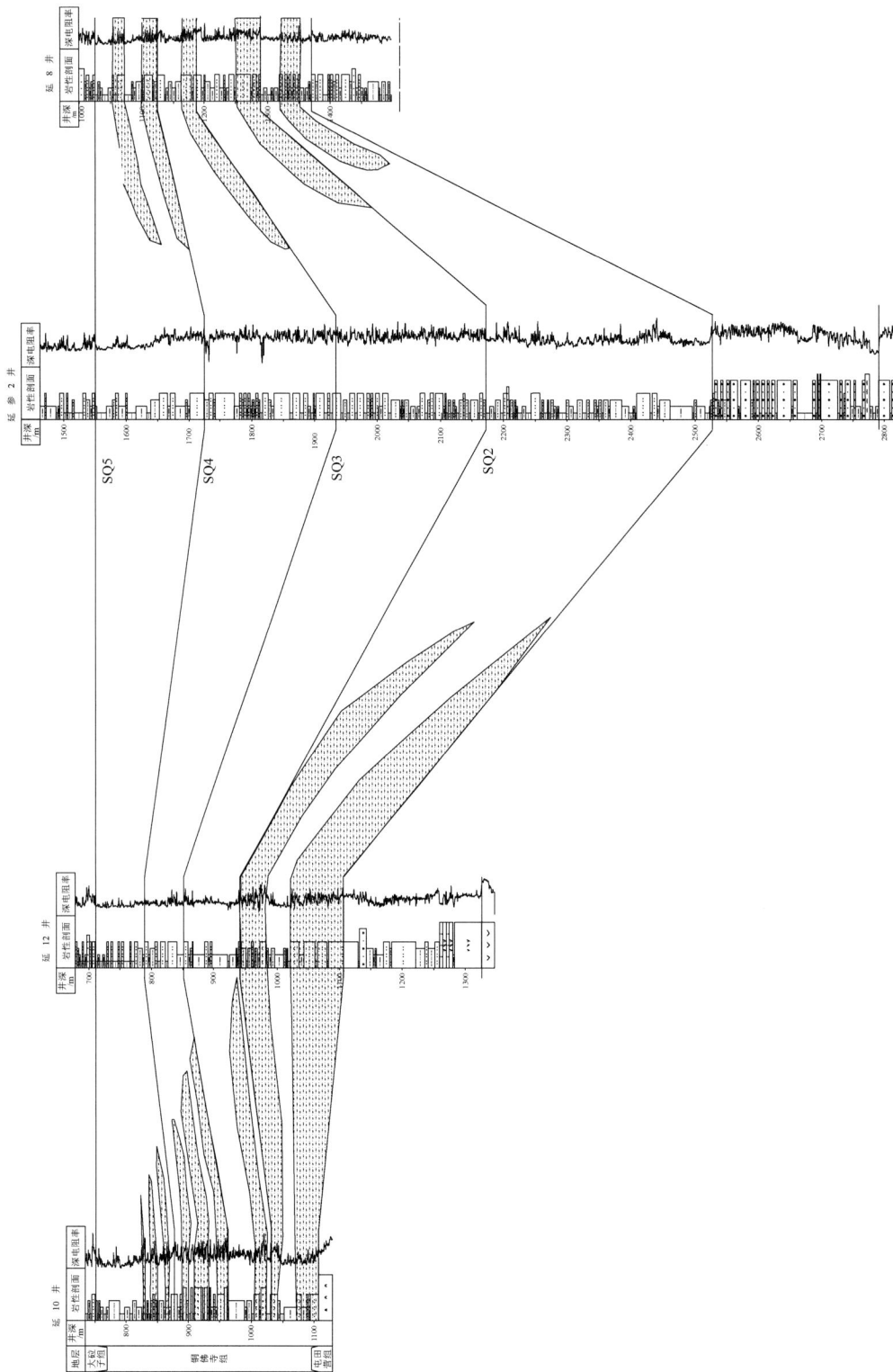

图 4.14 清茶馆次凹延10井—延12井—延参2井—延8井铜佛寺组连井剖面图

（二）大 砬 子 期

大砬子组沉积时期，由下向上，各层序（SQ6—SQ11）的厚度差逐渐变小。凹陷中心位置层序发育较齐全，在盆地边缘部位，在龙井组末期发生的挤压褶皱构造运动中，位于构造高部位的南北两端地层遭受剥蚀，残留层序数量迅速减少。

由东向西，层序发育较全，但厚度、数量有减少的趋势。

第二节　沉 积 特 征

一、沉积相类型及特征

根据延吉盆地 29 口岩性剖面、岩心观察、分析化验、地震剖面等资料，将下白垩统划分为 5 种相、13 种亚相（表 4.1）。

表 4.1　延吉盆地沉积相分类表

相	亚相	微相
冲积扇	扇根、扇中、扇端	
辫状河	河道、河道间	
扇三角洲	平原	泥石流、水上分流河道、溢岸沉积
	前缘	水下分流河道、水下分流间湾、河口坝、席状砂、滑塌透镜体
	前三角洲	
近岸水下扇	内扇、中扇、外扇	席状砂
湖泊	滨浅湖	滩坝砂体、泥坪
	半深湖–深湖	深水浊积

（一）冲积扇体系

在地壳升降运动较强烈的地区，风化、剥蚀作用强烈，其形成的产物被山区的暂时性水流或山区河流带走，当河流流出山口时，地形坡度急剧变缓，水流向四方散开，流速骤减，碎屑物质大量堆积，形成锥状或扇状沉积体，成为冲积扇。

1. 扇根

扇根分布在临近冲积扇顶部地带的断崖处，其特点是沉积坡度最大，并发育有单一的或 2～3 条直而深的主河道。其沉积物主要由分选极差的、无组织的混杂砾岩或具有叠瓦状的砾岩、砂砾岩组成。

延参 1 井头道组、铜佛寺组均钻遇冲积扇体（图版 I.1）。岩心中见砾岩、含砾粗砂岩，分选、磨圆差，发育冲刷面。自然伽马曲线和侧向电阻率曲线呈底部突变接触，顶部为突变接触或渐变接触，受泥岩夹层影响，呈齿化箱形。

2. 扇中

扇中位于冲积扇的中部，为其主要组成部分，它以具有中到较低的沉积坡角和发育辫状河道为特征，沉积物主要由砂岩、砾状砂岩和砾岩组成，与扇根沉积相比，砂岩含量增加，沉积物分选性相对变好（图版Ⅰ.2）。

3. 扇端

出现在冲积扇的趾部，其地貌特征具有最低的沉积坡脚和较平缓地形。延参1井铜佛寺组内部具有典型的扇端沉积特征。沉积物以粉砂质泥岩、泥质粉砂岩、泥岩互层沉积为主，中间夹砂砾岩、砾岩沉积。其砂粒级别变细，分选变好。

（二）辫状河体系

由河道和河道间亚相组成。

1. 河道

河道亚相沉积物主要有砂砾岩、含砾砂岩，砾石分选、磨圆差，发育斜层理，呈向上变细的正粒序。自然伽马曲线和侧向电阻率曲线呈顶底突变的箱形。

延参1井河道亚相由灰白色砾岩、灰白色含砾粗砂岩、肉红色砾岩、含砾砂岩、褐色细砂岩组成，砾径可达5mm，夹灰绿色泥质粉砂岩、褐色泥岩薄层，呈向上变细的正旋回，由砾岩变为粉砂岩。发育斜层理，分选磨圆差（图版Ⅰ.3）。

2. 河道间

位于天然堤以外的河漫滩上，洪水泛滥时才有水体浸漫。其沉积物的构成以灰色、灰褐色、红褐色泥岩、粉砂质泥岩等泥质沉积为主。在干旱条件下，以红、褐等氧化色为主的泥质岩为特征，在温暖潮湿气候条件下，则可发育成泛滥平原沼泽。延参1井河道间亚相为棕红色、褐色泥岩、粉砂质泥岩、泥质粉砂岩、灰绿色粉砂岩等沉积，可见生物扰动现象及变形层理（图版Ⅰ.4）。

（三）扇三角洲体系

扇三角洲发育在活动构造背景条件下，通常需要湖岸附近地形高差大、岸上斜坡陡窄、物源近、碎屑物质供应充足。延吉盆地铜佛寺组和大砬子组沉积时期，扇三角洲沉积普遍存在。扇三角洲可被进一步区分出扇三角洲平原、扇三角洲前缘和前扇三角洲3种亚相。

1. 平原

扇三角洲平原是扇三角洲的陆上部分。它始于山涧河流，止于湖岸线。主要由泥石流、分流河道和溢岸沉积等微相构成。岩性以杂乱的粗砾沉积为主，测井曲线为高幅度齿化箱形，有时呈不规则状。地震相类型呈低连续至杂乱、弱振幅、中频率的反射特征。

1）泥石流

由砂、泥质砾岩组成（延1井），基质支撑，基质以泥质为主、含砂，砾石多呈棱至次棱状。呈自下而上的反旋回，向上粒度变粗，砂质含量增高。可见砾石直立（图版Ⅰ.7、图版Ⅰ.8）。

2）水上分流河道

大量泥砂通过河道搬运至河口处沉积。岩性主要由中细砾岩、肉红色砂砾岩、灰白色含砾砂岩组成。发育平行层理（图版Ⅰ.5），分选磨圆差，和褐色、红色泥岩伴生。测井曲线特征明显，呈顶底突变的箱形（图4.15）。

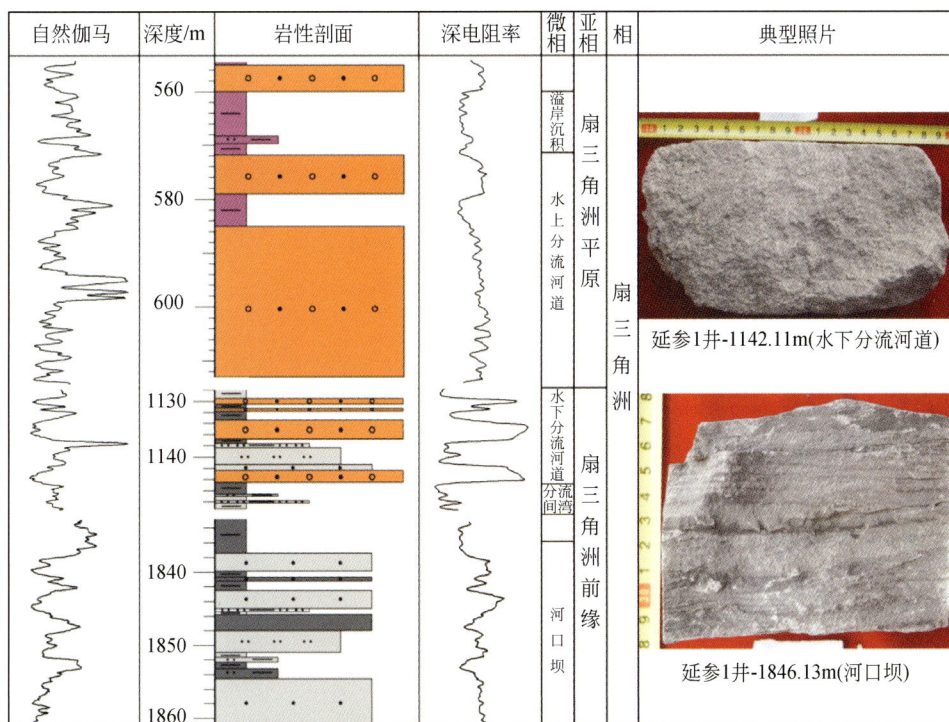

图4.15　延参1井扇三角洲平原、扇三角洲前缘测井相特征

3）溢岸沉积

岩性主要为灰绿色粉砂岩、灰色泥质粉砂岩、灰黑色粉砂质泥岩、肉红色细砂岩，局部含钙质结核。自然伽马和侧向电阻率曲线呈低幅齿状箱形（图4.15）。

延D3井630m到670m也发育有溢岸沉积，岩性主要为深灰色含钙粉砂质泥岩、深灰色泥质粉砂岩、灰色含钙细砂岩、灰白色粉砂岩、深灰色泥岩，发育方解石脉，发育波状、平行、包卷、槽状交错层理（图版Ⅰ.6）。

2. 前缘

扇三角洲前缘亚相主要由水下分流河道、水下分流间湾、河口坝和席状砂组成。

1）水下分流河道

为水上分流河道的水下延伸部分。在向湖盆延伸过程中，河道加宽，深度减小，分叉增多，流速减缓，堆积速度增大。由砾岩、砂砾岩、粗砂岩、细砂岩等组成，砂、砾平均粒径比水上分流河道要小，具斜层理（图版Ⅰ.9）。分选、磨圆相对变好，次棱角状，顶、底发育有冲刷面。自然伽马曲线和深浅电阻率曲线上顶底均突变接触，呈高幅箱形（图4.15）。

2）分流间湾

为水下分流河道间相对凹陷的区域，与湖相通。由泥质粉砂岩、粉砂质泥岩及泥岩组成，含少量粉砂、细砂，可见波纹层理及变形层理。自然伽马曲线呈小幅齿状，侧向电阻率曲线变化平缓（图4.15）。

延7井水下分流间湾主要发育黑色粉砂质泥岩、由较大钙质砾石、砂岩透镜体、黑色块状泥岩（图版Ⅰ.10）组成。延13井水下分流间湾主要发育黑灰色粉砂质泥岩，含中细砂团块，灰色含砾中砂岩、灰绿色粉砂岩等，见植物茎屑，生物扰动构造。延15井中，主要发育浅灰色、灰黑色含钙泥岩，普遍发育高角度方解石脉，底部含有黄铁矿，含有少量生物化石，富含介形虫和少量植物茎屑。

3）河口坝

河口坝是由于河流带来的泥砂物质在河口处因流速降低堆积而成，位于水下分流河道末端，随着沉积物的不断供给和河道的不断改造，河口坝沉积物可形成大面积厚层砂体。主要以中砂岩、细砂岩沉积为主，颗粒分选、磨圆较好，总体上呈由细变粗的反粒序。发育波状层理、包卷层理、变形层理，近水平层理，含植物碎屑。底部有小冲刷面，可见细小泥砾（图版Ⅰ.11）。自然伽马曲线底部渐变，顶部突变（图4.15）。河口坝在垂向剖面上多呈反旋回特征，或反旋回—正旋回组合。

4）席状砂

席状砂是扇三角洲前缘亚相中厚度较小的微相沉积，岩性为粉砂岩。在剖面上席状砂与前扇三角洲泥岩互层，发育平行层理、波状层理（图版Ⅰ.12）。电测曲线呈指状特征。

5）滑塌透镜体

延参2井582.1~588.3m为滑塌重力流沉积，岩性为灰色含钙中砂岩、细砂岩、粉砂岩、粉砂质泥岩、灰黑色泥岩，含细砂的粉砂岩夹灰黑色泥质条带及泥砾，顶部发育生物扰动构造，富含炭屑，局部发育方解石脉。

延12井826.1~8840.3m井段的滑塌重力流沉积主要发育灰色中砂岩、含钙细砂岩、灰色粉砂岩、灰色泥质粉砂岩，见植物茎屑，发育交错层理，生物扰动构造强烈。

3. 前三角洲

前三角洲亚相主要由泥岩、粉砂质泥岩和泥质粉砂岩组成，常夹有浊流沉积，测井曲线呈低平曲线夹尖峰，尖峰往往是浊流沉积的反映（图4.15、图4.16）。

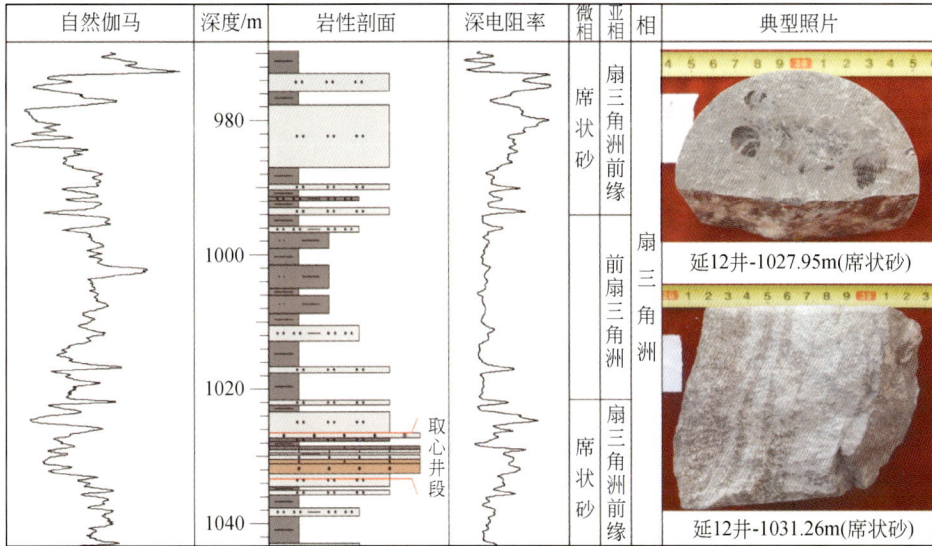

图 4.16　延 12 井扇三角洲前缘和前三角洲测井相特征

（四）近岸水下扇体系

近岸水下扇为近源洪水携带大量陆源碎屑直接入湖，并在湖盆陡岸的深水环境中形成的水下扇体，以粒度变化大、分选差为特征，具有相变快，岩性变化迅速的特点。可分为内扇、中扇、外扇三个亚相（图4.17）。

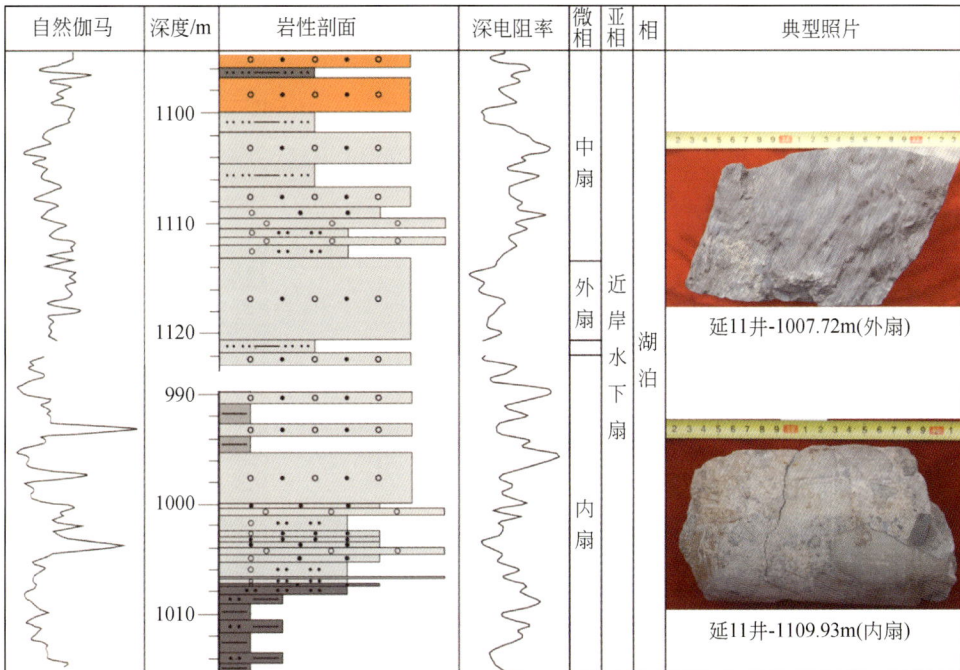

图 4.17　延 11 井近岸水下扇测井相特征

1. 内扇

沉积物为水道充填沉积、天然堤即漫流沉积。主要由杂基支撑的砾岩、碎屑支撑的砾岩夹泥岩组成。

延5井头道组发育有扇根沉积。由灰色砾岩组成,杂基支撑,具有漂砾结构,砾石排列杂乱,甚至直立,不显层理,顶底突变或底部冲刷,并常见大碎屑压入下伏泥岩或凸于上覆层中,属碎屑流沉积。砾石近乎直立,说明为快速混杂堆积的产物。块状构造,分选差,有一定磨圆,呈次棱角状,粒径 2～120mm,一般为 5mm 左右,旋回底部具明显冲刷,砾石成分主要为花岗岩和变质岩岩屑(图版Ⅰ.13)。自然伽马曲线和侧向电阻率曲线上顶底均突变接触,呈箱形。

延11井内扇由灰色中-细砾岩、含粗砾中砾岩、含中砾细砾岩夹灰色含砾粉砂岩、粉砂岩组成,分选、磨圆差。

2. 中扇

为辫状水道区,是扇的主体,以砂岩为主,中间无或少泥质夹层,冲刷面发育。电阻率曲线呈箱形、齿化箱形、齿化漏斗-钟形等。

延参2井1750～1757.8m井段(图4.18),岩心为浅灰色含钙粉砂岩夹灰黑色碳质泥岩,浅灰色含钙中砂岩夹含钙细砂岩,灰黑色泥岩夹浅灰色泥质粉砂岩薄层,发育

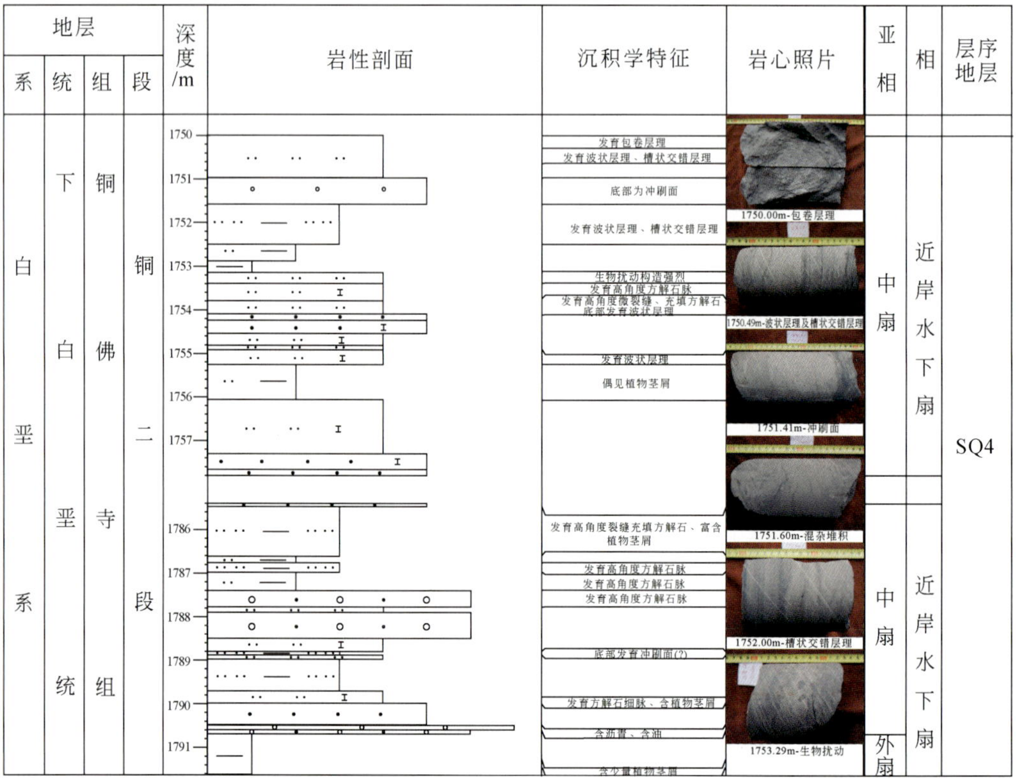

图 4.18　延参 2 井岩心描述

包卷层理，分选磨圆依然较差，底部可见生物扰动作用，发育波状、槽状交错层理。

延11井1005～1008m（图版Ⅰ.14），岩性主要发育灰白色含砾粗砂岩，灰色含砾细砂岩，中砂岩，灰色、灰褐色含砾粉砂岩、粉砂岩。分选、磨圆依然较差，底部可见生物扰动。深浅电阻率曲线上呈顶底渐变的漏斗形-钟形组合（图4.17）。

延8井和延401井取心井段均有中扇的发育，延8井中扇主要发育灰白色含砾中砂岩、粗砂岩、灰色中砂岩、细砂岩、粉砂岩，含植物茎屑，发育变形层理。延401井扇中岩性为灰白色含砾粗砂岩、灰白色含砾粗砂岩夹灰色细砂岩、灰黑色泥岩，具变形层理、高角度裂缝，顶部有包卷层理。

3. 外扇

扇端与半深-深湖衔接。主要为深灰色泥岩夹中薄层砂岩，砂层可见平行层理。

延4井714～717.5m岩心为扇端沉积，为灰色砂质泥岩夹黑色泥质纹层即粉砂岩条带、夹灰色粉砂岩、灰色钙质粉砂岩夹黑色泥岩薄层，发育水平层理、波状层理，有植物碎屑和虫孔。

延5井1009.7～1013.1m岩心为扇端沉积，为薄层砂岩、粉砂岩和灰黑色泥岩的互层，但砂层厚度薄，一般小于1m。自然伽马曲线呈齿状，侧向电阻率曲线呈向上变细的曲线特征。延11井1007～1009m也为扇端沉积，岩性组合为薄层灰色含砾粉砂岩、灰绿色粉砂岩夹于灰黑色泥岩、粉砂质泥岩中（图4.17）。

延8井外扇发育灰绿色粉砂岩夹黑色泥岩薄层，灰绿色钙质粉砂岩、灰黑色泥岩，发育变形层理、斜层理、水平层理，受滑塌影响发生变形、发育槽状交错层理（图4.19）。

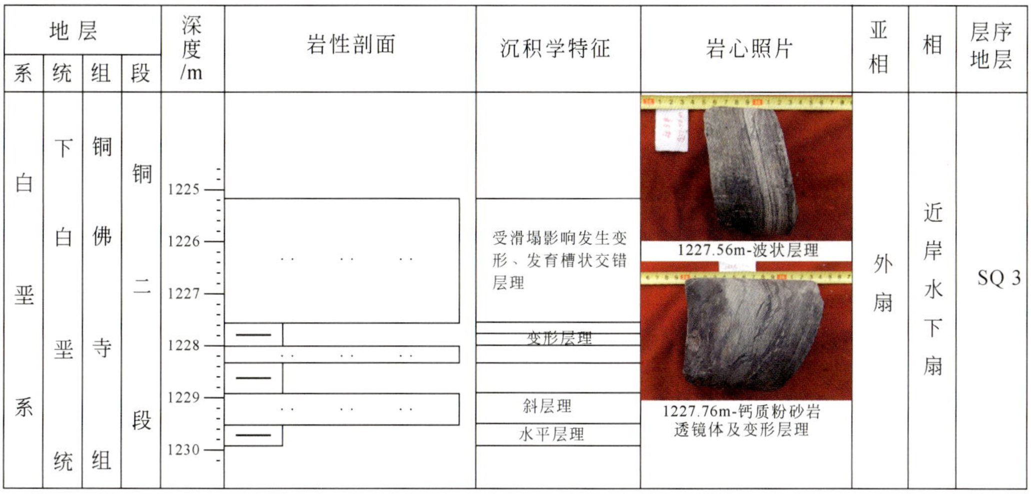

图4.19　延8井岩心描述

延14井外扇岩性为黑色泥岩，有机质含量高，含钙质、灰绿色灰岩，底部有揉皱、垂直裂缝，内含有植物碎屑。延参2井铜佛寺组二段外扇发育灰黑色泥岩、灰色细砂岩夹深灰色泥质纹层、泥屑，深灰色粉砂质泥岩，浅灰色含钙粉砂岩，发育波状层理，槽状交错层理（图版Ⅰ.15）。

（五）湖 泊 体 系

湖泊是大陆上地形相对低洼和流水汇集的地区。延吉盆地湖泊体系沉积广泛发育，构成盆地的主要充填体，在湖泊体系中可以识别出滨浅湖沉积、半深湖-深湖等沉积亚相。

1. 滨浅湖

滨浅湖是指位于洪水期和浪基面之间的湖泊地带，其中一部分环境特征是间歇性覆水与暴露，一部分环境特征是长期处于水下。岩石类型多样，有砂岩、泥岩、粉砂质泥岩呈不等厚互层，自然伽马曲线和深浅电阻率曲线呈锯齿状形态展布。发育交错层理、波纹层理、变形层理、生物扰动等。地震相类型为中低连续、中振幅、中低频率的反射特征（图4.20）。

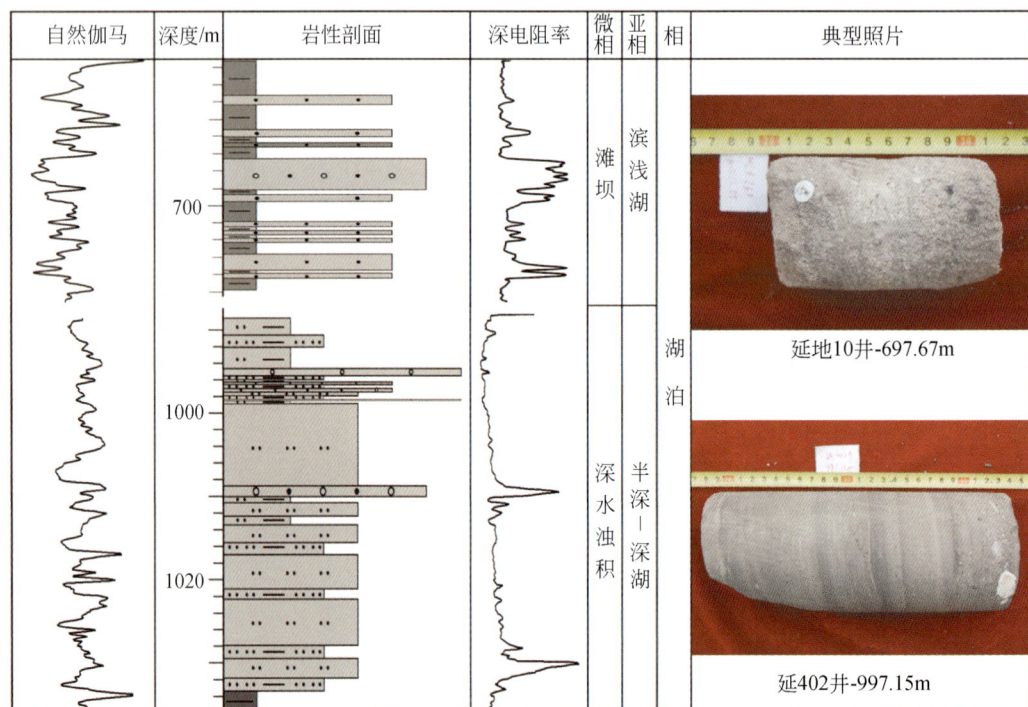

图4.20　延D10井滩坝砂体和延402井深水浊积测井相特征

1）滩坝砂体

滩坝砂体是滨浅湖地带常见的砂体类型。湖岸地形平坦，浅水区所占面积大，滩坝砂体最为发育。围绕断陷湖盆的古隆起也可以发育湖岸滩坝砂体，它们以透镜状及薄层席状砂的形式分布在古隆起周围。

滩坝砂体的形成离不开岸流和波浪的再搬运和再沉积，其砂体物质主要来源于附近的扇三角洲和近岸水下扇等大型砂体，但不属于扇三角洲或近岸水下扇，是独立的砂体类型。

延 D10 井大砬子组地层具有典型的滩坝砂体沉积特征，组成砂体的砂岩成熟度高，具有波状层理，水平层理，岩性剖面为灰绿色泥岩、含粗砂粉砂岩、细砂岩夹泥砾互层沉积，富含双壳类化石（图版 I.16）。

2）泥坪

延 D8 井大砬子组 560.3~566.15m 井段（图 4.21），岩性为紫红色、灰绿色、棕红色粉砂岩，黑色泥岩夹棕红色粉砂团块，杂色粉砂岩夹灰色泥质条带，具生物扰动，发育波状层理、变形层理。

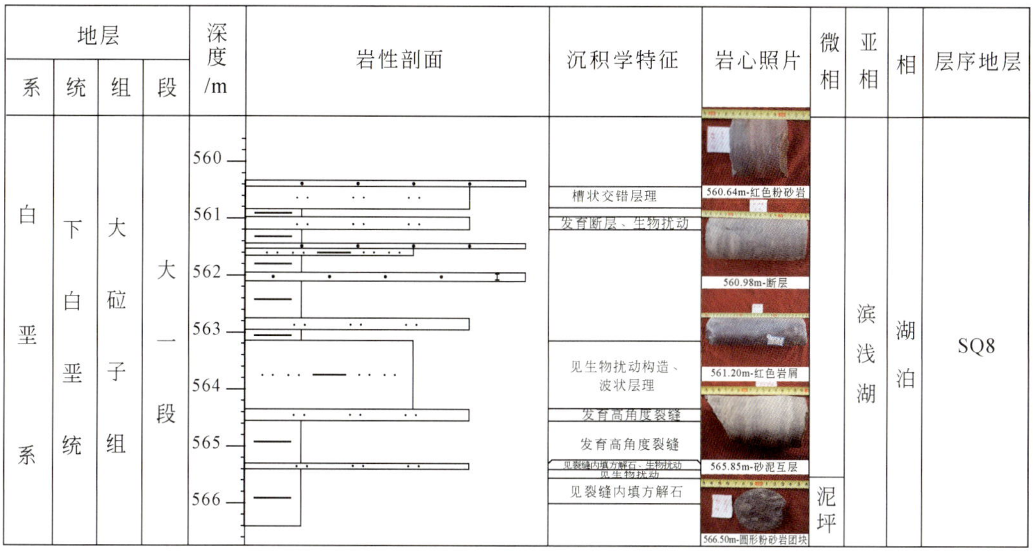

地层				深度 /m	岩性剖面	沉积学特征	岩心照片	微相	亚相	相	层序地层
系	统	组	段								
白垩系	下白垩统	大砬子组	大一段	560 561 562 563 564 565 566		槽状交错层理 发育断层、生物扰动 见生物扰动构造、波状层理 发育高角度裂缝 发育高角度裂缝 见裂缝与填方解石、生物扰动 见裂缝内填方解石	560.64m-红色粉砂岩 560.98m-断层 561.20m-红色岩屑 565.85m-砂泥互层 566.50m-圆形粉砂岩团块	滨浅湖 泥坪	湖泊	SQ8

图 4.21　延 D8 井岩心描述

延参 1 井中，自然伽马曲线和侧向电阻率曲线呈互层组合型，反映了沉积环境的频繁变化，砂、粉砂及泥岩相间成层。

延 D4 井滨浅湖亚相发育灰绿色含粗砾中砂岩、灰绿色含粉砂泥岩、含灰白色钙质团块，浅灰色含钙粉砂岩，发育交错层理、波状层理，富含腹足类化石。

2. 半深湖-深湖

半深湖-深湖亚相位于浪基面以下、水体较深部位，岩性以灰黑色、深灰色泥、页岩为主（图版 I.17），可富集介形虫、叶肢介化石。发育水平层理、波状层理，黄铁矿沿裂隙或顺层分布、富集，可达 2mm 左右。延 14 井 800~830m 井段具有典型半深湖-深湖的测井曲线特征，侧向电阻率曲线呈大段低幅齿状或指状。当夹有砂质浊水浊积沉积时，岩心中见有包卷层理（图版 I.18），侧向电阻率曲线出现指状尖峰（图 4.20）。

延 401 井中岩性主要为灰色粉砂岩夹灰黑色泥岩薄层、灰黑色泥岩和深灰色粉砂岩质泥岩互层，局部发育垂直裂缝、充填方解石及黄铁矿，普遍含有植物茎屑、发育波状层理。

二、沉 积 环 境

（一）湖盆物源来自东西两侧

1. 古地貌分析

古地形控制了水流的分散方向及沉积物的堆积中心，通过恢复沉积时期的古地貌特征，可分析沉积区域可能的物源方向。延吉盆地的原型是两个各自独立的箕状断陷，后期卷入北东向褶皱系统。箕状断陷的原始沉积范围较广，远远超出现今残留范围，后期构造运动使原始沉积地层南北方向上受到严重的抬升剥蚀。

朝阳川凹陷之南，依次出露龙井组、大砬子组、海西期花岗岩，显然是北东向背斜剥蚀残留的结果，大砬子组很可能覆盖过朝阳川凹陷之南的基岩裸露区，同时朝阳川凹陷北侧老头沟—铜佛寺一带出露大砬子组地层，进一步证实此处属于后期剥蚀区，地史时期应为沉积区（图 4.22）。因此，延吉盆地铜佛寺组、大砬子组沉积时期物源应该主要是来自东西两侧，而南北两端的物源即使有，也应该距现在盆地边缘远。

2. 重矿物组合

重矿物一般耐磨蚀、稳定性强，能较多地保留其母岩的特征，在物源分析中占有重要地位。

重矿物是指碎屑岩中密度大于 $2.86g/cm^3$ 的陆源碎屑矿物。碎屑沉积物中重矿物的总体特征取决于母岩的性质、水体的动力条件和重矿物的搬运距离。在物源相同、古水流体系一致的碎屑沉积物中，碎屑重矿物的组合具有相似性；而母岩不同的碎屑沉积物则具有不同的重矿物组合。在矿物碎屑搬运的过程中，不稳定的重矿物逐渐发生机械磨蚀或化学分解，因而随着搬运距离的增加，性质不稳定的重矿物逐渐减少，而稳定重矿物的相对含量逐渐升高。

一定的重矿物组合能反映一定的母岩性质。酸性岩浆岩对应磷灰石、黑云母、角闪石、钛铁矿、独居石、白云母、金红石、榍石、电气石（粉红色）、锆石；花岗伟晶岩对应锡石、萤石、黄玉、电气石（蓝色）、黑钨矿、石榴子石、独居石、白云母；基性、超基性侵入岩对应橄榄石、普通辉石、紫苏辉石、角闪石、磁铁矿、尖晶石、铬铁矿；中基性喷出岩对应辉石、角闪石、磁铁矿、锆石、石榴子石、磷灰石；变质岩对应红柱石、刚玉、蓝晶石、夕线石、十字石、黄玉、符山石、硅灰石、绿帘石、黝帘石、石榴子石、电气石、云母、蓝闪石；沉积岩对应重晶石、铁矿、白钛矿、金红石、电气石（磨圆）、锆石（磨圆）、石榴子石（磨圆）。

根据现有重矿物分析资料，可以看出：朝阳川凹陷主要以磁铁矿-钛铁矿-绿帘石-榍石组合为主，也含有锆石-磷灰石-石榴子石；清茶馆次凹重矿物组合特征与朝阳川

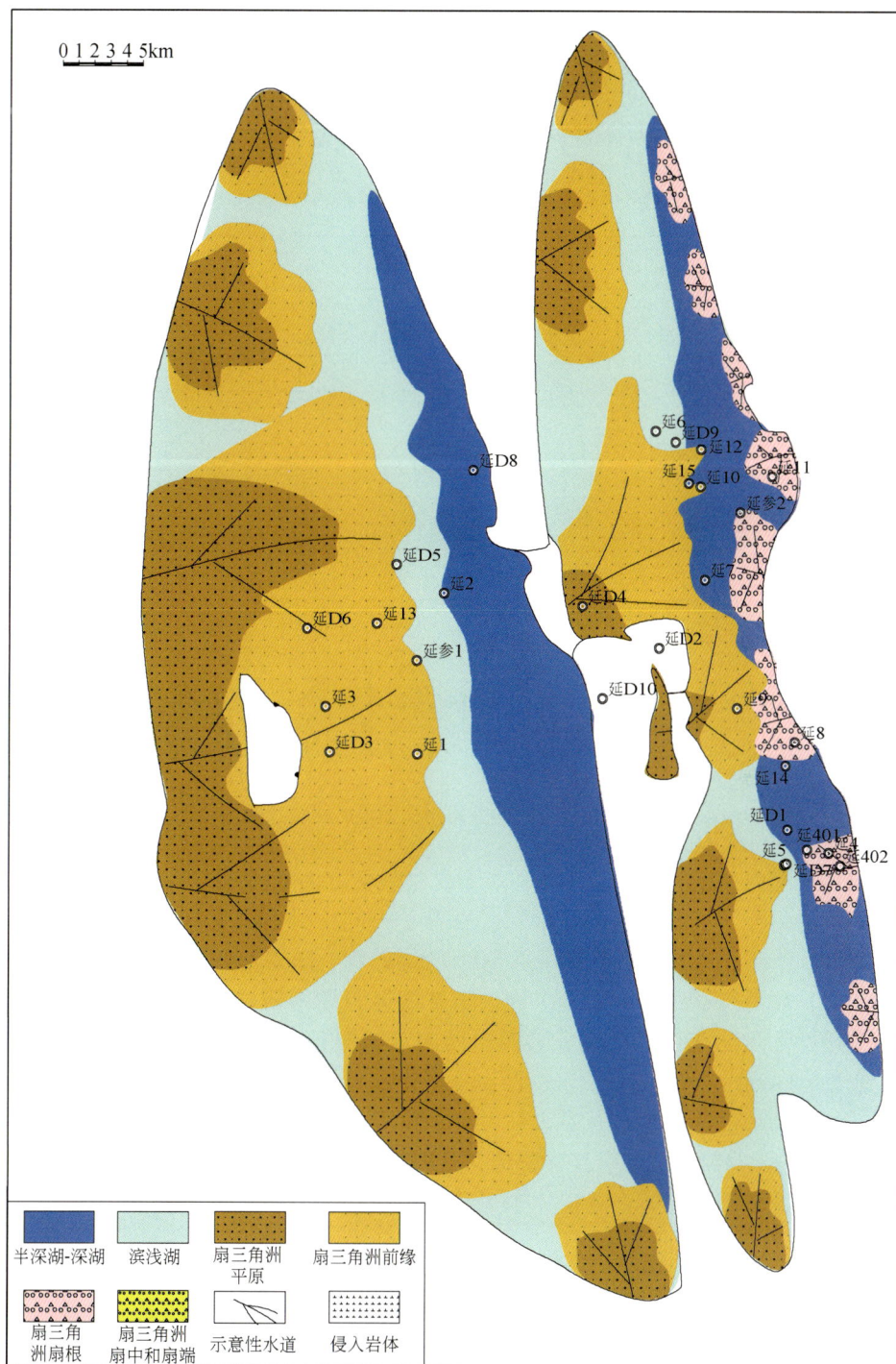

图 4.22 延吉盆地铜佛寺组原始沉积相平面分布图

凹陷接近，也为磁铁矿–钛铁矿–绿帘石–榍石组合，但在锆石–磷灰石–石榴子石中部分样品锆石、磷灰石含量高。德新次凹重矿物组合主要为锆石–磁黄铁矿–磷灰石–黑云母，与前两个地区有差异。说明朝阳川凹陷与清茶馆–德新凹陷有各自的物源区。清茶馆–德新凹陷内，延6、延7、延D5和延5井与其他各井重矿物分布特征明显不同，说明清茶馆–德新凹陷东西两侧物源不同。另外，重矿物组合反映母岩以岩浆岩为主，同时也有高级变质岩如大理岩（图4.23）。

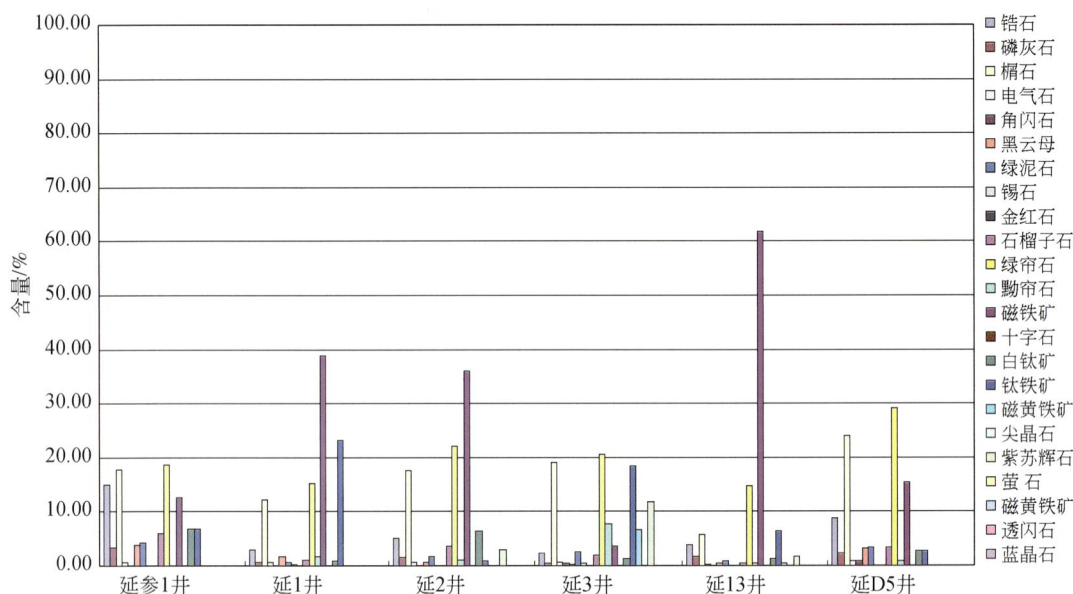

图4.23　延吉盆地朝阳川凹陷重矿物统计图

朝阳川凹陷内，延3井的锆石和磷灰石含量最低，向东延1井和延13井次之，越靠近凹陷中心位置，二者含量逐渐增加，石榴子石同样具有这一规律，而角闪石的含量逐渐降低。锆石、磷灰石和石榴子石属于稳定矿物，随着运聚距离的增加，其含量也逐渐加大；而角闪石属于不稳定矿物，随着搬运距离的增加，其含量逐渐减小。以上不同重矿物含量的变化，反映了物源由西向东的搬运过程。凹陷中心距物源区远，稳定重矿物含量高。

清茶馆次凹中部锆石和磷灰石含量稳定，边部锆石、磷灰石含量均很低。其中延10、12井和延15井绿帘石含量普遍偏低，是因为这几口井均位于凹陷的中间位置，距离东西两侧物源均较远，随着沉积物搬运距离的增加，不稳定重矿物绿帘石的含量逐渐减少（图4.24）。

德新次凹中靠近龙井凸起的延5井锆石和磷灰石含量很低，而其他各井锆石和磷灰石含量高，说明其物源来自龙井凸起（图4.25）。

重矿物成熟度即ZTR指数是由Hubert首先提出的，指的是重矿物中超稳定矿物锆石、电气石和金红石组成的透明矿物的百分含量。沉积物在运移过程中随着搬运距离的增加，距离物源方向越来越远，本身所含的重矿物中不稳定重矿物含量减少，相应

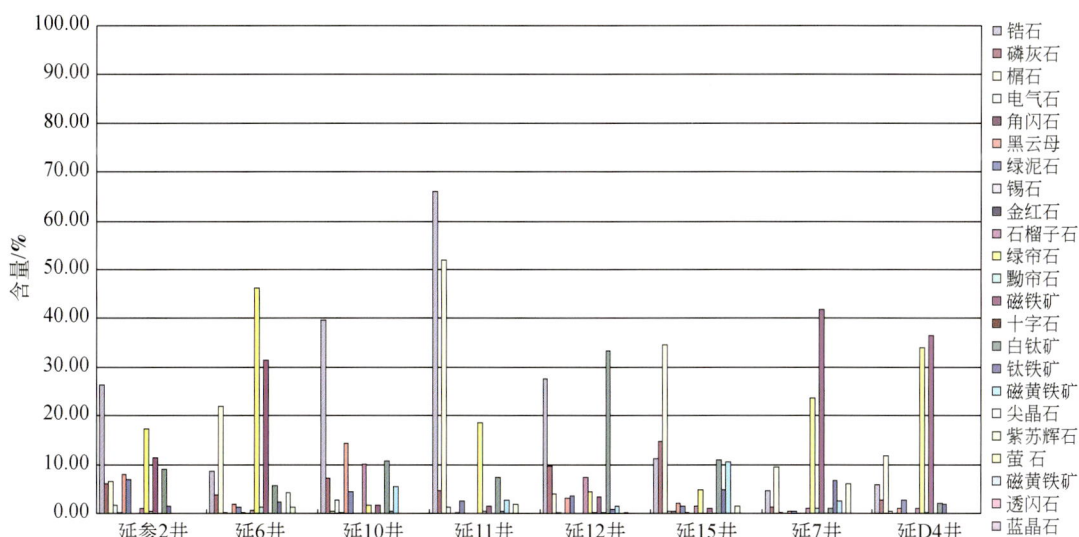

图 4.24 延吉盆地清茶馆次凹重矿物统计图

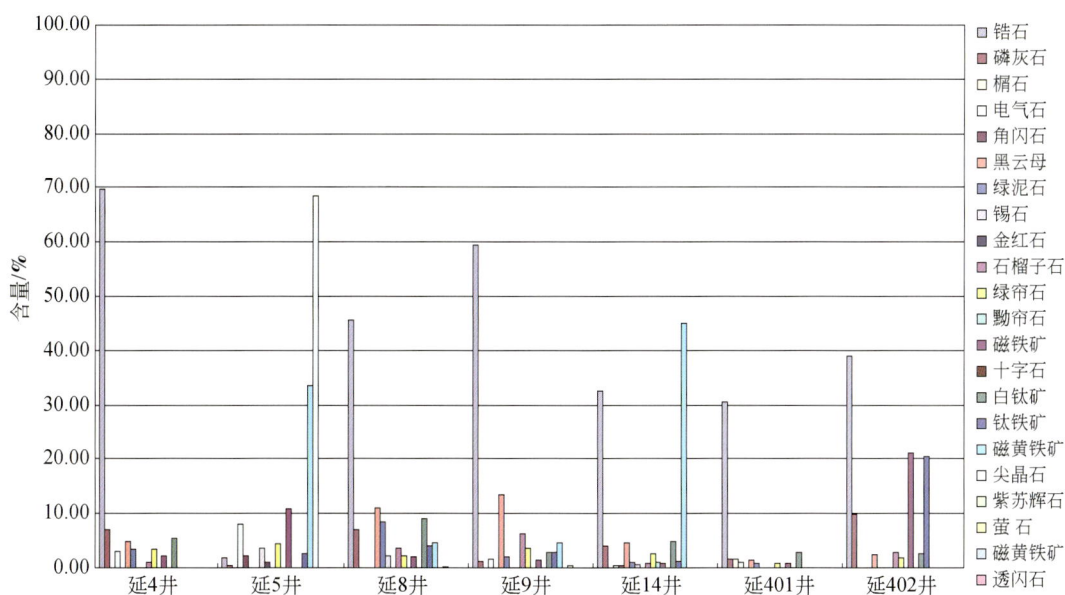

图 4.25 延吉盆地德新次凹重矿物统计图

的稳定重矿物所占比例将增大，矿物成熟度增大，ZTR 值升高，反之亦然。延吉盆地的 ZTR 指数的变化可以较好地印证上述观点。研究区铜佛寺组的 ZTR 指数介于 2.09～75.46 之间（表 4.2）。其中，朝阳川凹陷靠近凹陷边部的井（延 1、延 D5）ZTR 指数低，小于 9.6，而靠近中部的 ZTR 指数高，超过 15.48。清茶馆-德新凹陷也表现出同样规律。

表 4.2　延吉盆地重矿物 ZTR 指数

地区	地层	井号	锆石	电气石	金红石	ZTR
朝阳川	大砬子组	延参 1	4.26	0.79		5.05
		延 1	2.82	0.14		2.96
		延 2	4.40	0.65		5.05
		延 13	5.26	0.36		5.62
		延 D5	5.66	0.73		6.39
	铜佛寺组	延 3	1.48	0.61		2.09
		延 13	15.21	0.27		15.48
		延参 1	25.42	0.87		26.29
		延 D5	8.88	1.43		9.60
		延 2	17.52	0.73		18.24
清茶馆	大砬子组	延 D4	29.71	1.05		30.75
		延 6	10.15	0.45		10.60
		延 7	8.80	0.29	0.01	9.11
		延 11	8.97	0.71	0.00	9.69
		延 15	16.55	0.70		17.25
		延 12	27.63	0.30		27.93
		延参 2	14.90	0.89	0.00	15.79
	铜佛寺组	延 15	29.20	1.50		30.70
		延 10	37.08	1.38		38.46
		延 12	53.85	0.90	0.06	54.80
		延参 2	60.34	2.10		62.44
德新	大砬子组	延 5	36.75	0.65		37.4
		延 8	35.03	0.25		35.27
	铜佛寺组	延 5	25.65	0.27		25.92
		延 9	47.83	1.53		49.37
		延 402	38.90			38.90
		延 4	73.09	2.37		75.46
		延 401	63.30	2.10		65.40
		延 8	23.64	0.23		23.86
		延 14	25.99	1.00		26.99

3. 砂岩含量分布

一般来讲越靠近物源区，砂岩百分含量越高。朝阳川凹陷由中心向边缘斜坡部位，砂岩百分含量逐渐增大。清茶馆-德新凹陷由凹陷的东西两侧向中间部位砂岩百分含量逐渐减弱。砂岩百分含量高值区分布在朝阳川凹陷西侧、清茶馆-德新凹陷的东西两

侧，这基本上反映了物源供给的方向，朝阳川凹陷主要接受西侧物源的供给，清茶馆-
德新凹陷分别接受东侧物源和龙井凸起提供的物源。

　　朝阳川凹陷中，砂岩厚度高值区沿延参 1 井和延 D5 井呈条带状分布，向东西两侧
逐渐减薄，结合砂岩百分含量分布特征，可知其物源的延伸波及范围在延参 1 井和延
D5 井附近（图 4.26）。清茶馆次凹中有两个砂岩厚度高值区，分别在延 12 井和延参 2

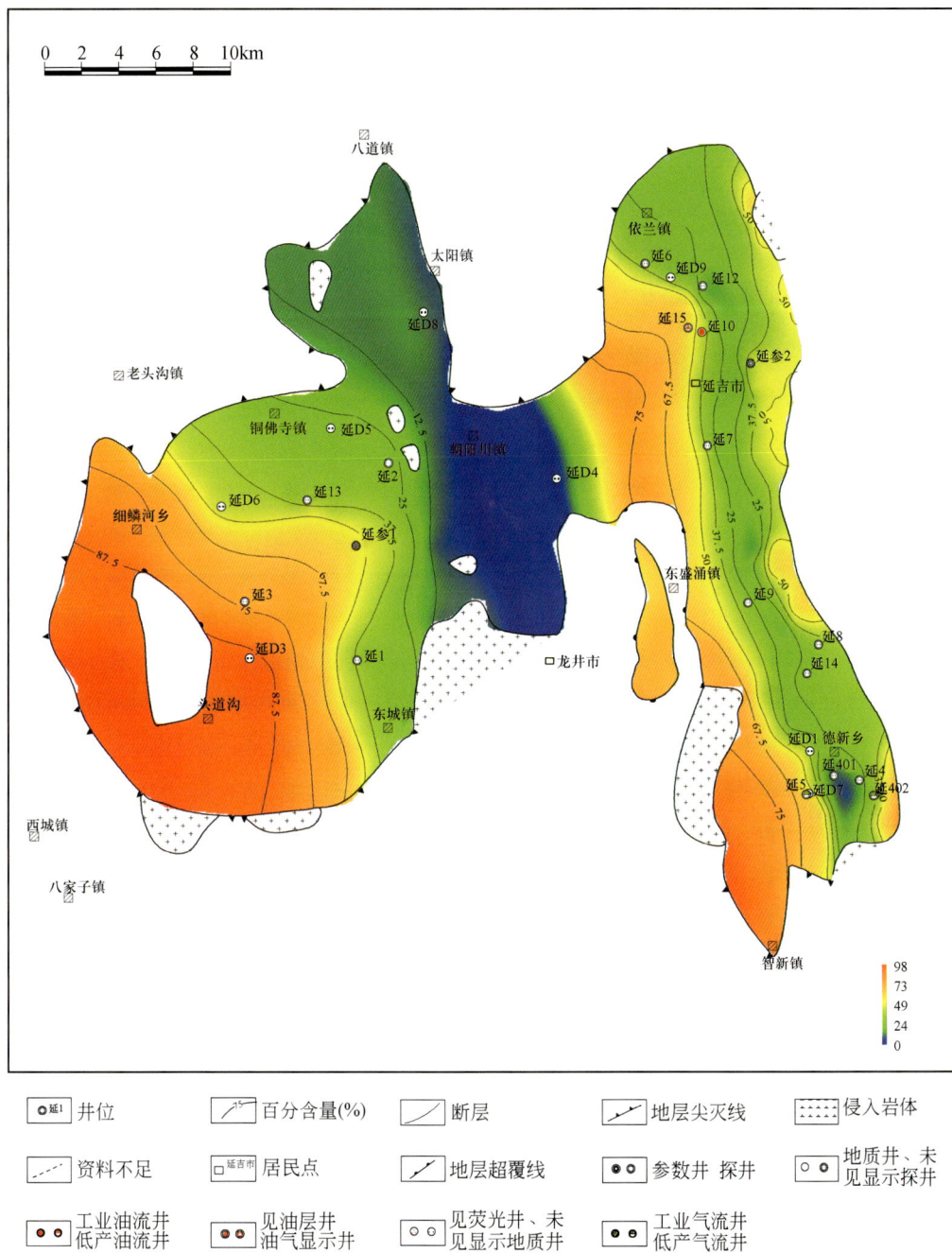

图 4.26　延吉盆地铜佛寺组层序 SQ5 砂岩百分含量分布图

井附近呈南北向条带状分布；而德新次凹砂岩厚度高值区则沿控凹大断层分布。总之，朝阳川凹陷西侧物源供给充足，沉积物延伸范围相对较远；龙井凸起提供物源有限，沉积物延伸范围有限；东侧物源延断层陡坡位置发育，沉积物进入水中之后，很快沉积下来，沉积范围也非常有限。

综合以上多种资料，可看出延吉盆地断陷湖盆沉积时期，东西两侧及龙井凸起提供物源。朝阳川凹陷沉积物直接来自于西部物源，物源单一；而清茶馆-德新凹陷既有来自东部上升盘的物源，又有来自龙井凸起的物源，两个方向的物源在清茶馆-德新凹陷产生混源沉积。

（二）沉积相分布

在等时地层格架下，延吉盆地展现了断陷湖盆的沉积环境。即铜佛寺组和大砬子组发育两大沉积体系：近岸水下扇-深湖沉积体系和扇三角洲-湖泊沉积体系。龙井组则以辫状河沉积为主。

1. 头道期沉积环境

断陷雏形范围很小，因此，头道期以冲积扇沉积为主。

2. 铜佛寺期沉积环境

铜佛寺组发育的五个三级层序，是水体不断增加、沉积物退积的过程，到铜佛寺组沉积末期，水体开始下降。

SQ1 层序沉积时，湖盆水体较浅，朝阳川凹陷西侧物源供给充足，发育了冲积扇沉积体系，向断陷中心位置渐变为湖相沉积，但深湖-半深湖面很小。东部清茶馆-德新凹陷分别形成两个沉积中心。缓坡部位为龙井凸起提供物源发育的小型扇三角洲沉积体系，东部靠近控凹断层根部发育一系列近岸水下扇沉积体，其余位置发育湖相沉积，面积同样较小（图4.27）。

SQ2 层序沉积时，随着水体不断上涨，湖盆面积加大，沉积物退积作用发生。与SQ1 层序沉积相比，朝阳川凹陷西部物源供给发育的冲积扇沉积演变成扇三角洲沉积，向东发育湖相沉积，深湖-半深湖沉积范围增加。清茶馆-德新凹陷的沉积面貌与SQ1 层序沉积相似（图4.28）。

SQ3 层序沉积时，水体继续上涨，湖盆范围迅速增大，水体较深。虽有沉积物退积，但盆地内沉积的砂体范围明显增大。随着水体的上升，清茶馆次凹、德新次凹的湖盆连接到一起，深湖-半深湖相分布面积进一步加大（图4.29）。

SQ4 层序沉积延续了 SQ3 层序的沉积格局（图4.30）。

SQ5 沉积时期，湖盆沉积范围达到最大（图4.31），各沉积体系基本定型。

3. 大砬子期沉积环境

大砬子组沉积过程共发育 6 套层序，其中大砬子组一段发育 3 套（SQ6、SQ7、

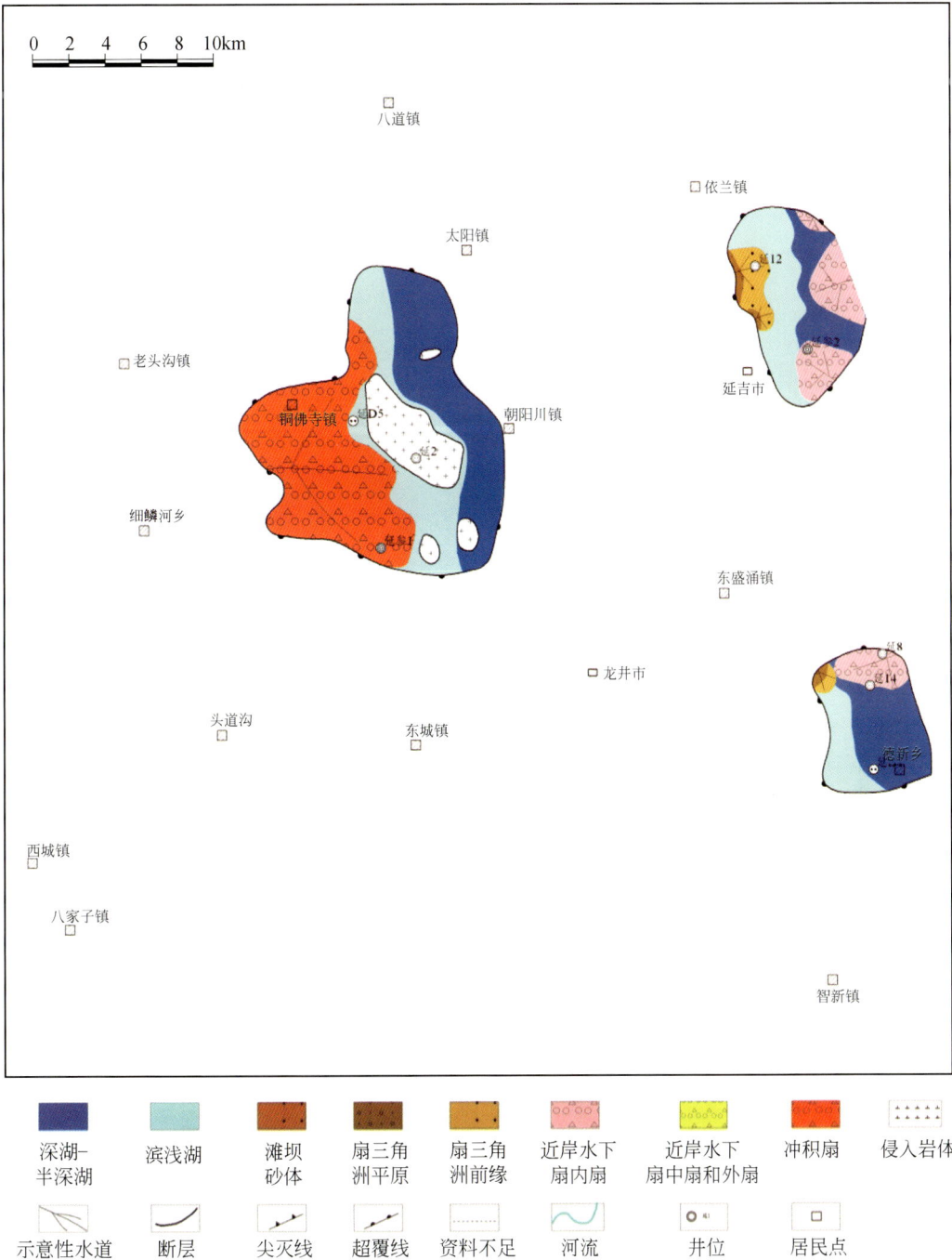

图 4.27　SQ1 沉积相分布图

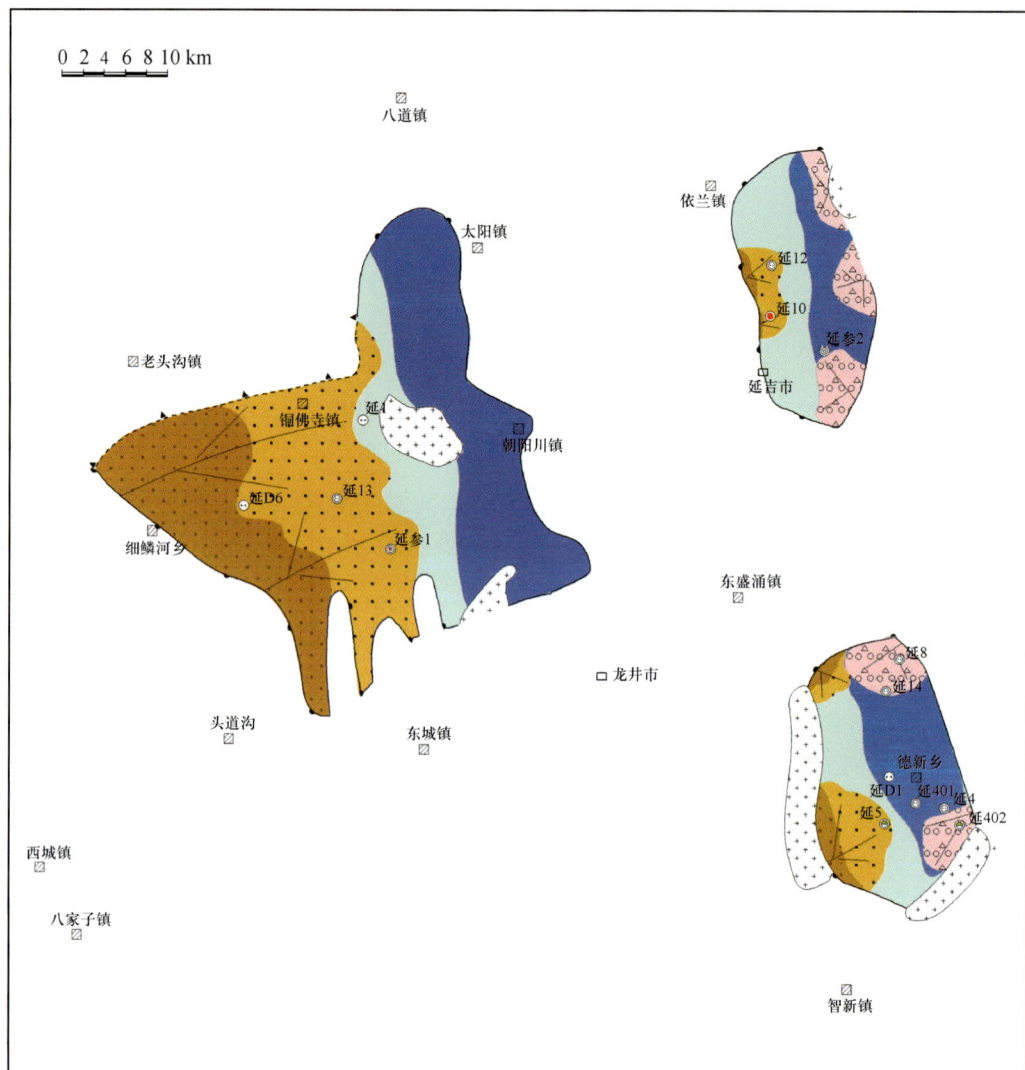

图 4.28　SQ2 沉积相分布图（图例同图 4.27）

SQ8），大砬子组二段发育 3 套（SQ9、SQ10、SQ11）。与铜佛寺组相比，大砬子组整体是一个水退的过程（图 4.32、图 4.33）。

　　大砬子组一段 SQ6、SQ7、SQ8 层序发育过程，是一个水体不断增加的过程，沉积物发生退积作用。朝阳川凹陷内，西部物源供给充足，继续发育扇三角洲沉积体系，清茶馆-德新凹陷，盆地陡坡部位继续发育近岸水下扇沉积体系，缓坡部位由于龙井凸起物源区消失，扇三角洲沉积体系消失。东西两个湖盆连成一体，浅湖沉积扩大，在龙井凸起附近发育了一系列由波浪和岸流作用形成的滩坝砂体。到 SQ8 沉积末期，水体开始下降，大砬子组二段整个沉积过程为一水退过程，物源供给充足，沉积物发生进积作用。与大砬子组一段相比，二段沉积主要表现为扇三角洲进积作用，之前发育

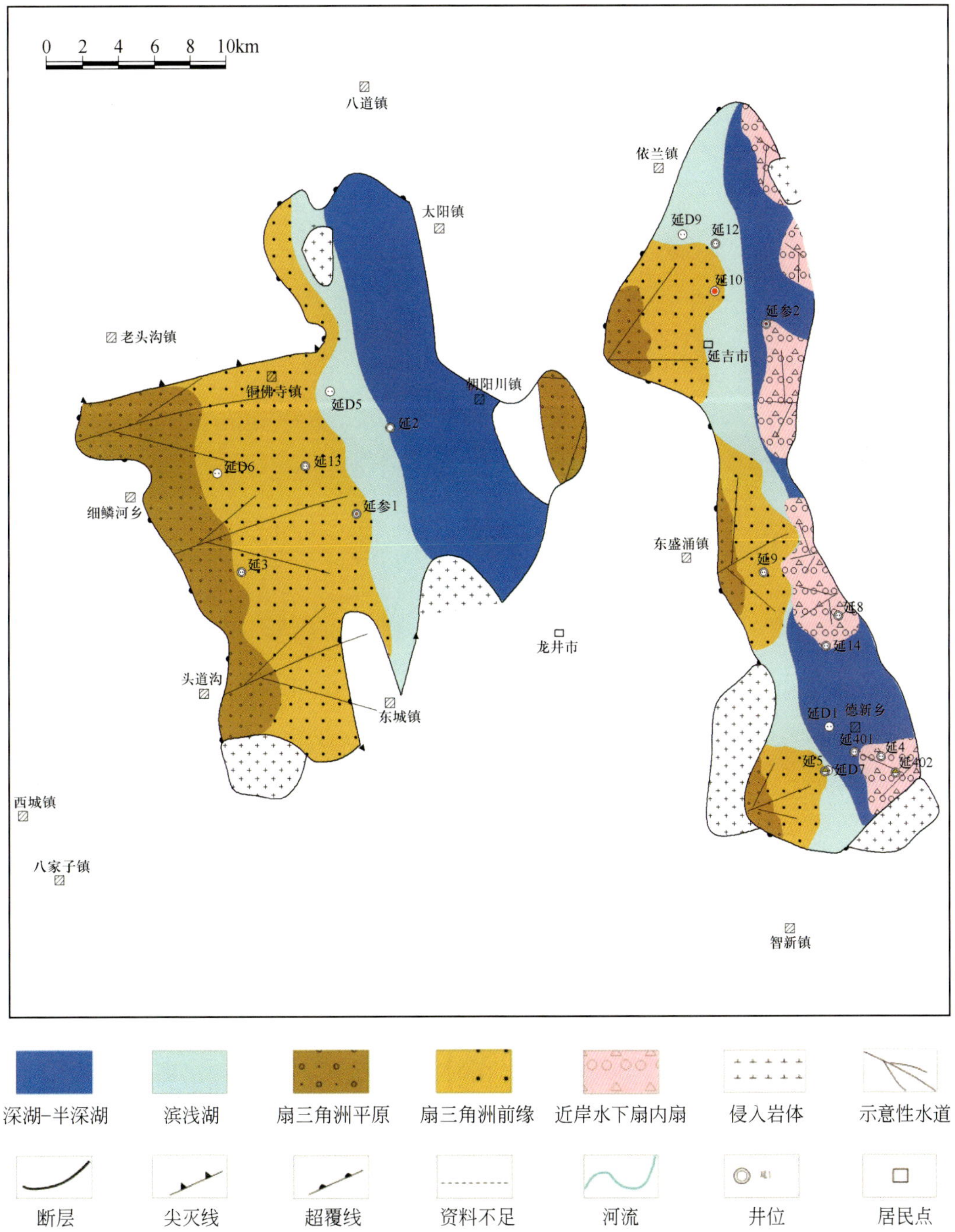

图 4.29 SQ3 沉积相分布图

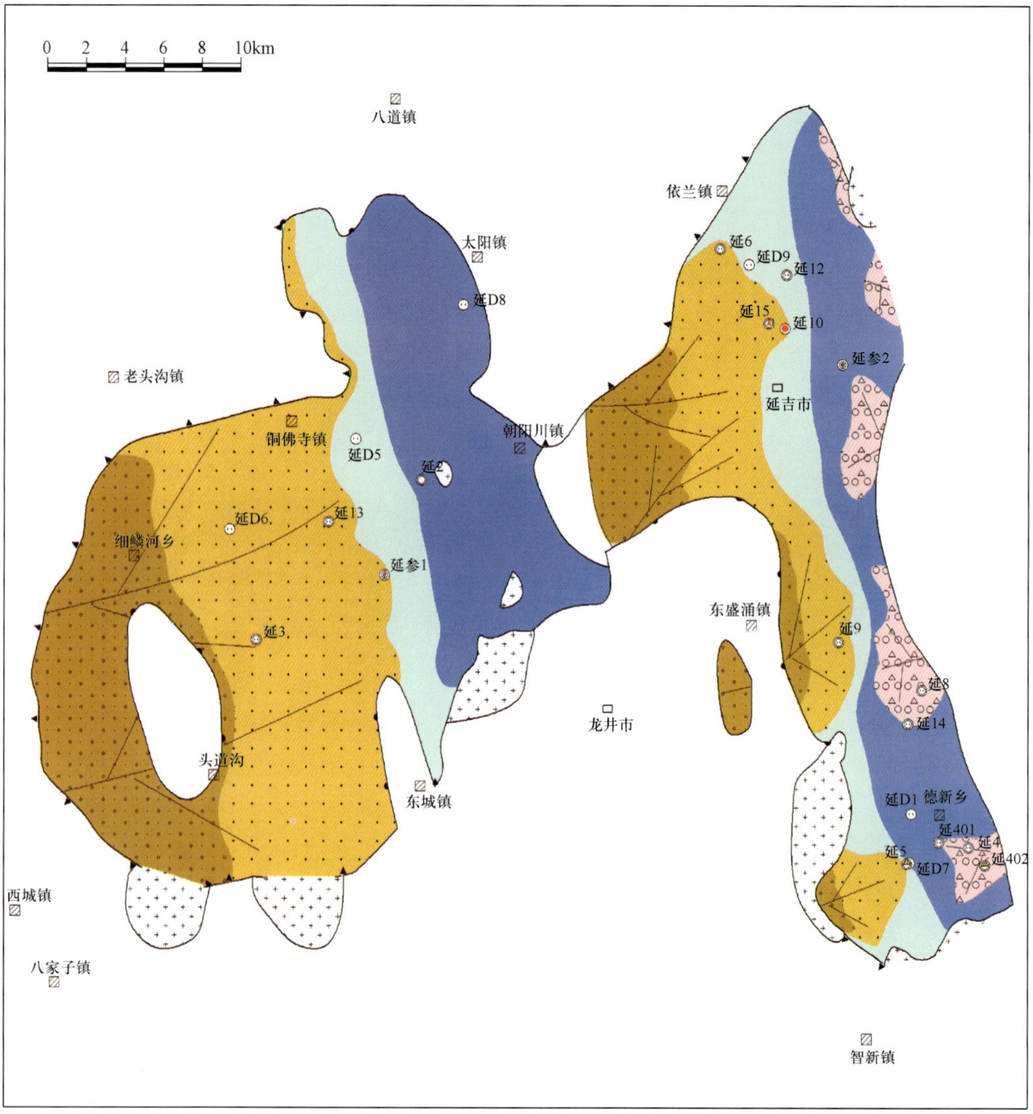

图 4.30 SQ4 沉积相分布图（图例同图 4.29）

的近岸水下扇逐步演变成扇三角洲沉积，同时由于构造活动的减弱，波浪与岸流作用也随着减弱，龙井凸起附近发育的滩坝砂体范围明显减小，湖盆浅水沉积达到最大（图 4.32、图 4.33）。

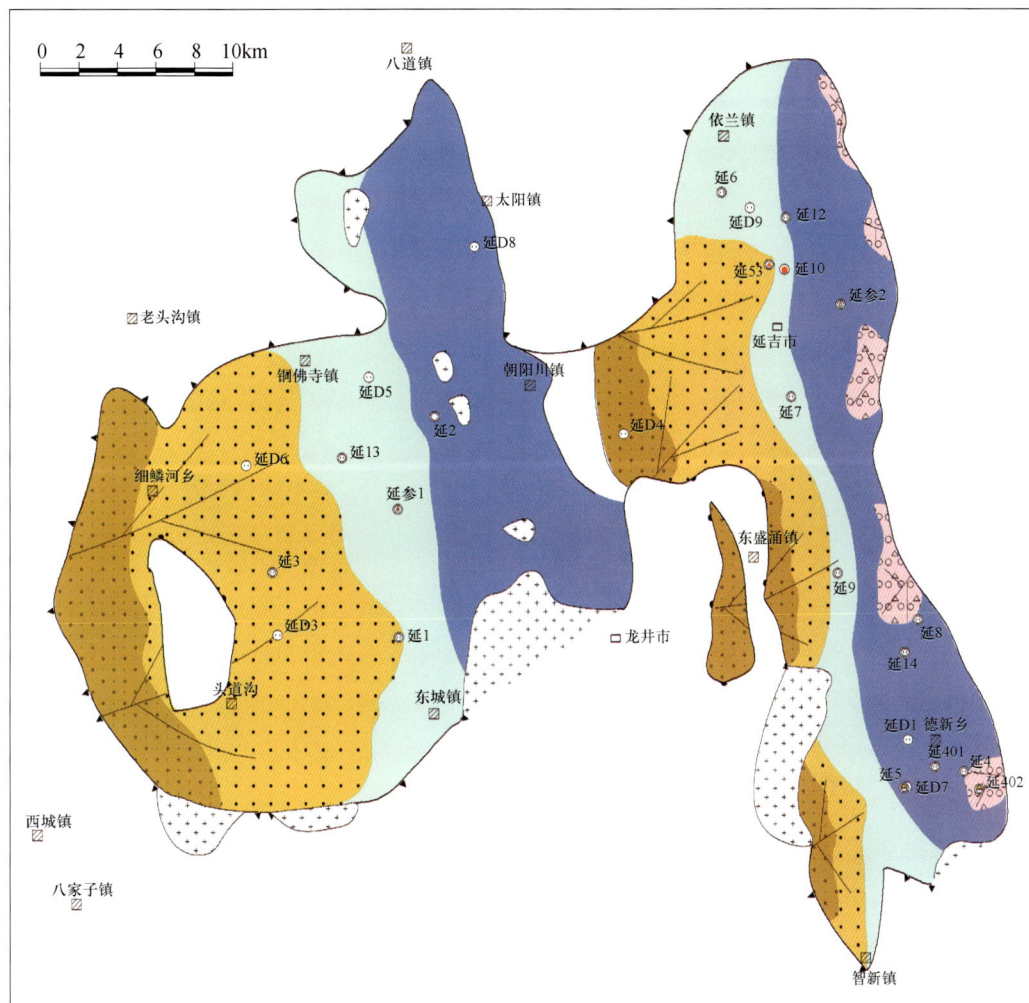

图 4.31 SQ5 沉积相分布图（图例同图 4.29）

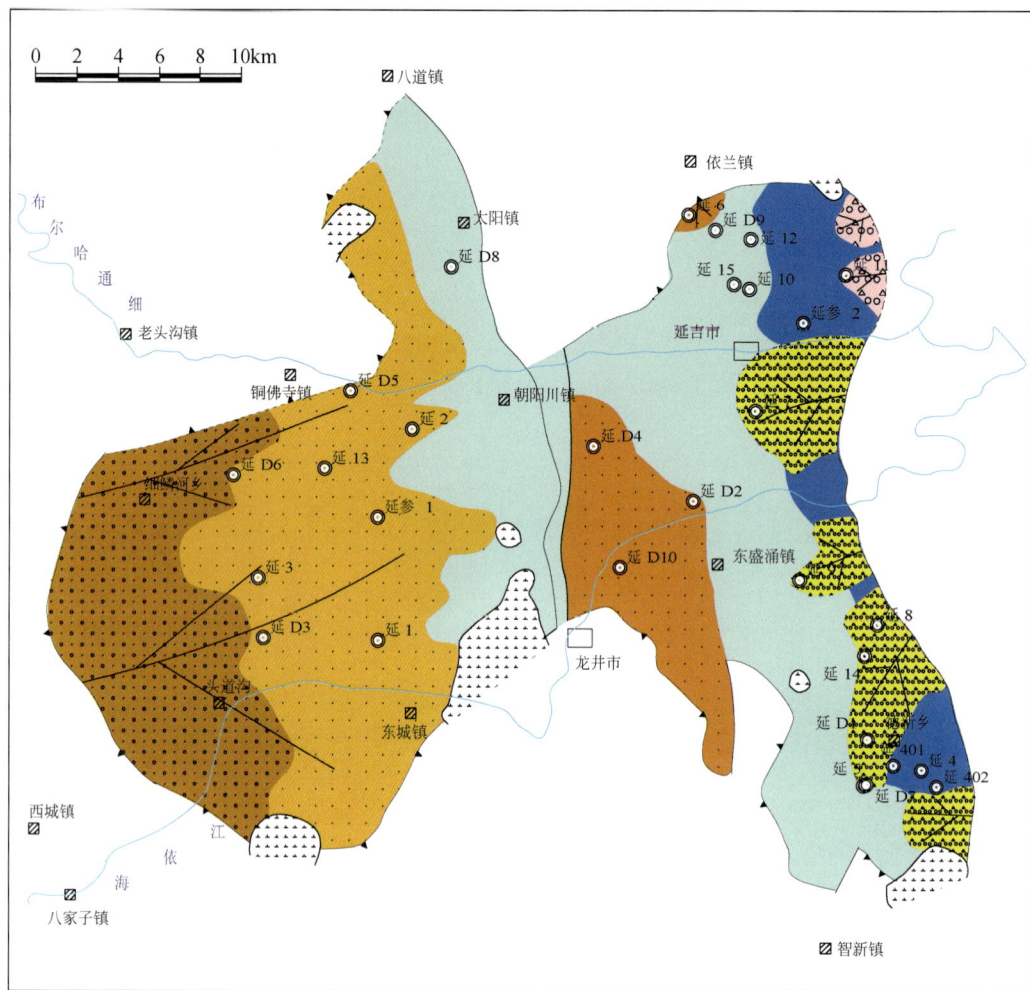

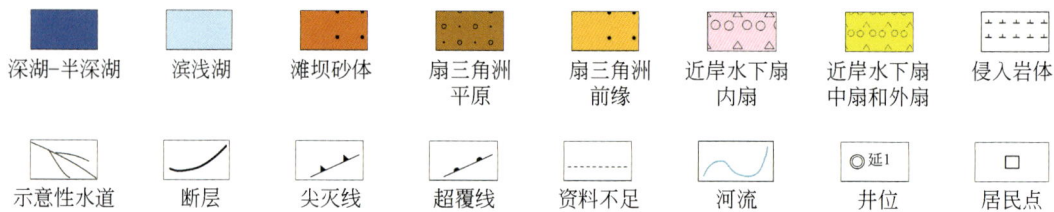

图 4.32 大砬子组一段沉积相平面图

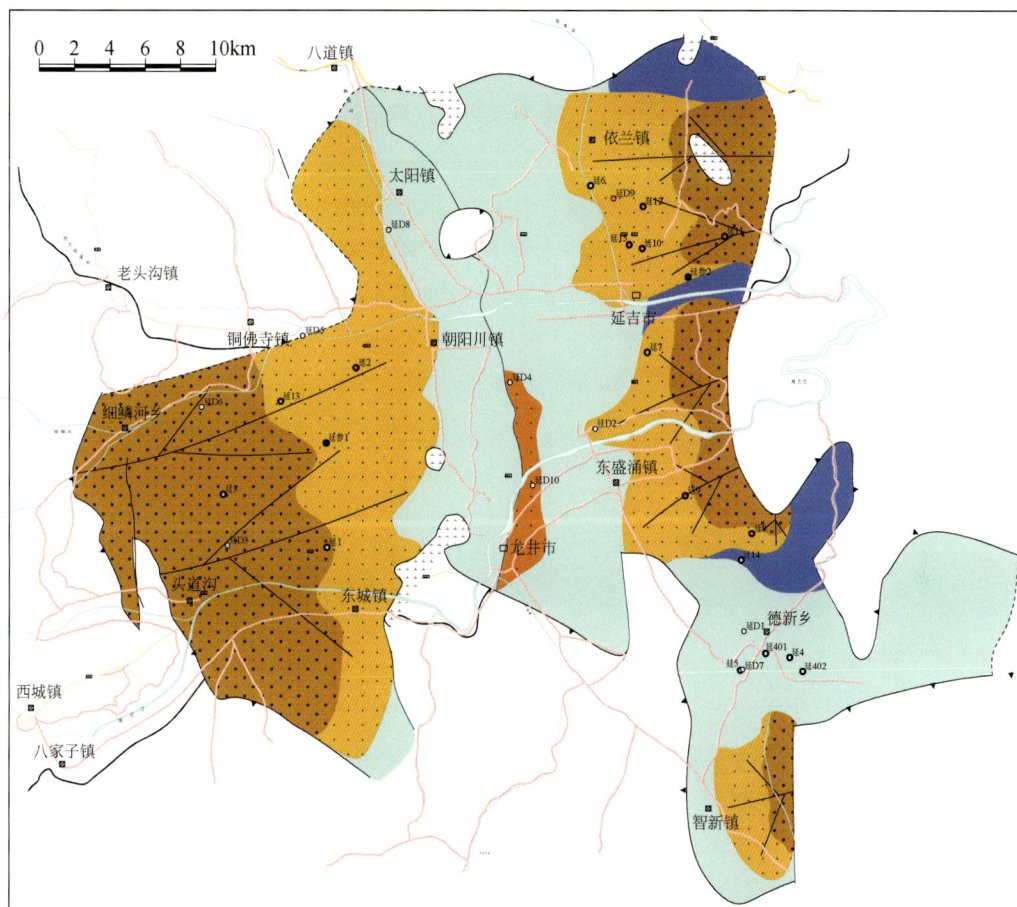

图 4.33　大砬子组二段沉积相分布图（图例同图 4.32）

（三）　沉积演化规律

头道组–铜佛寺组–大砬子组的沉积过程是延吉盆地整个断陷湖盆发生发展的过程。沉积充填过程经历了头道组时期的局部断陷雏形、铜佛寺组时期的大范围沉降阶段和大砬子组时期的逐步充填夷平阶段。即从头道组、SQ1—SQ11 层序发育过程反映了延吉盆地箕状断陷伸展成盆到区域抬升的构造旋回和湖平面变化全过程。也即三个二级层序反映了箕状断陷湖盆扩张—萎缩的过程。纵向上看，头道组属于断陷湖盆活动的孕育阶段、铜佛寺组属于断陷湖盆的鼎盛阶段，大砬子组属于断陷湖盆的萎缩阶段。头道组、铜佛寺组和大砬子组分别对应了低位体系域（LST）、湖侵体系域（TST）和高位体系域（HST）。

1. 初始沉积阶段

头道组时期处于裂陷初始发育阶段，区域性伸展断裂刚刚开始活动，在 YJ1 断层的根部,形成了清茶馆-德新凹陷的雏形;在 YJ2 断裂的根部,形成了朝阳川凹陷的雏形。在朝阳川凹陷,头道组的厚度由 YJ2 断裂根部向斜坡部位总体逐渐减薄,由于 YJ5、YJ6、YJ7、YJ8 四个次级断裂的派生,朝阳川凹陷的结构被复杂化,在东深西浅的背景下形成了几个次级沉降带。古地貌高差较小,盆地发育规模很小,这一时期湖平面很低,基本上处于低位域沉积阶段。来自西侧的物源向东延伸范围有限,在靠近断裂附近,基本上属于欠补偿沉积区域,所以沉积厚度变薄。从头道组地层厚度变化趋势看,沉积中心分布在朝阳川凹陷中心部位,说明断裂活动控制了沉降中心,而沉积中心主要受物源供给是否充足决定。清茶馆-德新断陷结构较简单。其地层厚度由西向东"楔形"加厚,说明东边界断裂不但控制清茶馆-德新凹陷的沉降中心,同时由于东侧物源的供给,沉降中心也成了沉积中心。

2. 湖盆发育鼎盛阶段

铜佛寺组沉积时期为断陷湖盆发育鼎盛阶段,区域性伸展断裂活动剧烈,湖盆范围急剧扩展,湖盆水域扩大,水体变深,古地貌反差拉大,地层厚度变化相对较快。在盆地陡坡主要发育了质纯深水暗色泥岩与浅灰色砂砾岩互层的、规模较大的近岸水下扇沉积体系;在盆地深洼区,由于水体深而安静,主要发育了分布广、厚度大、质地纯、颜色暗、砂泥比值低、富含有机质的较深湖相沉积,有时可问夹有深水浊积扇沉积;在湖盆缓坡区主要发育由河流供源的扇三角洲沉积。

随着次级断裂的派生,清茶馆-德新凹陷的结构开始复杂化,YJ9、YJ10 次级断裂和 YJ1 主干控陷断裂控制了三个次级沉降带的形成。近岸水下扇和扇三角洲体系广泛发育,河湖相充填物快速沉积,形成了延吉盆地的主要生油层和主力储集层。该时期属于湖侵体系域沉积阶段,湖侵体系域是在湖平面上升越过地形坡折带并达到最大时形成的沉积体系集合体,湖盆水域扩大,水体变深。这一时期,水体加大,朝阳川-德新凹陷由西侧物源补给发育了大规模的扇三角洲沉积,向凹陷中心逐渐过渡发育了滨浅湖、深湖-半深湖沉积。沉积相类型相对较多。地层厚度由西向东增大,边界大断裂控制了沉降中心,也控制了沉积中心。铜佛寺组沉积末期,水体开始下降。

3. 湖盆萎缩阶段

大砬子组沉积时期,盆地边界断裂活动强度减弱,古地貌反差变小,水体逐渐变浅,水动力能量也相对减弱,为高位体系域沉积阶段。可容空间增加速度明显降低、沉积物供给相对增多。此时在盆地陡坡区,高位早期发育的近岸水下扇和高位晚期发育的粗粒扇三角洲构成了进积式准层序组叠置样式。在盆地深洼区,水体不断变浅,较深湖沉积被较浅湖沉积取代;而在盆地缓坡,湖平面不断下降、物源供给丰富,形成了具明显进积结构的扇三角洲沉积体系。

大砬子组一段沉积期,朝阳川凹陷西侧物源供给充足,发育的扇三角洲沉积体系发育范围增大,但基本无深湖-半深湖沉积。清茶馆-德新凹陷的东侧物源控制的近岸水下扇扇根迹象明显减少,只在个别地方小范围发育。如延 11 井,发育灰白色含砾粗砂岩、中细砾岩,灰褐色含砾粉砂岩。缓坡部位由于龙井凸起物源区消失,扇三角洲沉积体系消失，在龙井凸起附近发育了一系列由波浪和岸流作用形成的滩坝砂体。到大砬子组二段时，同沉积断裂活动进一步减弱，水体开始下降，整个沉积过程为一水退过程，物源供给充足，沉积物发生进积作用。与大砬子组一段相比，主要表现为扇三角洲进积作用明显，之前发育的近岸水下扇逐步演变成扇三角洲沉积，同时波浪与岸流作用也随着减弱，龙井凸起附近发育的滩坝砂体范围明显减小。箕状断陷逐渐被填平补齐，深湖-半深湖相沉积范围很小，基本为浅水沉积。

由此可见，延吉盆地下白垩统沉积相的演化随盆地构造演化和沉积基准面的升降变化而出现周期性的平面迁移。在基准面比较低的条件下，湖盆范围小，湖盆周边的物源向湖盆中央推进；随着基准面的上升，湖盆范围扩大，湖岸周边的河流和扇三角洲等向源区退缩，发育了分布广、厚度大、质地纯、颜色暗、砂泥比值低、富含有机质的较深湖相沉积，为烃源岩的发育提供了有利的条件。之后随着水体的下降，扇三角洲进积作用明显增强。

第三节 小　　结

（1）根据不整合特征及相关标志将延吉盆地白垩系地层划分为三个一级层序，即屯田营组火山碎屑建造旋回、头道组-铜佛寺组-大砬子组河湖建造旋回和龙井组河沼建造旋回。最大湖泛面发育于铜佛寺组末期。其中，头道组、铜佛寺组和大砬子组分别对应了低位体系域（LST）、湖侵体系域（TST）和高位体系域（HST）。而对于铜佛寺组、大砬子组两套主要沉积地层划分为 3 个二级层序和 11 个三级层序（铜佛寺组内分为 5 个三级层序）。在凹陷中心部位层序发育齐全，边缘部位层序逐渐缺失。盆地南北两端残留层序数量迅速减少。

（2）根据沉积特征、岩电组合等标志，共划分为 5 种沉积相、13 种亚相。铜佛寺组和大砬子组发育两大体系：近岸水下扇-深湖沉积体系和扇三角洲-湖泊沉积体系。

（3）物源区主要分布在盆地东西两侧。母岩以岩浆岩为主，同时也有高级变质岩。重矿物组合反映朝阳川凹陷和清茶馆凹陷-德新次凹的物源成分有差异。由边部到凹陷中心，锆石、磷灰石和石榴子石等稳定重矿物含量增加。砂岩百分含量的变化也可证实物源方向。

（4）头道组属于断陷湖盆活动的孕育阶段、铜佛寺组属于断陷湖盆的鼎盛阶段，大砬子组属于断陷湖盆地的萎缩阶段。铜佛寺组沉积期是水体不断增加、沉积物退积的过程，末期，水体开始下降。大砬子期则由三个独立的朝阳川凹陷、清茶馆次凹和德新次凹的深湖-半深湖沉积中心扩展为连片湖盆，但以浅水沉积为主。边界大断裂既控制了沉降中心，也控制了沉积中心。

第五章 烃源岩与资源潜力

第一节 烃源岩分布特征

一、暗色泥岩分布较广泛

前已述及，延吉盆地铜佛寺组沉积时期，恰是断陷湖盆最发育时期，由此形成的巨厚半深–深湖相黑色泥岩为有机质的保存提供了丰富的物质基础。在现今沉积中心之外的区域，仍可见到暗色泥岩。如延10井位于清茶馆次凹的上倾部位，见有黑色泥岩（图版Ⅰ.19）。延6井远离清茶馆次凹的中心部位，毗邻中央凸起，可看到富含贝壳化石、质地优纯的暗色泥岩发育（图版Ⅰ.20）。延8井位于清茶馆次凹与德新次凹之间的低凸起部位，也发育有较好的暗色泥岩（图版Ⅰ.21、图版Ⅰ.22）。由此可推测暗色泥岩分布面积较广。

探井不同层位均发育有暗色泥岩（表5.1）：延参2井大砬子组及铜佛寺组地层泥岩累厚分别达到998.5m和540m，凸起部位的延D4井大砬子组泥岩累厚也可达338.3m（未穿）。但总体上，铜佛寺组泥地比（53%～77%）比大砬子组（40%～47%）高，沉积中心的泥地比（60%～77%）高，东部大砬子组的泥地比（70%～77%）比西部高。

二、有三个泥岩发育区

延吉盆地共发育朝阳川、清茶馆、德新等三个泥岩发育区（图5.1～图5.5）。

铜一段在朝阳川、清茶馆、德新三个沉积中心区的泥岩最厚分别为120m、180m、200m，向断陷边缘的泥岩厚度逐渐减薄；

铜二段在上述三个沉积中心区的最大泥岩厚度分别为180m、280m、210m。

铜三段在三个沉积中心区的泥岩厚度分别为150m、100m、150m。表明继承性强，沉积中心位置变化不大。

大砬子组开始，湖盆范围进一步扩大，朝阳川、清茶馆、德新三个沉积中心区连为一体，大一段泥岩最厚超过200m、360m、150m；大二段泥岩发育最厚，在朝阳川、清茶馆、德新三个沉积中心区的泥岩厚度分别超过360m、650m、350m（图5.1～图5.5）。

泥岩分布范围不仅涵盖了深凹及其边缘，也包括了凹陷之间的凸起部位。即使是在盆地的边缘也有泥岩发育。如延11井大砬子组地层的泥岩厚度达241.17m（未穿）。盆地内下白垩统泥岩最大厚度达1530m。

表5.1　延吉盆地主要钻井暗色泥岩统计表

井名／层组	延参1 厚度/m	延参1 泥地比/%	延参2 厚度/m	延参2 泥地比/%	延1 厚度/m	延1 泥地比/%	延2 厚度/m	延2 泥地比/%	延3 厚度/m	延3 泥地比/%	延4 厚度/m	延4 泥地比/%	延5 厚度/m	延5 泥地比/%
大二段	272.5	46.4	643.8	80.6	318.0	59.1	359.0	51.1	148.0	53.1	84.5	78.2	129.0	60.7
大一段	195.3	44.6	354.8	72.4	81.0	42.9	123.5	39.3	136.0	46.3	154.0	74.4	178.0	64.4
大砬子组	467.8	45.6	998.5	77.5	399.0	54.9	482.5	47.5	284.0	49.6	238.5	75.7	307.0	62.8
铜三段	95.0	45.5	98.0	76.6	38.0	67.3	144.0	65.9	39.8	44.7	118.5	97.1	38.0	42.5
铜二段	131.0	66.7	263.5	53.3	/	/	178.5	89.3	/	/	124.5	52.3	40.0	45.5
铜一段	117.3	49.4	178.8	66.8	/	/	/	/	57.2↓	44.7	190.0	60.1	153.0	47.5
铜佛寺组	343.3	53.4	540.3	60.7	38.0	67.3	322.5	77.1	97.0↓	44.7	433.0	64.1	231.0	46.3

井名／层组	延6 厚度/m	延6 泥地比/%	延7 厚度/m	延7 泥地比/%	延8 厚度/m	延8 泥地比/%	延9 厚度/m	延9 泥地比/%	延10 厚度/m	延10 泥地比/%	延11 厚度/m	延11 泥地比/%	延12 厚度/m	延12 泥地比/%
大二段	116.2	40.2	278.1	57.3	205.7	47.3	340.1	68.4	193.3	77.3	136.9	29.7	182.2	61.8
大一段	69.2	41.5	288.8	54.5	195.6	55.8	124.6	51.3	122.9	55.7	104.3↓	26.4	118.1	59.1
大砬子组	185.4	40.7	566.8	55.9	401.3	51.1	464.7	62.8	316.2	67.2	241.2↓	28.2	300.3	60.7
铜三段	/	/	0↓	0.0	52.0	78.2	73.2	73.2	45.2	62.4			89.5	76.8
铜二段	35.0	68.8			191.4	62.5	63.8	53.2	74.9	34.0			63.5	56.9
铜一段	30.7	45.8			46↓	45.1	29.8	51.4	44.6	69.7			16.6	33.2
铜佛寺组	65.7	55.7	0↓	0.0	289.4↓	61.0	166.8	60.0	164.7	46.1			169.5	61.0

续表

井名\层组	延13 厚度/m	延13 泥地比/%	延14 厚度/m	延14 泥地比/%	延15 厚度/m	延15 泥地比/%	延401 厚度/m	延401 泥地比/%	延402 厚度/m	延402 泥地比/%	延D1 厚度/m	延D1 泥地比/%	延D2 厚度/m	延D2 泥地比/%
大二段	298.0	48.2	263.0	58.6	123.0	55.7	247.1	88.3	210.5	88.8	176.2	64.2	81.6	22.5
大一段	150.5	44.2	133.0	45.2	127.0	54.7	116.0	57.1	131.0	64.9	63.0	31.2	26.6	13.5
大砬子组	448.5	46.8	396.0	53.3	250.0	55.2	363.0	75.2	341.5	77.8	239.2	50.2	108.2	19.3
铜三段	128.0	74.4	129.0	75.9	/	/	129.2	92.0	146.5	64.8	31.8	43.1	11.2↓	15.2
铜二段	56.0	44.1	102.6	59.7	0.4	0.4	209.9	73.6	51.5	24.5	174.0	68.2		
铜一段	36↓	43.4	113.4	59.7	/	/	56.8↓	95.5	61.0	17.5	17↓	70.8		
铜佛寺组	220↓	57.6	345.0	64.9	0.4	0.4	395.9↓	81.6	259.0	33.0	272.8↓	58.2	11.2↓	15.2

井名\层组	延D4 厚度/m	延D4 泥地比/%	延D5 厚度/m	延D5 泥地比/%	延D6 厚度/m	延D6 泥地比/%	延D7 厚度/m	延D7 泥地比/%	延D8 厚度/m	延D8 泥地比/%	延D9 厚度/m	延D9 泥地比/%	延D10 厚度/m	延D10 泥地比/%
大二段	160.6	47.8	0.0	0.0	282.0	57.7	197.5	92.1	120.9	60.9	162.5	55.6	85.1	34.7
大一段	177.7↓	48.2	83.0	20.3	72.0	51.1	140.0	51.3	92.0	51.1	23.0	18.0	149.8	49.4
大砬子组	338.3↓	48.0	83.0	20.3	354.0	56.2	337.5	69.2	212.9	56.3	185.5	44.1	234.9	42.8
铜三段			81.0	64.5	61.0	62.9	75.2	86.5	226.6↓	75.3	/	75.3	/	/
铜二段			184.0	76.4	41.0	63.6	81.5	90.1			60.5	75.2	/	/
铜一段			60.0	27.1	38.0	35.0	93.5↓	49.1			61.9	49.7	/	/
铜佛寺组			325.0	55.3	140.0	51.8	250.3↓	68.0	226.6↓	75.3	122.4	59.7	/	/

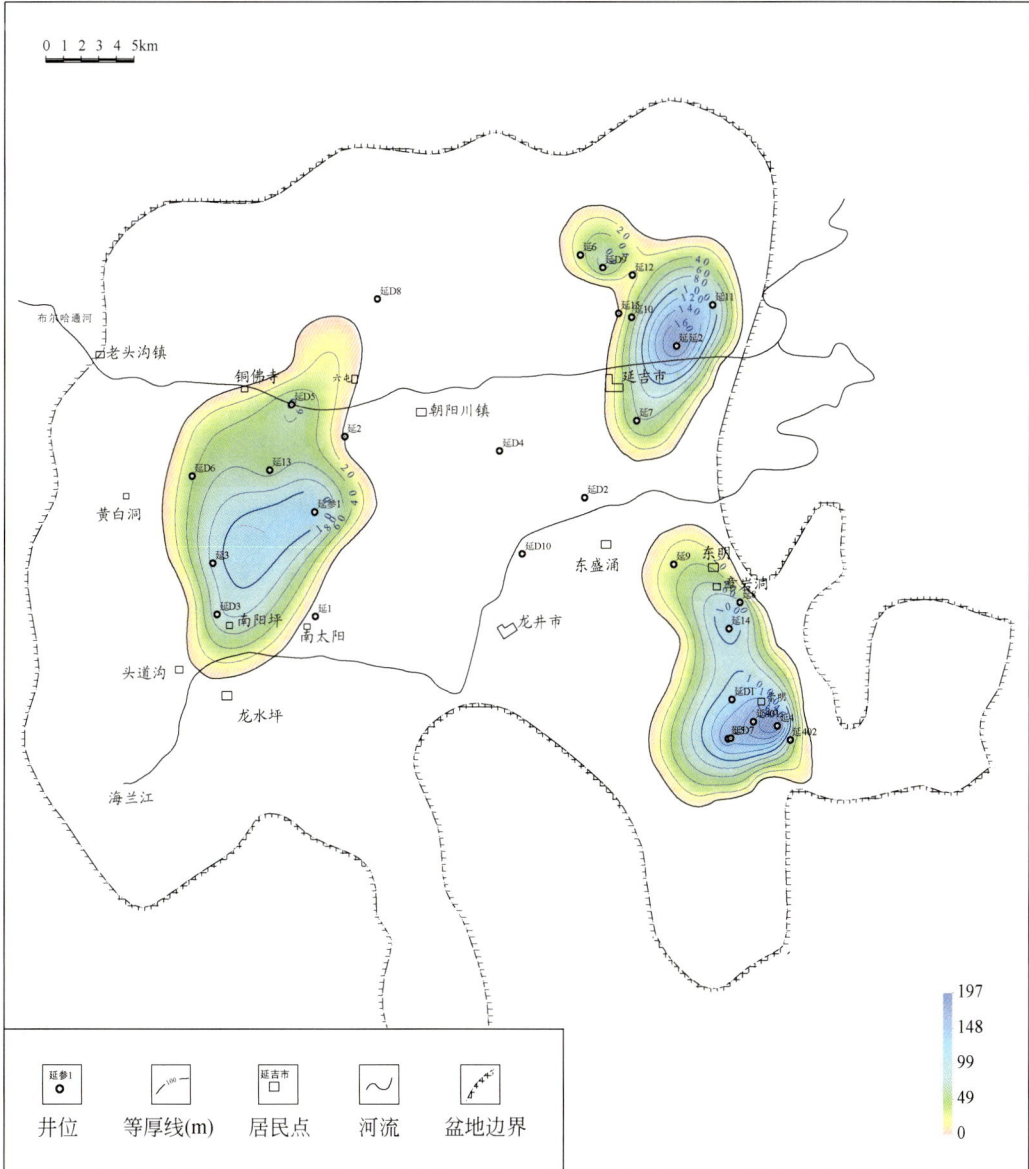

图 5.1　延吉盆地铜佛寺组一段泥岩等厚图

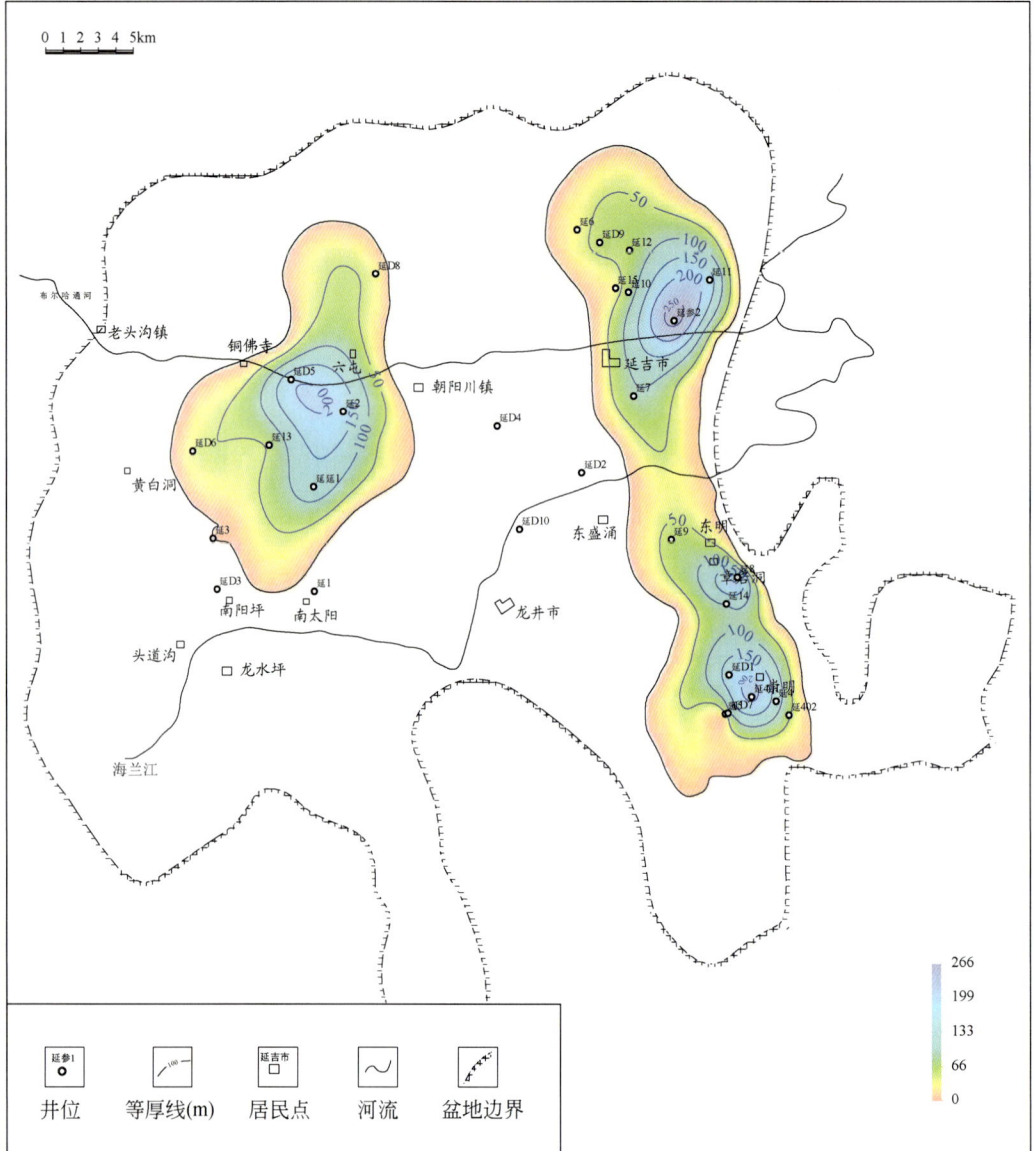

图 5.2　延吉盆地铜佛寺组二段泥岩等厚图

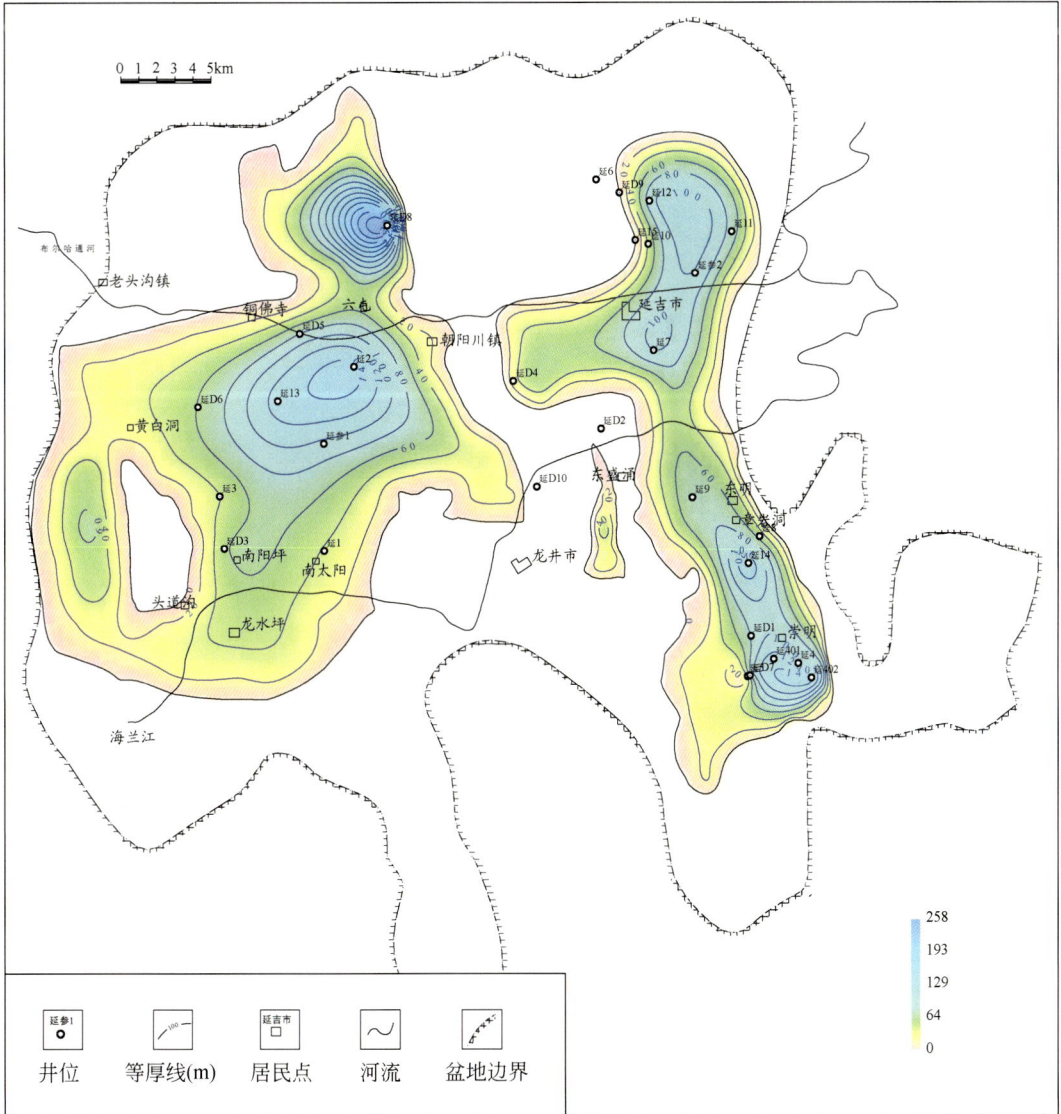

图 5.3 延吉盆地铜佛寺组三段泥岩等厚图

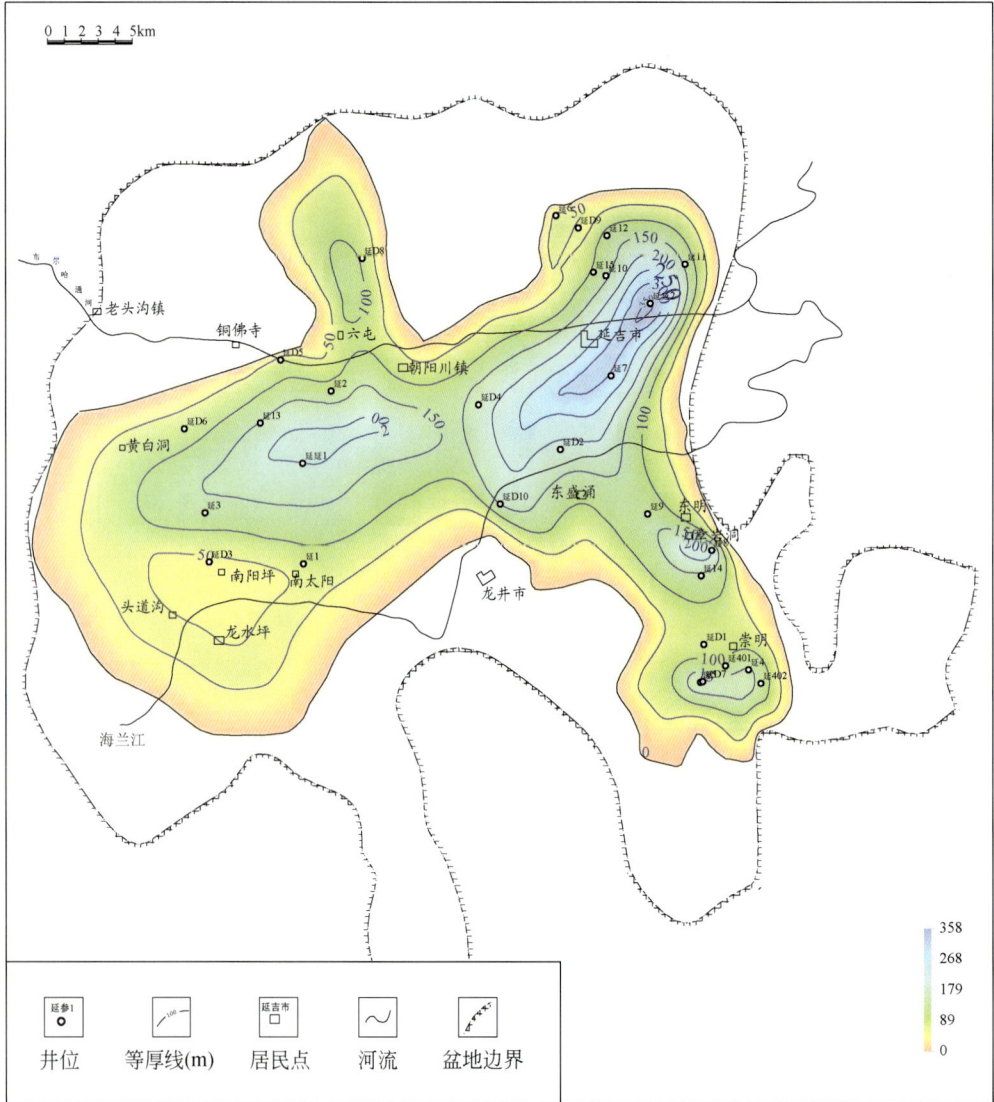

图 5.4　延吉盆地大砬子组一段泥岩等厚图

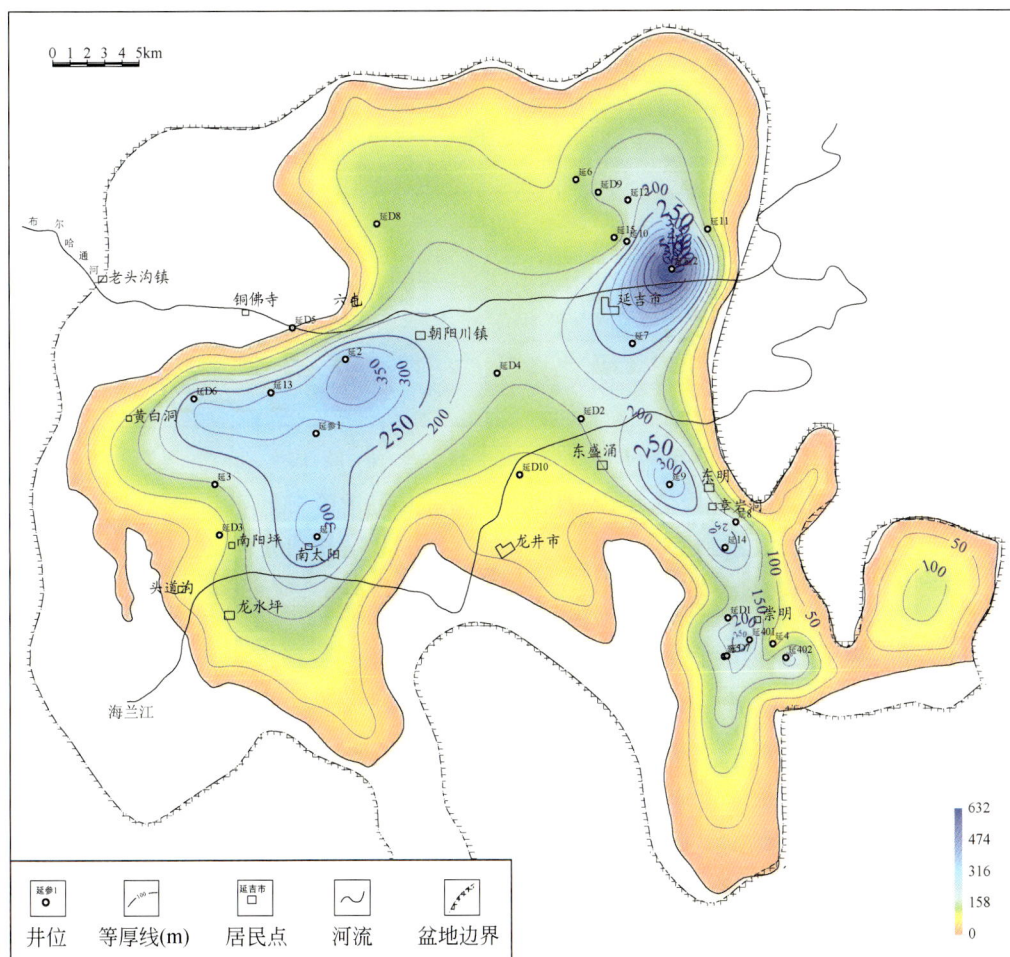

图5.5　延吉盆地大砬子组二段泥岩等厚图

第二节　优质烃源岩主要发育在铜佛寺组

根据大量有机地球化学数据分析，确认烃源岩系以铜佛寺组暗色泥岩为主，大砬子组部分泥岩也为烃源岩。

一、有机地球化学特征

（一）有机质丰度

目前国内外依据氯仿抽提物含量和总烃量划分生油岩的标准不尽一致。依据延吉盆地特定地区烃源岩有机质丰度特征，将烃源岩分为好、中、差三种等级（表5.2）。

作为烃源岩，有机碳含量的下限值是很重要的指标。许多地球化学家认为，有机碳最小值为 0.4% 的细粒页岩能够产生足以形成工业聚集的石油。

表 5.2 陆相烃源岩有机质丰度评价指标

烃源岩等级	总有机碳/%		氯仿"A"/%	$S_1+S_2/$（mg 烃/kg 岩石）
	咸水-超咸水	淡水-半咸水		
最好	0.8	>2.0	>0.20	>200000
好	0.6~0.8	1.0~2.0	0.10~0.20	6000~200000
中	0.4~0.6	0.6~1.0	0.05~0.10	2000~6000
差	0.2~0.4	0.4~0.6	0.015~0.05	500~2000
非烃源岩	<0.2	<0.4	<0.015	<500

注：根据 SY/T 5735—1995。

按照有机质丰度划分标准，延吉盆地各凹陷铜佛寺组烃源岩有机质丰度相对于大砬子组有机质丰度特征要好（图 5.6）。

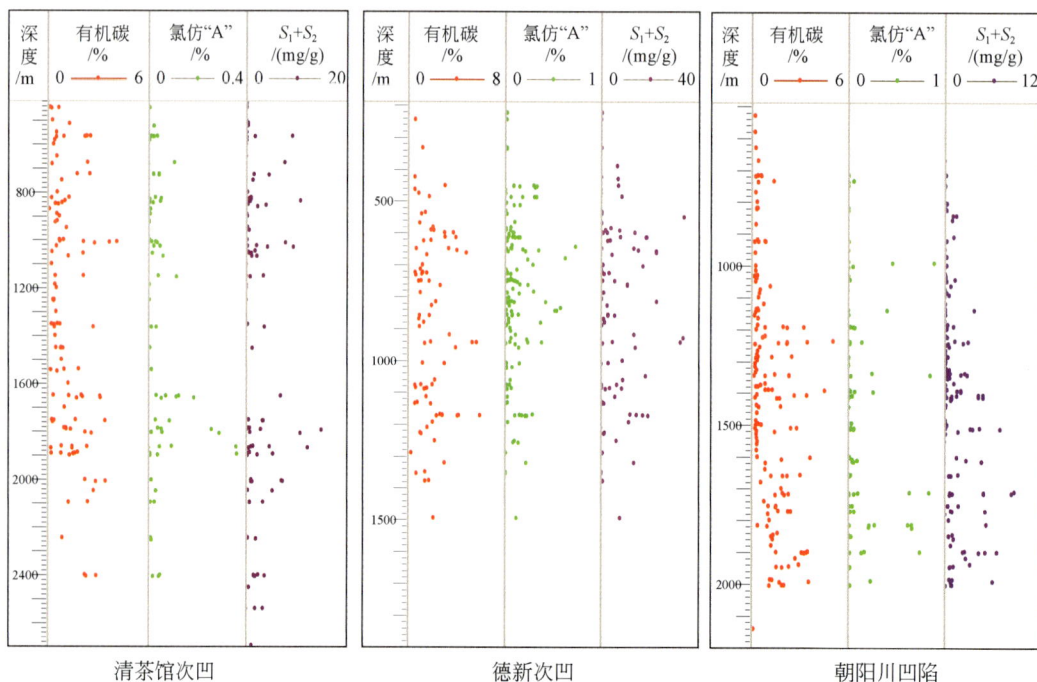

图 5.6 延吉盆地烃源岩有机质丰度图

1. 清茶馆次凹

铜佛寺组平均有机质丰度高，普遍达到好烃源岩标准（表 5.3）：总有机碳含量平均达 1.63%（52 块），氯仿沥青"A"平均为 0.0942%（39 块），热解总烃产率（S_1+S_2）为 7817.0mg 烃/kg 岩石（81 块）。

表 5.3 清茶馆次凹下白垩统烃源岩有机质丰度统计表

层段	TOC/%	"A"/%	S_1+S_2/（mg 烃/kg 岩石）
大砬子组二段	0.52（21）（0.16~1.12）	0.0111（5）（0.0018~0.0203）	167.1（24）（0~1360）
大砬子组一段	1.07（35）（0.20~4.11）	0.0178（14）（0.0004~0.0353）	2126.1（18）（10~20780）
铜佛寺组三段	1.82（9）（0.14~5.95）	0.1436（9）（0.0287~0.6269）	8090.0（4）（700~23840）
铜佛寺组二段	1.53（38）（0.22~3.46）	0.0941（21）（0.0029~0.3646）	12229.1（45）（50~357580）
铜佛寺组一段	2.09（5）（0.90~2.90）	0.0449（9）（0.0106~0.0474）	1549.0（10）（280~3720）

铜佛寺组一、二、三段总有机碳平均达 2.09%（5 块）、1.53%（38 块）和 1.82%（9 块），氯仿沥青"A"值平均为 0.0449%（9 块）、0.0941%（21 块）和 0.1436%（9 块），S_1+S_2 为 1549.0mg 烃/kg 岩石（10 块）、12229.1mg 烃/kg 岩石（45 块）及 8090.0mg 烃/kg 岩石（4 块），尤其是铜二段暗色泥岩 S_1+S_2 值最高可达 357580.0mg 烃/kg 岩石。

大砬子组有机质丰度较铜佛寺组降低明显：总有机碳平均为 0.84%（61 块）；氯仿沥青"A"平均 0.0160%（19 块）；热解总烃产率平均 905.1mg 烃/kg 岩石（47 块），最高达 20780.0mg 烃/kg 岩石。

大砬子组一段及二段烃源岩总有机碳平均为 1.07%（35 块）和 0.52%（21 块），氯仿沥青"A"平均只有 0.0178%（14 块）和 0.0111%（5 块）；大砬子组一段 S_1+S_2 平均为 2126.1mg 烃/kg 岩石（18 块），最高达 20780.0mg 烃/kg 岩石，而大砬子组二段却只有 0~1360.0mg 烃/kg 岩石。

2. 德新次凹

铜佛寺组平均有机质丰度较高，达到中–好烃源岩标准（表 5.4），总有机碳含量平均为 2.12%（69 块），氯仿沥青"A"平均达 0.1509%（68 块），热解总烃产率为 7153.8mg 烃/kg 岩石（80 块）。

表 5.4 德新次凹下白垩统烃源岩有机质丰度统计表

层段	TOC/%	S_1+S_2/（mg 烃/kg 岩石）	"A"/%
大砬子组上部	1.60（7）（0.63~2.44）	2973.8（8）（150~7680）	0.0366（5）（0.0211~0.0607）
大砬子组下部	1.15（3）（0.59~1.95）	597.5（4）（110~2000）	0.0102（3）（0.0076~0.0132）
铜佛寺组三段	2.37（14）（0.61~4.81）	8321.7（18）（40~22620）	0.0808（26）（0.005~0.3536）
铜佛寺组二段	2.08（40）（0.62~5.95）	6467.9（39）（60~34010）	0.1952（77）（0.0083~1.5818）
铜佛寺组一段	2.00（15）（0.63~3.96）	7228.1（21）（150~33770）	0.0755（20）（0.0137~0.2344）

铜佛寺组一、二、三段总有机碳含量平均达 2.00%（15 块）、2.08%（40 块）和 2.37%（14 块）；氯仿沥青"A"平均为 0.0755%（20 块）、0.1952%（77 块）和 0.0808%（26 块），S_1+S_2 平均为 7228.1mg 烃/kg 岩石（21 块）、6467.9mg 烃/kg 岩石（39 块）、8321.7mg 烃/kg 岩石（18 块），最高可达 34010.0mg 烃/kg 岩石。

大砬子组一、二段总有机碳平均为 1.15%（3 块）和 1.60%（7 块），氯仿沥青

"A"平均只有 0.0102%（3 块）和 0.0366%（5 块），S_1+S_2 平均为 597.5mg 烃/kg 岩石（4 块）及 2973.8mg 烃/kg 岩石（8 块）。

3. 朝阳川凹陷

朝阳川凹陷铜佛寺组一段有机质丰度普遍较低，而铜佛寺组二、三段暗色泥岩有机质丰度普遍较高（表 5.5），其总有机碳含量平均为 1.80%（72 块），氯仿沥青"A"平均为 0.1470%（66 块），热解总烃产率平均为 2730.6mg 烃/kg 岩石（82 块）。

表 5.5 朝阳川凹陷下白垩统烃源岩有机质丰度统计表

层段	TOC/%	S_1+S_2/（mg 烃/kg 岩石）	"A" /%
大砬子组上部	0.44（42）（0.21~1.39）	317.8（50）（0~3710）	0.087（22）（0.0021~0.8907）
大砬子组下部	0.80（46）（0.25~5.09）	317.0（47）（0~1720）	0.0136（14）（0.0022~0.0543）
铜佛寺组三段	1.82（34）（0.40~4.57）	1858.6（51）（10~21820）	0.191（39）（0.0026~1.2775）
铜佛寺组二段	2.32（25）（1.12~3.59）	2636.3（24）（170~6830）	0.0951（19）（0.0017~0.7442）
铜佛寺组一段	0.82（11）（0.14~2.37）	8235.0（8）（2700~22510）	0.0647（7）（0.0307~0.1048）

铜佛寺组一、二、三段总有机碳值平均为 0.82%（11 块）、2.32%（25 块）和 1.82%（34 块）；氯仿沥青"A"含量平均值由深到浅逐步增高，分别为 0.0647%（7 块）、0.0951%（19 块）和 0.191%（39 块），S_1+S_2 平均为 8235.0mg 烃/kg 岩石（8 块）、2636.3mg 烃/kg 岩石（24 块）和 1858.6mg 烃/kg 岩石（51 块）。

大砬子组各层段有机质丰度较低，总有机碳含量平均 0.62%（91 块），氯仿沥青"A"平均仅为 0.0542%（39 块），热解总烃产率平均只有 309.5mg 烃/kg 岩石（100 块）。

大砬子组一、二段总有机碳平均为 0.80%（46 块）和 0.44%（42 块），氯仿沥青"A"平均也只有 0.0136%（14 块）和 0.087%（22 块），S_1+S_2 平均只有 317.0mg 烃/kg 岩石（47 块）及 317.8mg 烃/kg 岩石（50 块）。

（二）有机质类型

烃源岩有机质的类型不同，其性质也不同；其生烃潜力、产烃类型及门限深度（温度）都有一定的差异。Tissot 和 Welte（1984）等根据干酪根的元素组成分析，利用范氏（Van Krevelen）图上 H/C 和 O/C 原子比的演化路线将干酪根分为 Ⅰ、Ⅱ、Ⅲ型。Ⅰ型为细菌改造的藻质型，Ⅱ型为腐泥型，Ⅲ型为腐殖型，另外，还分出 Ⅳ型为残余型。

我国陆相烃源岩中干酪根类型的划分方案较多，比较通用的方案是：Ⅰ型为腐泥型（包括 Tissot 的 Ⅰ型和 Ⅱ型，陆相湖盆藻质型少），Ⅲ型为腐殖型，Ⅱ型为混合型中的中间型，ⅡA型为腐殖-腐泥型，ⅡB型为腐泥-腐殖型（表 5.6）。另外，还有 Ⅳ型为煤质型，相当于 Tissot 的残余型。

表 5.6 烃源岩有机质类型划分表（三类四分法）

项目		I 型（腐泥型）	II 型		III 型（腐殖型）
			II$_A$ 型（腐殖–腐泥型）	II$_B$ 型（腐泥–腐殖型）	
"A" 族组成	饱和烃/%	60 ~ 40	<40 ~ 30	<30 ~ 20	<20
	饱/芳	>3.0	3.0 ~ 1.6	<1.6 ~ 1.0	<1.0
	非烃+沥青质/%	20 ~ 40	>40 ~ 60	>60 ~ 70	>70 ~ 80
	（非烃+沥青质）/总烃	0.3 ~ 1.0	>1.0 ~ 2.0	>2.0 ~ 3.0	>3.0 ~ 4.5
岩石热解参数	I_R	>700	700 ~ 350	<350 ~ 150	<150
	T_{YC}	>20.0	20.0 ~ 10.0	<10.0 ~ 5.0	<5.0
	D	>70	70 ~ 30	<30 ~ 10	<10
	S_1+S_2	>20	20 ~ 6	<6 ~ 2	<2
饱和烃色谱特征	峰型特征	前高单峰型	前高双峰型	后高双峰型	后高单峰型
	主峰碳	C_{17}、C_{19}	前 C_{17}、C_{19}，后 C_{21}、C_{23}	前 C_{17}、C_{19}，后 C_{27}、C_{29}	C_{25}、C_{27}、C_{29}
干酪根	元素分析 H / C	>1.5	1.5 ~ 1.2	<1.2 ~ 0.8	<0.8
	元素分析 O / C	<0.1	0.1 ~ 0.2	>0.2 ~ 0.3	>0.3
	镜检 壳质组/%	>70 ~ 90	70 ~ 50	<50 ~ 10	<10
	镜检 镜质组/%	<10	10 ~ 20	>20 ~ 70	>70 ~ 90
	镜检 Ti	>80 ~ 100	80 ~ 40	<40 ~ 0	<0
	模拟实验 ∑HP	>550 ~ 620	550 ~ 400	<400 ~ 150	<150
	模拟实验 ∑OP	>550	550 ~ 300	<300 ~ 100	<100
生物标志化合物	5 α-C_{27}/%	>55	55 ~ 35	<35 ~ 20	<20
	5 α-C_{28}/%	<15	15 ~ 35	>35 ~ 45	>45
	5 α-C_{29}/%	<25	25 ~ 35	>35 ~ 45	>45 ~ 55
	5 α-C_{27}/ 5 α-C_{29}	>2.0	2.0 ~ 1.2	<1.2 ~ 0.8	<0.8

注：根据 SY/T 5735—1995。

1. 清茶馆次凹

铜佛寺组一、二、三段有机质类型均以 II$_B$、III 型为主（图 5.7）。延参 2 井铜三段 1792m 暗色泥岩，出现大量具亮黄色荧光的藻类碎屑，既表明有良好的有机质类型，又表明有烃类分布的踪迹。

大砬子组一、二段有机质类型均以 III 型为主。

2. 德新次凹

德新次凹铜佛寺组一、二、三段有机质类型均以 II_A、II_B 为主,铜佛寺组三段有机质含部分 III 型(图 5.7)。

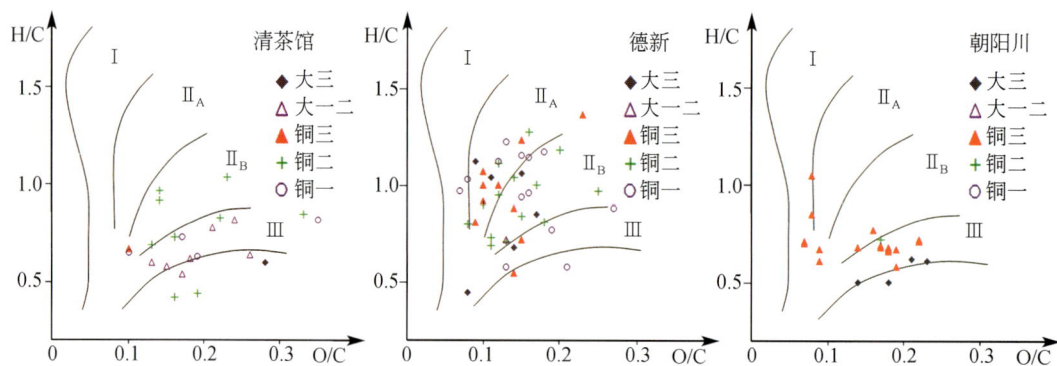

图 5.7 延吉盆地烃源岩干酪根的元素组成

德新次凹大砬子组下部有机质性质良好,以 II_B、III 型为主,大砬子组上部有机质性质以 II_A、II_B 型为主。

3. 朝阳川凹陷

朝阳川凹陷铜佛寺组一段有机质类型以 III 型为主,铜二段有机质类型为 III 型,铜三段有机质类型以 II_B、III 型为主(图 5.7)。

大砬子组干酪根以弱氧化–弱还原环境沉积下的腐殖型(III 型)为主,生油岩母质类型较差。

(三)有机质成熟度

镜质体反射率也称镜煤反射率(R^o),它是温度和有效加热时间的函数且具不可逆性,并具有广泛、稳定的可比性,所以它是最普遍、最权威的有机质成熟度指标。依据镜质体反射率作为有机质成熟作用的指标来划分有机质演化阶段,其划分判别标准见表 5.7。

1. 清茶馆次凹

清茶馆次凹生烃门限现今最大深度为 1290m(图 5.8)。在凸起部位,生烃门限仅 560m(延 15 井、表 5.8),而次凹边部可能还要浅一些(图 5.9)。该埋藏深度的地层为铜佛寺组,即铜佛寺组泥岩有机质已进入生烃门限,开始生成石油。最深从 1800m 开始进入生油高峰阶段,具有较好的生油潜力。

大砬子组一段有机质实测 R^o 为 0.42% ~ 0.97%,有一部分泥岩进入低熟–成熟阶段,具有一定生油潜力;其余大砬子组泥岩有机质未进入成熟阶段,无生烃潜力。

表 5.7　陆相烃源岩有机质成烃演化阶段划分及判别指标

演化阶段	R^o/%	孢粉颜色指数 SCI	T_{max}/℃	H/C 原子比	孢子体显微荧光 Q	孢粉(干酪根)颜色	生物标志化合物		时间温度指数 TTI	古地温 T/℃	油气性质及产状
							$\alpha\alpha\alpha-C_{29}\dfrac{20S}{20(S+R)}$	$C_{29}\dfrac{\beta\beta}{\beta\beta+\alpha\alpha}$			
未成熟阶段	<0.5	<2.0	<435	>1.6	>1.0~1.4	浅黄色	<0.20	<0.20	<15	>50~60	生物甲烷、未成熟重质油,凝析油
低成熟阶段	>0.5~0.7	2.0~3.0	435~440	1.6~1.2	>1.4~2.0	黄色	0.20~0.40	0.20~0.40	15~75	>60~90	低成熟重质油,凝析油
成熟阶段	>0.7~1.3	>3.0~4.5	>440~450	<1.2~1.0	>2.0~3.0	深黄色	>0.40	>0.40	>75~160	>90~150	成熟中质油
高成熟阶段	>1.3~2.0	>4.5~6.0	>450~580	<1.0~0.5	>3.0	浅棕色—棕黑色	-	-	>160~1500	>150~200	高成熟轻质油,凝析油,湿气
过成熟阶段	>2.0	>6.0	>580	<0.5	>3.0	黑色	-	-	>1500	>200	干气

注:根据 SY/T 5735—1995。

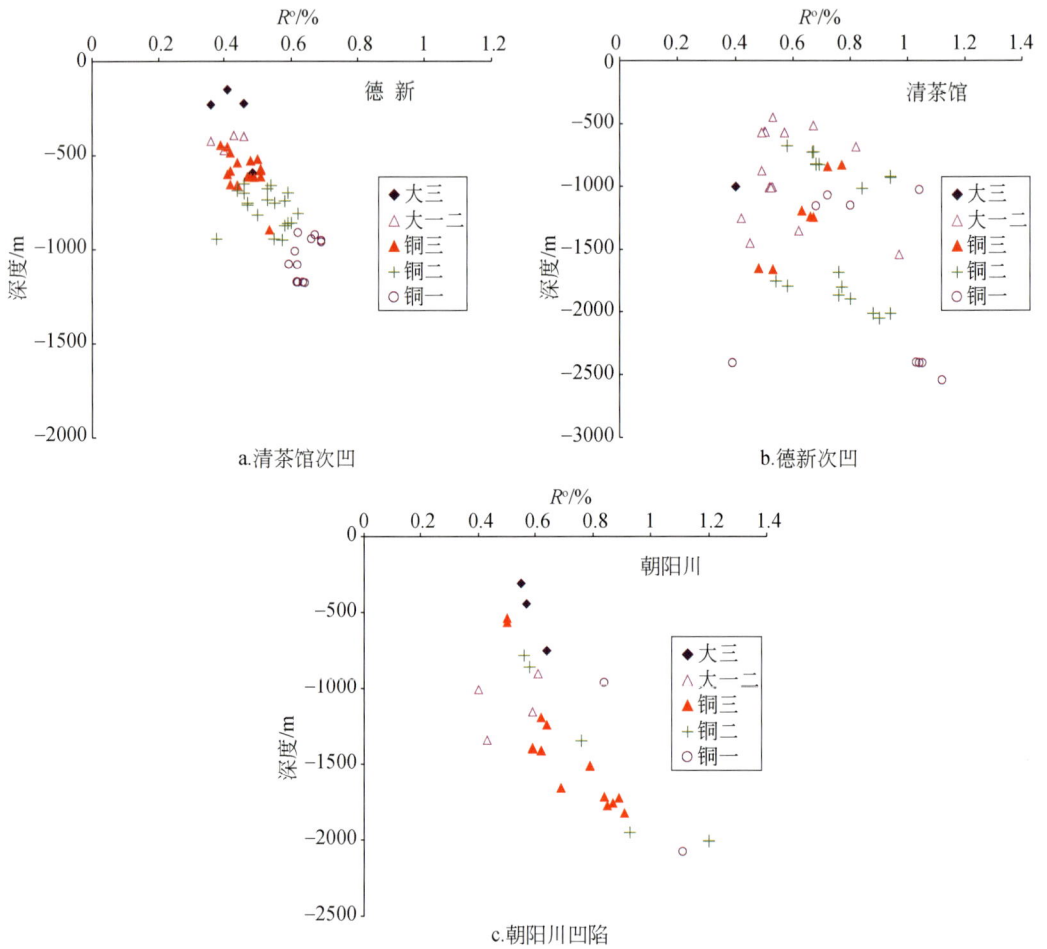

图 5.8 延吉盆地烃源岩 R^o 随深度变化散点图

表 5.8 延吉盆地部分钻井生烃门限深度表

清茶馆次凹			德新次凹			朝阳川凹陷		
井名	生烃门限/m	层位	井名	生烃门限/m	层位	井名	生烃门限/m	层位
延参2	1290	大一	延4	630	铜二	延参1	1390	大一
延6	360	大二	延5	780	铜二	延1	1080	大一
延10	600	大二	延14	840	大一	延2	1150	大一
延11	1000	大二	延401	800	铜二	延13	1050	大一
延12	550	大二	延402	700	铜三	延D3	760	大一
延15	560	大一	延D1	520	铜三	延D5	400	铜三
延D9	300	大二	延D7	740	铜二	延D6	350	大二

2. 德新次凹

铜佛寺组暗色泥岩大约在630m实测镜质体反射率达到0.5%，开始进入生烃阶段，

1000m 时镜质体反射率已达 0.7%。即铜佛寺组一、二段实测 R^o 数据大多数大于 0.5%，进入生烃门限，而铜三段尚处于低熟阶段（图 5.8）。

德新次凹大砬子组一、二段实测镜质体反射率仅为 0.36% ~ 0.49%，热演化程度低，处于未熟阶段，无生烃能力。

3. 朝阳川凹陷

朝阳川凹陷生烃门限现今最大深度为 1390m。同样在凹陷边部生烃门限仅 300m（图 5.9）。铜佛寺组镜质体反射率均超过 0.5%，进入生烃门限，开始大量生烃。实测镜质体反射率在 1713m 处达 0.82%，在 2000m 时为 1.20%，已进入成油高峰阶段。

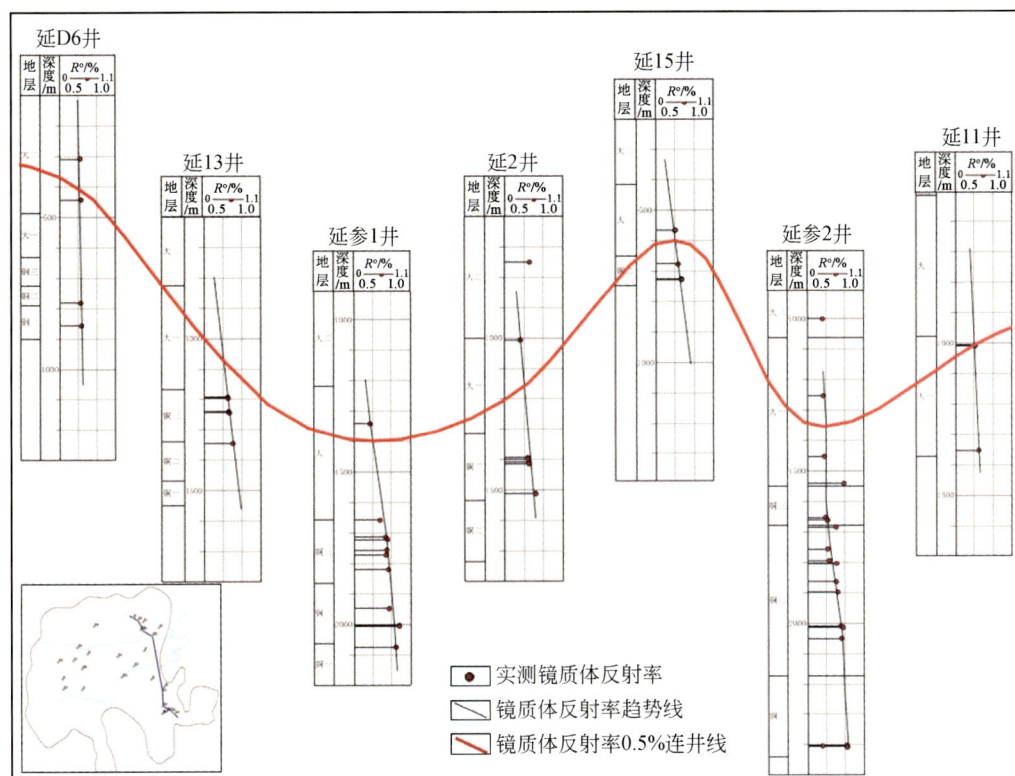

图 5.9 延 D6 井—延 11 井镜质体反射率分布图

大砬子组各层段有机质镜质体反射率为 0.40% ~ 0.64%，处于未熟-低熟阶段。大一段下部（1100m 以下）接近铜佛寺组顶界面的烃源岩实测镜质体反射率达到 0.5%，开始进入成熟阶段，但整个大砬子组生油气能力较弱。

上述镜质体反射率的变化也表明延吉盆地分布面积小，但是纵横向构造变化都较快，大砬子组及铜佛寺组地层起伏变化也较大。镜质体反射率随着地层埋深的变化起伏较大，有的相对高差达 600m（图 5.9、图 5.10）。凹陷边缘浅部位的镜质体反射率已大于 0.5%，如延 D9、延 6、延 D6 等井的镜质体反射率分别为 260m、300m、400m。表明这些地区，在地史时期曾经达到过较深的埋藏深度，到达过足以生烃的适合的压力温度环境。也进一步印证了前述延吉盆地经历了后期的强烈挤压、抬升、剥蚀等的重新改造之后形成了现今构造格局。

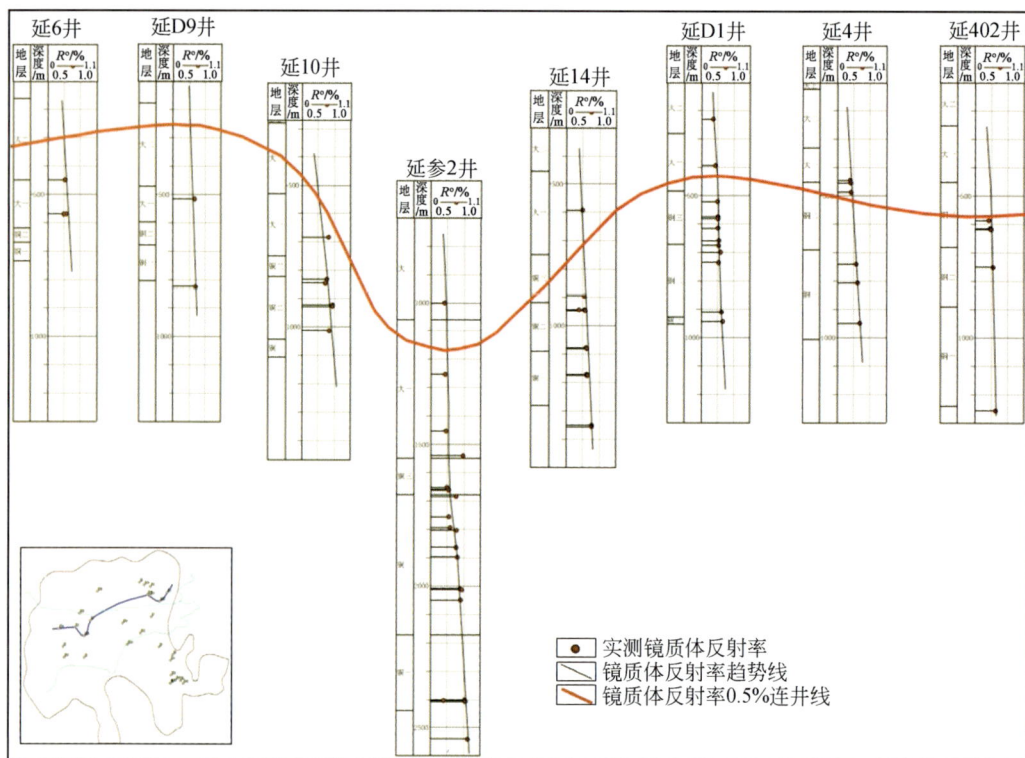

图 5.10　延 6—延 402 井镜质体反射率分布图

二、烃源岩综合评价

由上知，铜佛寺组暗色泥岩是延吉盆地主力烃源岩。由于盆地构造—沉积演化的差异，在次一级凹陷中各层段烃源岩的优劣又有所不同。在纵向上各凹陷的烃源岩Ⅰ、Ⅱ、Ⅲ类均有分布（表 5.9）。铜佛寺组暗色泥岩均达到Ⅰ、Ⅱ类烃源岩标准，而大砬子组烃源岩则较差，大多属Ⅲ类烃源岩（图 5.11）。

表 5.9　延吉盆地烃源岩评价表

地区	组	段	有机质丰度	类型	成熟度	综合评价（类别）
清茶馆	大砬子组	二	差	Ⅲ	未熟	Ⅲ
		一	较好	Ⅲ	部分成熟	Ⅱ
	铜佛寺组	三	好	ⅡB、Ⅲ	成熟	Ⅰ
		二	好	ⅡB、Ⅲ	成熟	Ⅰ
		一	较差	Ⅲ	成熟	Ⅱ

续表

地区	组	段	有机质丰度	类型	成熟度	综合评价（类别）
德新	大砬子组	二	较好	II_A、II_B	未熟	III
		一	差	II_B、III	未熟	III
	铜佛寺组	三	好	II_A、II_B为主，部分III	低熟	I
		二	好	II_A、II_B	成熟	I
		一	好	II_A、II_B	成熟	I
朝阳川	大砬子组	二	差	III	未熟	III
		一	差	III	低熟、部分成熟	III
	铜佛寺组	三	好	II_B、III为主，部分I	成熟	I
		二	好	III	成熟	I
		一	好	III	成熟	I

（一）清茶馆次凹

铜二、三段暗色泥岩有机质丰度高，泥岩有机质类型一般（II_B、III型为主），但均已进入生烃高峰。延参 2 井在该段钻遇油气显示，划属为 I 类烃源岩；铜一段暗色泥岩虽已进入生油气成熟高峰，但有机质丰度较低，有机质类型一般，划属为 II 类烃源岩。

大砬子组一、二段有机质丰度较高、类型差、成熟度低，划为 II 类烃源岩；大三段有机质丰度低，类型差，未进入成熟阶段，划为 III 类烃源岩。

（二）德 新 次 凹

铜佛寺组暗色泥岩有机质丰度高，有机质类型较好（II_A–II_B型为主），有机质已经成熟。将其划属为 I 类烃源岩。

大砬子组有机质整体类型较好，但有机质丰度低，成熟度差（未熟），基本无生油气能力，划为 III 类烃源岩。

（三）朝阳川凹陷

铜佛寺组三段有机质类型中等，以 II_B、III 型为主，铜二、铜三段有机质类型较差（III型），但是铜佛寺组各段有机质均达到成熟标准，进入生油气高峰阶段，同时均具有较高的有机质丰度，因此划分为 I 类。

大砬子组泥岩有机质丰度低，有机质类型普遍差（III型），成熟度低（未熟–低熟），综合评价划属III类。

清茶馆、德新次凹和朝阳川凹陷烃源岩相比较来看，德新次凹的烃源岩丰度、类

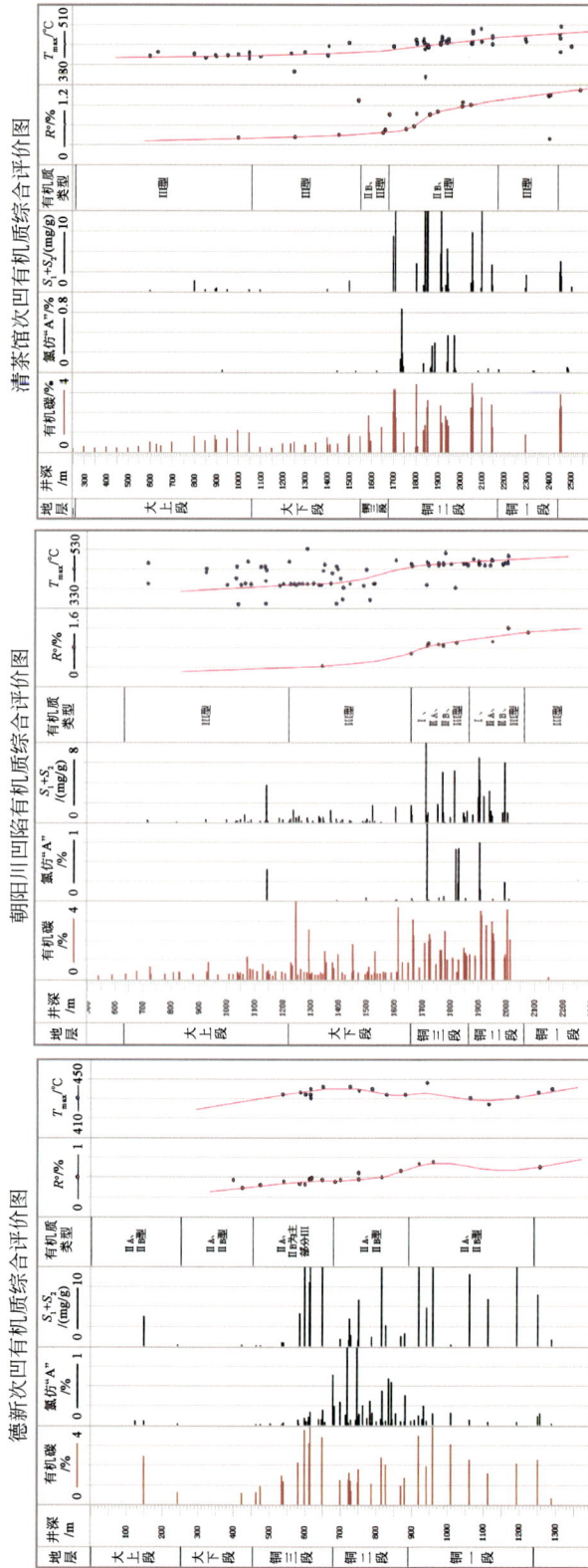

图 5.11 有机质综合评价图

型都较好，但是成熟度欠佳，大砬子组烃源岩尚未进入生烃门限。

大砬子组和铜佛寺组烃源岩相比较，铜佛寺组烃源岩的有机质丰度、类型、远超过大砬子组，尤其从有机质成熟度来看，大砬子组的烃源岩基本未进入成熟阶段或刚进入有机质低熟阶段，而铜佛寺组基本进入大量生烃阶段。

在平面上，德新次凹的有机质类型要优于其他两个凹陷。由于盆地后期挤压抬升的程度各不同，现今延吉盆地的不同凹陷烃源岩热演化具有较大差异。朝阳川凹陷、清茶馆次凹、德新次凹现今成熟门限深度分别为 1650m、1100m 和 700m。大砬子组暗色泥岩，德新次凹均未进入成熟期；德新、清茶馆次凹部分进入成熟期。东部生油岩有机质丰度比西部高，清茶馆次凹的有机质丰度略高于德新次凹。

三、烃源岩展布

（一）清茶馆次凹

位于深凹区的延参 2 井钻遇的成熟烃源岩累厚为 500m，最大单层厚 7.3m，泥地比为 60.7%，烃源岩较为发育。从深凹到边缘，烃源岩厚度迅速递减，延 6 井大砬子组一段和铜佛寺组烃源岩累厚分别为 69.2m 和 65.7m。在深凹区发育的烃源岩无疑为大量油气的形成奠定了物质基础。

（二）德新次凹

大砬子组无成熟烃源岩，钻井揭示铜佛寺组烃源岩累厚为 231.0 ~ 433.0m，是德新次凹烃源岩发育区。

（三）朝阳川凹陷

钻井揭示凹陷内大砬子组烃源岩累厚为 20.0 ~ 160.0m，延参 1 井和延 2 井的大砬子组最大累厚分别为 212.0m 和 108.0m。凹陷最深部位的延参 1、延 2、延 D5 井处的铜佛寺组最大累厚分别为 343m、322.5m 和 325m。

四、油气资源评价

生烃潜力的评价，在盆地勘探的早期阶段显得尤为重要。这是因为生烃灶决定着油气藏的分布和资源量的大小以及含油气前景。评价烃源岩发育程度的地质标准主要有暗色泥岩厚度、分布和沉积相等。而有机质丰度、类型、热演化程度则是利用有机地球化学方式评价烃源岩的三个指标。采用氯仿沥青"A"法计算资源量。

资源量计算公式如下：

$$Q_{油} = V \times m \times A \times k \times \alpha$$

式中，V 为烃源岩体积（km^3）；m 为烃源岩密度（$10^8 t/km^3$）；A 为氯仿沥青 "A" 含量（%）；k 为氯仿沥青 "A" 恢复系数，取 $1.22 \sim 1.42$；α 为排、聚系数；$Q_{油}$ 为石油资源量（$10^8 t$）。

资源量计算以延吉盆地地震资料统一连片解释编制的二级构造单元为基础进行。参数选择中烃源岩体积以进入生烃门限且超过总有机碳含量下限值的暗色泥岩厚度及范围（图 5.12、图 5.13）来计算；密度、氯仿沥青 "A" 含量是实测平均值。

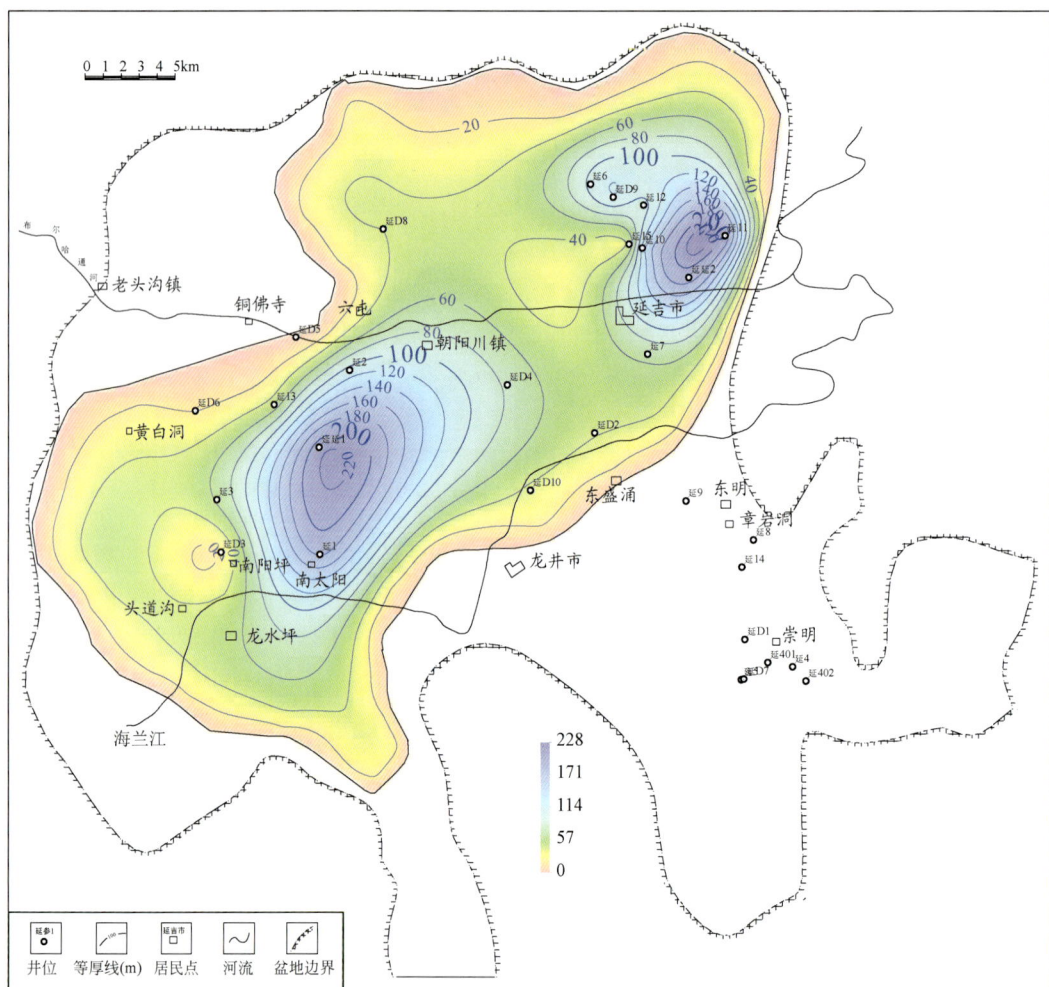

图 5.12　延吉盆地大砬子组烃源岩等厚图

排聚系数是油气聚集量与排烃量之比，是油气资源评价中的关键性参数。由于油气排聚系数受到多种地质因素的影响，系数求取的难度很大，对其的定量研究成果也很少。国内外盆地或油气区的排聚系数取值差异很大（表 5.10），本次排聚系数取值为 $25\% \sim 35\%$。

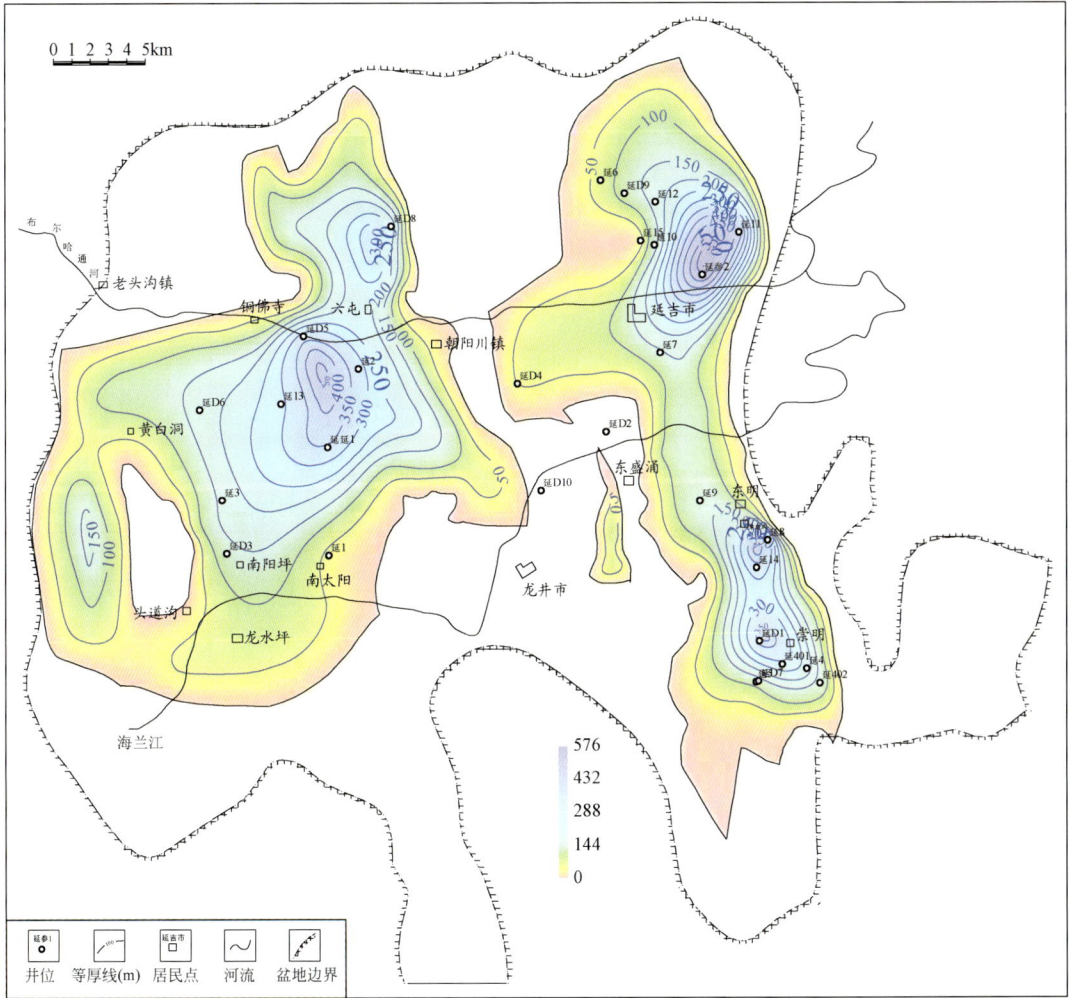

图 5.13 延吉盆地铜佛寺组烃源岩等厚图

表 5.10 国内外盆地或油气区的运聚系数

盆地名称	排聚系数/%	盆地名称	排聚系数/%	盆地名称	排聚系数/%	盆地名称	排聚系数/%
伏尔加–乌拉尔	20	洛杉矶	20 ~ 30	波斯湾	10	西西伯利亚	0.8
松辽	7	洛杉矶	0.1	江汉	2 ~ 3	泡德河	10 ~ 33
二连	25 ~ 30	海拉尔	25 ~ 30	冀中	20 ~ 30	济阳	10

延吉盆地由下到上发育了铜佛寺组和大砬子组两套烃源层，烃源岩主要为泥质岩，其生烃总量为 $10.71 \times 10^8 \sim 12.47 \times 10^8$ t（表 5.11）。其中大砬子组泥岩生烃量较小，只有 $0.78 \times 10^8 \sim 0.91 \times 10^8$ t，其生烃条件相对较差；铜佛寺组生烃量相对较高，为 $9.93 \times 10^8 \sim 11.56 \times 10^8$ t，表明其生烃条件相对较好。排聚系数取值 25% ~ 35%，计算得到的

延吉盆地油气总资源量为 $2.68 \times 10^8 \sim 4.36 \times 10^8$ t。

烃源岩所产生的油气，一般经排烃作用和很长距离的运移，富集到远处的储集层空间中成藏，这就是油气富集资源量。而存在另外一种非富集资源量：烃源岩排出的油气尚未得到长距离运移，却被烃源岩的附近相对小型且较疏松的岩体所捕获，从而成藏（如泥页岩油气和致密砂岩油气）。若是将这些相对隐形的非富集油气资源包含在内，那么，盆地的油气资源将会更加可观。

表5.11　延吉盆地油气资源量统计表

地层	凹陷	面积 /km²	最大厚度/m	平均厚度/m	烃源岩体积 /km³	烃源岩密度 / (10⁸t/km³)	"A" /%	残留生油量 /10⁸t	原始生油量 /10⁸t	资源量 /10⁸t
大砬子组	朝阳川	576.6	230	82	53.70	25	0.0433	0.51	0.62 ~ 0.73	0.16 ~ 0.25
	清茶馆	316.94	230	67	25.17	25	0.0247	0.13	0.16 ~ 0.19	0.04 ~ 0.07
	德新	0	0	0	0	25	0.0981	0	0	0
	累计	893.54			78.87			0.64	0.78 ~ 0.91	0.20 ~ 0.32
铜佛寺组	朝阳川	460.38	468	245	112.79	25	0.1719	4.85	5.91 ~ 6.88	1.48 ~ 2.41
	清茶馆	197.78	563	302	59.73	25	0.0976	1.46	1.78 ~ 2.07	0.44 ~ 0.72
	德新	210.02	413	215	45.15	25	0.1624	1.83	2.24 ~ 2.60	0.56 ~ 0.91
	累计	868.18			217.68			8.14	9.93 ~ 11.56	2.48 ~ 4.04
总计		1761.72			296.55			8.78	10.71 ~ 12.47	2.68 ~ 4.36

第三节　相似盆地类比

选择百色盆地、大民屯凹陷、海拉尔盆地贝中次凹三个不同地质时代、不同大地构造位置的含油气盆地与延吉盆地进行类比，是因为考虑它们在某些方面（地质时代、后期改造、面积、生烃强度等）有相似之处。当然，诸多条件均相似的盆地几乎不存在。

一、相似盆地有机地球化学特征

（一）百色盆地

1. 油气生成的地质背景

百色盆地是叠置在中生界三叠系褶皱基底之上、相对简单、独立的新生界小型断陷盆地，新近系覆盖面积约830km²。盆地呈北西向狭长条带状展布，在古近纪发育三个凹陷（图 5.14）。成盆后在新近纪受左旋运动的影响，发生较大幅度的褶皱抬升剥蚀，是典型的残留型盆地，油气藏形成有别于原型盆地。

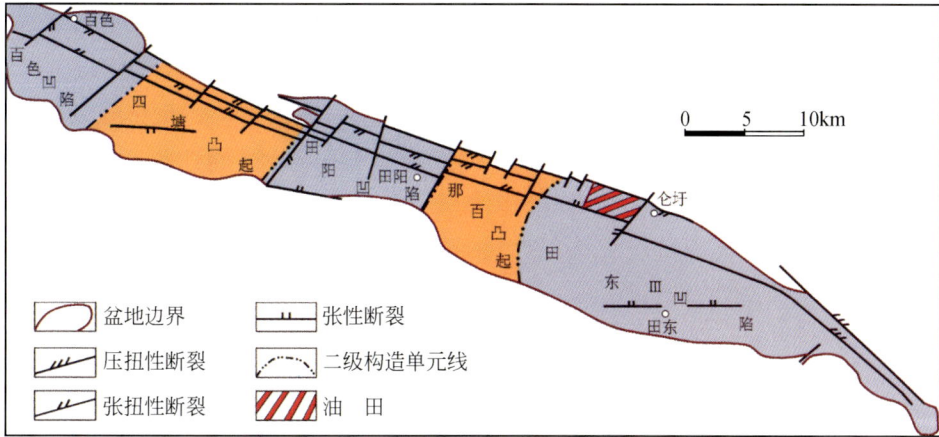

图 5.14 百色盆地构造格局示意图（据中国石油地质志）

2. 烃源岩有机地球化学特征

百色盆地古近系那读组、百岗组暗色泥岩的分布面积达 800km^2，厚度一般为 400~600m，尤其是在盆地东部地区比较发育，泥岩最大厚度 1000m 以上。

百色盆地从西到东分布有百色、田阳、田东等三个凹陷，烃源岩层包括那读组和百岗组。那读组的深湖-半深湖相灰-深灰色泥质岩，厚度较大，属长期稳定沉积环境下的沉积物。百岗组主要为浅湖相含煤碎屑岩，属中等还原环境，生油条件较那读组差。

1）有机质丰度

那读组和百岗组暗色泥岩大部分属中等生油岩标准，部分达到或接近优质生油岩标准，那读组烃源岩有机质丰度略高于百岗组。

2）有机质类型

那读组干酪根以正常还原沉积环境下的 II$_A$ 型为主，II$_B$、I 型次之，母质类型好（图 5.15）。百岗组干酪根为弱氧化-弱还原环境沉积下的 II$_B$、III 型，母质类型较差。

3）有机质成熟度

那读组的热演化程度分为三个阶段：未成熟（埋深小于 1800m）、低成熟（埋深 1800~2120m）、成熟（大于 2120m）阶段。而母质类型主要为腐殖型的百岗组暗色泥岩埋藏较浅（小于 1800m），热演化程度较低，泥岩未成熟。

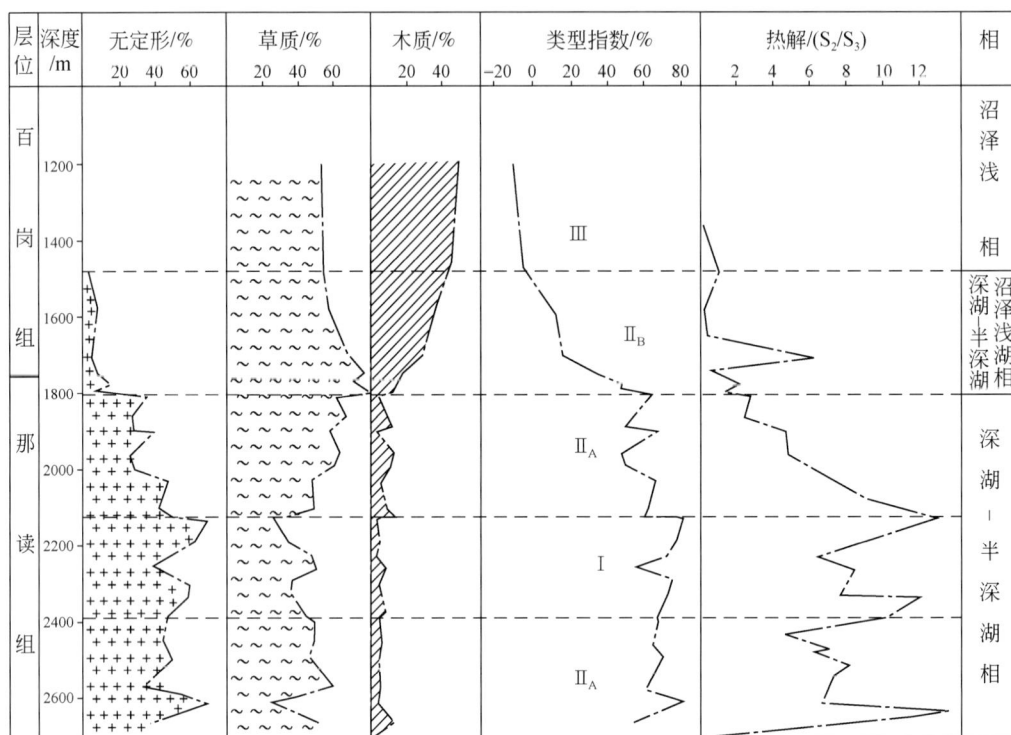

图 5.15　百色盆地百 20 井干酪根显微组分及类型分布图（据中国石油地质志）

3. 资源预测

经第二次全国资源评价，百色盆地油总资源量 $0.92×10^8t$，气资源量 $86×10^8m^3$；第三次全国资源评价总资源量变化不大。资源丰度为 $11.5×10^4t/km^2$，油气资源较丰富。

（二）大民屯凹陷

1. 油气生成的地质背景

大民屯凹陷位于渤海湾盆地辽河拗陷的东北部，平面上呈南宽北窄的不规则三角形（图 5.16），四周为边界断层所限，自身形成一个独立的油气生聚单元，凹陷面积 $800km^2$。凹陷沉积岩一般厚 $500～2500m$，最厚达 $6400m$。古近系沙河街组四段和三段暗色泥岩是凹陷的主力烃源岩。大民屯凹陷既有正常油，又有高凝油。高蜡油主要来源于具有高有机质丰度的沙四段下部（$E_2S_4^2$）；正常油来源于沙四段上部（$E_2S_4^1$）与沙三段下部（$E_2S_3^4$）烃源岩。

2. 烃源岩有机地球化学特征

大民屯凹陷发育沙四段下部（$E_2S_4^2$）油页岩、沙四段上部（$E_2S_4^1$）为浅湖-半深湖

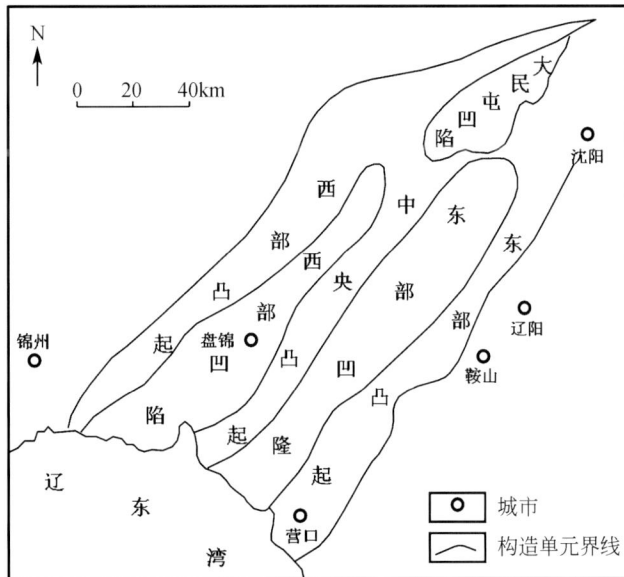

图 5.16 大民屯凹陷构造位置示意图

相的厚层块状泥岩和沙三段第四亚段（$E_2S_3^4$）为半深湖-三角洲或扇三角洲前缘亚相泥岩等三套烃源岩。

沙四段下部（$E_2S_4^2$）是以腐泥型泥岩和钙质泥岩为主的烃源岩，主要集中在凹陷中段。烃源岩一般厚度 50～150m，最大厚度达 300m。其有机碳含量最高达 13%；其有机质类型主要为 I 型，还有部分 II_A 型（表 5.12）。

表 5.12 大民屯凹陷高蜡油及正常油烃源岩基础数据表

油气系统	层段	厚度	描述	沉积环境	TOC/%	有机质类型
高蜡油系统	沙四段下部	一般厚度 50～150m，最厚 300m	腐泥型泥岩和钙质泥岩	深湖-半深湖	平均 7%，最高 13%	I 型、部分 II_A 型
正常油系统	沙四段上部	厚度较大，最厚超 600m	厚层块状泥岩	浅湖-半深湖相	一般 1.2%～2.0%，最高 2.5%	II_B、III 型
	沙三段下部		砂泥岩互层	半深湖-三角洲、扇三角洲前缘		

沙四段上部（$E_2S_4^1$）与沙三段下部（$E_2S_3^4$）暗色泥岩的分布面积虽不大，但纵向厚度较大，累计最大厚度超过 600m。有机碳含量较高蜡油烃源岩低得多，一般 1.2%～2.0%，最高达 2.5%，有机质类型以 II_B、III 型为主。

3. 资源预测

沙四段下部"油页岩"为主的水进体系域烃源层形成于较闭塞、安静的水体中，细菌、藻类等水下生物和低等浮游生物丰富，有机质丰度特别高，类型优，为优质烃源岩，生成的高蜡油总生油量达到 $26.2×10^8 t$；沙四段上部以泥岩为主的高位体系域烃源层分布局限，但沉积较厚，生成的正常油生油量为 $21.9×10^8 t$；沙三段下部暗色泥岩的正常油生油量只有 $8.5×10^8 t$。若按 25% 聚集系数计算，资源量为 $14.15×10^8 t$。资源丰度为 $176.9×10^4 t/ km^2$，是我国东部著名的"小而肥"含油气凹陷。

（三）海拉尔盆地贝尔凹陷贝中次凹

1. 油气生成的地质背景

海拉尔盆地为中新生代断–拗型盆地，贝中次凹位于海拉尔盆地贝尔凹陷南部（图5.17），面积仅 $380.0 km^2$，石油探明储量 $6.591×10^4 t$，是一个"小而肥"的富油次凹。贝中次凹主要发育下白垩统南屯组好烃源层及大磨拐河组一段差–中等烃源层。

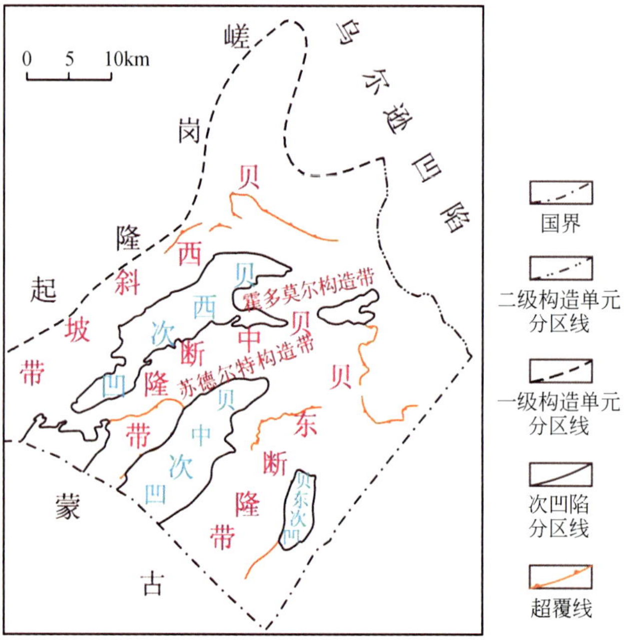

图 5.17　贝尔凹陷构造示意图

2. 烃源岩有机地球化学特征

贝中次凹下白垩统暗色泥岩总厚度达 2113m。南屯组暗色泥岩一般 $50\sim200m$，最厚 216.5m；大磨拐河组一段暗色泥岩厚度一般 $100\sim300m$，最厚达 328.5m；大磨拐河组二段暗色泥岩厚度一般为 $100\sim300m$，最厚达 356m。

1）有机质丰度

贝中次凹海参 5 井暗色泥岩有机质丰度以南屯组相对最高，有机碳平均为 2.29%，最高 3.57%，最低为 1.22%；氯仿沥青"A"含量平均 0.1514%；S_1+S_2 平均为

8.02mg/g，最高 14.69mg/g，最低 2.83mg/g；为中等–好烃源岩（图 5.18）。

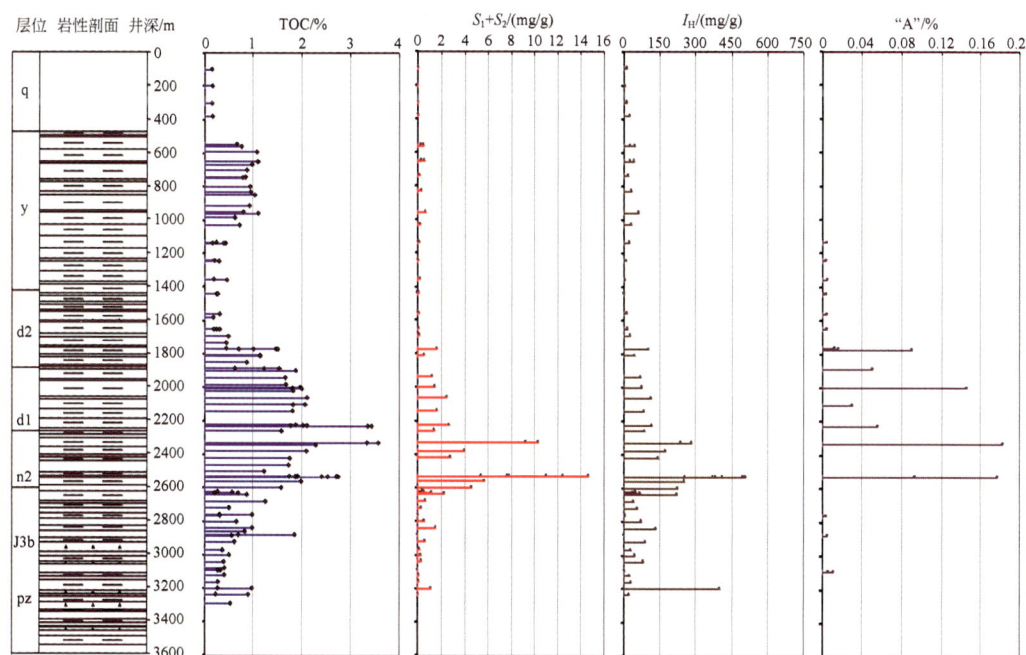

图 5.18　海拉尔盆地贝尔凹陷贝中次凹海参 5 井下白垩统烃源层有机质丰度综合剖面

大磨拐河组一段暗色泥岩的有机质丰度相对南屯组次之，有机碳平均为 2.03%，最高达 3.45%，最低 1.59%；S_1+S_2 平均只有 1.85mg/g，最高 2.7mg/g，最低 1.24mg/g；氯仿沥青 "A" 含量平均为 0.0774%，为中等烃源岩。大磨拐河组二段暗色泥岩的有机质丰度明显低于一段，有机碳平均为 0.72%；S_1+S_2 平均只有 0.35mg/g；氯仿沥青 "A" 含量平均 0.023%，多数为差–非烃源岩。

2）有机质类型

以 $Ⅱ_B$ 型干酪根为主；大一段有机质类型以 $Ⅱ_B$–$Ⅲ_A$ 型为主，大二段以 Ⅲ 型为主。有机质类型总体相对较差。

3）有机质成熟度

贝中次凹现今成熟门限深度为 1700m。南屯组、大磨拐河组一段已成熟，大磨拐河组二段烃源岩局部成熟（图 5.19）。

3. 资源预测

贝中次凹南屯组有效烃源岩厚 216.5m；大磨拐河组一段有效烃源岩厚 219m。总生烃量约为 $4.66×10^8$t，油气运聚系数取 25%～30%，则油气资源量约为 $1.17×10^8$～$1.40×10^8$t，资源丰度为 $30.81×10^4$～$36.87×10^4$t/km²，资源丰度较高。

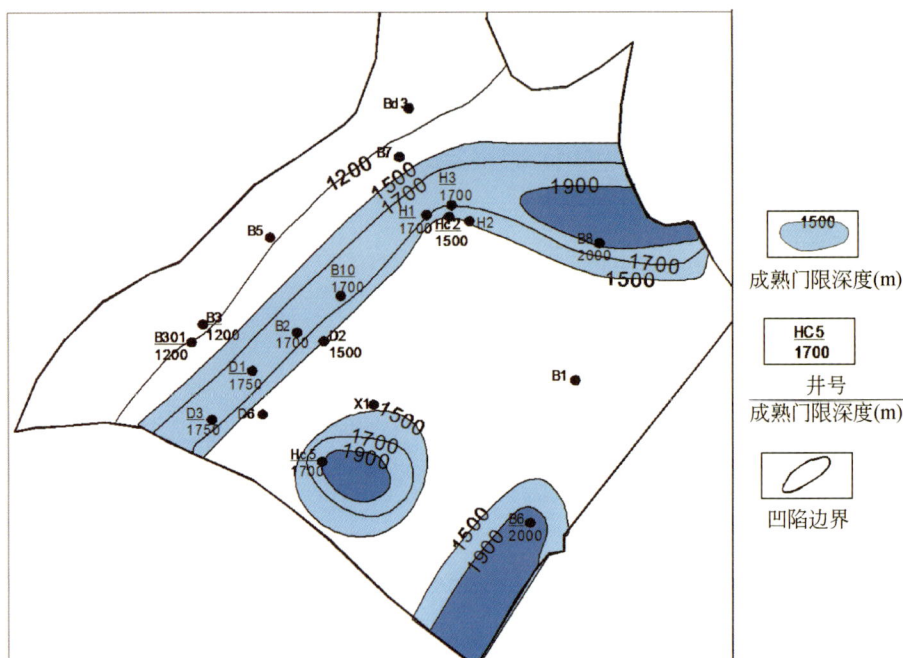

图 5.19　贝尔凹陷中生界现今成熟门限深度等值线图

二、油气资源比较

（一）烃源岩有机地球化学特征对比

延吉盆地与百色盆地构造演化均经历了张裂、断陷、拗陷、挤压褶皱抬升等阶段，同为小型后期改造较强烈断陷盆地。与大民屯凹陷、贝中次凹同为小型凹陷，均具有构造复杂、沉积相变快、相带窄、油气藏类型多且复杂的特点。其油气资源丰度具有一定的可比性。

延吉盆地的铜佛寺组与百色盆地的那读组、大民屯凹陷的沙河子组四段下、贝中次凹的南屯组相似，均为各自盆地及凹陷内的一类主力烃源岩，延吉盆地的大砬子组与大民屯凹陷的沙河子组四段上及三段下、贝中次凹的大磨拐河组一段均为次要烃源岩（表5.13）。

延吉盆地铜佛寺组部分烃源岩有机质丰度属较好烃源岩，大部分有机质丰度达到优质烃源岩标准。某些地球化学指标高于百色盆地，低于大民屯凹陷、贝中次凹。但总体均为好烃源岩。延吉盆地铜佛寺组干酪根为正常还原沉积环境下的 II_A、II_B 型，III 型次之，母质类型较好。大砬子组干酪根以 III 型为主，母质类型较差。与百色盆地、大民屯凹陷、贝中次凹相比差别不大。延吉盆地铜佛寺组烃源岩成熟度与百色盆地、大民屯凹陷、贝中次凹相比也较接近（表5.14）。

表 5.13 延吉盆地、百色盆地、大民屯凹陷、贝中次凹烃源岩有机质丰度对比

盆地	延吉盆地			百色盆地			大民屯凹陷	贝中次凹
地层	铜佛寺组			那读组			沙四段下部	南屯组
凹陷	朝阳川	清茶馆	德新	田阳	田东	百色	大民屯	贝中
TOC/%	1.80 (72)	1.63 (56)	2.12 (69)	1.46 (18)	1.19 (93)	1.79 (22)	最高13%	2.29 (19)
氯仿"A"/%	0.1470 (66)	0.0942 (39)	0.1509 (68)	0.0559 (16)	0.0962 (87)	0.0668 (21)		0.1514 (3)
S_1+S_2/%	2.7306 (82)	7.8170 (81)	7.1538 (80)					8.02 (12)
地层	大砬子组			百岗组			沙四上+沙三下	大磨拐河组
凹陷	朝阳川	清茶馆	德新	田阳	田东	百色	大民屯	贝中
TOC/%	0.61 (91)	0.84 (61)	1.46 (10)	0.68 (10)	0.76 (82)	1.43 (4)	一般1.2%~2.0%,最高2.5%	2.03 (20)
氯仿"A"/%	0.0542 (39)	0.0160 (19)	0.0294 (7)	0.0213 (14)	0.0622 (67)	0.0481 (4)		0.0774 (3)
S_1+S_2/%	0.3095 (100)	0.9051 (47)	3.0442 (12)					1.85 (6)

表 5.14 延吉盆地、百色盆地、大民屯凹陷、贝中次凹烃源岩综合对比表

盆地	暗色泥岩	层位	沉积相	有机质丰度	有机质类型	有机质成熟度
延吉盆地	面积超1000km²,一般厚300~600m,最厚1500m	铜佛寺组	滨浅湖-半深湖	较好-好	Ⅲ、Ⅱ_B为主,部分Ⅱ_A	成熟
		大砬子组	浅湖-半深湖	差	Ⅲ为主,Ⅱ_A、Ⅱ_B次之	部分成熟
百色盆地	面积超800km²一般厚400~600m,最厚1000m	那读组	深湖-半深湖	好-较好	Ⅱ_A为主,Ⅱ_B次之	成熟
大民屯凹陷	一般厚50~150m,最厚300m	沙四段下段	深湖-半深湖	特好	Ⅰ型,部分Ⅱ_A型	
	最大厚度超600m	沙四段上段	浅湖-半深湖	好-较好	Ⅱ_B、Ⅲ型	
		沙三段下段	半深湖-三角洲、扇三角洲前缘			
贝中次凹	一般厚50~200m,最厚216.5m	南屯组	深湖-半深湖	较好-好	Ⅱ_B	成熟
	一般厚100~350m,最厚328.5m	大磨拐河组一段	深湖-半深湖	较好	Ⅱ_B-Ⅲ_A	低熟
	一般厚100~300m,最厚356m	大磨拐河组二段	深湖-半深湖	差	Ⅲ	部分成熟

（二）资源丰度对比

延吉盆地是残留断陷型盆地，烃源岩分布范围虽不大（大砬子组面积 893.54km²，最大累厚 230m；铜佛寺组面积 868.18km²，最大累厚 563m），但是优质烃源岩发育良好，且优质烃源岩集中发育在铜佛寺组二、三段。优质烃源岩在整体烃源岩中占据了很大比例（71%）。

大民屯凹陷由于沙四段"特高有机质丰度"使资源丰度达到 176.9×10⁴t/km²，为当之无愧的"小而肥"（表 5.15）。贝中次凹资源丰度也较高，已提交可观的探明储量。延吉盆地资源丰度虽不及大民屯凹陷和贝中次凹，但比百色盆地高。后者已提交了探明储量，并有一定量的油气产出。由此看，延吉盆地的未来勘探开发前景也会较好。

表5.15　延吉盆地、百色盆地、大民屯凹陷、贝中次凹资源量对比

盆地	盆地面积/km²	总生烃量/10⁸t	资源量/10⁸t	资源丰度/（10⁴t/km²）
延吉盆地	1670	10.71~12.47	2.68~4.36	16.05~26.11
百色盆地	830		0.92	11.5
大民屯凹陷	800	66.6	14.15	176.9
贝中次凹	380.0	4.66	1.17~1.40	30.81~36.87

延吉盆地与百色盆地同作为"残留型"小盆地，原始沉积盆地面积大，残留较少，盆地内凹陷边缘处埋深 300m 或 400m 处也有暗色泥岩发育，且已进入生烃阶段，几乎全盆地现今均有成熟的烃源岩发育。因此，尽管盆地面积较小，成熟门限深度不深，烃源岩埋藏较浅，只要有好的生烃条件，就会有油气分布，就有油气藏的形成。

第四节　小　结

（1）暗色泥岩分布较广泛，朝阳川、清茶馆、德新等三个泥岩发育区的泥岩最厚分别达到 811m、1530m、741m，向断陷边缘的泥岩厚度逐渐减薄。巨厚黑色泥岩为有机质的保存提供了丰富的物质基础。

（2）优质（Ⅰ、Ⅱ类）烃源岩主要发育在铜佛寺组。有机碳含量 0.14%~5.95%，氯仿沥青"A"含量 0.03%~1.58%，总烃产率 0.4~357.6mg/g，为中-好烃源岩。其中优质烃源岩总有机碳含量为 1.53%~2.32%，氯仿沥青"A"含量 0.1%~1.27%，有机质类型以ⅡA-ⅡB型为主，镜质体反射率 0.4%~1.0%，达到生烃高峰。成熟烃源岩主要分布在朝阳川、清茶馆-德新两个凹陷内。铜佛寺组成熟烃源岩面积 868.18km²，最大累厚 563m。

（3）生烃门限变化较大，从 300m 到 1390m 均有分布。这是烃源岩成熟后经盆地后期抬升造成。

（4）延吉盆地面积较小，但优质烃源岩所占比例较大，达 71%。其生烃总量为 10.71×10⁸~12.47×10⁸t。油气总资源量为 2.68×10⁸~4.36×10⁸t。资源丰度达 16.05×10⁸~26.11×10⁴t/km²，比百色盆地资源丰度（11.5×10⁴t/km²）高，有较好的勘探开发前景。

第六章 储盖层特征

第一节 砂岩储集层特征

一、岩石学特征及母岩类型

（一）岩石学特征

1. 砂岩类型多，中细砂岩比例相对较高

与其他拉张式断陷相类似，延吉盆地朝阳川凹陷和清茶馆–德新凹陷的陆源碎屑岩以细砂岩、中砂岩和粗砂岩为主。

朝阳川凹陷铜佛寺组主要发育有细砂岩、中砂岩、粗砂岩、不等粒砂岩和砾岩，大砬子组主要发育细砂岩、中砂岩、不等粒砂岩和砾岩（图6.1）。

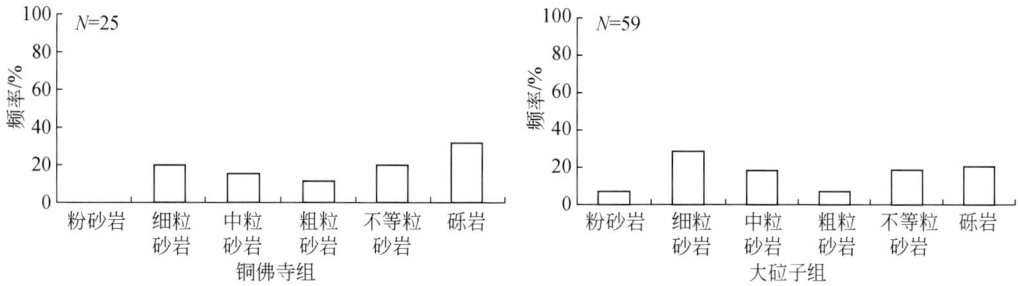

图 6.1 朝阳川凹陷砂岩类型直方图

清茶馆次凹铜佛寺组储层以细砂岩、中砂岩和不等粒砂岩为主。大砬子组主要发育细砂岩，中砂岩和不等粒砂岩（图6.2）。

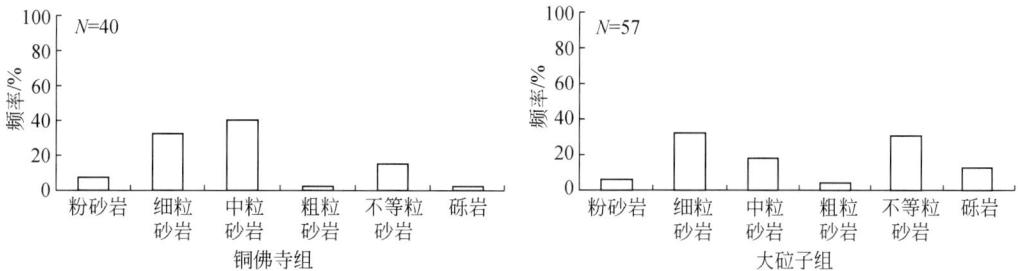

图 6.2 清茶馆次凹砂岩类型直方图

德新次凹铜佛寺组储层除砾岩外,其他几种粒级砂岩均有发育。大砬子组主要发育粉砂岩、细砂岩和不等粒砂岩(图6.3)。

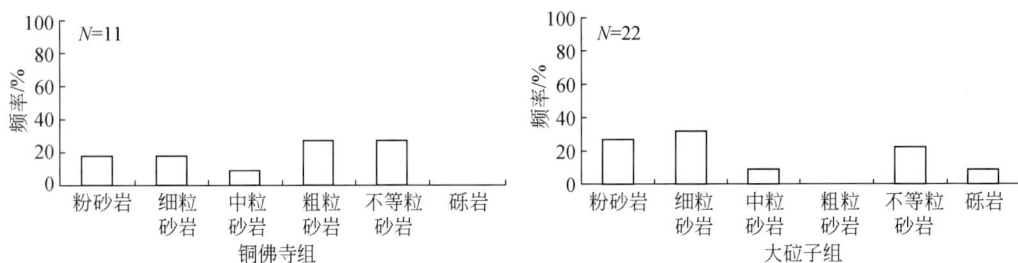

图6.3　德新次凹砂岩类型直方图

不等粒砂岩含量较多,说明结构成熟度较低。

2. 主要为岩屑长石砂岩和长石砂岩

根据薄片鉴定,铜佛寺组、大砬子组储层岩石类型主要为岩屑长石砂岩和长石砂岩。

1)长石砂岩

长石砂岩的主要碎屑组分为石英和长石(图6.4、图6.5)。石英含量平均为27.5%,长石含量平均为46.0%,岩屑含量平均为11.3%(图6.6)。

图6.4　延12井大二段523.7m中粒长石砂岩

图6.5　延参1井铜三段1847.4m细粒岩屑长石砂岩

2)岩屑长石砂岩

岩屑长石砂岩的主要碎屑组分为石英和长石。石英含量平均为27.2%,长石含量平均为39.2%,岩屑含量平均为22.3%(图6.7)。

铜佛寺组储层自下而上岩屑长石砂岩比例逐渐增加,长石砂岩比例则逐渐减小。铜一段地层中岩屑长石砂岩和长石砂岩基本相当,均约为50%。铜二段中岩屑长石砂岩比例增加(约为60%),长石砂岩比例降低(40%)。铜三段岩屑长石砂岩比例最

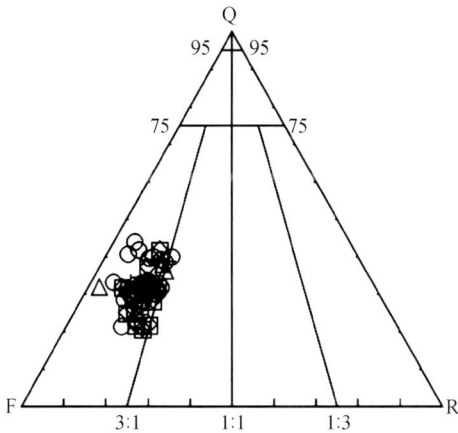

图 6.6 铜佛寺组-大砬子组长石砂岩三角图

△铜一段 ◇铜二段 ┼铜三段 ○大一段 □大二段

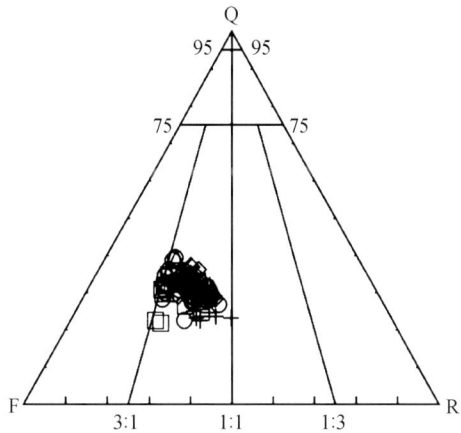

图 6.7 铜佛寺组-大砬子组岩屑长石砂岩三角图

△铜一段 ◇铜二段 ┼铜三段 ○大一段 □大二段

高，高达 90%。大砬子组储层岩石类型自下而上岩屑长石砂岩和长石砂岩相对含量基本一致，长石砂岩略有增加。岩屑长石砂岩始终多于长石砂岩（图 6.8）。

3. 自下而上成分成熟度增高、结构成熟度降低

铜佛寺组铜一段、铜二段、铜三段储层平均成分成熟度分别为 0.42、0.49、0.5，自下而上呈逐渐降低的趋势（图 6.9），表明延吉盆地铜佛寺组储层随深度的增大成分成熟度增高。大砬子组大一段、大二段储层平均砂岩成分成熟度基本一致，分别为 0.48、0.43。

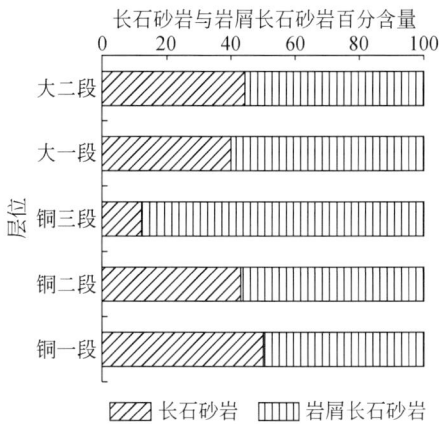

图 6.8 岩石类型纵向变化

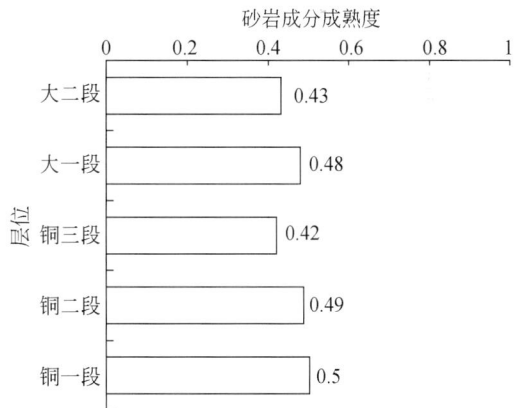

图 6.9 成分成熟度纵向变化

4. 骨架碎屑成分

砂岩的骨架碎屑成分主要由石英（18% ~ 38%）、长石（31% ~ 63%）和岩屑（3% ~ 36%）组成。非骨架碎屑成分主要为黑云母。在岩石类型三角图中，主要落于长石岩屑砂岩和长石砂岩区（图 6.10）。

石英主要为单晶石英，其次为多晶石英。在阴极发光系统下绝大部分发蓝紫色光（图版Ⅱ.1、Ⅱ.2 和Ⅱ.3）。根据石英阴极发光特点与成因关系，其石英类型绝大部分

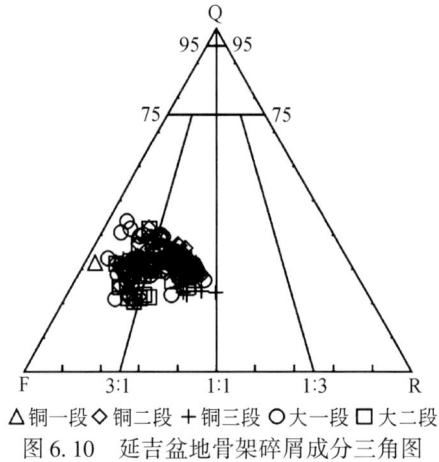

△铜一段 ◇铜二段 ＋铜三段 ○大一段 □大二段

图6.10 延吉盆地骨架碎屑成分三角图

的形成温度高于573℃，说明来源主要为火成岩。

长石主要为斜长石，其次为碱性长石。斜长石以发育聚片双晶为特征，其双晶纹窄而密，说明其来源主要为花岗岩。在阴极发光系统下主要发黄绿色光（图版Ⅱ.4、Ⅱ.5和Ⅱ.6），其次发淡蓝色光（图版Ⅱ.7、Ⅱ.8和Ⅱ.9），说明斜长石主要为更长石，来源于深成火成岩。

岩屑主要为花岗岩岩屑，其次为安山岩岩屑。花岗岩岩屑由长石，石英（多晶石英）及个别暗色矿物晶粒构成（图版Ⅱ.10、Ⅱ.11和Ⅱ.12）。源于花岗岩的多晶石英颗粒，其晶粒间呈半自形状接触，各晶粒大小相似，形状近等轴状，无定向排列。安山岩岩屑基质含较多铁质，整个岩屑可呈浅褐红的颜色，内部有分散杂乱或定向排列的针状或小板状长石微晶（图版Ⅱ.13和Ⅱ.14）。

黑云母分布广泛，含量较多，主要发育在细砂岩中，黑云母多为叶片状，大小约为100~400μm，且多发生绿泥石化蚀变（图版Ⅱ.15和Ⅱ.16）。

（二）黑云母花岗岩为主要母岩

根据石英在阴极发光下发蓝紫色光，斜长石具有窄而密双晶纹，且以更长石为主，岩屑主要为花岗岩岩屑，且黑云母发育广泛等特点，判断其母岩类型为黑云母花岗岩。这与延吉盆地东北部和西部出露黑云母花岗岩一致。与前述沉积物源分析也是一致的（图4.22）。

清茶馆次凹和德新次凹中储层岩石类型均表现为凹陷外部发育岩屑长石砂岩，向内逐渐过渡为长石砂岩。朝阳川凹陷表现为自西北向东南长石砂岩比例逐渐增加，岩屑长石砂岩的比例逐渐减少。

二、储层物性与孔隙类型

（一）储层物性

按照邹才能的物性划分方案（表6.1），应用935项孔渗分析数据，将延吉盆地砂岩储层分为低孔低渗、特低孔特低渗类型（表6.2、图6.11～图6.25）。可见储层物性普遍较差。但是各区、各组段之间有差别。如朝阳川凹陷铜二段孔渗分布范围就比其下伏铜一段宽，甚至也比上覆铜三段宽。大砬子组砂岩储层的孔渗范围比铜佛寺组更宽，其中孔隙度最高可达28.14%，渗透率最高可达$1381×10^{-3}\,\mu m^2$。实质上已属高孔高渗类型，只是所占比例太小，且多存在于非目的层的大二段中。但是按平均值划分则属低孔、中渗范畴。且大二段因其埋藏过浅，其中很少发现油气。清茶馆次凹铜二段孔渗分布范围与朝阳川凹陷铜二段相当，是铜佛寺组中最好的。当然，在孔隙度随埋深增加而变小的趋势下，会出现异常增大的情况，下文将专门论述。此外，孔隙度与渗透率二者存在正相关关系（图6.26）。

表6.1　储层物性划分方案（邹才能，2008）

等级	孔隙度		渗透率		类型
	代号	参数值/%	代号	参数值/$10^{-3}\mu m^2$	
一级	Φ1	>30	K1	>500	特高孔特高渗
二级	Φ2	25～30	K2	100～500	高孔高渗
三级	Φ3	15～25	K3	10～100	中孔中渗
四级	Φ4	10～15	K4	1～10	低孔低渗
五级	Φ5	<10	K5	<1	特低孔特低渗

1. 朝阳川凹陷

朝阳川凹陷的孔渗分布见图6.11～图6.15。

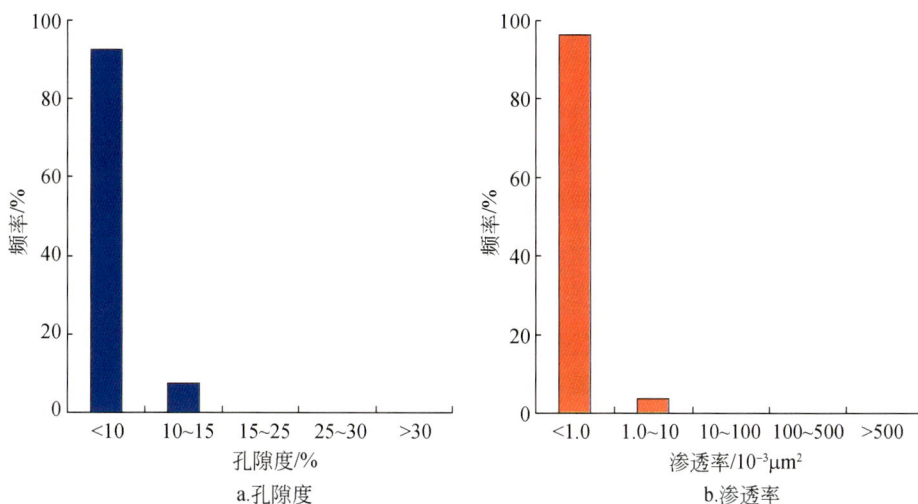

图6.11　朝阳川凹陷铜一段孔渗直方图

表 6.2 延吉盆地储层物性

地层		孔隙度/%		渗透率/$10^{-3}\mu m^2$		类型
组	段	范围/均值	峰值	范围/均值	峰值	
朝阳川 大砬子	二	1.32~28.14/11.2	<10, 10~15	0.01~1381/32.5	<1, 1~10	低孔、中-低渗
大砬子	一	0.81~18.04/9.18	<10, 10~15	0.002~95/6.17	<1, 1~10	低孔、低渗
铜佛寺	三	0.82~17.19/6.46	<10, 10~15	0.055~38.8/1.46	<1	特低孔、特低渗
铜佛寺	二	1.39~15.90/7.47	<10, 10~15	0.02~528/16.27	<1, 1~10, 10~100	低-特低孔、中-特低渗
铜佛寺	一	2.19~11.76/5.17	<10	0.003~10/0.9	<10	特低孔、特低渗
清茶馆 大砬子	二	4.3~27.070/12.02	<10, 10~15, 15~25	0.058~2066.55/104.11	<1, 1~10, 10~100	低孔、中渗
大砬子	一	1~23.2/10.48	<10, 10~15, 15~25	0.003~756/53.04	<1, 1~10, 10~500	中-低孔、高-低渗
铜佛寺	三	4.26~5.640/4.81	<10, 10~15	0.03~0.05/0.04	<1	特低孔、特低渗
铜佛寺	二	1.27~20.90/8.19	<10	0.0037~1215/26.1	<1	特低孔、中-低渗
铜佛寺	一	1.11~16.30/7.93	<10, 10~15	0.02~27.1/2.02	<1, 1~10	低孔、低渗
德新 大砬子	二	3.61~25.23/10.24	<10, 10~15, 15~25	0.02~2252.46/282.54	<1	中-低孔、特低渗、中渗
大砬子	一	4.81~27.29/16.75	<10, 10~15, 15~25	0.1~850/152.93	<1, 1~10, 100~500	中-低孔、特低渗、高渗
铜佛寺	三	0.9~18.58/9.05	<10, 10~15	0.001~37.58/1.5	<1, 1~10	特低孔、特低渗
铜佛寺	二	1.0~21.63/8.31	<10,	0.002~1859/41.13	<1	特低孔、特低渗
铜佛寺	一	0.42~14.45/7.61	<10, 10~15	0.001~0.5/0.22	<1, 1~10	特低孔、特低渗

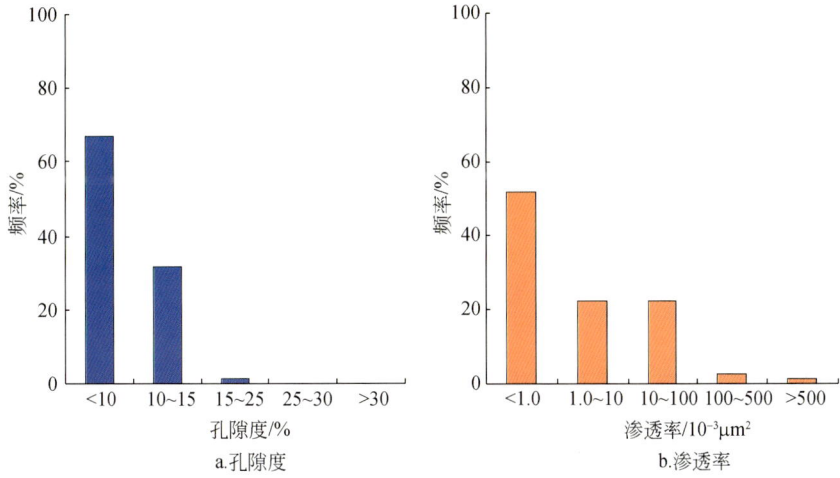

图 6.12 朝阳川凹陷铜二段孔渗直方图

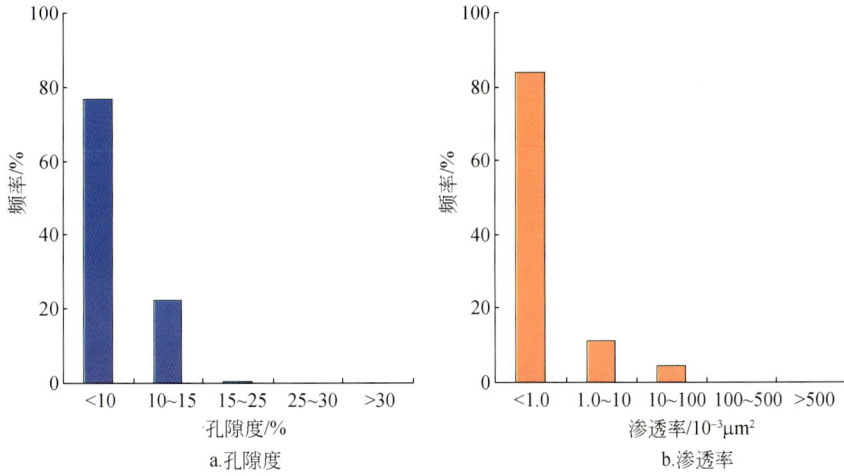

图 6.13 朝阳川凹陷铜三段孔渗直方图

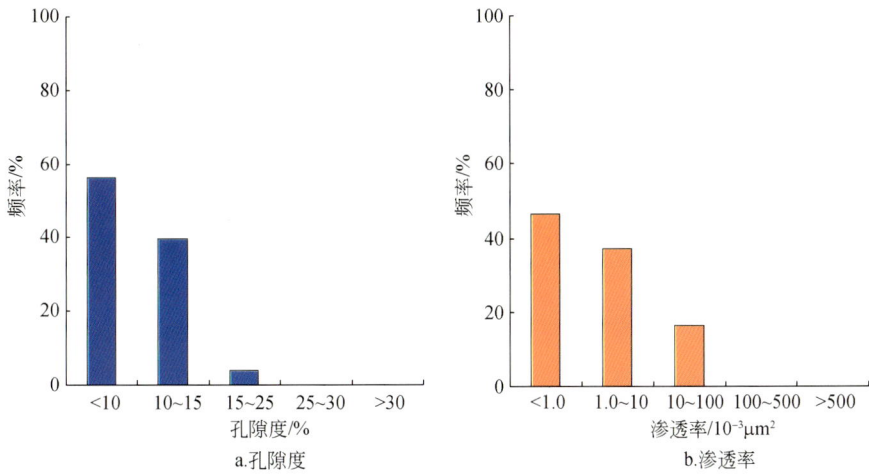

图 6.14 朝阳川凹陷大一段孔渗直方图

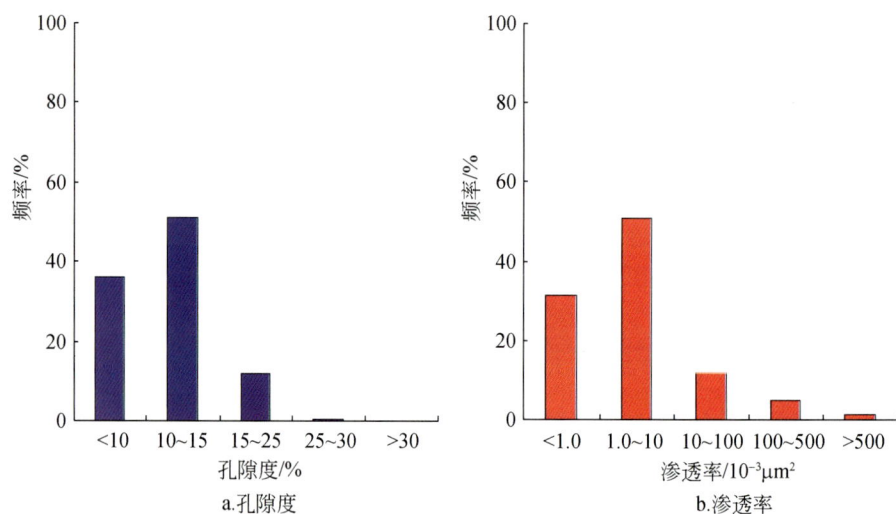

图 6.15　朝阳川凹陷大二段孔渗直方图

2. 清茶馆次凹

清茶馆次凹的孔渗分布见图 6.16 ~ 图 6.20。

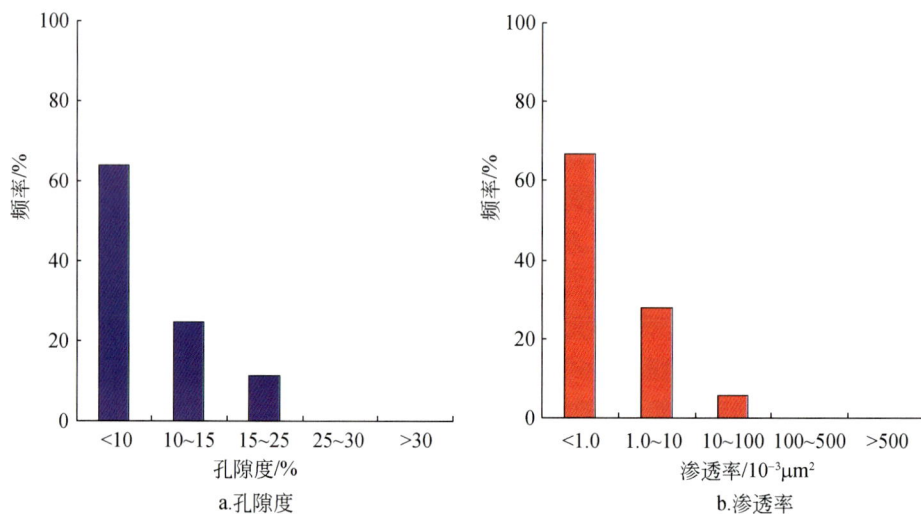

图 6.16　清茶馆次凹铜一段孔渗直方图

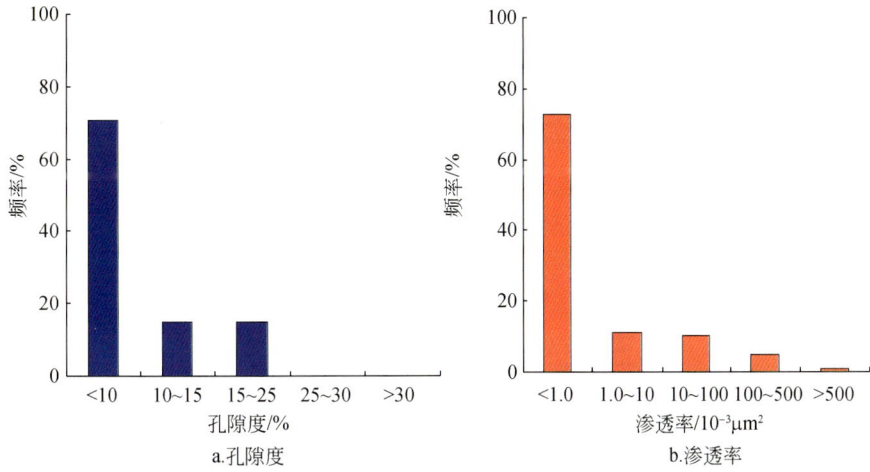

a.孔隙度

b.渗透率

图 6.17　清茶馆次凹铜二段孔渗直方图

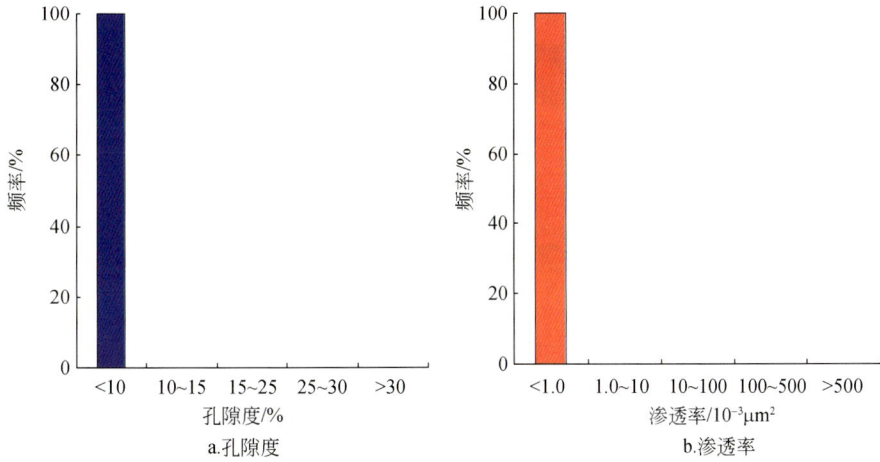

a.孔隙度

b.渗透率

图 6.18　清茶馆次凹铜三段孔渗直方图

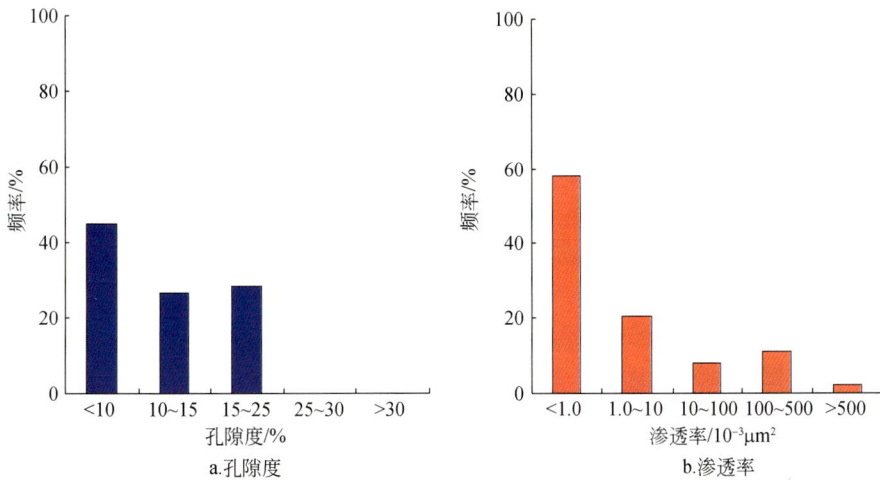

a.孔隙度

b.渗透率

图 6.19　清茶馆次凹大一段孔渗直方图

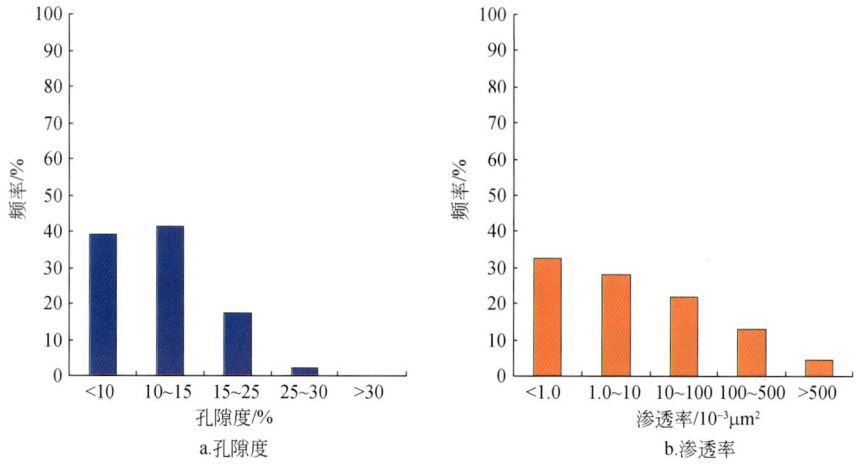

a.孔隙度　　　　　　　　　　b.渗透率

图 6.20　清茶馆次凹大二段孔渗直方图

3. 德新次凹

德新次凹的孔渗分布见图 6.21～图 6.25。

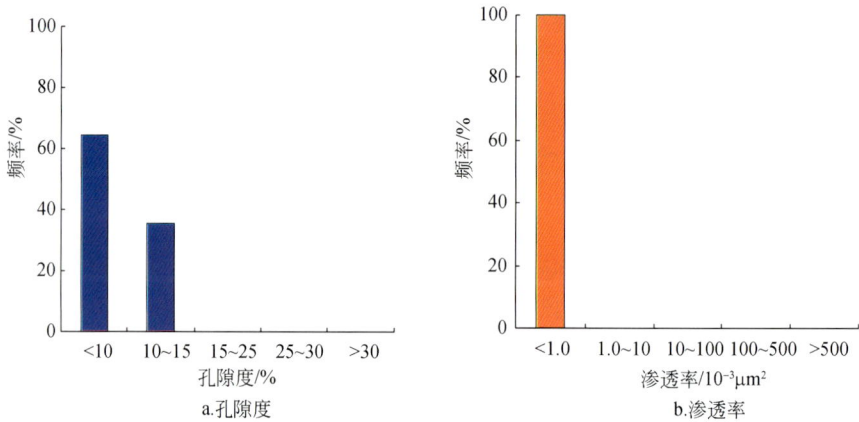

a.孔隙度　　　　　　　　　　b.渗透率

图 6.21　德新次凹铜一段孔渗直方图

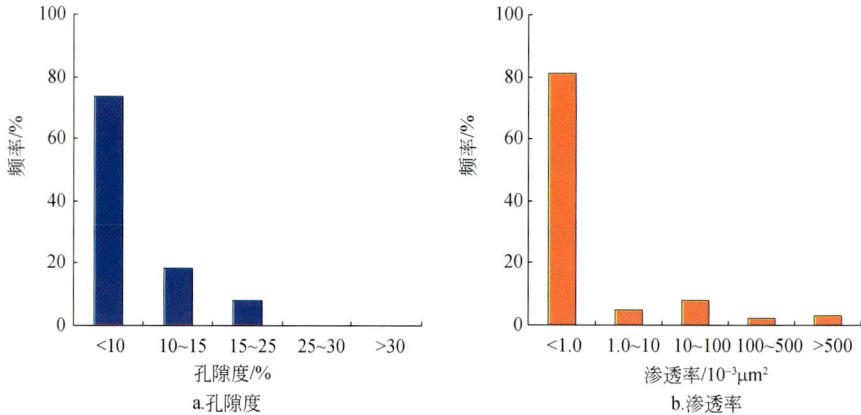

a.孔隙度　　　　　　　　　　b.渗透率

图 6.22　德新次凹铜二段孔渗直方图

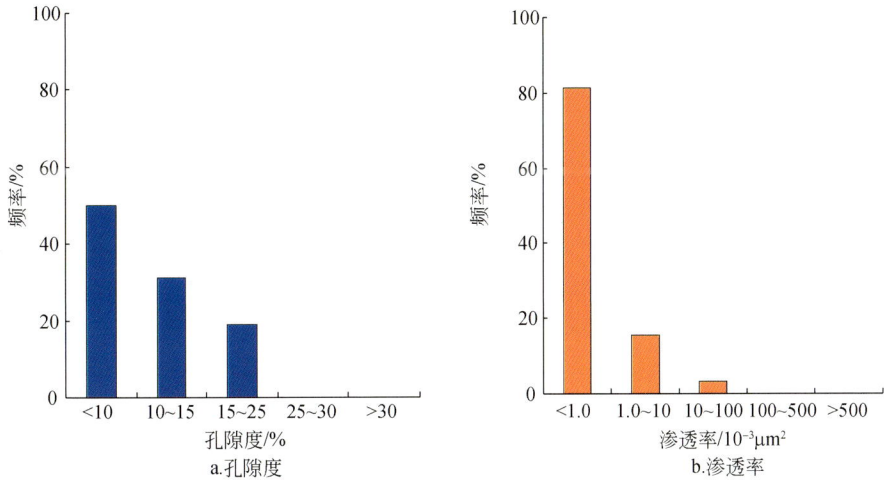

a.孔隙度　　　　　　　　　　　b.渗透率

图 6.23　德新次凹铜三段孔渗直方图

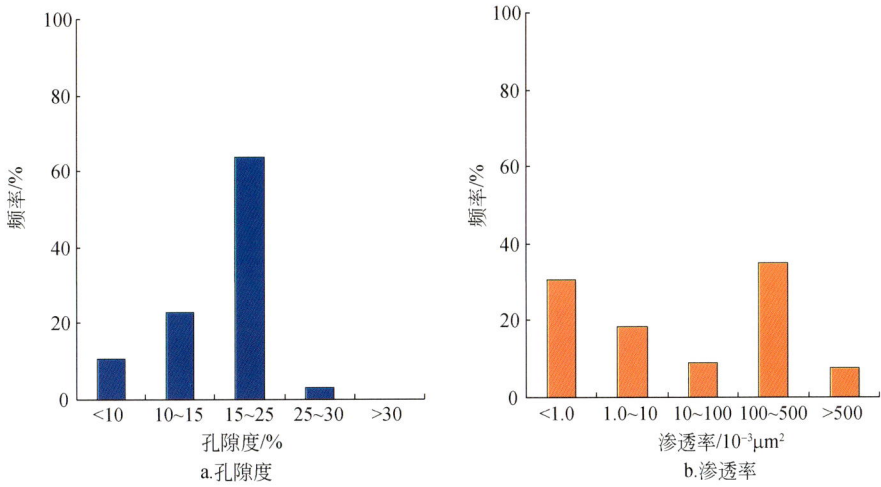

a.孔隙度　　　　　　　　　　　b.渗透率

图 6.24　德新次凹大一段孔渗直方图

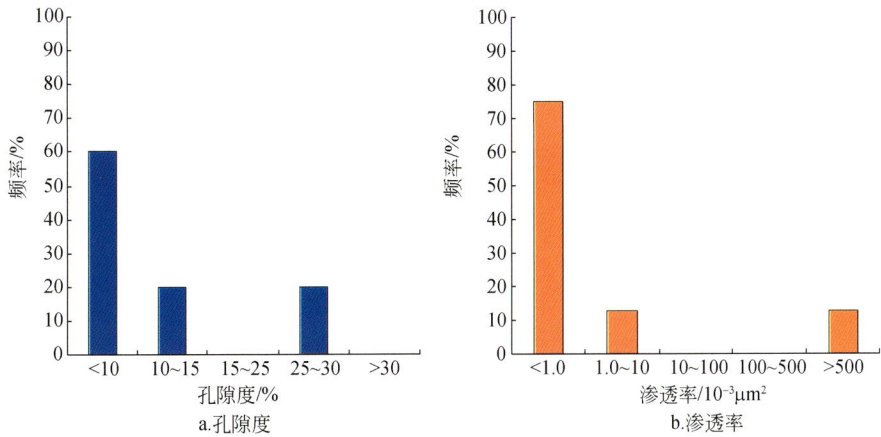

a.孔隙度　　　　　　　　　　　b.渗透率

图 6.25　德新次凹大二段孔渗直方图

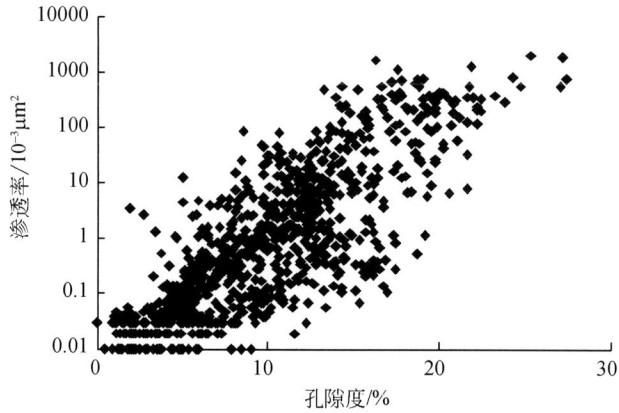

图 6.26　延吉盆地砂岩孔渗散点图

（二）储层孔隙类型

根据 175 个铸体薄片图像分析结果，结合扫描电镜观察，将铜佛寺组、大砬子组储层砂岩孔隙类型归纳为原生和次生两大类和 6 个亚类（表 6.3）。

表 6.3　延吉盆地铜佛寺组、大砬子组砂岩储层孔隙类型

成因	孔隙类型		
原生孔隙	粒间孔隙	完整原生粒间孔隙	
		剩余原生粒间孔隙	
		缝状粒间孔隙	
	粒内孔隙	碎屑矿物晶间孔隙	黑云母
	填隙物内孔隙	自生矿物晶间孔隙	绿泥石
			微晶石英
次生孔隙	溶蚀粒间孔隙	溶蚀粒间孔隙	
		超大溶蚀孔隙	
		剩余溶蚀粒间孔隙	
		溶蚀裂缝孔隙	
	溶蚀粒内孔隙	铸模孔隙	
		长石粒内溶孔	
		岩屑粒内溶孔	
	填隙物内溶蚀孔隙	碳酸盐矿物	
		沸石	

1. 原生孔隙

原生孔隙是指储集砂岩在沉积或成岩过程中形成的孔隙。常见的原生孔隙包括原生

粒间孔隙、剩余原生粒间孔隙，缝状粒间孔隙，碎屑矿物晶间孔隙和自生矿物晶间孔隙。

1）粒间孔隙

①完整原生粒间孔隙。一般形成三角形（图版Ⅲ.1），四边形（图版Ⅲ.2）和不规则状的孔隙（图版Ⅲ.3）。

②剩余原生粒间孔隙。主要为沸石（图版Ⅲ.4）、方解石（图版Ⅲ.5）、微晶石英（图版Ⅲ.6）等自生矿物充填部分原生孔隙所形成。

③缝状粒间孔隙（图版Ⅲ.7）。

2）粒内孔隙

碎屑矿物晶间孔隙。仅发育于碎屑黑云母（图版Ⅲ.8）中。

3）填隙物内孔隙

包括高岭石填隙物晶间孔隙（图版Ⅲ.9）、绿泥石晶间孔隙（图版Ⅲ.10）和微晶石英晶间孔隙（图版Ⅲ.11）。

2. 次生孔隙

1）溶蚀粒间孔隙

①溶蚀粒间孔隙。为颗粒间及颗粒边缘发生溶蚀形成的齿状（图版Ⅲ.12）、港湾状（图版Ⅲ.13）、圆弧状（图版Ⅲ.14）等的孔隙。

②剩余溶蚀粒间孔隙。溶蚀粒间孔内发育自生矿物占据了一部分孔隙空间，剩余的部分即为剩余溶蚀粒间孔。溶蚀孔内发育的自生矿物常为黏土包壳（图版Ⅲ.15）、微晶石英（图版Ⅲ.16）、浊沸石（图版Ⅲ.17）、绿泥石包壳（图版Ⅲ.18）等。

③超大孔隙。一个、甚至几个碎屑颗粒与其周围的填隙物都被溶解掉而形成的超大孔隙（图版Ⅲ.19）。

④溶蚀裂缝。由于裂缝形成后一般都将导致流体渗流，相应地在孔壁发生溶蚀。因此，此类孔隙比单纯的裂缝孔隙更为常见（图版Ⅲ.20）。

2）溶蚀粒内孔隙

①溶蚀粒间孔隙。在延吉盆地中最为发育的是长石溶蚀粒内孔隙（图版Ⅲ.21）和岩屑溶蚀粒内孔隙（图版Ⅲ.22）。

②铸模孔隙。铸模孔隙是指一些碎屑颗粒内部几乎全部被溶蚀溶解，只残留颗粒部分边缘。研究区此类孔隙多为长石颗粒溶解形成。如图版Ⅲ.23所示，板状长石颗粒内部几乎全部被溶解，仅通过颗粒边缘处的少量残留和颗粒轮廓可以识别其矿物类型，铸模孔隙代表了局部强烈的溶蚀溶解作用。

3）溶蚀填隙物内孔隙

可见碳酸盐（图版Ⅲ.24）和浊沸石内溶蚀孔隙（图版Ⅲ.25），但两者均仅在个别样品中极少量发育。

（三）储集空间的构成与分布

1. 孔隙类型分布

储集空间是由沉积时形成并保存至今的原生孔和由溶蚀、溶解作用形成的次生孔组成的。通过铸体薄片图像分析可以确定各孔隙类型比例，其中原生孔隙体积=完整原生粒间孔+剩余原生粒间孔+晶间孔+缝状粒间孔+溶蚀粒间孔×70%。其中溶蚀粒间孔隙的比例可由铸体薄片图像确定，约占粒间溶孔孔隙的70%。总体上，铜佛寺组、大砬子组储层的储集空间均以次生孔为主（图6.27）。

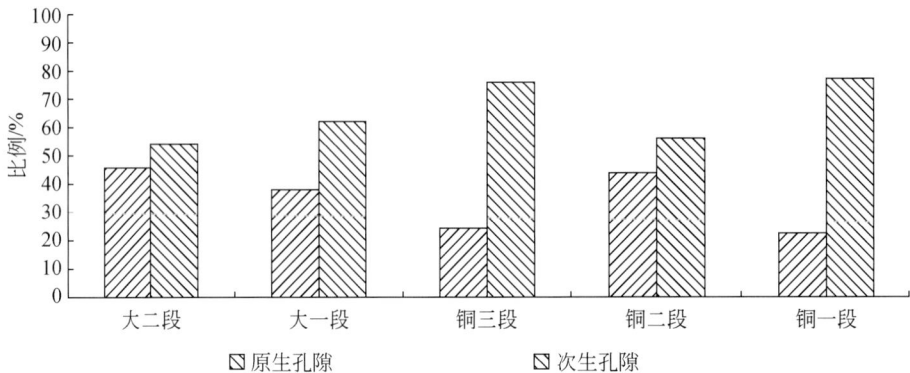

图6.27　铜佛寺组-大砬子组原生次生孔隙比例

2. 次生孔隙纵向分布特征

一般而言，孔隙度与埋深呈指数关系：

$$\varphi(Z) = \varphi_o \exp(-C \cdot Z)$$

其中，$\varphi(Z)$为埋深为Z时的孔隙度；φ_o为地表孔隙度；C为压实因子（m^{-1}），岩性不同取值不同；Z为地层埋深（m）。

由于受初始孔隙度及压实系数制约，不同盆地的孔隙度随埋深的关系曲线也不同。延吉盆地主要发育以近源搬运为特征的扇三角洲（冲积扇）或近岸水下扇等沉积，其初始孔隙度较低。而根据分选系数计算出的延吉盆地初始孔隙度为25%。延吉盆地发育有细砂岩、中砂岩、粗砂岩和不等粒砂岩，岩石类型复杂且分布分散，规律性不强。对比前人研究，综合延吉盆地实际情况，将延吉盆地压实因子定为0.000675。偏离正常压实曲线右边的现今孔隙度数据表明次生孔隙较发育（图6.28），且偏离正常压实曲线越远次生孔隙越发育。反之，图中偏离正常压实曲线左边的数据主要为原生孔隙遭填隙物堵塞及自生矿物的形成，且偏离正常压实曲线越远原生孔隙遭遇堵塞的情况越严重。

延吉盆地铜佛寺组和大砬子组砂岩储层在整体都属于低孔特低渗型。但在储层物

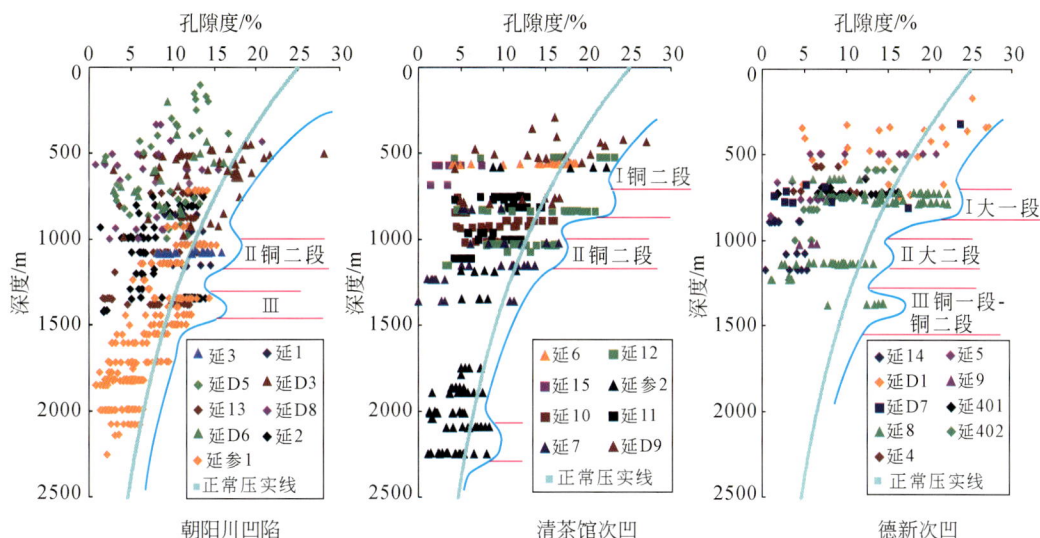

图 6.28 延吉盆地孔隙度随深度变化散点图

性整体较低的背景下，纵向上共发育有四个次生孔隙带（表 6.4）：第一次生孔隙发育带分布于埋深 700~850m 处；第二次生孔隙发育带分布于埋深 1000~1200m 处；第三次生孔隙发育带分布于 1300~1500m 处；第四次生孔隙发育带分布于 2050~2250m 处。

表 6.4 次生孔隙发育带分布表

异常高孔发育带	井号	深度/m	层位	孔隙度范围/峰值区间/平均值/%	距顶距离/m	所在构造单元
I	延8	720~787	大下段	6.99~22.12/16~22/17.18	45~112	清茶馆–德新凹陷
	延12	826~837	铜二段	4.5~20.9/6~10、16~22/13.34	36~47	清茶馆–德新凹陷
II	延7	1025~1155	大下段	5.1~16.6/10~16/11.3	185~315	清茶馆–德新凹陷
	延12	1027~1071	铜一段	3.2~16.3/10~16/11.39	89~133	清茶馆–德新凹陷
	延参1	1028~1035	大上段	10.46~15.27/10~15/12.92	396~403	朝阳川凹陷
	延3	1068~1085	铜二段	8.1~15.9/8~14/11.48	74~91	细磷河断块
	延8	1131~1141	铜二段	2.28~13.31/8~13/8.57	6~16	清茶馆–德新凹陷
	延1	1149~1158	大下段	9.99~14.59/9~14/12.11	87~95	朝阳川凹陷
III	延8	1372~1375	铜一段	12.51~14.45/12~14/13.75	84~87	清茶馆–德新凹陷
	延2	1340~1347	铜三段	6.24~13.89/12~14/12.22	26~33	朝阳川凹陷
	延13	1379~1384	铜二段	4.6~12/10~12/9.68	39~44	朝阳川凹陷
	延参1	1343~1500	大下段	4.41~14.44/7.14/10.2	123.5~280.5	朝阳川凹陷
IV	延参2	2050~2250	铜二段	1.11~8.35/4~6/4.43	372~582	清茶馆–德新凹陷

第一次生孔隙发育带可细分为 2 个亚带（表 6.4），主要分布在延 8 和延 12 井；第二次生孔隙发育带可细分为 6 个亚带，主要分布在延 7、延 12、延参 1、延 3、延 8 和延 1 井；第三次生孔隙发育带也可细分为 4 个亚带，主要分布在延参 1、延 13、延 8 和

延 2 井；第四次生孔隙发育带只有 1 个亚带，主要分布在延参 2 井。平面上，这些次生孔隙发育带在各个次级构造单元均有分布。这些亚带的发育位置说明：区内次生孔隙是以纵向局限，平面分散为主要特征的"甜点式"分布。

3. 裂缝特征及分布

通过岩心观察、薄片观察和铸体薄片图像分析，确定延吉盆地裂缝发育。盆地内共有 23 口井见裂缝显示（表 6.5）。裂缝性质以剪性裂缝为主（约占 75%），其次为张性裂缝（约占 25%）。剪裂缝密度小，一般较平直，延伸较长，一般为 0.1~1m，最长可达 4m。缝宽变化不大，一般为 1~3mm。裂缝内主要充填方解石和浊沸石，其次为黄铁矿和沥青等物质，且多为不完全充填。个别处见完全充填。张裂缝多呈网状分布，密度大。裂缝较短，一般超过 10cm。裂缝宽度变化较大，宽度为 1~4mm 不等。裂缝内充填主要为方解石，个别处为浊沸石。

表 6.5　延吉盆地部分井裂缝发育情况统计表

井号	深度/m		裂缝			充填物	充填状况
	底深	顶深	宽/mm	长/mm	性质		
延 1	1411.45		2		剪裂缝	方解石	不完全
延 10	889.95	891.15	1~2	<3.5	张裂缝	方解石	不完全
延 13	1345.58		2		剪裂缝	方解石	不完全
延 14	943.58				剪裂缝	沥青	不完全
延 14	1352.86		1		张裂缝	方解石	不完全
延 15	566.4		1~3	2~8cm	张裂缝	方解石	完全
延 4	726.8	727.08					未充填
延 5	1007.61	1008.61	0.5~3			沥青、方解石	
延 6	1106.78	1107.8	0.5~5			方解石	不完全
延 9	1026	1026.45	2	150		方解石	不完全
延 D1	702.5		1	10~20	剪裂缝	方解石	完全
延 D10	674.6	674.8	1~2		张裂缝	方解石	完全
延 D3	787.3	787.4	1~2	100~300		方解石	不完全
延 D3	795.8	795.9	1~2	100		浊沸石	不完全
延 D6	832.6	832.7	1~2		剪裂缝	沥青、浊沸石	不完全
延 D9	830.2		1~2		张裂缝	方解石	不完全
延参 2	1540.4		1~2	100	剪裂缝	方解石	不完全
延参 2	2099.26		1		剪裂缝	方解石	不完全
延参 2	2765.36		3~4		张裂缝	浊沸石	不完全

但受取样位置的限制，只有全井段取心的地质井能完整地反映裂缝的分布情况。地质井的裂缝统计显示，延 D1、延 D3、延 D6、延 D8 和延 D9 井裂缝尤其发育，它们

多位于断层附近或构造翼部。这无疑增加了砂岩储层的渗透性。

三、成岩矿物与成岩阶段划分

（一）自生矿物特征及成岩共生序列

1. 填隙物/自生矿物

在延吉盆地已识别出的填隙物/自生矿物包括渗滤黏土、次生加大长石和自生钠长石、次生加大石英和微晶石英、铁白云石、浊沸石、方解石和黏土矿物等，其主要特征如下。

1）黄铁矿

黄铁矿（微量）单偏光镜下呈黑色，其形状为正方形、椭圆形和不规则状（粒径为 1~2μm），在扫描电镜下呈草莓状（图版Ⅲ.26），分布于绿泥石集合体之中（图版Ⅲ.27），并且附着于碎屑颗粒之上。在个别薄片中也观察到黄铁矿被微晶方解石包含的现象（图版Ⅲ.28）。

草莓状黄铁矿形成于埋藏之后不久的低氧–高硫酸盐孔隙条件的硫酸盐还原带。这种地球化学条件通常仅限于富有机质沉积物的上部数米处。由于绿泥石形成的初始温度一般为 15~25℃，上限温度为 80~100℃，因此，黄铁矿的形成要早于绿泥石。

2）自生石英

自生石英包括次生加大石英和微晶石英。次生加大石英（1%~6%，平均为1.85%）发育于碎屑石英的边部，与碎屑石英同时消光，为自生矿物形成的典型同轴增长方式。次生加大石英在阴极发光系统中不发光（图版Ⅲ.29）。所形成的次生加大边（0.005~0.1mm）一般仅为碎屑石英周长的 1/10~1/4，暗示其形成时硅质供应量有限。次生加大石英与碎屑石英之间有时存在呈线状排列的叶片状的自生绿泥石（图版Ⅲ.30），说明次生加大石英的形成晚于绿泥石。次生加大石英被浊沸石和方解石所交代（图版Ⅲ.31 和图版Ⅲ.32），说明浊沸石和方解石的形成晚于次生加大石英。

扫描电镜观察表明，微晶石英为自形晶（粒径为 5~50μm），主要分布于以绿泥石薄膜为"衬里"的孔隙中，并且还发现绿泥石生长导致微晶石英出现晶格缺陷的现象（图版Ⅲ.33），说明其形成晚于绿泥石。由于微晶石英与次生加大石英系同一作用的不同产状形式，因此，次生加大石英的形成也应晚于绿泥石。

3）方解石

方解石（1%~85%，平均为 10.83%）是所研究样品中最发育的自生矿物之一。按照晶体大小和产出方式，方解石可分为三种类型，即微晶方解石、粗晶方解石和方解石脉。

（1）微晶方解石

微晶方解石（近泥状，<0.01μm）以充填于大孔隙（300~1000μm）（图版Ⅲ.34）为特征。在单偏光镜下，微晶方解石呈无色和黄褐色，在正交偏光镜下为高级白干涉色。局部可见到微晶方解石被粗晶方解石吞并（图版Ⅲ.35）的现象，指示微晶方解石的形成早于粗晶方解石。在个别薄片中也观察到呈基底式发育的微晶方解石（图版Ⅲ.36）以及微晶方解石平行于层理分布（图版Ⅲ.37）的现象。在有些微晶方解石中观察到的菱形铁白云石晶体（图版Ⅲ.38）系富含镁离子的孔隙流体交代微晶方解石的产物。在阴极发光系统中，微晶方解石发橘红色光（图版Ⅲ.39），指示其中镁含量较高，这可能是微晶方解石被铁白云石交代的主要原因。

考虑到微晶方解石以充填于大孔隙为主，且在绿泥石发育处往往未见微晶方解石的事实，结合方解石和绿泥石均形成于碱性孔隙流体中，因此，推断微晶方解石和绿泥石为同时异地的结晶产物。

（2）粗晶方解石

粗晶方解石（5~20μm）以充填于较小单位孔隙（20~300μm）（图版Ⅲ.40）为特征，被粗晶方解石充填的孔隙一般为三角形（图版Ⅲ.41）、四边形（图版Ⅲ.42）或长条形（图版Ⅲ.43），指示它们属于强烈压实之后的充填产物。然而，在大多数情况下，由于粗晶方解石往往对孔隙周围的碎屑颗粒产生不同程度的交代作用（图版Ⅲ.44），甚至形成嵌晶方解石（图版Ⅲ.45），因而有时会造成粗晶方解石似乎充填大孔隙的错觉。

在阴极发光系统中，与微晶方解石发橘红色光成鲜明对比的是，粗晶方解石毫无例外地发亮黄色光。值得注意的是，在发亮黄色光的粗晶方解石的边部，即原始孔隙的边缘往往发橘红色光，说明粗晶方解石的形成晚于微晶方解石（图版Ⅲ.46）。

粗晶方解石往往充填于以绿泥石包膜为衬里的孔隙（图版Ⅲ.47）和次生加大石英形成后剩余的孔隙空间（图版Ⅲ.48），粗晶方解石也往往交代浊沸石（图版Ⅲ.49），说明粗晶方解石的形成晚于绿泥石、次生加大石英和浊沸石。

（3）方解石脉

方解石脉（宽为0.1~3.0mm）发育于切穿样品的脆性裂缝中（图版Ⅲ.50），在薄片中的可见延伸长度为10mm。由于方解石脉穿切了所有的自生矿物，因此，在成岩共生序列中，方解石脉的形成最晚。

4）浊沸石

浊沸石（1%~15%，平均为5.76%）是所研究样品中分布最广泛的自生矿物之一。在偏光显微镜下，浊沸石为负低突起，一级灰白干涉色，斜消光，发育两组近直交的解理。在扫描电镜下，浊沸石呈柱状和长板状（图版Ⅲ.51）。在阴极发光系统下，浊沸石不发光。浊沸石的产状主要为孔隙充填物、交代矿物、被交代矿物和脉状浊沸石。作为孔隙充填物，浊沸石往往充填于以绿泥石包膜为衬里（图版Ⅲ.52）、次生加大石英（图版Ⅲ.53）和次生加大长石沉淀后（图版Ⅲ.54）的剩余孔隙空间。作为交代矿物，浊沸石通常交代长石等碎屑矿物，说明长石是浊沸石形成的"前体矿物"。作为被交代矿物，浊沸石往往被粗晶方解石轻微或强烈交代（图版Ⅲ.55）。作为脉状浊沸石，浊沸石脉切穿碎屑颗粒，薄片镜下发现脉状浊沸石与孔隙充填浊沸石为同一晶体，具备相同光性，说明这两种产状的浊沸石为同期的（图版Ⅲ.56）。以上观察说明，浊沸石形成于绿泥石、次生加大石英和次生加大长石之后，粗晶方解石之前。

5) 铁白云石

铁白云石（微量）呈菱形自形晶发育于碎屑颗粒接触处（图版Ⅲ.57），并被方解石脉所穿切（图版Ⅲ.58）。铁白云石在正交偏光镜下为高级白干涉色，经茜素红-铁氰化钾染色呈蓝色，在阴极发光系统下不发光。通过扫描电镜观察到铁白云石自形晶体上具有轻微的溶蚀现象（图版Ⅲ.59）。以上观察说明铁白云石的形成早于压实作用。

6) 次生加大长石

次生加大长石（微量）分布局限，仅发育于少数样品中。次生加大边（宽度为 0.005～0.1mm）一般干净、无蚀变现象，与其生长的碎屑长石的消光位略有不同。发育次生加大边的碎屑长石主要为斜长石（图版Ⅲ.60）。在扫描电镜下观察到微晶钠长石生长于次生加大石英生长后的剩余孔隙空间（图版Ⅲ.61），而浊沸石充填在微晶钠长石外侧的孔隙中，说明微晶钠长石形成晚于次生加大石英而早于浊沸石。由于微晶钠长石与次生加大长石是同一作用的不同产状形式，因此，次生加大长石的形成也应晚于次生加大石英，早于浊沸石。

7) 黏土矿物

小于 2μm 部分的 X 射线衍射分析数据表明，所研究样品中的黏土矿物主要为伊利石、绿泥石、伊利石/蒙脱石混层、高岭石以及蒙脱石。除蒙脱石外，其他黏土矿物在偏光显微镜和扫描电镜下均有所见及，其主要特征如下。

(1) 伊利石与伊利石/蒙脱石混层矿物

伊利石与伊利石/蒙脱石混层矿物主要以渗滤黏土形式产出。在偏光显微镜和扫描电镜下，该黏土矿物平行于或贴附于碎屑颗粒表面（图版Ⅲ.62），说明该黏土矿物就位于压实作用之前。这种类型的黏土矿物称为渗滤黏土。渗滤黏土是在砂质沉积物沉积后不久，上覆水体中以悬浮状态分布的黏土矿物落底并逐渐渗透进砂质沉积物而形成。

在扫描电镜下，渗滤黏土矿物具有碎屑伊利石或碎屑伊利石/蒙脱石混层矿物的形貌特征。需要说明的是，这些黏土矿物已发生轫裂，在轫裂处或在边缘处已生长出精巧的针状突出矿物（图版Ⅲ.63）。一般认为这是碎屑伊利石或碎屑伊利石/蒙脱石混层矿物向自生伊利石转变的产物。

此外，在个别薄片中也观察到伊利石以栉状边形式发育于碎屑颗粒的边部（图版Ⅲ.64），说明该伊利石为自生成因。由于在碎屑颗粒紧密接触处不存在自生伊利石，说明其形成晚于强烈压实作用。

（2）绿泥石

绿泥石（1%~8%，平均为2.15%）是储层中分布最广泛的黏土矿物之一，其最突出的特点是，在单偏光镜下呈绿色，正交偏光镜下呈异常干涉色，并且往往以团粒状（粒径为0.001~0.01mm）集合体连续分布于碎屑颗粒的边部，构成典型的碎屑颗粒包膜。绿泥石包膜有时分布于碎屑颗粒的线状接触处（图版Ⅲ.65），断续发育于次生加大石英与碎屑石英之间（图版Ⅲ.66），其生长后剩余的孔隙空间往往被方解石（图版Ⅲ.67）或浊沸石充填（图版Ⅲ.68）。在扫描电镜下，绿泥石集合体呈典型的绒线团状附着于碎屑颗粒的边部，剩余孔隙空间发育微晶石英（图版Ⅲ.69）。以上观察说明绿泥石的形成早于强烈压实作用，早于次生加大石英、微晶石英、方解石和浊沸石。另外，绿泥石与草莓状黄铁矿共生也说明绿泥石的形成较早。

当绿泥石包膜比较连续和厚度较大时（>0.01mm），其所封闭的孔隙空间往往不存在任何自生矿物（图版Ⅲ.70），说明绿泥石包膜抑制了以次生加大石英为代表的自生矿物的沉淀。

在砂岩和粉砂岩中发育的黑云母往往发生强烈的绿泥石化。绿泥石化主要沿黑云母的001解理和边部发育，表现为在单偏光镜下绿色（绿泥石）和暗褐色（黑云母）色调相间分布（图版Ⅲ.71）或形成黑云母的绿色环边照片（图版Ⅲ.72），甚至形成单偏光镜下具有绿色色调的黑云母假象（图版Ⅲ.73）。这些绿色条带或环边在正交偏光镜下呈异常干涉色。说明绿泥石的形成与黑云母的成岩蚀变有关。在延吉盆地，绿泥石出现得相对较早，与该区发育较多的黑云母有关。

（3）高岭石

高岭石（0%~6%）仅发育于清茶馆-德新凹陷北部的延10井铜佛寺组砂岩中。在单偏光显微镜下，高岭石呈浅黄色，在正交偏光镜下呈一级灰干涉色，隐约可见书页状产状。在扫描电镜下，高岭石集合体呈书页状（图版Ⅲ.74）。

根据高岭石沉淀于石英次生加大外侧孔隙的事实，说明高岭石的形成晚于自生加大石英。再结合高岭石形成需要酸性孔隙流体条件来判断，高岭石的形成应与油气注入、长石溶解同期。

8）沥青与油气包裹体

沥青（0~微量）在单偏光镜下呈黑色，无定形，分布在发育浊沸石的溶解成因孔隙的边部（图版Ⅲ.75）或次生加大长石形成后的孔隙中（图版Ⅲ.76）。原生油气包裹体主要赋存于次生加大石英内部或沿黏土线分布。这说明油气充注早于次生加大石英。

由于浊沸石形成于次生加大石英之后，而油气注入早于次生加大石英，因此，沥青系在油气注入后再运移过程中氧化所形成，它可以赋存于油气充注后任何剩余的孔隙空间内。

2. 黏土矿物纵向变化

1）清茶馆凹陷

在清茶馆凹陷（图6.29a）中，埋深<560m为蒙脱石+绿泥石+伊利石+高岭石+伊

蒙混层组合（M+C+I+K+I/S），560~1400m 为伊利石+伊蒙混层+高岭石+绿泥石组合（I+I/S+K+C），即随埋深增加，蒙脱石逐渐消失，高岭石始终保持低含量直至 1400m 以下消失，伊利石和伊蒙混层呈互为消长关系，绿泥石基本稳定存在。

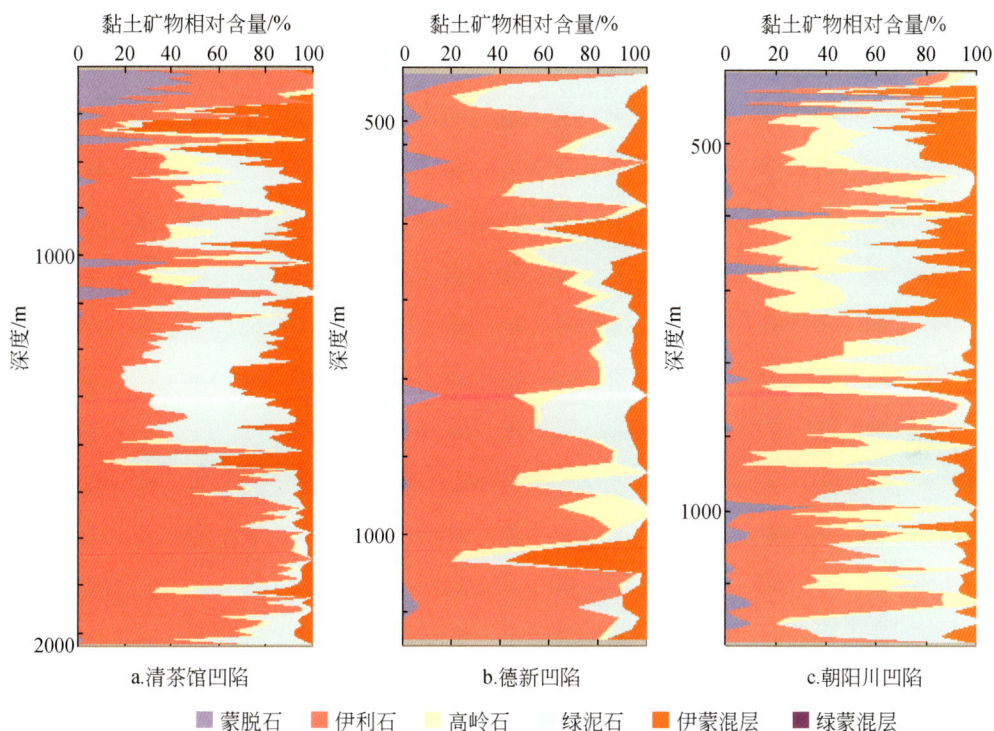

图 6.29 铜佛寺组-大砬子组黏土矿物组合类型随深度变化图

2）德新凹陷

在德新凹陷（图 6.29b），埋深<670m 为蒙脱石+绿泥石+伊利石+高岭石+伊蒙混层组合（M+C+I+K+I/S），700~1400m 为伊利石+伊蒙混层+高岭石+绿泥石组合（I+ I/S+K+C）。随埋深增加，蒙脱石逐渐消失，绿泥石含量也有降低的趋势，高岭石含量一直保持着较低含量，伊利石含量相对较多和伊蒙混层呈互为消长关系。

3）朝阳川凹陷

在朝阳川凹陷（图 6.29c），埋深<720m 为蒙脱石+绿泥石+伊利石+高岭石+伊蒙混层组合（M+C+I+K+I/S）。720~1290m 为伊利石+伊蒙混层+高岭石+绿泥石组合（I+ I/S+K+C）。1290~1380m 高岭石缺失，黏土矿物组合为伊利石+伊蒙混层+绿泥石组合（I+I/S+C）。1380~2000m 为伊利石+伊蒙混层+绿泥石组合（I+ I/S+C）。随埋深增加，蒙脱石逐渐消失，高岭石始终含量较低，1290~2000m 消失，但在这一段绿泥石含量比其他深度明显升高，伊利石呈逐渐增多的趋势，伊蒙混层则逐渐减少。

上述三个地区黏土矿物随埋深增加发生的变化基本一致，但各矿物消失和增加的深度不同，反映了各地区后期改造的程度不同。东部抬起幅度要高。

3. 成岩共生序列

根据以上自生矿物与成岩作用现象的岩相学关系以及逻辑判断，列入成岩共生序列如图 6.30 所示。

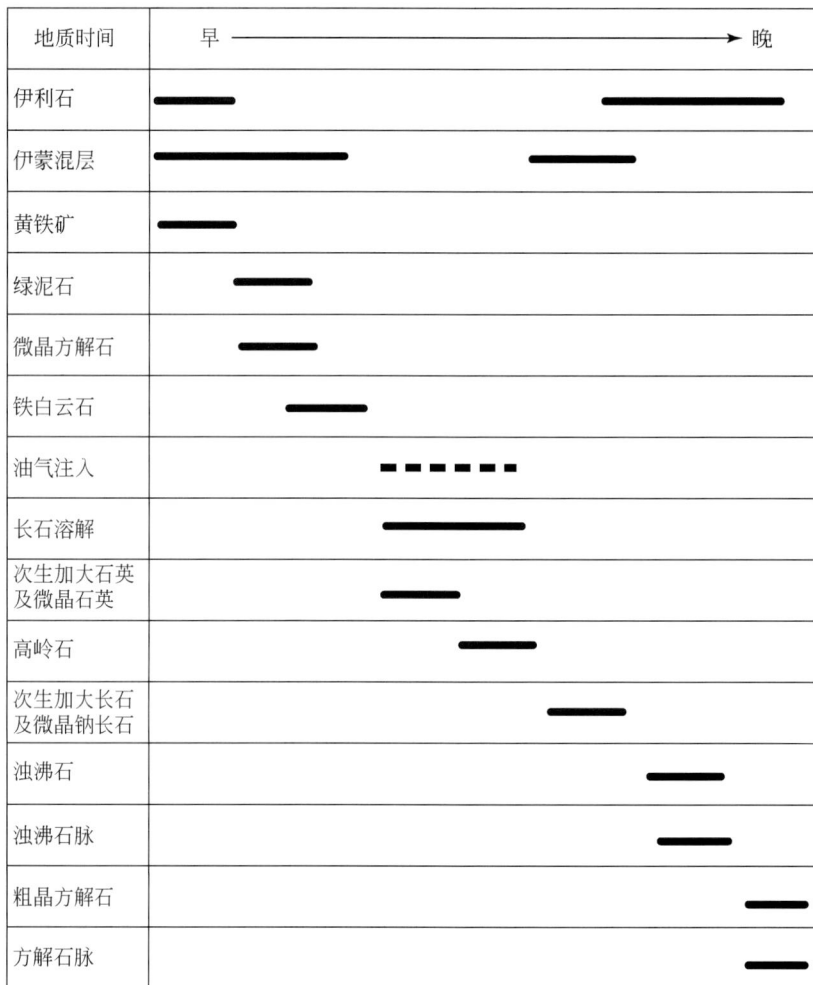

地质时间	早 ———————————————————→ 晚
伊利石	
伊蒙混层	
黄铁矿	
绿泥石	
微晶方解石	
铁白云石	
油气注入	
长石溶解	
次生加大石英及微晶石英	
高岭石	
次生加大长石及微晶钠长石	
浊沸石	
浊沸石脉	
粗晶方解石	
方解石脉	

图 6.30　储层砂岩成岩共生序列

（二）成岩阶段划分

采用中华人民共和国石油与天然气行业标准——《碎屑岩成岩阶段划分标准》（SY/T 5477—2003）（国家经济贸易委员会，2003），利用镜质体反射率（R°）、最高热解温度（T_{max}）、伊蒙混层中蒙脱石比率、相对与绝对黏土矿物含量随埋深变化等四项参数并结合薄片鉴定资料，将延吉盆地铜佛寺组、大砬子组划分为早成岩阶段 B 期和中成岩阶段 A 期两个成岩阶段。

1. 早成岩阶段 B 期

有机质半成熟，镜质体反射率 R^o 为 0.35% ~ 0.5%，最大热解峰温 T_{max} 为 430 ~ 435℃。

岩石由半固结到固结，孔隙类型以原生孔隙为主，并可见次生孔隙开始发育。这可能是由于干酪根在热演化过程中排出的大量有机酸进入储层，溶蚀溶解硅酸盐矿物，形成次生孔隙，并改善储层。

此阶段中黏土矿物为蒙脱石、伊蒙混层和绿泥石组合。其中以蒙脱石为主，此矿物是早成岩阶段的标志性矿物。各构造单元中蒙脱石消失的深度深浅不一（图 6.31），特别是德新次凹，蒙脱石消失的深度最浅，再结合本地区遭受过抬升的研究结果，说明德新次凹遭受的抬升最为强烈。随着埋深的增加，蒙脱石逐渐向伊利石转换，其表现为伊蒙混层的含量逐渐增加，并在早成岩阶段末出现伊利石。绿泥石在早成岩阶段 B 期就大量出现是本区的重要特点。绿泥石含量 1% ~ 8%，平均为 2.15%。在单偏光镜下呈绿色，正交偏光镜下呈异常干涉色，并且往往以团粒状（粒径为 0.001 ~ 0.01mm）集合体连续分布于碎屑颗粒的边部，构成典型的碎屑颗粒包膜。绿泥石包膜有时分布于碎屑颗粒的线状接触处，断续发育于次生加大石英与碎屑石英之间，其生长后剩余的孔隙空间往往被方解石或浊沸石充填。在扫描电镜下，绿泥石集合体呈典型的绒线团状附着于碎屑颗粒的边部，剩余孔隙空间发育微晶石英。以上观察说明绿泥石的形成早于强烈压实作用，早于次生加大石英、微晶石英、方解石和浊沸石。当绿泥石包膜比较连续和厚度较大时（>0.01mm），其所封闭的孔隙空间往往不存在任何自生矿物，说明绿泥石包膜抑制了以次生加大石英为代表的自生矿物的沉淀。由于本区沉积物的主要物源为黑云母花岗岩，其中均发育有富含铁、镁离子的暗色矿物（例如：黑云母等），这为绿泥石的发育提供了物质基础。普通薄片和扫描电镜中观察到黑云母蚀变为绿泥石的现象（甚至观察到保持黑云母假象的绿泥石的现象）就是有力的证明。

此阶段中发育有自生石英、方解石和浊沸石。自生石英包括次生加大石英和微晶石英。次生加大石英（1% ~ 6%，平均为 1.85%）发育于碎屑石英的边部，与碎屑石英同时消光，为自生矿物形成的典型同轴增长方式。次生加大石英在阴极发光系统中不发光。所形成的次生加大边（0.005 ~ 0.1mm）一般仅为碎屑石英周长的 1/10 ~ 1/4，暗示其形成时硅质供应量有限。次生加大石英与碎屑石英之间有时存在呈线状排列的叶片状的自生绿泥石，说明次生加大石英的形成晚于绿泥石。次生加大石英被浊沸石和方解石交代，说明浊沸石和方解石的形成晚于次生加大石英。扫描电镜观察表明，微晶石英为自形晶（粒径为 5 ~ 50μm），主要分布于以绿泥石薄膜为"衬里"的孔隙中，并且还发现绿泥石生长导致微晶石英出现晶格缺陷的现象，说明其形成晚于绿泥石。由于微晶石英与次生加大石英系同一作用的不同产状形式，因此，次生加大石英的形成也应晚于绿泥石。方解石和浊沸石在此阶段末期开始发育。

2. 中成岩阶段 A 期

有机质低成熟–成熟，镜质体反射率（R^o）为 0.5% ~ 1.3%，最大热解峰温 T_{max} 为

阶段	期	R^o/%	T_{max}/℃	成熟阶段	颗粒接触类型	类型	次生孔隙	蒙脱石	伊/蒙混层	伊利石	高岭石	绿泥石	石英加大	长石加大	方解石	浊沸石	泥晶碳酸盐	孔隙演化 0 — 35
早成岩阶段	A	<0.35	<430	未成熟	点状	原生孔为主												
早成岩阶段	B	<0.35~0.5	430~435	半成熟	点状	原生孔及次生孔												
中成岩阶段	A	0.5~1.3	435~460	低成熟–成熟	点状	次生孔十分发育												
中成岩阶段	B	1.3~2	>460	高成熟	点~线状													

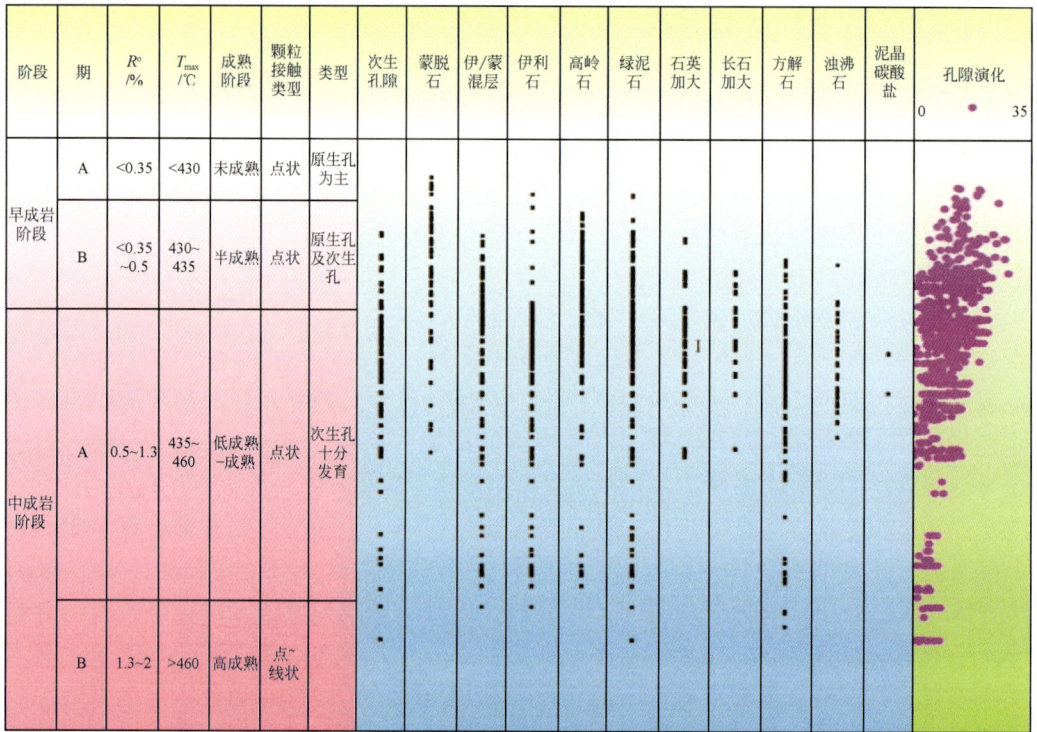

图 6.31　储层成岩阶段综合划分

435~460℃。

岩石固结，次生孔隙发育程度达到最高，这可能是由于早期的有机酸已强烈溶蚀作用于储层导致的。同时暗示酸性孔隙流体可能已经消耗殆尽，随阳离子增多，孔隙流体转化为碱性。为后期自生矿物的形成提供流体基础。

此阶段中黏土矿物以伊利石、伊蒙混层和绿泥石组合为主要特征。随着埋深的继续增加蒙脱石含量逐渐减少直至基本消失，伊蒙混层含量逐渐降低，伊利石大量出现。扫描电镜显示伊蒙混层发生轶裂，在轶裂处或在边缘处已生长出精巧的针状突出矿物。这证实了此地存在伊蒙混层向伊利石转化的现象。暗示其已达到中成岩 A 期。

此阶段中自生矿物以浊沸石和方解石（图 6.31）的大量发育为特点。浊沸石含量为 1%～15%，平均为 5.76%。在偏光显微镜下，浊沸石为负低突起，一级灰白干涉色，斜消光，发育两组近直交的解理。在扫描电镜下，浊沸石呈柱状和长板状。在阴极发光系统下，浊沸石不发光。浊沸石的产状主要为孔隙充填物、交代矿物、被交代矿物和脉状浊沸石。作为孔隙充填物，浊沸石往往充填于以绿泥石包膜为衬里、次生加大石英和次生加大长石沉淀后的剩余孔隙空间。作为交代矿物，浊沸石通常交代长石等碎屑矿物，说明长石是浊沸石形成的"前体矿物"。作为被交代矿物，浊沸石往往被粗晶方解石轻微或强烈交代。作为脉状浊沸石，浊沸石脉切穿碎屑颗粒，薄片镜下发现脉状浊沸石与孔隙充填浊沸石为同一晶体，具备相同光性，说明这两种产状的浊沸石为同期的。以上观察说明，浊沸石形成于绿泥石、次生加大石英和次生加大长石之后，粗晶方解石之前。

四、储层物性的控制因素与孔隙演化

碎屑岩储层的物性条件和时空展布主要是沉积作用和成岩作用共同作用的结果。沉积作用不但在宏观上控制着储层的厚度、形态、规模和空间展布等特征，而且通过控制储层的岩石类型、组构和填隙物含量等因素进一步控制储层物性的初始条件和抵抗后期改造能力。成岩作用则主要从微观上影响储层孔隙的演化。

（一）沉积相对砂岩储层物性的控制

沉积微相是反映沉积环境中水动力环境的重要指标，经统计、分析 761 组的储层物性与沉积微相之间的对应关系，结果如下。

1. 铜佛寺组

铜佛寺组一段—三段储层物性受沉积环境的影响明显。主要表现为：在中低级别孔隙度中，水下分流河道微相的频率最高（图 6.32、图 6.34 和图 6.36）。这是因为水下分流河道微相主要是受河流和波浪的控制，往往代表较强的水动力环境。在此种水动力环境下，储层砂岩的分选和磨圆往往较好，泥质含量较少。既为储层提供了较高的初始孔隙度，也降低孔喉被杂基堵塞的可能性，为形成优质储层提供了基础条件。另外，水下分流河道相中也分布有大量的特低孔、特低渗型的差储层，这可能是因为后期的成岩作用对储层的破坏。渗透率与沉积微相的相频数直方图（图 6.33、图 6.35 和图 6.37）中的相同现象也说明了这一点。

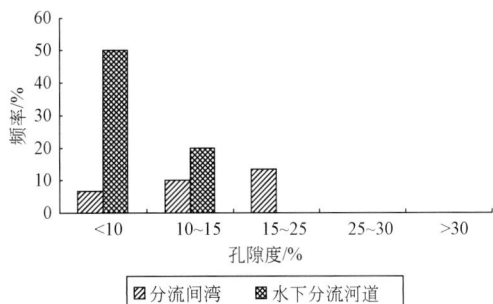

图 6.32　铜一段孔隙度–沉积微相频数直方图　　图 6.33　铜一段渗透率–沉积微相频数直方图

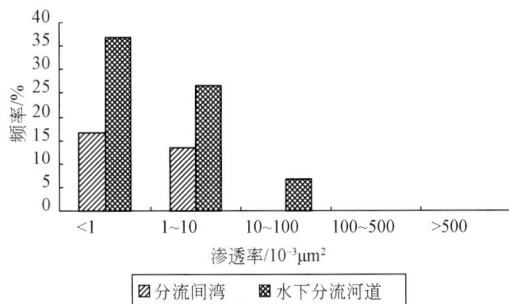

2. 大砬子组

大砬子组砂岩储层与沉积微相也有一定的关系。主要表现为：在中低级别储层物性中，水下分流河道和水上分流河道两种微相的频率最高（图 6.38 ~ 图 6.41）。其中水下分流河道微相因水动力较强而物性较好，分流间湾沉积位于水动力相对较弱的环境中，其物性相对也较好则可能是后期溶蚀溶解作用对其进行改造引起的。

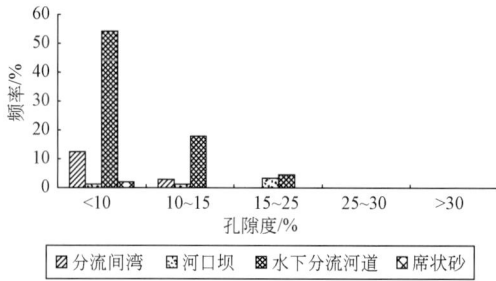

图 6.34　铜二段孔隙度–沉积微相频数直方图

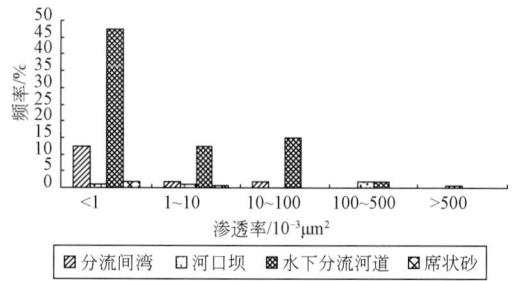

图 6.35　铜二段渗透率–沉积微相频数直方图

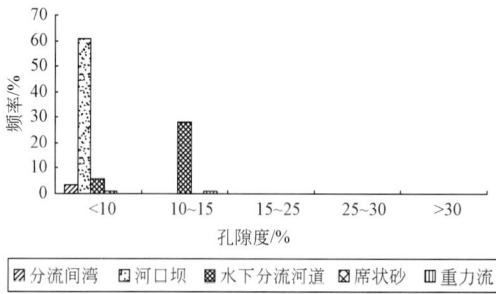

图 6.36　铜三段孔隙度–沉积微相频数直方图

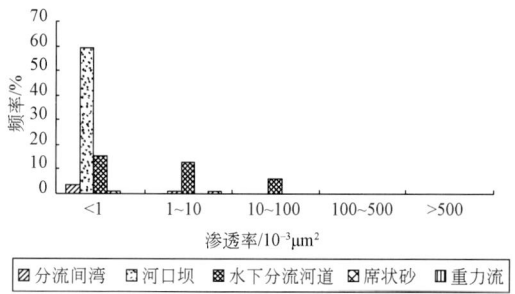

图 6.37　铜三段渗透率–沉积微相频数直方图

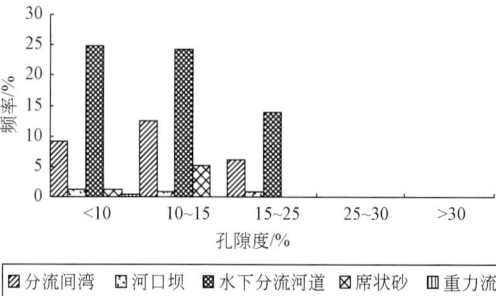

图 6.38　大一段孔隙度–沉积微相频数直方图

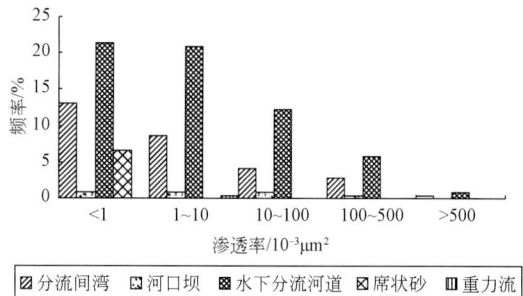

图 6.39　大一段渗透率–沉积微相频数直方图

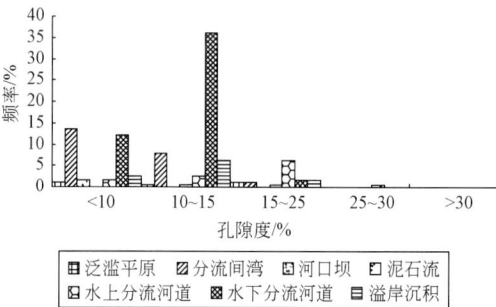

图 6.40　大二段孔隙度–沉积微相频数直方图

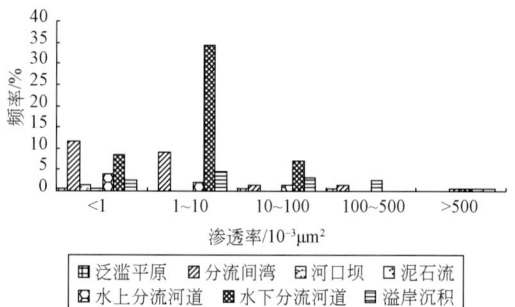

图 6.41　大二段渗透率–沉积微相频数直方图

（二）砂岩储层的主要成岩作用

成岩作用对储层的影响可分为建设性成岩作用和破坏性成岩作用，其中破坏性成岩作用主要包括压实作用和胶结作用，建设性成岩作用则主要包括溶蚀、溶解作用。

1. 机械压实作用

薄片镜下观察表明，铜佛寺组、大砬子组储层接触关系主要是线–点接触。对盆地 148 组自生矿物的含量和图像分析的相关数据统计并投在 Houseknecht 图解上，可看出（图 6.42、图 6.43）压实作用是铜佛寺组和大砬子组孔隙度降低的主要原因。

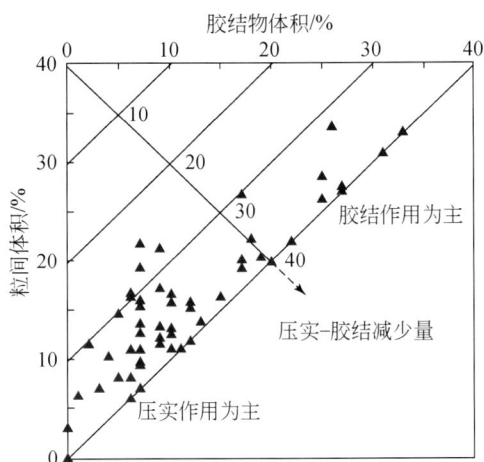

图 6.42　铜佛寺组压实及胶结作用对储层影响量　　图 6.43　大砬子组压实及胶结作用对储层影响量

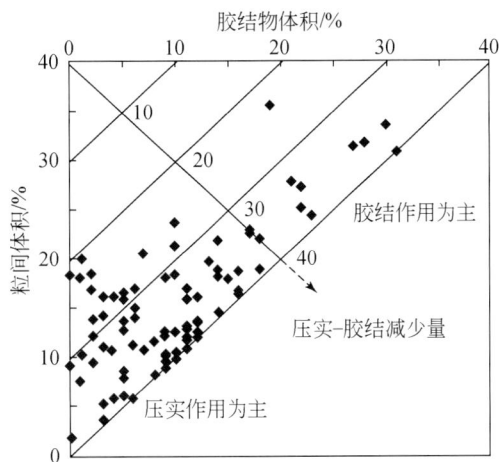

2. 自生矿物沉淀（胶结作用）

1）浊沸石沉淀是导致储层物性变差的主要因素之一

浊沸石一直作为次生孔隙的标志性矿物，依据是浊沸石极易溶于酸性流体的认识。显然，这要求一条不可或缺的条件，那就是酸性流体的存在，并作用于浊沸石。含油气盆地中最常见、分布最广泛的酸性流体就是有机质热演化过程中排出的有机酸。因此，只有油气注入的时间晚于浊沸石之后才能形成含浊沸石的优质储层。在鄂尔多斯盆地、四川盆地等发育含浊沸石优质储层的地区，无一例外都具有排烃期晚于浊沸石形成期的特点。而油气注入早于浊沸石沉淀的日本本州盆地中，未见有浊沸石溶蚀的现象。

含浊沸石砂岩及不含浊沸石砂岩的孔隙度随埋深变化（图 6.44、图 6.45）对比表明，含浊沸石砂岩的孔隙度位于正常压实线的左侧，而不含浊沸石砂岩的孔隙度则位于正常压实线的右侧。说明浊沸石的发育明显降低了储层的孔隙度。本区的浊沸石为长石等铝硅酸盐矿物蚀变形成，它们为浊沸石的形成提供了大量的 Ca^{2+}、Al^{3+} 等离子，其反应式见式（6.1）。黄思静等（2001）的热力学计算表明，上述反应过程会导致固相体积增加，可高达40%，这极大降低了储层的孔隙度。

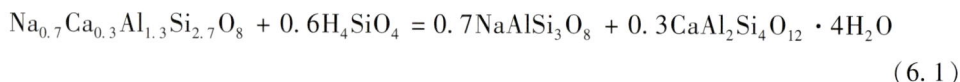

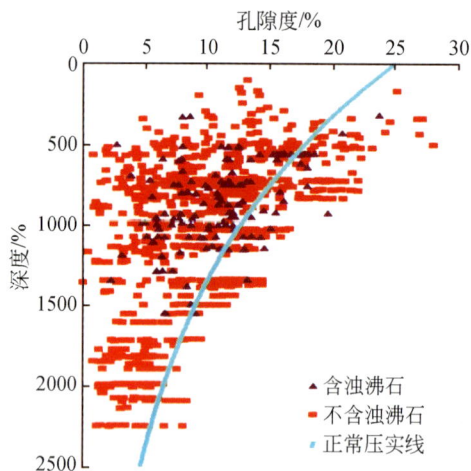

$$Na_{0.7}Ca_{0.3}Al_{1.3}Si_{2.7}O_8 + 0.6H_4SiO_4 = 0.7NaAlSi_3O_8 + 0.3CaAl_2Si_4O_{12} \cdot 4H_2O$$

$$(6.1)$$

图 6.44　孔隙度随深度变化散点图

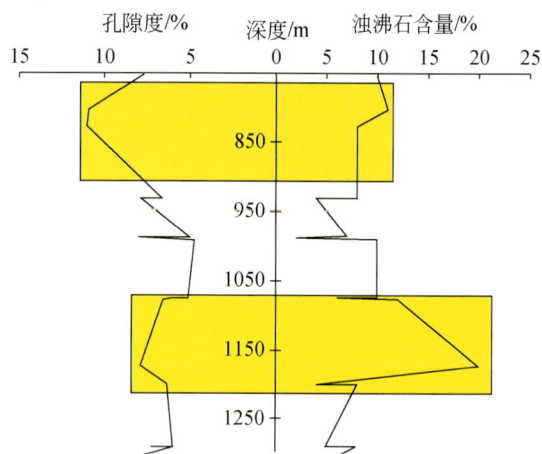

图 6.45　延 2 井孔隙度–浊沸石含量随深度变化散点图

在浊沸石与孔隙度关系散点图（图 6.46）上，浊沸石含量与孔隙度之间的关系可细分为两段式，当浊沸石含量超过 6% 时，孔隙度随浊沸石含量的增加而降低；当浊沸石含量低于 6% 时，既有孔隙度较高的部分也有孔隙度较低的部分，孔隙度高是因为浊沸石含量低，孔隙得以保存，而孔隙度较低的部分可能是因为其他自生矿物（特别是方解石）充填孔隙的结果（图 6.47）。

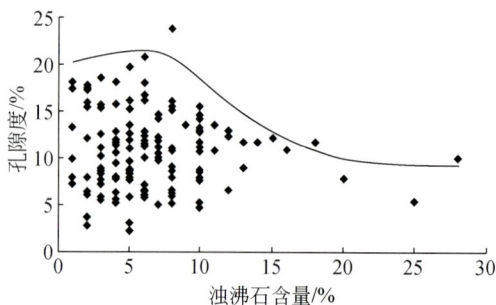

图 6.46　浊沸石含量与孔隙度散点图

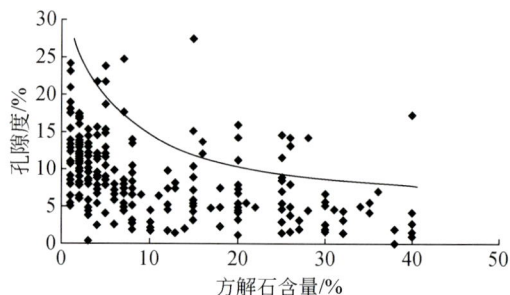

图 6.47　方解石含量与孔隙度散点图

通过薄片观察发现，浊沸石充填于次生孔隙当中（图版Ⅲ.70）。且早于浊沸石沉淀的石英加大边中发育有油气包裹体。原生油气包裹体主要赋存于石英加大边，说明次生加大石英与油气的注入同期。而浊沸石沉淀于次生加大石英外侧的孔隙中，说明浊沸石沉淀晚于油气注入。由于有机酸一般早于油气注入或伴随油气进入储层，可知浊沸石沉淀晚于有机酸注入。再者，未见浊沸石溶孔发育而早于浊沸石沉淀的绿泥石发育有明显的港湾状溶蚀，说明有机酸未作用于浊沸石，仅溶蚀了早于浊沸石形成的自生矿物。因此说，含量超过6%的浊沸石沉淀于有机酸注入之后，未能形成浊沸石次生孔隙，是导致本区储层物性较差的主要原因。溶蚀、溶解作用发生在浊沸石形成之前是导致区内次生孔隙不发育的主要原因。

综上所述，本区浊沸石沉淀晚于有机酸注入，这既堵塞了先前次生孔隙，也未能形成浊沸石溶孔，极大地破坏了储层物性。因此，延吉盆地优质储层的寻找方向应确定为寻找浊沸石胶结后剩余的次生孔隙，而不应以浊沸石溶孔为主控因素寻找优质储层。

2）方解石

方解石沉淀是储层物性变差的又一因素。铜佛寺组、大砬子组储层方解石-孔隙度关系图（图6.47、图6.48）表明：孔隙度与方解石含量呈明显负相关关系。方解石含量与孔隙度之间的关系可细分为两段式，当方解石含量为1%～15%时，随方解石含量增加，孔隙度逐渐降低；当方解石含量超过15%时，随方解石含量增加，孔隙度降低幅度明显变小。这说明15%是方解石胶结作用减少孔隙度的最大值。当方解石含量低于15%时，方解石的生长空间主要由粒间或粒内孔隙提供。所以，只要方解石生长，孔隙度就会迅速降低。而当方解石含量高于15%时，方解石的生长空间主要是通过交代长石等颗粒换取，因而对孔隙度影响不大。成岩共生序列中，方解石的形成位于浊沸石之后，产状与浊沸石相同。因此，方解石对储层的破坏机理与浊沸石相同，在此不再赘述。

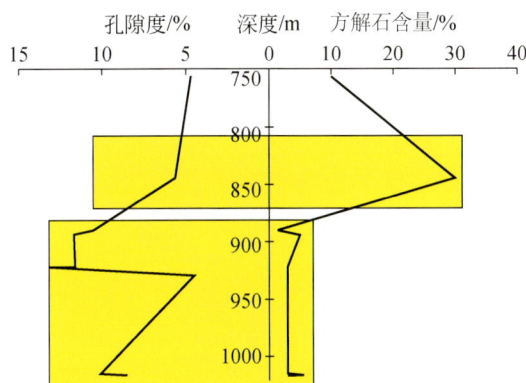

图6.48　延10井孔隙度-方解石含量散点图

3）绿泥石

绿泥石属于富铁（镁）的2:1型层状硅酸盐矿物，一般化学式为 $[Mg(Fe)_2Al(SiAlO_3)]$，常形成于富铁（镁）的碱性环境，要求物质来源丰富，孔隙流体通畅。薄片及扫描电镜观察表明，研究区内绿泥石主要发育有两种产状：一种是以包壳形式贴附在碎屑颗粒表面，另一种充填在孔隙当中。由统计可知，本区绿泥石以贴附状为主（占96.61%），极少量以充填形式产出（占3.39%）（图6.49）。绿泥石的特殊产状对区内储层物性的演化具有重要作用。

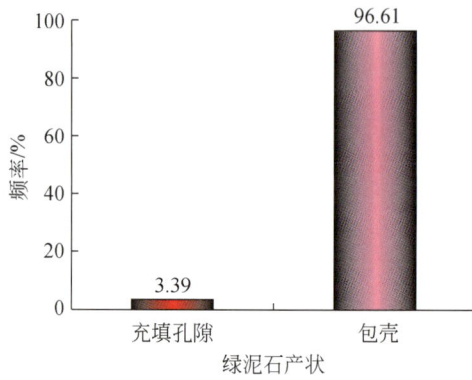

图 6.49　铜佛寺组-大砬子组绿泥石产状直方图

孔隙度与绿泥石含量随深度变化（图 6.50）表明，绿泥石含量高值区对应的深度与高孔隙度发育的深度段基本一致，这说明绿泥石的发育并没有降低储层物性，反而可能有利于储层孔隙的保存。在纵向上发育有两个与绿泥石有关的孔隙度优质区，700～850m 和 1000～1200m。

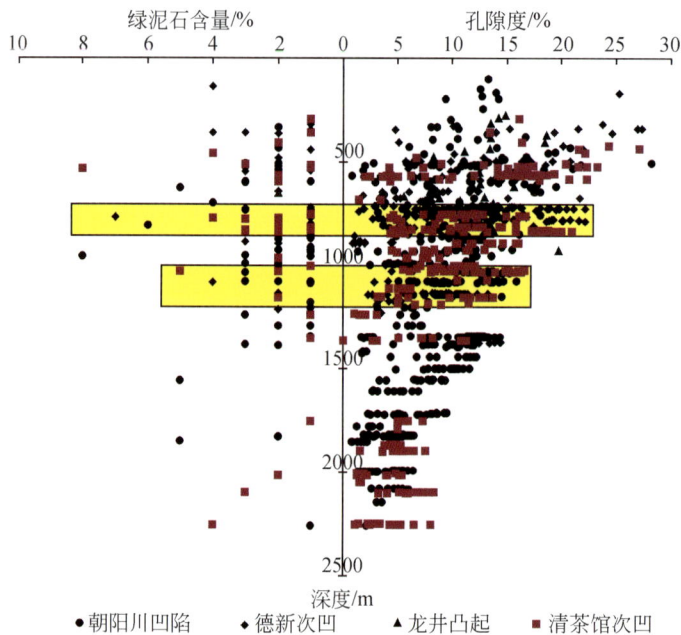

图 6.50　孔隙度及绿泥石含量随深度变化图

绿泥石包壳又称环边衬里绿泥石。这种产状的绿泥石对储层保护机理主要有以下两点：①绿泥石包壳提高储层的抗压实能力。这种绿泥石多发育在早成岩甚至更早的成岩阶段，此阶段是压实作用对孔隙度破坏最大的阶段。绿泥石包壳的生长可以有效地降低压实作用减少的孔隙度，保护原生孔隙。薄片镜下观察到在碎屑颗粒线接触间发育有自生绿泥石的现象，也说明了这一点。另外，这种产状的绿泥石还可以有效地保护次生孔隙，特别是铸模孔，防止其被机械压实作用压垮。②绿泥石包壳可以抑制后期自生石英的胶结作用。原因有三。一是绿泥石形成于碱性流体环境中，此种流体不利于 SiO_2 的沉淀。二是绿泥石占据了石英颗粒的表面，阻隔了孔隙流体与石英颗粒的接触，从而阻止了自生石英在碎屑石英表面成核。三是绿泥石多形成于开放体系中，这种体系中孔隙流体具有很强的流动性，不利于硅质流体的沉淀。③绿泥石的形成可提供大量的晶间孔。本区的绿泥石以低含量（平均含量 2.1%）、贴附状为主要特点，提供的晶间孔有限。但也正由于其含量低，对储层的胶结破坏作用也较低。综上所述，本区贴附状绿泥石是保存孔隙的重要因素。

4）次生加大石英

次生加大石英对储层的影响存在双面性。一方面，次生加大石英占据孔隙，降低储层物性；另一方面，次生加大石英生长会极大地减弱压实作用，使更多的孔隙得以保存。

首先，石英加大边含量与孔隙度关系之间呈负相关关系（图6.51）。石英加大对应的孔隙度也较低则可能是由于其他自生矿物沉淀作用引起的。其次，次生加大石英沿石英颗粒生长，终止于碎屑颗粒线接触处。说明次生加大石英发育晚于压实作用，因此，次生加大石英对孔隙的保护作用有限。本区中形成石英加大的物质可能由两部分提供：一种是早期的碱性流体溶蚀部分石英颗粒；二是酸性流体溶蚀长石、岩屑等铝硅酸盐矿物而提供含硅流体（式（6.2）、式（6.3）和式（6.4））。

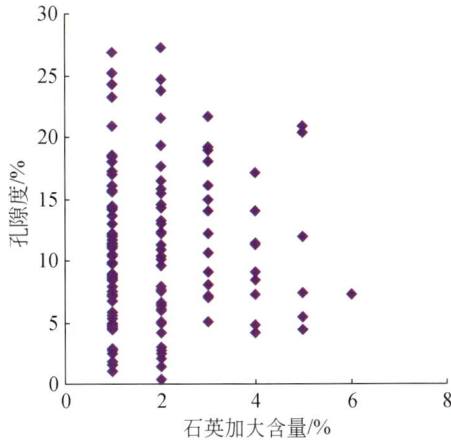

图 6.51　石英加大含量与孔隙度关系散点图

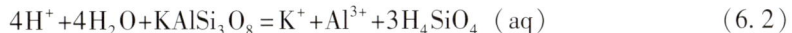

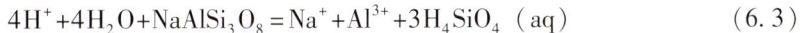

$$4H^+ + 4H_2O + KAlSi_3O_8 = K^+ + Al^{3+} + 3H_4SiO_4 \ (aq) \tag{6.2}$$

$$4H^+ + 4H_2O + NaAlSi_3O_8 = Na^+ + Al^{3+} + 3H_4SiO_4 \ (aq) \tag{6.3}$$

$$8H^+ + CaAl_2Si_2O_8 = Ca^{2+} + 2Al^{3+} + 2H_4SiO_4 \ (aq) \tag{6.4}$$

3. 溶蚀、溶解作用

溶蚀、溶解作用形成了较多的次生孔隙，成为改善储层物性的重要因素。特别是在压实-胶结作用之后，剩余孔隙很低的背景下，次生孔隙就成为了油气储藏的"第二次生命"。郑俊茂和庞明（1989）指出，间隙水离子的变化，酸性流体对矿物的溶蚀、溶解作用，温度压力的变化引起矿物溶解度变化都可以产生次生孔隙。其中酸性流体对矿物的溶蚀、溶解作用是形成次生孔隙的最主要的因素。因此，确定研究区酸性流体对矿物的溶蚀机理对寻找次生孔隙具有重要的指示意义。

沉积盆地中最主要的酸性流体包括大气水和有机酸。

1）大气水淋滤

大气水是一种弱酸性流体，在盆地中为重力驱动流。其流速较大，且流动方向与水势递减方向一致。大气水溶蚀的矿物包括长石、云母、黏土矿物、碳酸盐矿物、非晶质硅和燧石等，新形成的矿物主要为高岭石。其中，大气水成岩体系中最典型的溶解-沉淀矿物组合为长石的高岭石化（式（6.5））。

$$2 KAlSi_3O_8 + 2H^+ + 9H_2O \rightarrow Al_2Si_2O_5(OH)_4 + 2K^+ + 4H_4SiO_4 \qquad (6.5)$$
钾长石　　　　　　　　　　　　高岭石

研究认为钾长石转变为高岭石的过程中，需要更低的钾离子浓度，而在沉积盆地中，只有具有高流速的大气水可以及时将钾离子带离储层。因此，自生高岭石的发育可以作为大气水溶蚀的标志性矿物。大气水与储层岩石相互作用可以改变储层的孔渗性，进而影响储层的质量。

延吉盆地存在多个不整合，为大气水渗滤提供了地质基础。孔隙度和距上覆地层距离关系图显示（图6.52）：不整合界面之下6～120m范围内储层物性较好，孔隙度峰值在10%～20%，远离不整合界面孔隙度逐渐降低。且该段储层物性较好的井段，次生孔隙发育，占34%～75%。不整合面之下自生高岭石含量较高，其含量也具有越远离不整合界面，含量越低的特点（图6.53）。这些证据表明：大气水沿不整合面下渗，形成次生孔隙，改善储层物性。

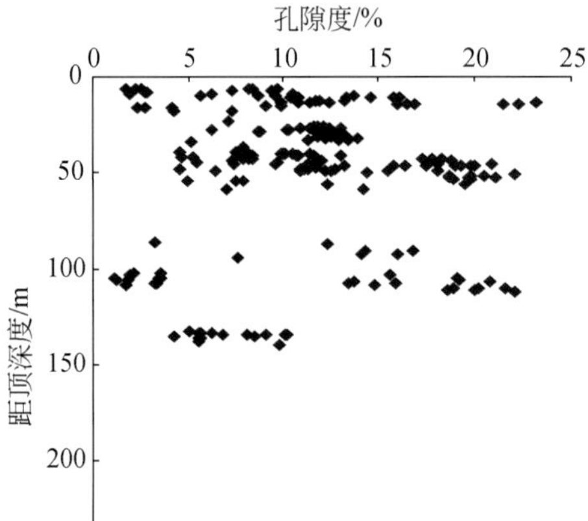

图6.52　孔隙度和距上覆地层距离关系图 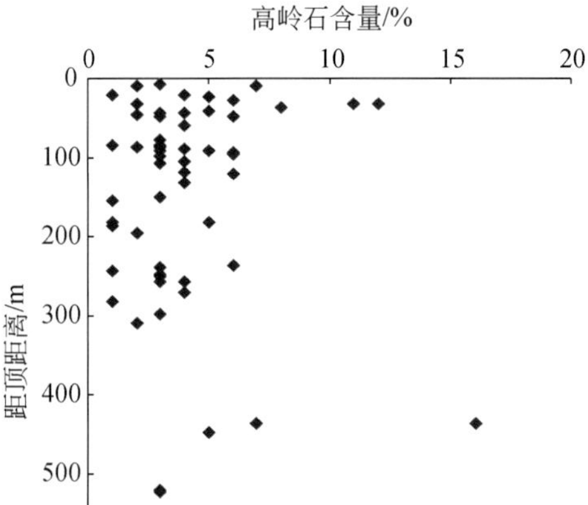　　　图6.53　高岭石含量和距上覆地层距离关系图

2）有机酸溶蚀

国内外的众多学者研究表明：有机质在热演化、降解生烃的同时，生成有机酸，它们溶于孔隙水形成酸性流体。进入储层后溶蚀储层中的硅铝酸盐矿物和碳酸盐胶结物，形成次生孔隙。特别是有机酸中的乙酸对矿物的溶解能力最强。鄂尔多斯盆地砂岩和海拉尔盆地火山碎屑岩与乙酸的反应实验均表明：乙酸对储层物性的改造有着积极作用。

延吉盆地铜佛寺组、大砬子组的暗色泥岩分布广、沉积厚，其已达到成熟阶段的泥岩恰处于中成岩阶段 A 期。因此，会生成大量有机酸，具备形成次生孔隙的流体条件。在岩心中可看到孔隙中充填有大量沥青，且发育沥青的砂岩储层恰是以次生孔隙为主，占 31% ~ 100%，平均 60%。表明区内有机酸溶蚀碎屑颗粒，形成大量次生孔隙，成为改善储层物性的重要因素。

3）溶蚀、溶解物质

沉积盆地中可被酸性流体溶蚀、溶解的矿物既包括长石、云母、石英、燧石等碎屑物质，也包括浊沸石、方解石等自生矿物。从薄片观察、铸体薄片图像分析和扫描电镜观察看，区内发生溶蚀的物质包括长石（图版Ⅲ.77）、安山岩岩屑（图版Ⅲ.78）、黑云母和绿泥石等。长石在酸性流体环境下容易发生溶蚀溶解作用（式（6.4）），并形成次生孔隙。而岩屑主要为花岗岩和安山岩等中酸性岩屑，含有大量长石矿物。次生孔隙中又以长石粒内溶孔和岩屑粒内溶孔最为发育。说明长石和岩屑等骨架碎屑颗粒是溶蚀溶解作用的主要对象（图 6.54）。而各层系中溶蚀、溶解作用对储层孔隙度的贡献度集中于 4% ~ 8%（图 6.55），其中铜二段和大一段储层中溶蚀、溶解作用最为发育。

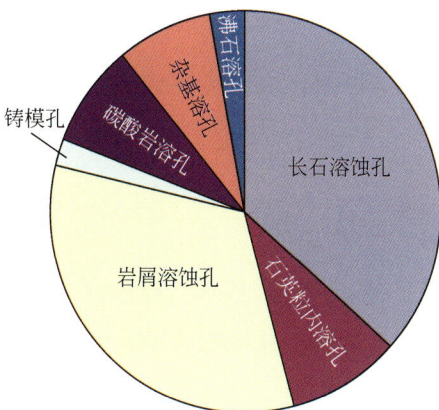

图 6.54　储层次生孔隙类型饼状图

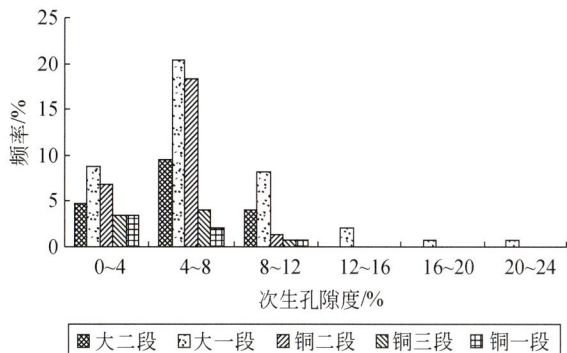

图 6.55　铜佛寺组–大砬子组次生孔隙度分布

4. 裂缝

前已叙及，研究区发育有大量裂缝（照片Ⅲ.79）。岩心、普通薄片、铸体薄片观察以及物性分析结果表明，裂缝发育改善了储层物性。这主要体现在两方面，一方面是裂缝发育提供了大量孔隙，从而改善储层物性。如延4井在726.8~727.08m处发育有裂缝，其孔隙度为9.57%，渗透率为0.35×10⁻³μm²。而不发育裂缝的568~568m井段的平均孔隙度仅为6.8%，渗透率为0.03×10⁻³~0.35×10⁻³μm²。延D3井539.9m处的铸体薄片图像分析结果显示，裂缝孔隙的比例达44.3%，其提高了约4.5%的孔隙度。另一方面，裂缝发育为流体（特别是酸性流体）的运移提供了通道，进而为改善储层物性提供了条件。延4井、延D1井、延D6井和延D8井裂缝中发育有大量的沥青，这暗示生油过程中形成的有机酸可沿裂缝进入储层，为形成次生孔隙提供了可能。另外，延吉盆地裂缝中发育有大量的方解石和浊沸石，这说明裂缝形成后又遭受了成岩作用的影响，其改善储层物性的能力大大降低，这也是延吉盆地裂缝发育而储层空间依然较差的主要原因。

（三）孔隙演化及次生孔隙发育带成因

1. 孔隙演化

根据研究区内物性分析及铸体薄片镜下统计，定量研究各成岩作用对孔隙度的影响以及孔隙度的演化过程。

1）初始孔隙度

砂岩初始孔隙度主要与其粒度和分选等级有关。一般来说，分选越好，初始孔隙度越高。对铜佛寺组、大砬子组233组粒径中值-分选系数进行统计分析，并采用初始孔隙度与分选系数计算公式（式（6.6））进行计算。

$$\varPhi = 20.91 + 22.90/S_0 \tag{6.6}$$

式中，$\varPhi$ 为初始孔隙度；S_0 为分选系数。

计算结果显示：研究区内铜佛寺组、大砬子组砂岩储层的初始孔隙度为21%~34%。由初始孔隙度分布直方图（图6.56）可知，初始孔隙度集中分布于22%~30%，初始孔隙度为25%。

2）压实减少量

根据图像分析数据及薄片鉴定数据统计计算得到铜佛寺组、大砬子组孔隙演化特征，并带入压实作用损失的孔隙度计算公式：压实作用损失的孔隙度 = 初始孔隙度（$\varPhi_p$）-剩余原生孔隙度（$\varPhi_{pm}$）-胶结物百分含量（C_t）。得到压实作用损失的孔隙度最大达23%，平均11%，约占损失初始孔隙度的44%。在压实-胶结作用随埋深演化图（图6.57）中可知：埋深在1000m之上压实减少量随埋深逐渐增大（20%~50%），在1000m之下压实减少量变化不大（约为总减少量的50%），这说明在1000m以下压实作用对孔隙度的破坏作用已基本稳定。这与研究区内早成岩阶段B期与中成岩阶段A期的界线（811m）基本一致。

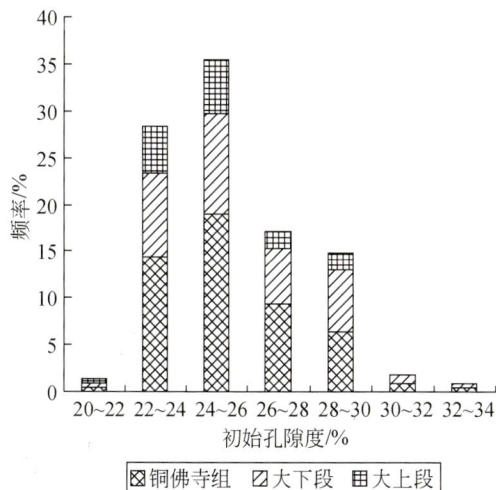

图 6.56 储层初始孔隙度分布直方图

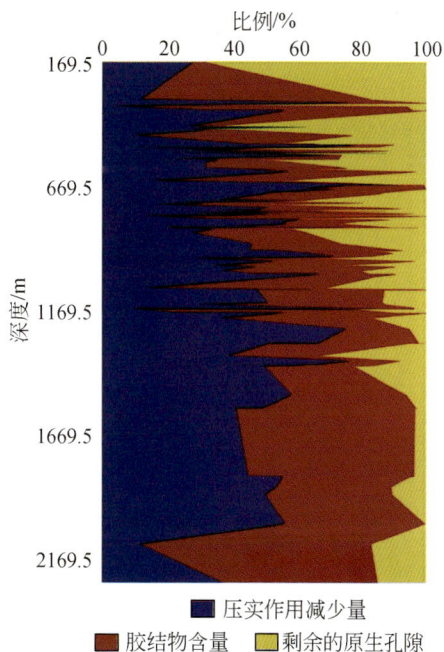

图 6.57 压实-胶结作用随埋深演化图

3）胶结物减少量

　　胶结作用是指从孔隙溶液中沉淀出矿物质（胶结物），而将松散沉积物黏结成坚硬岩石的过程。本区发育的胶结物包括石英次生加大、微晶石英、长石次生加大、浊沸石、片沸石、自生绿泥石、自生高岭石、方解石和其他碳酸盐等。胶结物体积百分数能反映出胶结作用对储层的破坏程度。本区胶结物含量为 1%～59%，由胶结作用损失的孔隙度占初始孔隙度的 34%。从压实-胶结作用随埋深演化图（图 6.58）中可知：随埋深的增加，胶结作用损失的孔隙度越来越大，特别是 1000m 以下，这与含量最高的两种自生矿物（浊沸石和方解石）的形成阶段一致。

　　由上可知：原始沉积物经历了埋藏压实—胶结-溶蚀—再胶结的过程，孔隙的演化表现为原始粒间孔隙大量减少—次生孔隙大量发育—孔隙度大量减少的过程。

　　埋藏压实过程又细分为两个阶段。第一阶段岩石松散-弱固结，原生孔隙发育，孔隙度较大；基本不发育自生矿物，仅发育有少量的铁白云石和早期碳酸盐矿物，此阶段内铁白云石呈环边状分布在碎屑颗粒周围。第二阶段岩石弱固结-半固结，受上覆地层的压力影响，孔隙度迅速降低，碎屑颗粒形成线-点的接触关系。因而机械压实作用是储层被破坏的最主要作用。此阶段主要发育的自生矿物为贴附状绿泥石。薄片镜下可见早期形成的铁白云石及少量的绿泥石产于碎屑颗粒之间的接触缝中。此过程中孔隙流体为碱性。

　　胶结-溶蚀过程中岩石半固结-固结、压实作用减少的孔隙度明显降低。主要表现为由于酸性流体（大气水和有机酸）的溶蚀、溶解作用，次生孔隙大量发育，孔隙度增加。发育的特征自生矿物为次生加大石英以及局部发育的高岭石（延 12 井、延 10 井等）。此过程中由于酸性流体的注入，孔隙流体由碱性变为酸性。

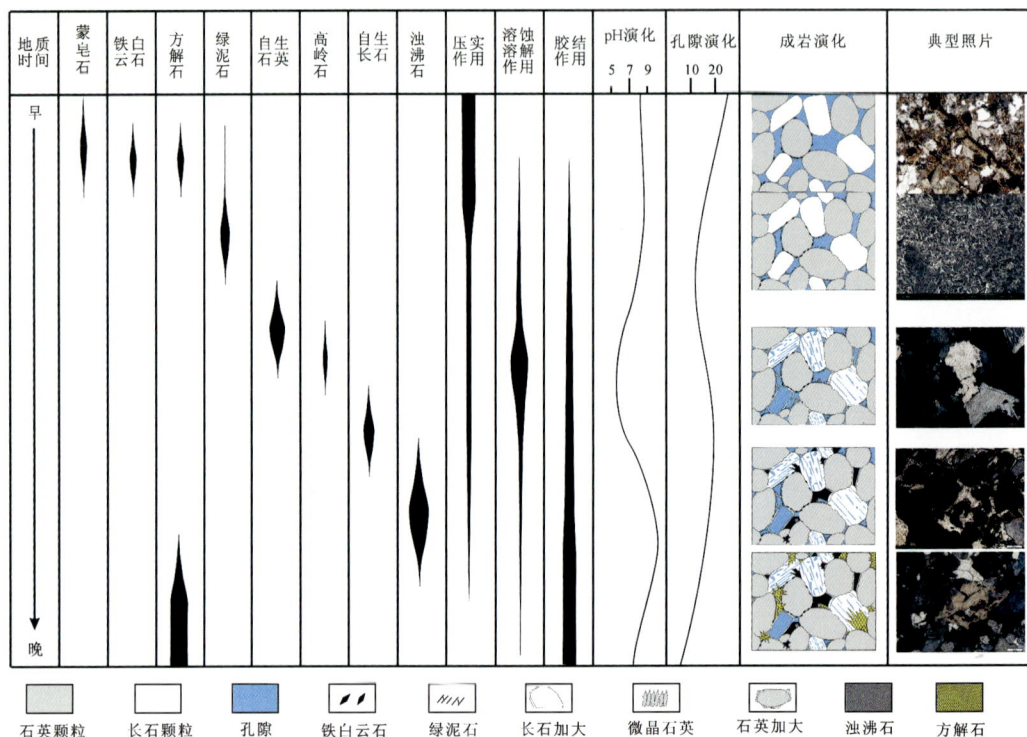

图 6.58 成岩共生序列、pH 演化及孔隙演化图

再胶结过程中岩石固结。胶结作用是降低储层物性的主要因素，主要分为浊沸石和方解石胶结两个阶段。在浊沸石胶结阶段，孔隙流体由酸性变为强碱性（pH>9），浊沸石大量发育，交代碎屑颗粒及早期自生矿物，呈补丁状充填剩余原生孔和早先形成的次生孔隙，孔隙度大量降低。在方解石胶结阶段，孔隙流体由强碱性变为碱性，方解石大量发育，并形成连晶方解石。方解石充填浊沸石沉淀后的剩余孔隙，造成孔隙的大量丢失，并最终形成致密砂岩储层。

2. 次生孔隙发育带的特征与成因

前已述及，延吉盆地纵向上有四个次生孔隙发育带。这些次生孔隙发育带对应的沉积相和经历的成岩作用有所差异。

1）第一次生孔隙发育带

第一次生孔隙发育带的孔隙度主要分布在 15% ~20% 区间。其形成的主要原因为大气水淋滤。根据分层数据，延 8 井大砬子组一段与二段之间的地层界线为 675m，延 12 井铜佛寺组三段与二段的地层界线为 790m，这两个次生孔隙带距上覆地层的距离仅为 36 ~112m（图 6.59），为大气水沿不整合界面下渗提供了契机。图像分析结果显示，两个井段内次生孔隙面孔率占 34% ~75%，主要发育的孔隙类型为粒间溶孔，其次为粒内溶孔。孔隙中还充填有较多的自生高岭石，其含量在 2% ~8% 之间。由于长石的溶解和高岭石的发育往往需要贯流式孔隙水流动，这就暗示着该段内储层具有渗透性较好的特点。以上证据均说明，大气水沿不整合面淋滤储层，形成次生孔隙是发育第一次生孔隙发育带的主要原因。

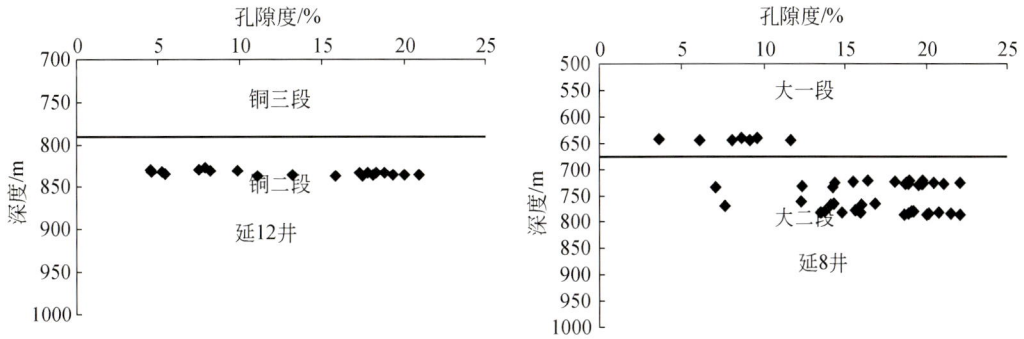

图 6.59 延 12 井和延 8 井孔隙度与不整合界面关系

2）第二次生孔隙发育带

第二次生孔隙发育带可细分为 6 个亚带，其孔隙度主要分布在 10% ~ 15% 区间。除位于德新次凹的延 8 井的异常孔隙是由大气水淋滤形成的以外，位于清茶馆次凹和朝阳川凹陷的 5 个亚带的次生孔隙成因均为有机酸溶蚀。如延 12 井 1027 ~ 1071m 井段内孔隙度为 3.2% ~ 16.3%，距上覆不整合面 89 ~ 133m，已超过大气水淋滤的极限深度，即使可能存在大气水下渗到此深度，溶蚀能力也基本消失殆尽。而从延 12 井柱状图（图 6.60）中可以看出：在 1019.8 ~ 1028.5m 范围内综合解释为油层，岩心中也可见油斑显示，说明存在油气的注入。因此会有大量有机酸伴随油气进入储层，形成次生孔隙，改善储层。

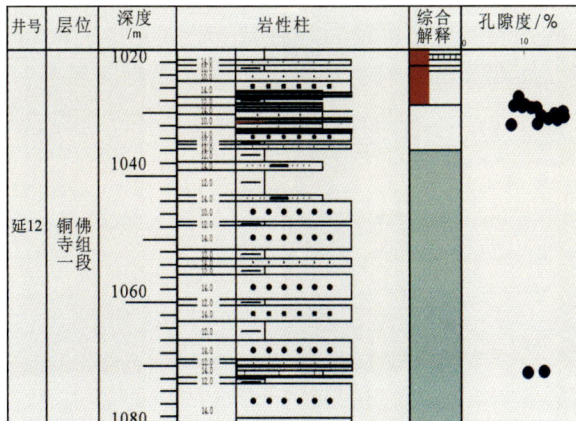

图 6.60 延 12 井岩性、孔隙度柱状图

3）第三次生孔隙发育带

第三次生孔隙发育带也可细分为 4 个亚带，其孔隙度主要分布在 10% ~ 15% 区间内。

其中延 8 井和延参 1 井两个亚带的次生孔隙成因为有机酸溶蚀, 延 13 和延 2 井两个亚带的次生孔隙成因为大气水淋滤。在延参 1 井 1343~1500m 井段内孔隙度为 4.4%~14.4%, 距上覆不整合面 123~280m, 大气水下渗淋滤作用已消失。R^o 值达到 0.6%~1.2%, 处于有机质的成熟阶段, 因此会有大量有机酸进入并改造储层, 形成次生孔隙。其次生孔隙面孔率占 82%~92%, 发育有油层均是有力证明 (图 6.61)。延 2 井大砬子组与铜佛寺组间的不整合界线为 1314m, 以粒间溶孔为主的次生孔隙发育亚带距上覆地层的距离为 26~33m (图 6.62)。次生孔隙中发育有大量自生高岭石, 含量在 6%~12% 之间。表明延 2 井次生孔隙发育的原因为大气水淋滤。

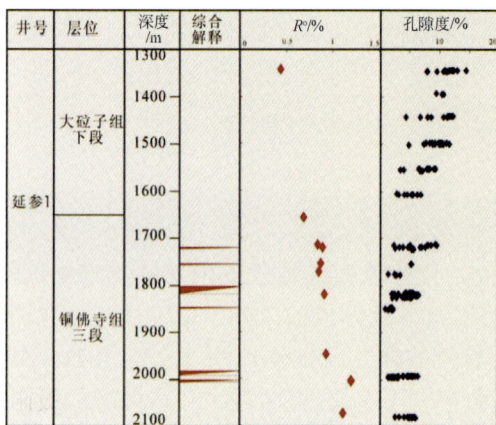

图 6.61　延参 1 井镜质体反射率及孔隙度柱状图

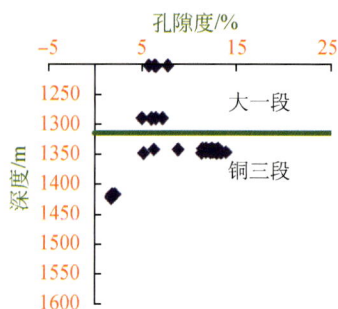

图 6.62　延 2 井孔隙度与不整合面关系

4) 第四次生孔隙发育带

第四次生孔隙发育带分布在延参 2 井的 2050~2250m。从延参 2 井柱状图 (图 6.63) 中可以看出: 此井段内综合解释为差油层, R^o 值主要在 0.88%~0.9% 之间, 达到有机质的成熟阶段。这都为形成有机酸提供了地质条件。另外, 在此井段内还发现有大量的含沥青的次生溶蚀孔。说明次生孔隙的发育是有机酸溶蚀作用的结果。

五、储 层 评 价

(一) 储层成岩相划分及其展布特征

成岩相是指岩石的成岩环境及在该环境下形成的成岩矿物的综合, 即反映成岩环境的岩石学特征、地球化学特征和岩石物理特征的总和。成岩相的指示意义在于, 它是构造、流体、温压条件对沉积物综合改造的结果, 是现今储层特征的直接反映, 是表征储层性质、类型和优劣的成因性标志。预测有利孔渗性成岩相是储集层研究和油气勘探的重点 (邹才能等, 2008)。采用邹才能提出的成岩相划分原则, 根据普通薄片、铸体薄片、扫描电镜照片的观察, 结合孔隙度、渗透率分析化验资料, 确定成岩

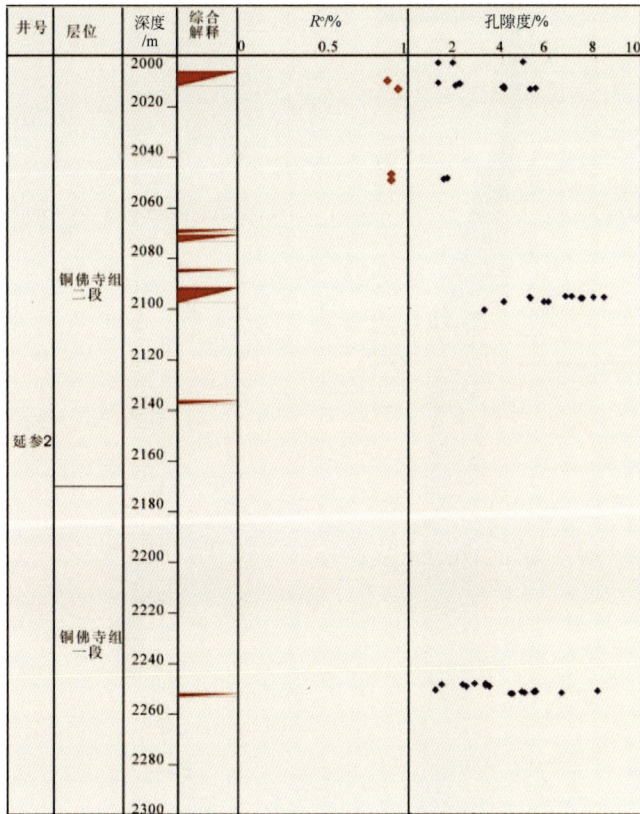

图 6.63　延参 2 井镜质体反射率及孔隙度柱状图

相类型。并用对储层物性影响最大的成岩矿物的方法进行命名。划分出五大类成岩相，即：方解石强充填相、方解石中充填相、浊沸石强充填相、浊沸石中充填相和溶蚀成岩相。

1. 朝阳川凹陷

朝阳川凹陷纵向成岩相发育具有溶蚀相和充填相相互叠置的特点（图 6.64）。铜佛寺组二段主要发育溶蚀相，铜佛寺组三段整体发育方解石强充填相，在盆地边部的延 2 井的顶部发育少量的溶蚀相。大砬子组一段以浊沸石中充填相为主，仅在延 1 井和延参 1 井发育溶蚀相。大砬子组二段以浊沸石中充填相为主，仅在延 1 井和延参 1 井局部发育溶蚀相。

2. 清茶馆次凹

清茶馆次凹纵向成岩相发育也具有溶蚀相和充填相相互叠置的特点（图 6.65）。受取样限制，铜佛寺组一段和大砬子组二段难以判断出成岩相纵向分布情况。铜佛寺组二段的延 6–延 10 井区发育溶蚀相，次凹中央的延参 2 井发育方解石强充填相。铜佛寺组三段整体发育方解石强充填相，大砬子组一段在次凹边部的延 6 和延 11 井发育浊沸

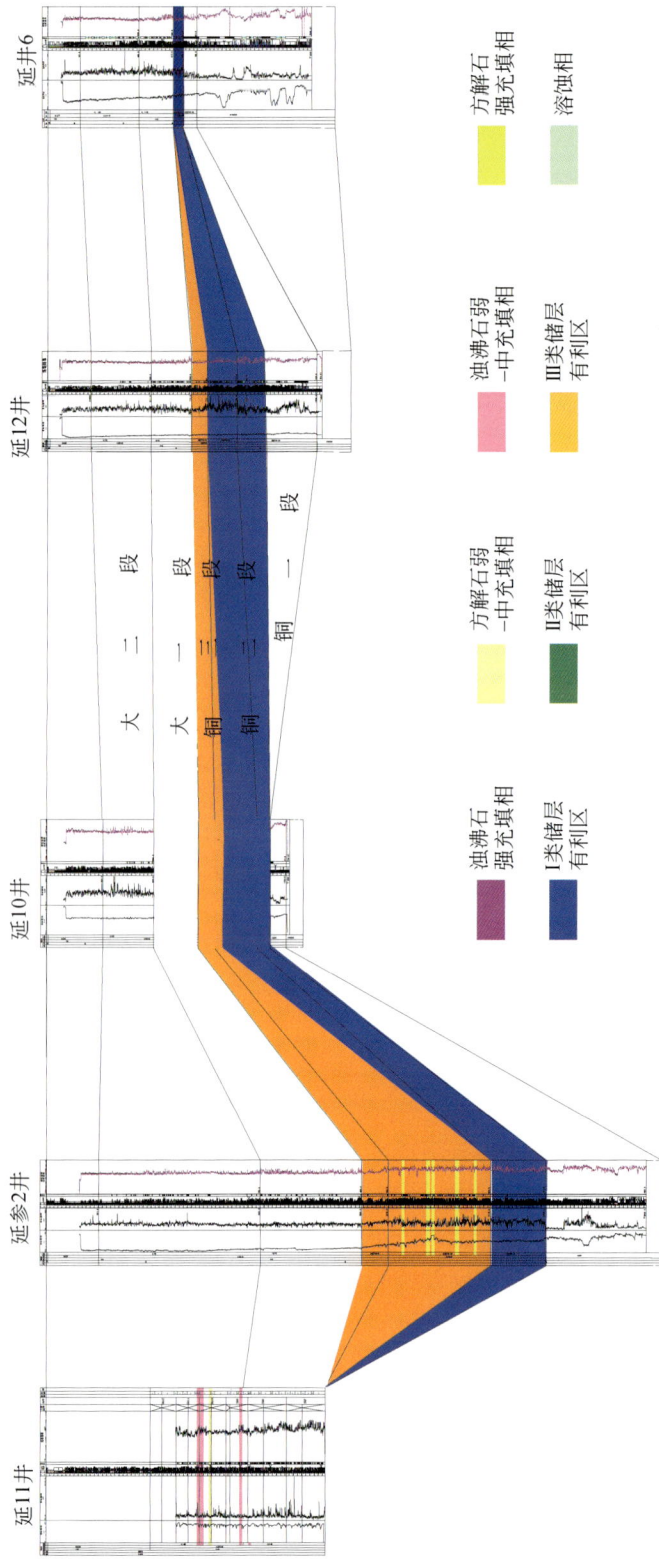

图6.64 清茶馆次凹储层分布预测图

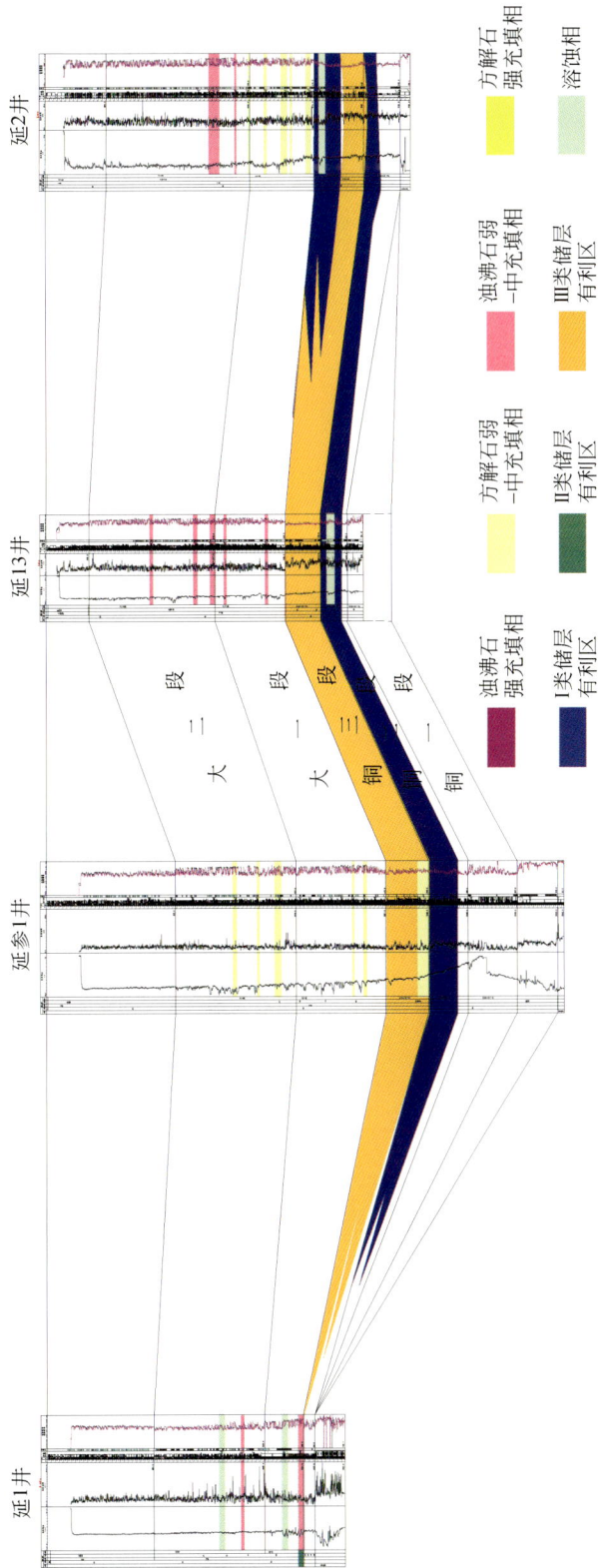

图6.65 朝阳川次凹储层分布预测图

石充填相,在次凹中央的延参 2-延 12 井发育方解石充填相。此层位顶部发育少量溶蚀相。

3. 德新次凹

德新次凹纵向成岩相以发育方解石充填相为主,局部发育溶蚀相(图 6.66)。受取样限制,铜佛寺组一段和大砬子组难以判断出成岩相纵向分布情况。铜佛寺组二段仅在延 8 井附近发育溶蚀相,盆地内部发育方解石充填相。铜佛寺组三段整体发育方解石强充填相。

(二) 基于"灰色理论"的储层定量评价与预测

灰色系统理论(邓聚龙,1987)是一种研究少数据、贫信息不确定性问题的方法。其理论是以"部分信息已知,部分信息未知"的"小样本"、"贫信息"的不确定性系统为研究的主要对象,通过对少量已知信息进行生成、开发和提取有价值的信息,从而达到对一个系统运行行为、演化规律的正确描述和有效监控。灰色理论是基于数学理论的系统工程学,主要解决一些包含未知因素的特殊领域的问题,目前已广泛应用于农业、地质、气象等学科。

尝试采用灰色系统理论方法进行储层定量评价,就是通过确定碎屑岩储层评价指标的权重系数,较客观地反映出所选指标在综合评价中的重要性及其合理性,提高评价结果准确性,从而达到对储层综合定量评价的目的,避免了采用单因素法评价储集层所出现的矛盾结论。

1. 评价步骤

分别计算储层评价参数的权系数和单项参数。然后利用储层综合评价指标的计算公式进行计算。

储层综合评价指标的计算公式为

$$REI = \sum_{i=1}^{n} a_i X_i$$

式中,REI 为储层综合评价指标;n 为储层评价参数的个数;a_i 为储层评价参数的权系数;X_i 为储层评价参数。

储层评价参数为已知参数,储层评价结果为未知参数,而参数的权系数则作为媒介,即通过计算出权系数 a_i,来最终确定储层综合评价指标。

1)权系数计算

灰色关联分析法实质上是对于一个系统发展变化趋势的定量描述与比较,包括:
(1)母、子序列的选定
所谓母序列是指按一定顺序排列的用某种定量反映被评判事物的性质的数量指标;而子序列是决定或影响被评判事物性质的各子因素数据的有序排列。

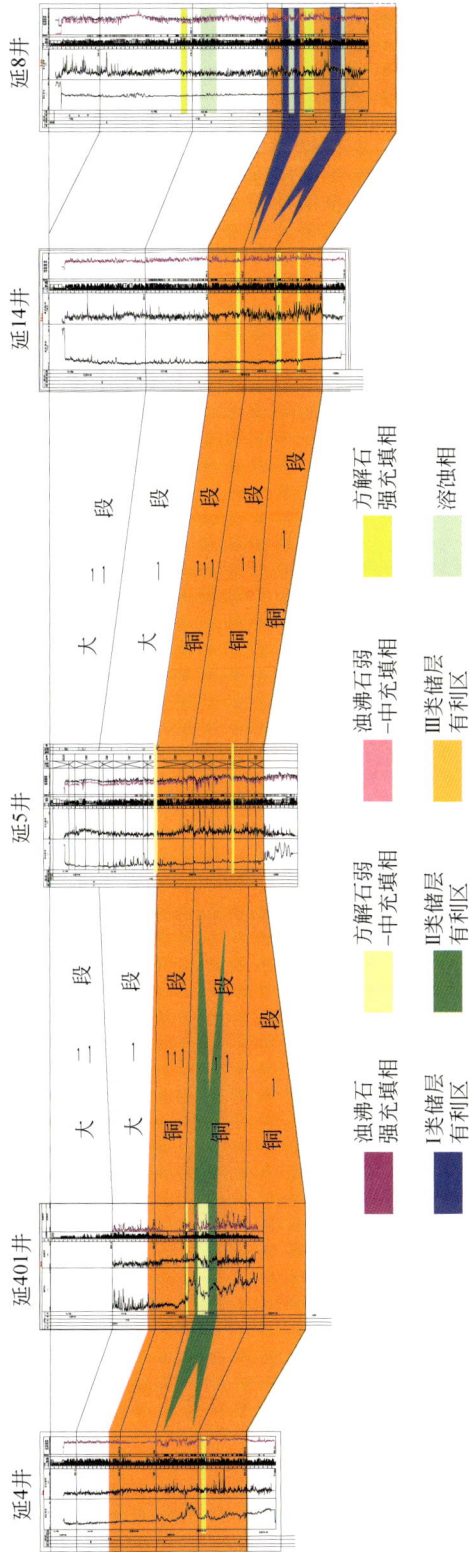

图6.66 德新次凹储层分布预测图

（2）原始数据变换

对选定的母序列及子序列进行矩阵排列：

$$\begin{bmatrix} X_1^{(0)}(0) & X_1^{(0)}(1) & \cdots & X_1^{(0)}(m) \\ X_2^{(0)}(0) & X_2^{(0)}(1) & \cdots & X_2^{(0)}(m) \\ \vdots & \vdots & & \vdots \\ X_n^{(0)}(0) & X_n^{(0)}(1) & \cdots & X_n^{(0)}(m) \end{bmatrix} \tag{6.7}$$

处理方法采用初值化或均质化方法。

（3）关联系数和关联度

记变换后的母序列为 $\{X_i(1)(0)\}$，子序列为 $\{X_i(1)(i)\}$，则在同一点各子因素与母因素之间的绝对差值为

$$\Delta_i(i,0) = |X_i^{(1)}(i) - X_i^{(1)}(0)| \tag{6.8}$$

该点时各子因素与母因素之间的绝对差值的最大值为

$$\Delta_{max} = \max_i \max_t |X_t^{(1)}(i) - X_t^{(1)}(0)| \tag{6.9}$$

而该点时各子因素与母因素之间的绝对差值的最小值为

$$\Delta_{min} = \min_i \min_t |X_t^{(1)}(i) - X_t^{(1)}(0)| \tag{6.10}$$

则母序列与子序列的关联系数为

$$L_t(i,0) = \frac{\Delta_{min} + \rho\Delta_{max}}{\Delta_t(i,0) + \rho\Delta_{max}} \tag{6.11}$$

式中，$L_t(i,0)$ 为关联系数；ρ 为分辨系数，$\rho \in (0,1)$，研究区 ρ 值选取0.5。

各子因素对母因素的关联度为

$$r_{i,0} = \frac{1}{n}\sum_i^n L_t(i,0) \tag{6.12}$$

求出关联度后，对其进行均一化处理可得到权系数为

$$a_i = \frac{r_i}{\sum_{i=1}^n r_i} \tag{6.13}$$

2）单项参数计算

单项参数的计算具体分为两种情况：对于与储层质量呈正相关性的参数，如孔隙度、渗透率等，直接除以本参数中的最大值；对于与储层质量呈负相关性的参数，如泥质含量、排驱压力等，用本参数的极大值减去单项参数之差再除以最大值。

渗透率变异系数 (V_k) 是一个统计概念，为层内渗透率值相对于其平均值的分散程度或变化程度：

$$V_k = \frac{\sqrt{\dfrac{\sum_{i=1}^n (K_i - \overline{K})^2}{n}}}{\overline{K}} \tag{6.14}$$

式中，V_k为层内渗透率变异系数；K_i为层内第 i 个样品的渗透率值（$10^{-3}\mu m^2$）；$\overline{K}$ 为层

内所有样品的渗透率平均值（$10^{-3}\,\mu m^2$）；n 为层内样品的个数。

渗透率变异系数的大小反映储层非均质性的强弱，变异系数越大其非均质性越强。一般而言，当 $V_k \leqslant 0.5$ 时为均匀型，表示非均质性弱；当 $0.5 \leqslant V_k \leqslant 0.7$ 时，为较均匀型，表示非均质程度中等；当 $V_k > 0.7$ 时为不均匀型，表示非均质程度强。

对于选取中间值代表储层质量最好的参数，如粒径，则用单项参数减去中间值并求取其绝对值，用最大绝对值减去各项参数求得的绝对值之差再除以最大绝对值，这样也使其具有可比性。

最后，将单个参数乘以权系数相加即得到该井的储层评价指标。

2. 评价参数选取

选取储层孔隙度、渗透率、变异系数、泥质含量、胶结物、粒度中值、砂地比和砂岩厚度作为储层综合评价的参数，其中以孔隙度参数为母序列。

3. 评价结果

将评价类型设定为 4 类，并按刘吉余等（2005）的综合指标分类界限（表 6.6），分别对铜佛寺组、大砬子组进行储层评价与预测。

表 6.6　储层分类标准（刘吉余等，2005）

分类标准	储层评价指标（REI）
Ⅰ类储层	>0.70
Ⅱ类储层	0.70 ~ 0.55
Ⅲ类储层	0.55 ~ 0.40
Ⅳ类储层	<0.40

根据 21 口井的测试分析、薄片鉴定等资料，并进行无量纲化处理，求出各个评价指标的权系数，再求出各个单项评价指标的综合评价分数。

根据分类标准，将铜佛寺组储层分成 3 种不同的级别（表 6.7）。Ⅱ类储层为相对较好的储层，占沉积单元总数的 19%，泥质含量中等，粒度中值中等，渗透率变异系数较小，砂岩厚度较大。Ⅲ类储层为该区相对较差的储层，占沉积单元总数的 53%，泥质含量多，粒度中值较小，渗透率变异系数较大、砂岩厚度较薄（图 6.67）。

表 6.7　铜佛寺组综合评价分类表

井号	孔隙度/%	渗透率/$10^{-3}\,\mu m^2$	变异系数	泥质含量/%	胶结物/%	粒度中值/mm	REI	储层分级	井号	孔隙度/%
延2	0.7896	0.0377	0.3945	0.1142	0.4193	0.9945	0.2280	0.1776	0.3856	Ⅳ
延3	0.8242	0.2306	0.3125	0.1206	0.6850	0.9975	0.6302	0.2335	0.5030	Ⅲ
延4	0.5659	0.0062	0.4304	0.1041	0.0000	0.8490	0.4349	0.5090	0.3557	Ⅳ
延5	0.3590	0.0010	0.2344	0.2198	0.4488	1.0000	0.5579	0.5190	0.4259	Ⅲ

井号	孔隙度/%	渗透率/10⁻³ μm²	变异系数	泥质含量/%	胶结物/%	粒度中值/mm	REI	储层分级	井号	孔隙度/%
延 8	0.5732	0.0013	0.2702	0.1466	0.5669	0.8156	0.4265	0.3772	0.4018	Ⅲ
延 9	0.4047	0.0003	0.3737	0.2680	0.4724	0.9314	0.4126	0.2136	0.3944	Ⅳ
延 10	0.6575	0.0564	0.6474	0.1159	0.4945	0.9474	0.4977	0.3313	0.4800	Ⅲ
延 12	0.9003	0.5017	0.7973	0.1561	0.4803	0.9692	0.4249	0.2176	0.5506	Ⅱ
延 13	0.5010	0.0753	0.3325	0.0831	0.5394	0.8570	0.4489	0.3194	0.4027	Ⅲ
延 14	0.2035	0.0005	0.1863	0.1364	0.0157	0.8156	0.5906	0.3772	0.2942	Ⅳ
延 401	0.7370	0.9725	0.6759	1.0000	0.5906	1.0000	0.3403	0.3074	0.6798	Ⅱ
延 402	0.6615	0.0012	0.4079	0.2345	0.6260	0.7680	0.6832	1.0000	0.5574	Ⅱ
延参 1	0.2489	0.0001	0.2323	0.1877	0.5118	0.9975	0.5880	0.6208	0.4385	Ⅲ
延参 2	0.3253	0.0009	0.3887	0.2060	0.4685	0.9846	0.4540	0.7565	0.4605	Ⅲ
延 D1	1.0000	1.0000	0.4165	0.1916	0.3488	1.0000	0.4074	0.2056	0.5337	Ⅲ
延 D3	0.5559	0.0078	0.2376	0.0670	0.2638	0.9975	1.0000	0.1387	0.4167	Ⅲ
延 D5	0.5707	0.2233	1.0000	0.0829	0.5394	0.8570	0.5123	0.5609	0.5673	Ⅱ
延 D6	0.5526	0.0250	0.4606	0.2628	0.5669	0.9975	0.4411	0.2575	0.4548	Ⅲ
延 D7	0.4408	0.0042	0.4292	0.0442	0.1339	0.4961	0.3915	0.2595	0.2797	Ⅳ
延 D8	0.4415	0.0012	0.1737	0.0838	0.7323	0.9975	0.1529	0.1457	0.3473	Ⅳ
延 D9	0.7931	0.1765	0.5071	0.4271	0.5906	0.0000	0.5892	0.1900	0.4150	Ⅲ

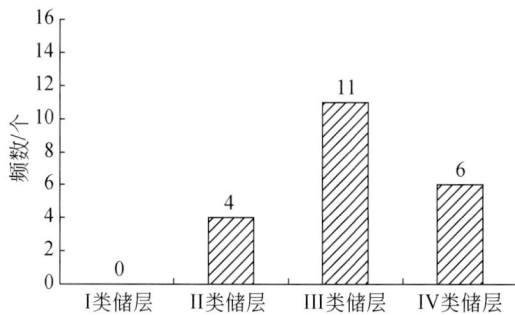

图 6.67 铜佛寺组储层级别频率分布直方图

大一段Ⅰ类储层为相对较好的储层（表6.8），占沉积单元总数的4.5%，泥质含量少，粒度中值中等，渗透率变异系数小，砂岩厚度较大。Ⅱ类储层为相对较好的储层，占沉积单元总数的41%，泥质含量较少，粒度中值中等，渗透率变异系数较小，砂岩厚度较大。Ⅲ类储层为该区相对较差的储层，占沉积单元总数的50%，泥质含量多，粒度中值较小，渗透率变异系数较大、砂岩厚度较薄。Ⅳ类储层为相差的储层，占沉积单元总数的4.5%，泥质含量高，粒度中值较小，渗透率变异系数大，砂岩厚度小（图6.68）。

表6.8 大一段综合评价分类表

井号	孔隙度/%	渗透率/$10^{-3} \mu m^2$	变异系数	泥质含量/%	胶结物/%	粒度中值/mm	REI	储层分级
延1	0.5102	0.0228	0.2727	0.8995	0.7177	0.7428	0.5150	Ⅲ
延2	0.2670	0.0020	0.3091	0.9330	0.6645	0.9523	0.5096	Ⅲ
延5	0.5930	0.6783	0.3846	0.7802	0.5484	0.9698	0.6374	Ⅱ
延6	0.6023	0.5228	0.5148	0.9139	0.7290	0.0000	0.5630	Ⅱ
延7	0.3714	0.0127	0.4827	0.8904	0.4968	0.9532	0.5176	Ⅲ
延8	0.7240	0.3659	0.5772	0.8473	0.5452	0.8991	0.6390	Ⅱ
延11	0.3206	0.0057	0.3280	0.8995	0.8065	0.7836	0.5225	Ⅲ
延12	0.7650	0.6345	0.3478	0.8932	0.8290	0.9779	0.7226	Ⅰ
延13	0.4231	0.0060	0.4462	0.9462	0.5523	0.8828	0.5265	Ⅲ
延15	0.1040	0.0000	1.0000	0.5729	0.0000	0.0000	0.2987	Ⅳ
延参1	0.3260	0.0072	0.2231	0.9014	0.7761	0.9552	0.5202	Ⅲ
延参2	0.3162	0.0021	0.8418	0.9246	0.4700	1.0000	0.5855	Ⅱ
延D1	0.7043	0.5687	0.5955	0.7802	0.4516	0.9698	0.6545	Ⅱ
延D2	0.4776	0.0454	0.3393	0.8199	0.5774	0.9985	0.5212	Ⅲ
延D3	0.5693	0.0472	0.3565	0.7764	0.5639	0.9724	0.5238	Ⅲ
延D4	0.5047	0.0876	0.6841	0.7962	0.4632	0.9985	0.5724	Ⅱ
延D5	0.5135	0.0185	0.7126	0.9171	0.5523	0.8828	0.5886	Ⅱ
延D6	0.0734	0.0026	0.4075	0.7372	0.6548	0.9724	0.4746	Ⅲ
延D7	1.0000	1.0000	0.6630	0.0000	0.4516	0.9698	0.6610	Ⅱ
延D8	0.3397	0.0245	0.9509	0.9162	0.7355	0.9724	0.6648	Ⅱ
延D9	0.5583	0.2678	0.6043	0.5729	0.6613	0.0000	0.4649	Ⅲ
延D10	0.6103	0.0411	0.3695	0.8199	0.6065	0.9985	0.5498	Ⅲ

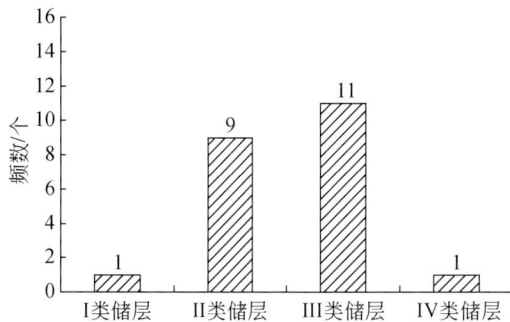

图6.68 大一段储层级别频率分布直方图

第二节 封盖层特征与生储盖组合

一、封盖层微观封闭能力

盖层是位于储集层上方，能够阻止储集层中的烃类流体向上逸散的岩层。盖层的好坏及分布直接影响着油气在储集层中的聚集和保存，决定了含油气系统的有效范围，是含油气系统的重要组成部分。一个油气藏的形成，盖层是不可缺少的要素之一。

（一）盖层封闭机理

油气运移的相态主要有游离相、水溶相和扩散相三种形式。而与之相对应盖层就有物性（或毛细管）、压力和烃浓度封闭等三种封闭机理。它们分别对呈游离相、水溶相和扩散相运移的油气起着封闭作用。

1. 毛细管封闭特征

泥岩类的封闭性取决于其毛细管特征。通常条件下，泥岩是亲水岩石，油气要通过其细小毛细管流动时，必然存在一个毛细管阻力。毛细管阻力的大小决定了其封闭能力的高低。由于泥质岩类属细分散体系，颗粒通常呈片状，毛管半径小，则相应的毛细管阻力大。泥岩盖层毛细管封闭的理想情况如图6.69所示。

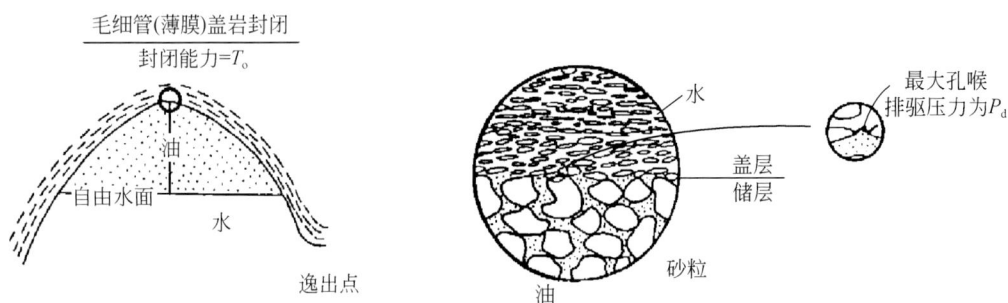

图6.69 延吉盆地泥岩封闭机理解释图示

泥岩盖层具有临界排驱压力（P_d），这时其具有的封闭油气能力，用临界气柱高度计算如下：

$$Z_o = \frac{z\sigma\left[\dfrac{1}{r_c} - \dfrac{1}{r_b}\right]}{g(\rho_w - \rho_o)} = T_o$$

式中，Z_o、T_o为封闭油气高度（cm）；σ为地下油气界面张力（D/cm）；g为重力加速度（cm/s²）；ρ_w为地层条件下水的密度（g/cm³）；ρ_o为地层条件下油的密度（g/cm³）。

2. 压力封闭

压力封闭与毛细管封闭不同，它是由于盖层与储层之间存在着孔隙流体压力差形成的对游离相和水溶相油气的封闭作用，即主要依靠泥岩盖层中的异常孔隙流体压力来封闭油气。仅存在于具有异常孔隙流体压力的泥岩盖层中。泥岩盖层中的异常孔隙流体压力 (ΔP) 越大，所能封闭油气柱的最大高度 ($Z-Z_o$) 越大，其压力封闭能力越强。

根据泥岩压实分析，处于欠压实的泥岩，其内部孔隙压力高于正常静水压力值，这二者之差，称为异常孔隙流体压力。

$$P_{b地} - P_{静} = \Delta P$$

在存在超压情况下，盖层下伏储层中的油气，想要通过盖层运移，除必须克服盖层底部带的毛细管阻力外，还要克服盖层内的异常孔隙流体压力，即

$$P_{b储} > P_{b盖} + P_d$$

式中，$P_{b储}$ 为储层中孔隙压力 (MPa)；$P_{b盖}$ 为盖层中孔隙压力 (MPa)；P_d 为盖层底部排驱压力值 (MPa)。

换个方式，就是油气运移动力 (F) 必须克服上部盖层的毛细管阻力 (P_d) 和异常孔隙流体压力 (ΔP) 才能穿过盖层。因此，异常孔隙压力的存在无疑增加了盖层的封闭性。

泥岩的超压破裂一般发生在成油历史过程中。当微裂隙一度封闭时，具封盖作用。

图 6.70 表明，泥岩中存在微裂隙，但被充填闭合，当油气运移动力 (F) 小于闭合裂隙的扩张强度 (E) 和裂隙面最小毛管应力 (S) 之和时，其具有封闭作用。

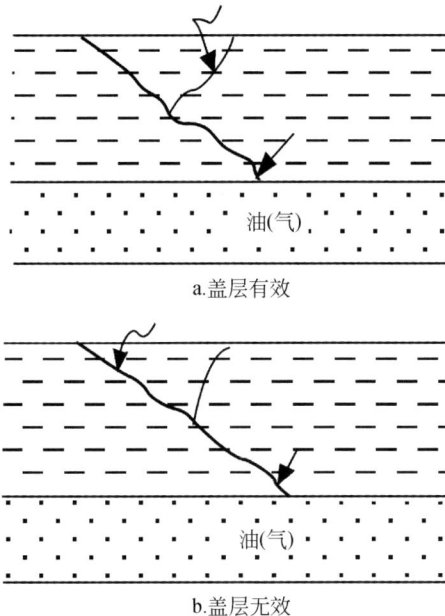

a.盖层有效

b.盖层无效

图 6.70 存在微裂隙时泥岩盖层的水封闭机理

3. 烃浓度封闭

由于盖层与储层之间存在着气体浓度差形成的对扩散相油气的封闭作用，其仅存在于具有生烃能力的盖层中。

上述第一种封闭机理最普遍，存在于所有的盖层中。而压力和烃浓度封闭只能存在于特定的地质条件下。

（二）断层封闭机理及影响因素

所谓断层封闭性是指断层与地层物性的各向异性相配合，形成能使油气聚集的新的物性和压力系统。它在地质空间上主要表现为两个方面，即断层的垂向封闭性和侧向封闭性。在断层两盘以"带"接触时，断层在垂向上的封闭主要依靠断裂带上下物质所形成的排替压力差或断裂带物质与油气运移一盘岩性的排替压力差来封闭油气。由图 6.71a 可以看出，如果 $P_A > P_B$ 或 $P_A > P_D$ 则断层在垂向上是封闭的；如果 $P_A < P_B$ 或 $P_A < P_D$ 则断层在垂向上是开启的。同理，由图 6.71b 可以看出，如果 $P_A > P_B$ 则断层在侧向上是封闭的；如果 $P_A < P_B$，则断层在侧向上是开启的。

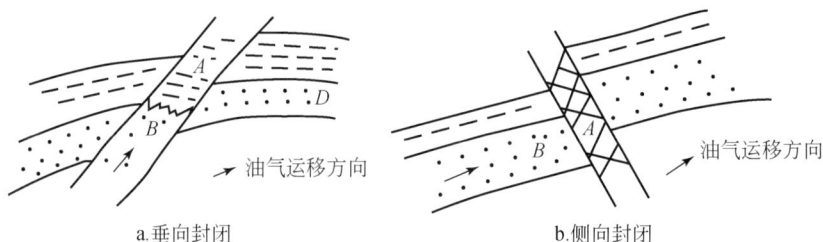

a.垂向封闭　　　　　　　　　　　　　b.侧向封闭

图 6.71　断层封闭特征示意图

在砂泥岩地层中，断裂带充填物为砂泥物质，如果断裂带填充物质以泥质成分为主，由于泥岩的孔隙度和渗透率低，所以其排替压力高，那么，它就可以对断裂带或储层形成垂向或侧向封闭。相反，如果断裂带填充物以砂质成分为主，由于砂岩孔隙度和渗透率高，其排替压力低，那么在通常情况下它就难以对断裂带或储层形成垂向或侧向封闭。

断层侧向封闭性主要取决于断层两盘砂、泥岩层的对接情况，若目的盘储层与对盘泥岩层对接，断层在该处侧向呈封闭状态，否则断层开启。对钻井稀少地区，用对接概率模拟的方法预测断层侧向封闭性。

断层垂向封闭性主要取决于断面所受正压力的大小，当断面正压力大于断移地层中泥质岩的变形程度时，泥岩的塑性流动使断层裂缝闭合，断层垂向封闭，否则断层垂向开启。

根据断面各点埋深、倾角等，可计算断面所受的正压力，其计算公式为

$$p = 0.009876Z(\rho_t - \rho_w)\cos\theta$$

式中，p 为断面正压力（MPa）；Z 为剖面深度（m）；ρ_t 为岩石密度（g/cm³）；ρ_w 为地

层水密度（g/cm³）；θ 为断面倾角。

根据研究层段断层的实际埋深，从断面构造图及断面正压力图上可查得断面所受正压力的大小。按表6.9标准，确定断层各点垂向封闭能力。

表6.9 断层垂向封闭性评价标准表

泥地比/%	断面压力/MPa				
	<1.5	1.5~3.5	3.5~5.5	5.5~7.5	>7.5
>50	差	较差	中	较好	好
50~40	差	差	较差	中	较好
40~30	差	差	差	较差	中
30~20	差	差	差	差	较差
<20	差	差	差	差	差

二、封盖层综合评价

（一）区域性盖层和局部盖层分布

盖层又可分为区域性盖层和局部盖层。区域性盖层是指稳定覆盖在油气田上方的区域性非渗透岩层。其一般遍布盆地或凹陷的大部分地区，具有厚度大、分布广、横向稳定性好等特点。区域性盖层仅是将油气限制在一定的地层单元内，与储集层、圈闭不直接接触，却对盆地内的油气聚集起着重要的作用，它在很大程度上决定着盆地含油气丰度与油气性质。

局部盖层是指直接位于储集层上方的非渗透岩层，它对圈闭中的油气起着直接的封盖作用。

延吉盆地盖层岩石类型单一，主要为泥岩和粉砂质泥岩。铜佛寺组和大砬子组沉积时期共发生过两次大的水进水退，形成铜二、铜三段和大一、二段厚层暗色泥岩。铜佛寺组顶部（SQ5层序）发育一套稳定厚层泥岩，为位于湖侵体系域顶部位置的最大湖泛面，是延吉盆地区域性盖层。铜佛寺组泥岩平均累计厚度为228.0m，最大单层厚度158m，泥地比平均为55.60%。大砬子组泥岩平均累计厚度为353.5m，最大单层厚度51m，泥地比平均为50.26%。由于各凹陷湖侵范围不同，相带展布有异，导致泥岩盖层纵向和横向分布均有所不同。即使在龙井凸起上也发育有一定厚度的大砬子组泥岩，它们均可作为区域盖层（图5.1~图5.5）。

1. 清茶馆-德新凹陷

清茶馆次凹的主体部位，可见稳定发育于铜佛寺组顶部的区域盖层，除凹陷局部凸起部位，如延 15 井区外，其余地区（延参 2 井、延 10、12、6 等井）的 SQ5 层序段均见到了稳定分布的厚层泥岩，为区域盖层；在铜佛寺组其他层序段 SQ2、SQ3 和 SQ4 发育的薄层泥岩局部盖在油气显示层及解释油层之上。在平面上岩性变化较大，井间难于连续追踪对比，为局部盖层，区内油气富集层基本为局部泥岩隔（盖）层遮挡形成。如延参 2 井油气显示井段在 SQ2 ~ SQ4 层序段分布，延 10 井油气显示井段在 SQ3 ~ SQ5 层序段分布（图 6.72）。由于是互层沉积，延 10 井在油层顶部均有 2.6 ~ 4.8m 厚的泥岩盖层。虽然不太厚，但由于有一定的叠加厚度，再者所钻构造北部 15 号断层和西部 16 号断层封闭性能好，使得延 10 井区最终得以富集成藏。而同一构造顶部的延 15 井有泥岩盖层，但由于断层封闭性差，未能成藏。

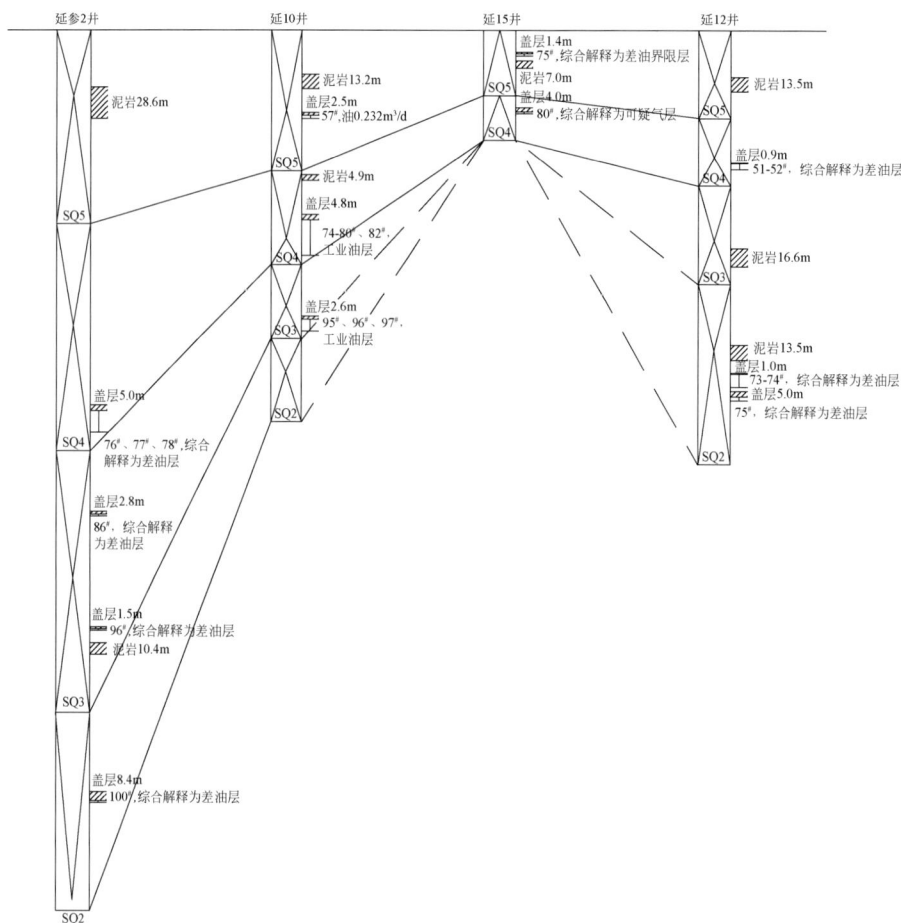

图 6.72 清茶馆凹陷储盖组合特征图

与清茶馆次凹一样，在德新次凹的主体部位，也可见稳定发育于铜佛寺组顶部的区域盖层，且具有一定规模。如：铜佛寺组 SQ5 泥岩厚度延 4 井为 71.2m、延 402 井为 18.7m、延 401 井为 79.5m（图 6.73）。德新次凹龙井气藏顶部的泥岩局部盖层质量相对较高。但泥岩局部盖层平面分布差异较大。如延 4 井的 28、25 ~ 26 号层综合解释为差油层，储层厚度为 6.6m，上覆厚为 2.1m 的泥岩盖层，16 ~ 17 号层综合解释为差油层，储层厚度为 4.0m，上覆厚为 2.5m 的泥岩盖层；7 号层试油为工业气层，储层厚度 14.0m，上覆局部盖层厚为 36.5m。局部盖层性能好，对油气的富集非常有利。同样的，延 402 井的 37～38 号层综合解释为差气层，试油为工业气层。储层厚度为 81.8m，上覆局部盖层厚为 11.6m。泥岩连续厚度较大，盖层质量较高。延 14 井：76 号层综合解释为差油层，储层厚度为 0.8m，上覆泥岩及粉砂质泥岩厚 4.2m；74 号层储层厚度为 2.2m，上覆厚为 2.2m 的泥岩；67 号层储层厚度为 2.4m，上覆局部盖层岩性为泥岩及粉砂质泥岩，厚度为 8.7m。局部盖层质量也较好。

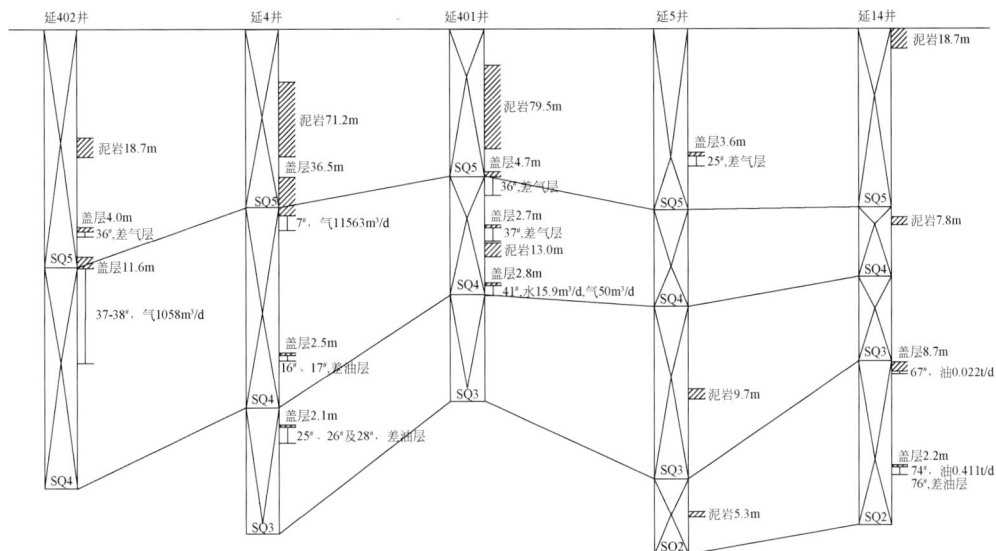

图 6.73　德新次凹延 4—延 14 井局部盖层组合分布图

2. 朝阳川凹陷

朝阳川凹陷的区域盖层与清茶馆–德新凹陷相似，在主体部位的 SQ5 层序段有稳定分布的厚层泥岩，甚至范围比后者还要大。大砬子组的区域盖层已与清茶馆–德新凹陷连成一片，使龙井凸起中段也形成区域盖层的展布。但朝阳川凹陷铜佛寺组泥岩局部盖层分布有差异，如延参 1 井附近，由于西部物源供给充足，砂岩发育，沉积泥岩厚度较小，最大厚度 19.6m；延 2 井靠近凹陷中心位置，远离物源区，泥岩厚度较大，单层泥岩厚度达 158.4m。区内泥岩与砂岩在剖面上呈互层状发育，在平面上岩性变化大，井间难于连续追踪对比，区内油（气）富集层应为局部泥岩隔（盖）层遮挡形成。

延参 1 井在 92、94–95 号层获得低产油流，储层砂岩厚度分别为 3.4m、13.4m，上覆局部盖层厚度分别为 1.5m、3.6m。综合解释 88、89 和 91 号层为差油层，储层厚度分别为 2.0m、1.6m 和 16m，上覆局部盖层厚度分别为 3.5m、4.1m 和 1.3m（图 6.74）。朝阳川凹陷其他探井如延 2、13 等井在 SQ5 层序也发育有泥岩盖层。

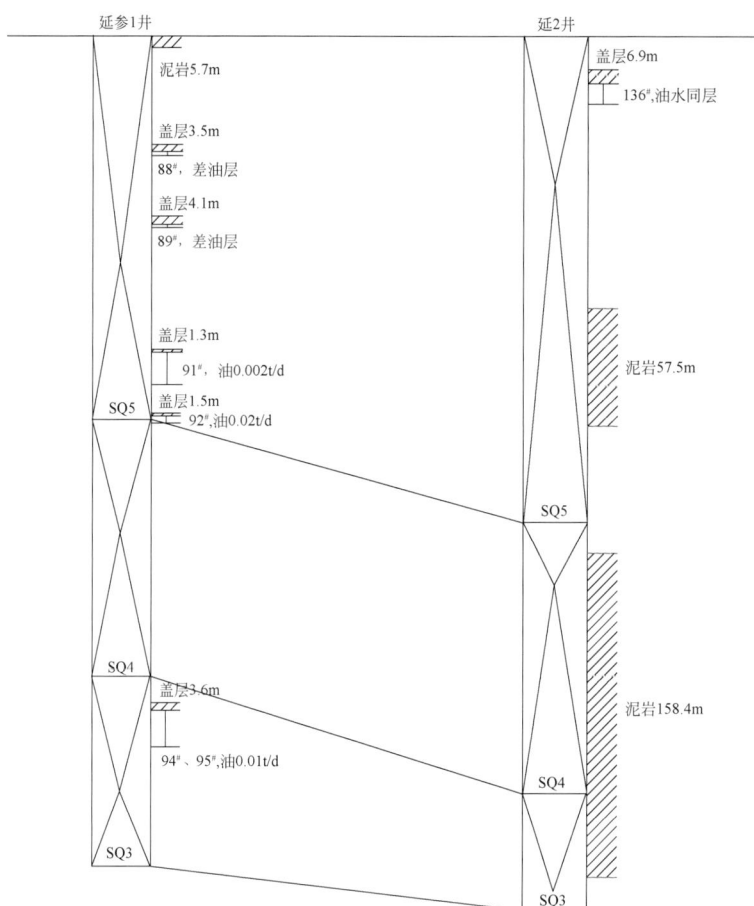

图 6.74　朝阳川凹陷延参 1 井、延 2 井局部盖层组合分布图

（二）局部封盖层封闭特征

1. 泥岩排替压力高

目前用于盖层物性封闭能力评价的参数主要有排替压力、孔隙度、渗透率、孔隙结构、比表面积等参数。但经过对我国各含油气盆地内盖层物性封闭性评价参数之间充分关系的研究发现，排替压力与孔隙度、渗透率、密度、孔隙中值半径和比表面积之间具有明显的统计函数关系，随着孔隙度、渗透率、孔隙中值半径的减小和密度、比表面积的增大则排替压力增大，反之则排替压力减小。因此，这些与排替压力相关的物性封闭参数在盖层封闭性评价中所起的作用，完全可以由排替压力所代替。因此排替压力是反映盖层物性封闭性最直接的参数。

根据延参 1、延参 2、延 2 等井的铜佛寺组和大砬子组泥岩样品分析结果（表6.10）：延吉盆地泥岩排驱压力为 3.59～42.51MPa，平均为 23.23MPa，明显高于其他含油气盆地泥岩的排驱压力值（如松辽盆地 3.0～20.6MPa）。这与其泥岩中普遍含有方解石、浊沸石、绿泥石等，堵塞了泥岩孔隙，使排替压力增大有关。当然也与蒙脱石脱水作用有关。由此表明，延吉盆地铜佛寺组和大砬子组泥岩具有较强的压力封闭能力。相应地局部盖层也具有较强的压力封闭能力。以龙井气藏为例，延 4 井铜二段气层埋深仅 507.0m，其上覆泥岩单层最大厚度为 36.5m，但因处于中成岩阶段 A 期，成岩程度较高，黏土矿物含量高，排驱压力大，具有较好的封盖能力，从而形成气藏。

表 6.10　延吉盆地泥岩实测排驱压力数据表（据大庆研究院）

层位	井号	深度/m	饱和煤油实测排驱压力/MPa	饱和水后排驱压力/MPa
铜三段	延 2 井	1415.0	20.84	42.51
		1346.0	7.58	15.98
	延参 1 井	1660.4	16.00	30.08
		1850.7	14.83	26.29
铜二段	延参 2 井	1554.0	12.57	20.11
		1788.8	1.96	3.59
		2050.3	8.98	32.12
大一段	延参 2 井	1186.8	3.99	8.73
		1514.7	10.54	20.16
	延参 1 井	1286.0	15.22	32.28

2. 烃浓度增加了局部盖层封闭能力

大砬子组二段泥岩因埋藏浅，未进入生烃门限，大一段下部和铜佛寺组为本区主要烃源层，其盖层内部应具有一定的烃浓度，对下部储层中气相烃向上通过盖层扩散具有一定的抑制作用。表明大一段泥岩层为强封闭能力的区域盖层，其他层段的泥岩为强封闭能力的局部盖层。

3. 大一段内的断层垂向封闭性最好

应用前述断层综合标准确认大一段内的断层垂向封闭性最好，铜佛寺组内的最差，盆地东、西侧的断层垂向封闭性差，凹陷内部的断层垂向封闭性相对好。

总之，延吉盆地各凹陷中区域盖层分布广泛，但局部泥岩盖层横向上分布不稳定，难于追踪和对比。局部泥岩隔（盖）层遮挡是形成油气藏的重要因素。在后期的构造运动中，有些油气藏由于局部盖层遭受破坏，封闭条件变差而使油气散失。

三、生储盖组合

根据现有油层、气层分布、油气显示情况、烃源岩分布、储层类型及特点、泥岩盖层等综合考虑，延吉盆地分布如下生储盖组合（图 6.75）：

自生自储组合：铜二段（生）、铜二段（储）、铜三段（盖）；

正常生储盖组合：铜二段（生）、铜三段（储）、大一段（盖）；

新生古储组合：铜二段（生）、潜山（储）、大一段（盖）。

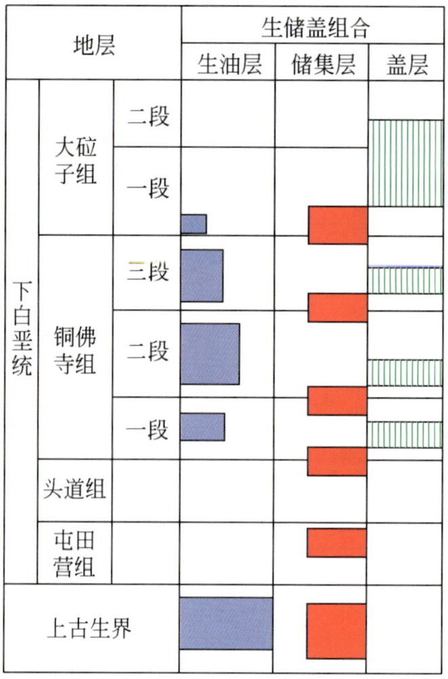

图 6.75　延吉盆地生储盖组合特征图

第三节　小　　结

（1）延吉盆地砂岩储层类型多，中细砂岩比例相对较高，以长石砂岩和岩屑长石砂岩为主，母岩类型为黑云母花岗岩。砂岩物性整体偏低，以低孔低渗为主。储集空间主要由原生、次生孔隙组成。次生孔隙包括溶蚀粒间孔、溶蚀粒内孔（铸模孔、长石粒内溶孔和岩屑粒内溶孔）。原生孔隙包括粒间孔、粒内孔和晶间孔。在纵向上有四个次生孔隙发育带。盆地内裂缝发育，以剪性裂缝为主。

（2）自生矿物以发育绿泥石、浊沸石和方解石为特征。主要目的层处于早成岩阶段 B 期（300~800.0m）、中成岩阶段 A 期（800.0~2200.0m）。早成岩阶段 B 期的黏土矿物组合以蒙脱石+绿泥石+伊利石+高岭石+伊蒙混层组合（M+C+I+K+I/S）为特征，长石次生加大、石英次生加大、方解石及浊沸石均普遍发育。中成岩阶段 A 期的黏土矿物组合由蒙脱石+绿泥石+伊利石+高岭石+伊蒙混层组合（M+C+I+K+I/S）和绿泥石+伊利石+高岭石+伊蒙混层组合（C+I+K+I/S）组成，长石次生加大、石英次生加大和浊沸石浅部发育，方解石普遍发育。

（3）对储层物性的影响分为受沉积环境和成岩作用影响两方面。水下分流河道相中物性较高，分流间湾等微相中物性较低。机械压实作用对储层的破坏作用最大，其次为方解石和浊沸石的胶结作用，最后为次生加大石英的胶结作用，为破坏性成岩作用。溶蚀、溶解作用和裂缝发育形成了大量次生孔隙，为建设性成岩作用。其中裂缝发育提高了储层约4%的孔隙度，而包壳状产出绿泥石可以降低压实和石英胶结作用对物性的破坏。

（4）储层沉积物经历了埋藏压实—胶结—溶蚀—再胶结的过程。孔隙的演化表现为原始粒间孔隙减少—次生孔隙发育—孔隙度减少的过程。孔隙流体演化经历了碱性—酸性—碱性三个阶段。次生孔隙带的成因为大气水淋滤和有机酸溶蚀。由此划分出方解石充填相、浊沸石充填相和溶蚀成岩相。纵向上具有溶蚀相和充填相相互叠置的特点。其中，铜二段以溶蚀相为主，铜三段以方解石充填相为主，大砬子组则以浊沸石充填相为主，局部发育少量溶蚀相。

（5）铜佛寺组顶部稳定分布的厚层泥岩，为区域盖层。而油气层顶部泥岩与砂岩在剖面上呈互层状发育，在平面上变化大，难于连续追踪对比，可作为局部泥岩盖层。区内泥岩排替压力高，是主要的微观封闭形式。综合评价盆地东、西侧的断层垂向封闭性差，凹陷内部的断层垂向封闭性相对好。区域盖层的遮挡，阻止了油气向大砬子组地层的运移，油气层多发育在铜佛寺组。

（6）延吉盆地主要存在自生自储、正常生储盖、新生古储等三种生储盖组合类型。

第七章　油气藏类型及成藏条件

第一节　油气水特点及来源

一、三种类型原油

（一）轻质、中质和重质原油均有分布

目前在延吉盆地发现了三种类型的原油，即轻质、中质和重质均有分布（表7.1）。

表7.1　延吉盆地原油性质表

井号	层位	井段/m	相对密度/(g/cm³)	黏度/(mPa·s)	含蜡/%	含胶/%	凝固点/℃
延10	铜二	827.4~1024.6	0.8745	20.10	14.30	13.50	16.0
延参1	铜二	1712.4~1846.0	0.8269	7.7	23.90	5.2	35.0
延14	铜一	1167.2~1165.0	0.9026	83.3	9.0	32.99	18.0
		1074.0~1076.4	0.9735	182.4			
延12	铜一	1274.6~1280.0	0.8856	32.00	10.40	20.40	27.0
延新205	井口采气伴生油		0.9025	255.67	28.3	22.0	38.0

　　轻质原油在延吉盆地的西部朝阳川凹陷的延参1井铜佛寺组获得，原油密度为0.8269g/cm³，黏度7.7mPa·s，含蜡23.9%，凝固点35℃。属轻质高蜡高凝低黏原油。这是因为油层埋藏较深（1812~2004m）、成熟度较高、保存较好。延吉盆地的东部清茶馆–德新凹陷北部次凹延10井铜佛寺组原油密度为0.8745g/cm³，黏度20.1mPa·s，含蜡14.3%，凝固点16℃。属中质高蜡低凝原油。这可能是深埋形成的轻质原油在被抬升过程中受到轻微降解所致。在该次凹中部的延14井铜佛寺组一段原油密度为0.9026g/cm³，黏度32.0mPa·s，含蜡10.4%，凝固点27℃，属重质高蜡高凝原油。在该次凹南部的延新205井铜佛寺组二段原油密度为0.9025g/cm³，50℃时的运动黏度为255.67mPa·s，含蜡28.3%，凝固点38℃。属重质高蜡高黏高凝原油。显然二者均遭受了严重的降解（后文述及延14井获原油的下部1172.0m处油砂谱图完整，未遭受降解）。

（二）原油的地球化学特征

　　延新205井的原油主峰碳为23（图7.1），Pr/Ph为0.3，正烷烃奇偶优势值（OEP）

为1.46，碳数范围15～37，饱和烃为50.5%、芳烃27.2%、非烃+沥青质22.3%。显然属于正常偏重的原油，由于原油已经过降解，Pr/Ph和OEP都不能反映原油特点。碳同位素为−30.52‰，属碳同位素偏轻的正常原油。而延参1井的原油（图7.2）主峰碳也为23，Pr/Ph为0.77，正烷烃奇偶优势值（OEP）为1.14，碳数范围9～38，饱和烃为69.37%、芳烃11.47%、非烃+沥青质7.32%。显然原油质量好于前者，成熟度高。

从14件油砂样品（延D9、延12、延10、延参2、延5、延14和延2井）看，由于原油遭到不同程度的次生降解（表7.2），部分样品（延D9、延12、延5、延2等）族组成中饱和烃减少（<50%），重杂组分（非烃+沥青质）增加（>30%）。相应在饱和烃色谱图（图7.3、图7.4）中正构烷烃部分丢失或大量丢失。延10、延14、延参2井等正常原油族组分以具高饱和烃（50%～70%），高饱/芳比（一般4～5）和低沥青质（一般<5%）为特征。饱和烃中正构烷烃完整，呈植烷优势（Pr/Ph<1），主峰碳相近（C_{21}、C_{23}），OEP为1.02～1.18，显示成熟或接近成熟。

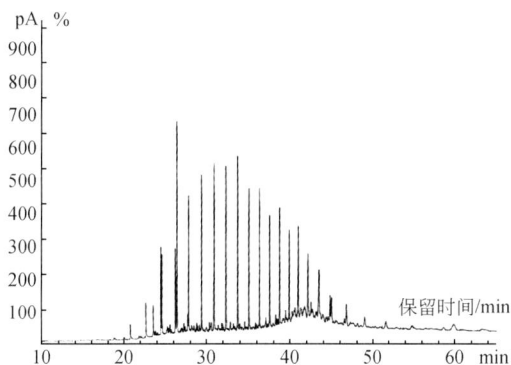

图7.1 延新205井原油气相色谱图

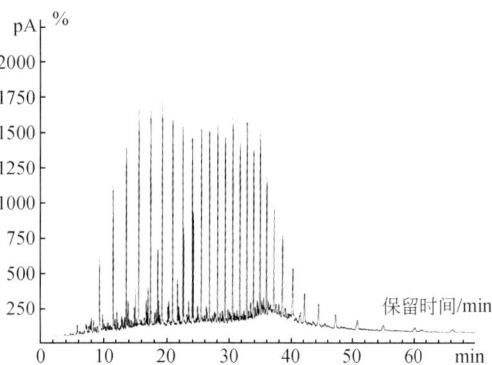

图7.2 延参1井原油气相色谱图

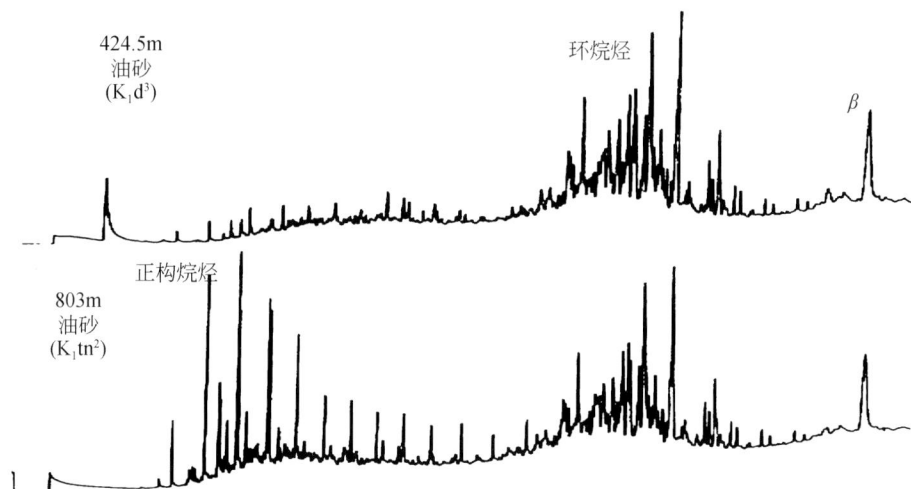

图7.3 延D9井饱和烃色谱图

总之，根据原油的物理性质和地球化学特征均可分为轻质、中质和重质三类，它们无疑与形成保存环境有关系。

表7.2 延吉盆地油砂基本地球化学特征

井号	井深/m	层位	族组分/%				Pr/Ph	Pr/nC$_{17}$	Ph/nC$_{18}$	$\dfrac{nC_{21+22}}{nC_{28+29}}$	OPE	主峰C	备注	产状
			饱和烃	芳烃	非烃	沥青质								
延D9	424.5	大二	50.57	19.92	34.10	0.38							严重降解型	油斑
延D9	511.6	大一	47.92	23.33	33.33	0.42	0.47						严重降解型	油砂
延D9	803	铜二	32.52	19.23	31.12	20.63	0.99						部分降解型	油斑
延12	523.61	大一	51.42	21.14	29.34	0.32	0.24						严重降解型	油砂
延12	836	铜二	53.19	21.61	28.25	0.28	0.79						部分降解型	油砂
延12	1258	铜二	36.94	13.51	45.05	9.01	0.52						部分降解型	裂缝
延12	1030	铜一	69.79	12.90	17.60	3.81	0.32	0.52	1.49	2.43	1.06	C$_{23}$	正常型	油砂
延10	1018.2	铜一	67.72	12.66	16.46	4.75	0.58	0.54	0.73	2.51	1.10	C$_{23}$	正常型	油砂
延参2	1653	铜三	53.33	13.33	34.07	3.70	0.28	0.66	1.55	2.013	1.13	C$_{23}$	正常型	泥岩层面
延参2	1792	铜二	42.11	10.53	24.56	26.30	0.45	0.57	0.81	1.93	1.12	C$_{23}$	正常型	泥岩裂缝
延14	1172.3	铜一	57.48	20.93	22.92	0.33	0.45	0.63	1.24	5.53	1.18	C$_{21}$	正常型	油砂
延5	663.6	铜三	47.00	11.00	45.5	0.50	0.37						部分降解型	裂缝
延5	857.0	铜三	72.93	6.77	18.80	3.01	0.24	0.62		3.46	1.05	C$_{21}$	部分降解型	层面
延2	986.0	大二	23.38	16.45	33.77	23.38	0.58		3.23				严重降解型	裂缝

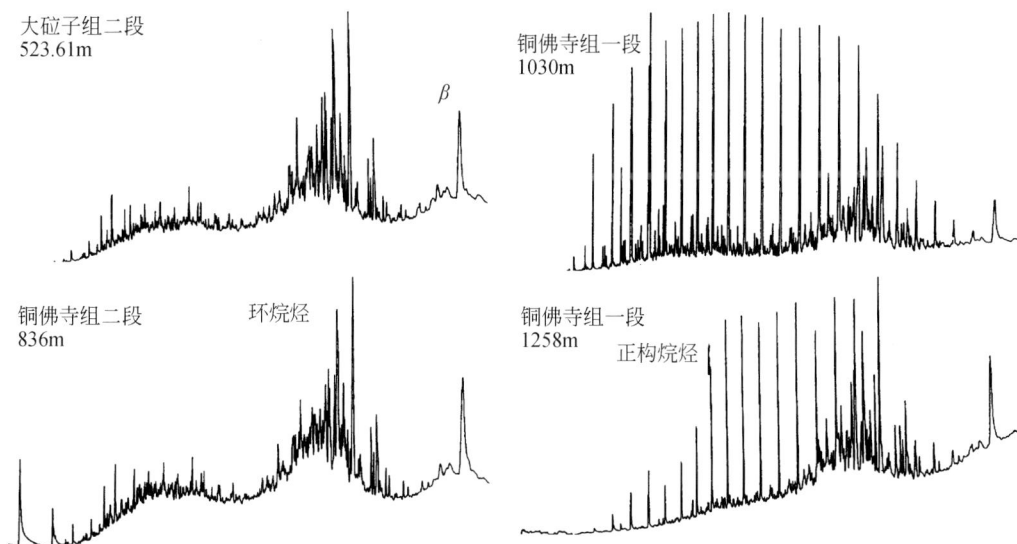

图 7.4 延 12 井油砂饱和烃色谱图

二、天然气为原油降解气

延吉盆地已发现的龙井气田位于德新凹陷，气层在铜二段上部。共完成探井 3 口、开发井 8 口，均见气显示，延 4、延新 202 等 6 口井获工业气流。

龙井气田气藏类型为层状构造气藏。其遵循重力分异原则，形成上气下水的气水系统。铜二段上部气层由延 402 井试气证实气层底界深度 740m，海拔 –330m 与铜二段地层顶面构造圈闭线吻合，气水分布受构造控制。

（一）天然气地球化学特征

1. 气体组分组成

龙井气田天然气可分为以下两种类型。第一类：天然气组成中烃类气体占 93% 以上，最高达 97.7%。烃类气体以甲烷为主，甲烷含量占 90.51% ~ 96.65%，平均 93.97%；乙烷含量在 0.23% ~ 1.2%，平均 0.47%；丙烷含量少于 0.72%，平均 0.10%。二氧化碳含量少于 0.33%，平均 0.16%。氮气含量较高，最大可达到 6.88%，平均 4.56%。不含丁烷、戊烷和硫化氢气体。气体密度 0.57 ~ 0.59，平均 0.58。第二类：以延新 205 井为典型井，天然气中烃类气体占 97.7%。烃类气体中甲烷气体占 89.36%，乙烷含量 3.38%，丙烷含量 2.45%，丁烷含量为 1.76%，iC_4/nC_4 为 0.673，戊烷含量为 0.75%。二氧化碳含量较高，达 2.30%。该类型天然气中不含氮、氦、硫化氢等，但含丁烷戊烷，气体密度较大，达 0.66（表 7.3）。表明与原油的关系密切。

表 7.3 延吉盆地天然气组分数据表

井号	层位	取样深度/m	相对密度	总烃/%	甲烷/%	乙烷/%	丙烷/%	iC$_4$/nC4	氮气/%	二氧化碳/%	$\delta^{13}C_1$/‰
延 4	铜二段	497.0~522.3	0.5694		96.650	0.24			2.801	0.271	
			0.5699		96.576	0.23			0.895	0.272	
			0.5724		94.441	0.24	0.111		4.195		
					94.129	0.25	0.078		5.538	0.013	-58.73
延新 201	铜二段	1016.0~1047.0	0.5887	95.965	95.606	0.359	0.720		3.97	0.180	
延新 203	铜二段		0.5811		93.200	1.20			4.200		-60.51
延新 203-1	铜二段	627.0~601.0	0.5979	93.727	93.419	0.308			6.195	0.350	
延新 204	铜二段	558.0~605.0	0.5946		90.510	0.67			6.880	0.330	
延新 205	铜二段	井口	0.6593	97.702	89.356 91.230	0.74 3.381	2.453	0.706/1.049	6.250	2.297	-50.19

烷烃气的组分组成和气藏所处构造位置之间存在一定规律：构造高部位的气层（如延4井）甲烷含量一般较高，一般在95%左右；而在构造边缘部位的气层（如延新204、延新205）甲烷含量减少，一般在91%左右。天然气密度也随所处位置发生变化。构造高部位的气层密度稳定在0.57左右；构造低部位的气层密度则最大达到0.66。

2. 天然气碳同位素组成

第一类天然气甲烷碳同位素值均较低，$\delta^{13}C_1$值一般波动在-60‰上下范围内，乙烷碳同位素值$\delta^{13}C_2$波动在-45‰上下范围内，具有碳同位素轻的生物成因气特点。

第二类天然气甲烷碳同位素较重，$\delta^{13}C_1$值为-50.19‰，乙烷碳同位素值$\delta^{13}C_2$值为-35.33‰。与第一类天然气碳同位素不同，具有油型气碳同位素特点。

3. 原油降解与水洗作用

由于后期构造抬升，储集层二次埋深变浅，原油通常会遭受水洗氧化或生物降解等作用，形成稠油和天然气，此时天然气为原油降解次生型生物气。

在后期埋深变浅后，储集层中由于携带大量细菌及养分的地表水的渗入，原油会发生生物降解。经生物降解生成的天然气碳同位素偏重于典型生物化学气碳同位素，而其重烃含量也不高，乙烷碳同位素显示相对偏轻的特征。这些轻烃组成及碳同位素系列的变化显示出生物降解的迹象。加之延吉盆地晚期抬升褶皱构造及盆地内气与降解油的共生特点，可认为这些浅层气为油层菌解气，即由原油经微生物降解作用而形成的再生型生物气。

（二）天然气成因类型及分布

延吉盆地浅层气样品数据均落在生物成因气和油型气区域内（图7.5），无样品数据落在煤型气区域内。这表明延吉盆地的天然气主要为生物成因气及油型气。若按戴金星、李先奇和王政军等关于天然气及生物气、原油降解气的划分标准，根据前述的天然气化学组成和碳同位素值特征，结合变化因素（如区域构造）的分析，延吉盆地浅层气的成因类型主要分为两类。

1. 生物气

广义生物气分为早期成因生物气、低熟气、晚期成因生物气、原油降解次生生物气和浅层油气次生蚀变改造型生物气五种。延吉盆地部分浅层气富含烃类，总烃含量大于90%。烷烃气以甲烷为主，含量一般在93%以上，其重烃含量并不高，一般低于1%；天然气密度低，变化在0.58上下；甲烷碳同位素组成轻，基本低于-55‰，随深度增加甲烷碳同位素变重；烷烃系列碳同位素组成为$\delta^{13}C_1<\delta^{13}C_2$，属有机成因气碳同位素正常序列；具有较高的氮气含量（图7.6）。地层水为$NaHCO_3$型的微咸水（总矿化度3500mg/L）。

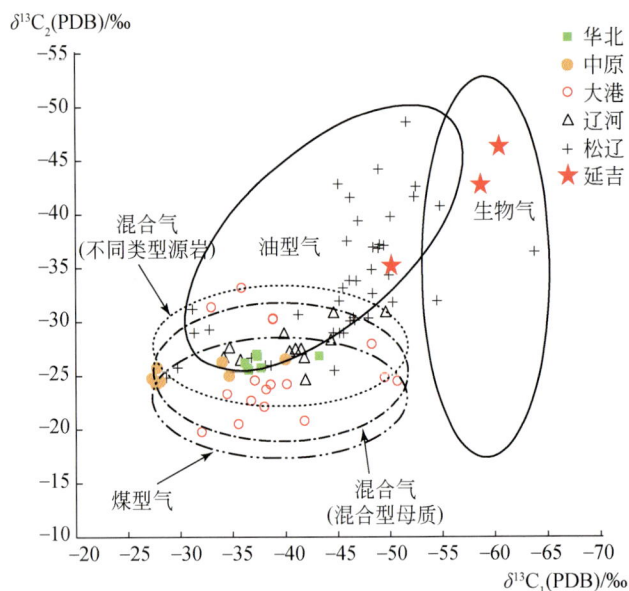

图 7.5　中国东部天然气成因类型图

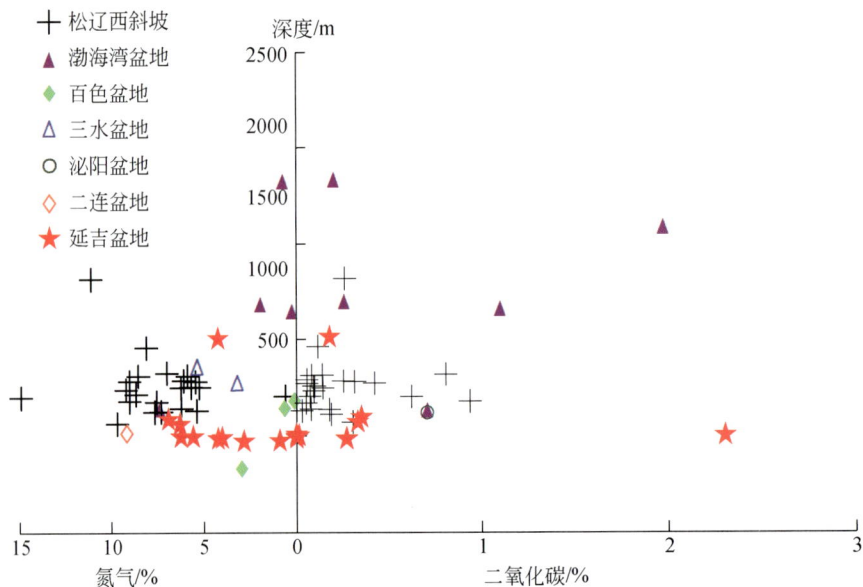

图 7.6　N_2、CO_2 含量和深度关系图

德新凹陷烃源岩成熟度不高，R^o 大多为 0.4% ~ 0.7%，处于中低成熟阶段。这些地球化学指标及地质产状均是这类天然气属于原油降解次生型生物气的有力证明（表 7.4）。遭受微生物降解的油层一般埋藏较浅，主要分布在 1500m 以浅范围（图 7.7），这类天然气主要分布在德新凹陷东南部延 4 井附近构造高部位。

表7.4 延吉盆地天然气成因类型分析对比表

项目		原油降解次生生物气	延4井等	油型气	延新205井
地球化学指标	甲烷含量	甲烷为主，大于90%	93.97%	变化范围较广	89.36%
	重烃含量	极低，通常小于1%	0.57%	重烃含量较高，一般大于5%	8.54%
	碳同位素	$\delta^{13}C_1$：$-75‰ \sim -55‰$；随深度增加 $\delta^{13}C_1$ 变重；$\delta^{13}C_1 < \delta^{13}C_2$	$\delta^{13}C_1$ 为 $-59‰ \sim -61‰$；$\delta^{13}C_2$ 为 $-43‰ \sim -46‰$；	$\delta^{13}C_1$：$-55‰ \sim -40‰$；湿气：$-55‰ \sim -45‰$；凝析气：$-50‰ \sim -40‰$；裂解气：$-45‰ \sim -30‰$；$iC_4/nC_4 < 1$；随成熟度的增高，iC_4/nC_4 值降低	$\delta^{13}C_1$ 为 $-50‰$；$\delta^{13}C_2$ 为 $-35‰$；$iC_4/nC_4 = 0.673$
	CO_2 含量 N_2 含量	N_2 含量较高	CO_2：0.16%；N_2：4.56%	含 CO_2	不含氮；CO_2 含量2.30%
	地层水	中低矿化度的 $NaHCO_3$ 型或 $CaCl_2$ 型	$NaHCO_3$ 型的微咸水		
地质产状	有机质成熟度	中-低等成熟度，R^o 为 0.4% ~ 0.8%	R^o：0.4% ~ 0.7%	R^o 大于0.5%	R^o 为 0.4% ~ 0.7%
	母质类型	II、III型	II_A、II_B型	I、II型	II_A、II_B型
	储层类型	埋深一般1500m；岩性多为碎屑岩	浅层；岩性为砂岩	浅层	浅层

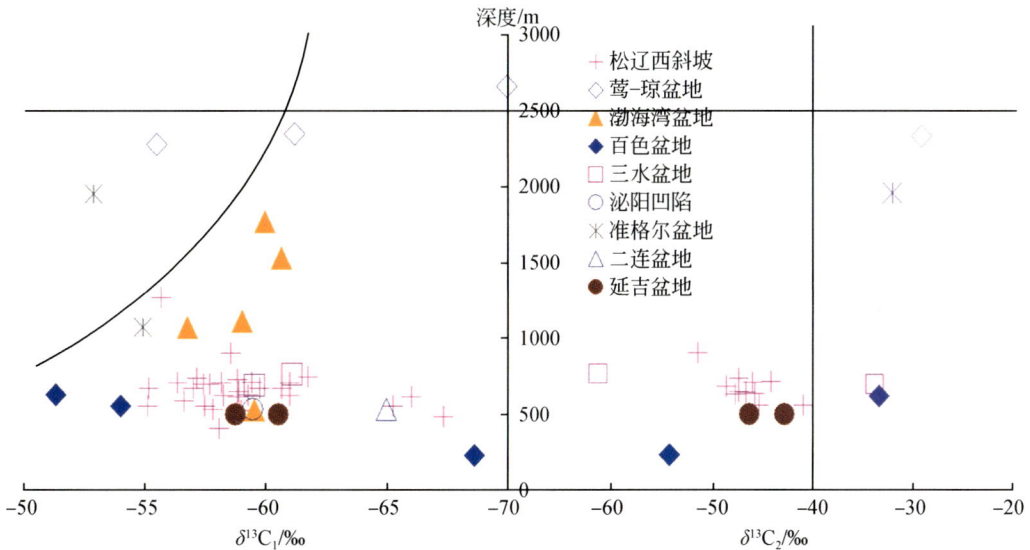

图7.7 甲烷、乙烷碳同位素值和深度相关关系图

2. 油型气

油型气可分为石油伴生气（湿气）、凝析油伴生气（凝析气）、腐泥型裂解气等三种，延吉盆地少量浅层气属于石油伴生气。例如，延新 205 井天然气总烃含量高，占 97.7%，甲烷占烃类的 89.356%，重烃气含量>5%（表 7.3）。甲烷碳同位素为 -50.19‰，乙烷碳同位素为 -35.33‰，iC_4/nC_4 值 0.673，明显小于 1。母质以 II_A、II_B 型干酪根为主，具有典型的石油伴生气（湿气）特征。

油型气由于成因上与原油有着密不可分的关系，通常与油藏伴生或相邻。在延新 205 井气藏下部发现密度 $0.91g/cm^3$、含蜡 28.3% 的重质高蜡油，为该地区存在油型气成因类型提供了有力的佐证。

（三）天然气形成机制

1. 原油伴生气的形成

大砬子组及铜佛寺组烃源岩在浅层沉积埋深阶段曾产生早期成因生物气。但由于缺乏圈闭、早期断裂发育、盖层固结程度差等原因，在持续深埋和盖层发育过程中早期成因生物气逐步逸散，未能聚集成藏。随着地层进一步埋深，有机质逐渐进入成熟期，早期生物气生成强度减弱，原油及原油伴生气开始生成。油气聚集在邻近砂岩透镜体或伸展断陷期形成的早期小型圈闭及源岩孔隙或溶于地下水中。在龙井组后期，由于盆地的整体抬升剥蚀，地层压力下降，原储存在砂岩体或气源岩中的天然气及原油被释放运移到后期构造圈闭中聚集。

2. 原油降解次生型生物气的形成

在龙井组沉积末，盆地发生萎缩抬升，大砬子组及铜佛寺组烃源岩由于低温低压停止了生烃作用。但与此同时，构造运动造成的大量断裂，为大量微生物及养料渗入到烃源岩提供了通道。因此，大砬子组及铜佛寺组烃源岩又进入了后期生物气生成阶段。在盆地抬升之前，大砬子组及铜佛寺组烃源岩曾经达到过低熟或成熟阶段，早期的小型成藏原油，在厌氧条件下被微生物改造、降解。也就是有利于甲烷菌的代谢作用，促使甲烷气的形成。

3. 晚期复合成藏

盆地浅层气藏的分布主要受后期构造运动的控制，尤其是盆地主体部位的宽缓的北东轴向的向斜构造，盆地南北部各形成南陡北缓的斜歪背斜为主要控制因素。早期生成并保存在烃源岩及砂体内的天然气在强烈构造运动中被释放，并到邻近的圈闭中聚集成藏。在成藏过程中上部地层主要释放原油降解生物气，下部地层主要释放原油伴生气。天然气成藏过程发生在盆地抬升、构造形成之后，现今该成藏机制已趋于结束。

延吉盆地气层的埋藏深度、化学成分及碳同位素组成的变化趋势等为其多期产气、晚期聚集的成藏机制提供了有力的证明。

三、以微咸地层水为主

延吉盆地的地层水一般属微咸水，水型较单一，为 $NaHCO_3$ 型。总矿化度为 1200 ~ 3000mg/L，氯离子含量 49 ~ 92mg/L。德新地区地层水矿化度较高，清茶馆和朝阳川地区矿化度比德新地区低。而地面水的总矿化度小于 300mg/L，为淡水。在一些探井测试过程中，获取的水总矿化度在 720 ~ 1210mg/L（表 7.5），这主要是由于构造活动引起的地表水渗滤和地层水淡化作用，如延 15 井。

对延参 1 井压后返排液进行水性分析，总矿化度初期为 9660mg/L，氯离子含量 4520mg/L，排液 10 天后为 4550mg/L，氯离子含量 1810mg/L，pH 为 6.1 ~ 6.6，属与压裂液有关的水性特点。地层水在封闭条件下的浓缩作用导致钠离子当量百分比减少和氯离子当量百分比增加。

四、油 源 对 比

延吉盆地清茶馆-德新、朝阳川凹陷的原油均来自于铜佛寺组烃源岩。

（一）油-油对比

1. 各凹陷（次凹）内原油为同源

由于部分原油遭到次生降解，用族组分或饱和烃色谱已很难进行油-油对比。采用饱和烃色谱-质谱所显示的甾萜类生物标记化合物进行对比有一定效果。

在清茶馆次凹，延 D9、延 12 井油砂样品部分或大部分正构烷烃消失，但抗降解能力强的甾萜类化合物分布完整。它们相应的甾萜类组成，尤其含量丰富的 γ-蜡烷、β-胡萝卜烷和较多的三环二萜烷以及分布近似的 5α-C_{27}、C_{28}、C_{29} 甾烷等，充分暗示其同源特征（表 7.6）。

同样，延 5 井 663.6m（铜三段）和延 14 井 1172.3m（铜一段）原油也有相同的植烷优势、β-胡萝卜烷等特点，表明凹陷（次凹）内原油为同源。

2. 原油分为三种成熟度

图 7.8、图 7.9、图 7.10 等为各样品的甾萜类化合物组成。可以看到，尽管延 10 井 1018.2m（铜二段）、延参 2 井 1653m（铜三段）、1792m（铜二段）等原油所显示的地球化学组成彼此相近（图 7.10），但和延 12、延 D9 井原油相比，又有明显不同（图 7.8、图 7.9）。延 12、延 D9 井 1030m（铜一段）原油以相对高 γ 蜡烷（γ 蜡烷/ $C_{30}\alpha\beta$ 达 0.5 ~ 0.59）、高 5α-C_{28} 甾烷（5α-C_{28}/C_{29} 比值 0.5 ~ 0.65）和较低的甾萜类异

表7.5 延吉盆地水分析表

地区	井号	层位	井段/m	水分析				水产量/(m³/d)	试油结论	备注
				总矿化度	氯离子	重碳酸根	pH			
德新	延402	铜二	809.0~860.0	3295.71	54.25	2194.52	8.35	4.50	水层	压后抽汲
	延401	铜二	633.0~883.6	3502.69	72.34	2235.16	8.80	720	水层	压后抽汲
	延401	铜二	716.8~720.0	3340.36	72.34	2004.87	8.80	6.57	水层	溢流 MFE II
	延新205			6070	1220	2690	8.40			
清茶馆	延15	大一	471.3~476.5	1019.83	428.18	154.8	8.46	3.12	水层	抽汲
	延15	大一	438.0~441.6	741.32	349.54	47.91	8.46	25.68	水层含气38m³	抽汲+自喷
	延12	铜二	831.4~1068.6	1500.00	348.93	867.00	7.50	15.60	水层	压后抽汲
	延12	铜一	1074~1079	1535.54	168.79	118.24	8.30	3.65	水层	MFE II
	延2	铜三	1333~1344	1255.34	135.95	690.44	8.00	2.564	水层	MFE II
	延2	大二	929.2~993.0	2074.95	106.38	1024.53	9.00	0.403	水层	MFE II
朝阳川	延13	铜二	1377~1381.3	792.17	89.78	281.91	8.31	17.53	水层	MFE II–抽汲
	延参1	铜二	1812~2004	9660	4520	4560	6.60			压裂液
	延参1井附近河沟			297	7.8	194	6.80			地表水

表7.6　延吉盆地油、岩甾萜烷组成

井号	井深/m	层位	$\dfrac{Ts}{Tm}$	$\dfrac{C_{30}\alpha\beta}{C_{30}\beta\alpha}$	$\dfrac{C_{31}S}{C_{30}R}$	$\dfrac{\gamma\,蜡烷}{C_{30}\alpha\beta}$	$\dfrac{5\alpha-C_{27}}{5\alpha-C_{29}}$	$\dfrac{5\alpha-C_{28}}{5\alpha-C_{29}}$	$5\alpha-C_{29}\dfrac{S}{S+R}$	$\dfrac{\beta\beta-C_{29}}{\Sigma C_{29}}$	样品类型
延参2	1653	铜三	1.10	10.77	1.54	0.43	0.59	0.46	0.49	0.49	油
延参2	1792	铜二	3.95	11.58	1.50	0.30	0.65	0.33	0.50	0.47	油
延10	1018.2	铜二	1.64	10.11	1.51	0.42	0.79	0.48	0.51	0.40	油
延12	523.6	大一	0.77	6.3	1.51	0.52	0.56	0.65	0.42	0.31	油
延12	836	铜二	0.96	7.51	1.47	0.52	0.51	0.56	0.38	0.33	油
延12	1030	铜一	0.93	6.72	1.44	0.42	0.67	0.61	0.36	0.25	油
延12	1258	铜一	0.72	7.4	1.55	0.59	0.47	0.50	0.44	0.33	油
延D9	424.5	大二	0.81	6.27	1.48	0.64	0.63	0.63	0.39	0.29	油
延D9	803	铜二	0.87	6.07	1.46	0.54	0.65	0.61	0.39	0.30	油
延12	1027	铜一	0.36	5.87	1.38	0.30	0.79	0.62	0.29	0.26	泥岩
延参2	1652.5	铜三	3.56	10.99	1.60	0.65	0.84	0.63	0.49	0.55	泥岩
延参2	2006	铜二	2.22	9.03	1.45	0.59	1.26	0.48	0.46	0.50	泥岩
延参2	2401	铜一	0.42	9.7	1.98	0.23	0.96	0.40	0.50	0.33	泥岩
延2	986	大二	0.84	6.9	1.45	0.30	0.67	0.48	0.41	0.29	油
延2	1420.2	铜三	0.03	2.67	1.38	0.14	0.46	0.30	0.36	0.22	泥岩
延14	1172.3	铜一	0.71	6.17	1.56	0.28	0.25	0.47	0.37	0.27	油
延5	663.6	铜三	0.29	4.24	1.17	0.74	0.92	0.80	0.16	0.22	油
延5	860	铜二	0.29	4.92	1.31	0.27	0.85	0.68	0.21	0.20	泥岩

构化程度（Ts/Tm<1，C_{29}甾烷S/S+R为0.36～0.42，$\beta\beta C_{29}/\Sigma C_{29}$甾烷为0.25～0.33）为特征。而延10井1018.2m（铜二段）的原油正相反：相对低γ-蜡烷（γ-蜡烷/C_{30} $\alpha\beta$为0.30～0.43），低$5\alpha-C_{28}$甾烷（$5\alpha-C_{28}/C_{29}$为0.33～0.48）和较高的甾萜类异构化程度（Ts/Tm>1，C_{29}S/S+R为0.49～0.51，$\beta\beta C_{29}/\Sigma C_{29}$为0.40～0.49等）。二者的差异说明无论是沉积水介质条件、有机质来源和热演化程度都有所不同。即延12井和延10井是不同类型烃源岩所衍生出的原油（图7.8）。

经对德新次凹内延5井663.6m（铜三段）和延14井1172.3m（铜一段）原油进行分析，可看到延14井油砂饱和烃色谱显示其正构烷烃分布完整，未遭到次生降解（图7.11）。延5井则因降解仅保存了部分正构烷烃（图7.11）。尽管如此，从两者具有相同的植烷优势、β-胡萝卜烷看，其生油母质可能相似。延5井原油甾萜类异构化程度低：$5\alpha C_{29}$S/S+R为0.16（大于0.4为成熟原油），$\beta\beta C_{29}/\Sigma C_{29}$为0.22，Ts/Tm仅为0.29，应划属低熟油（图7.12），而延14井原油甾萜类异构化程度明显增大（$5\alpha C_{29}$S/S+R为0.37），正构烷烃奇偶优势基本消失，原油成熟度比延5井高。

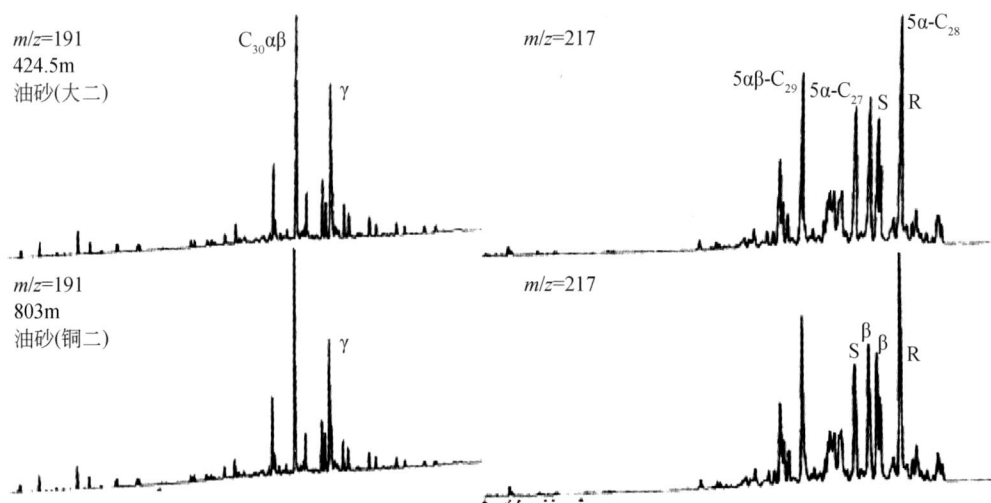

图 7.8　延 D9 井油砂甾萜类化合物分布图

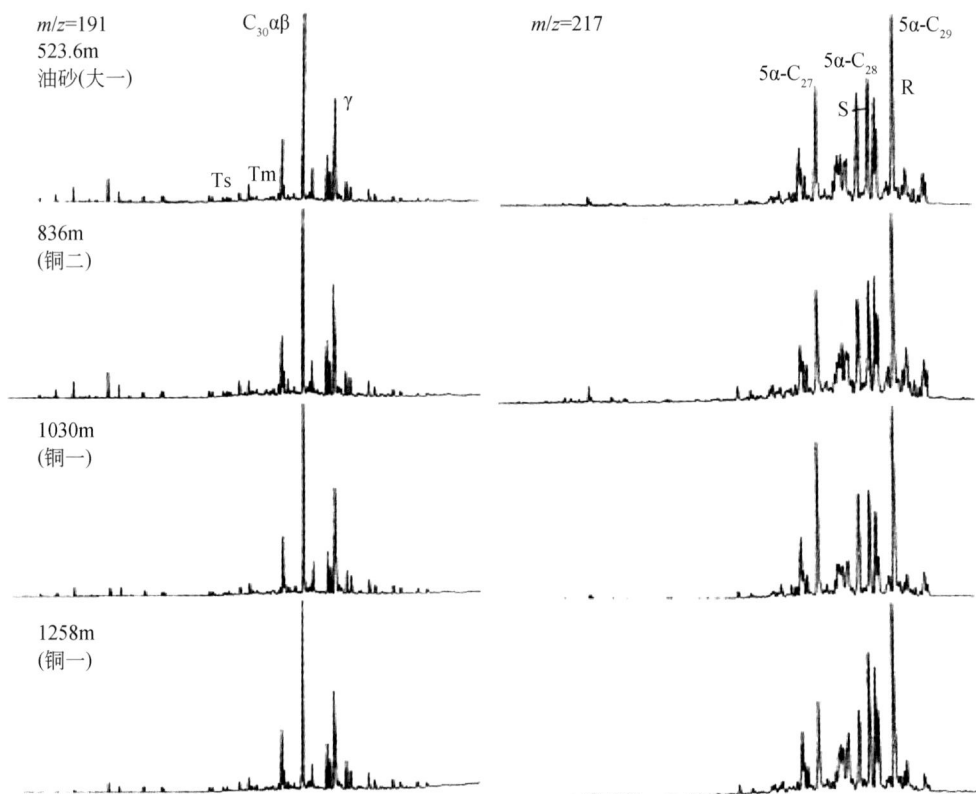

图 7.9　延 12 井油砂甾萜类化合物分布图

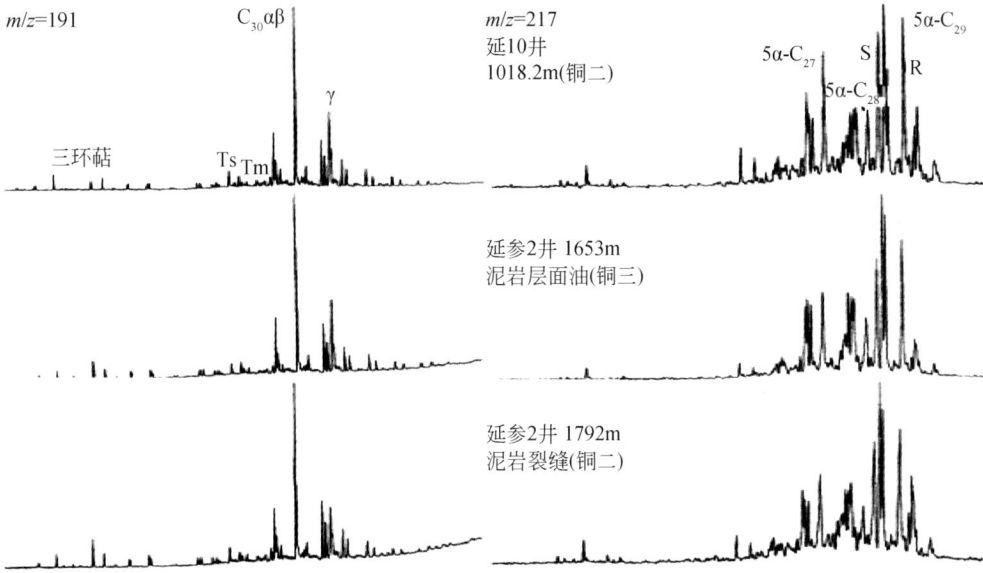

图 7.10   延参 2 井、延 10 井油–油对比图

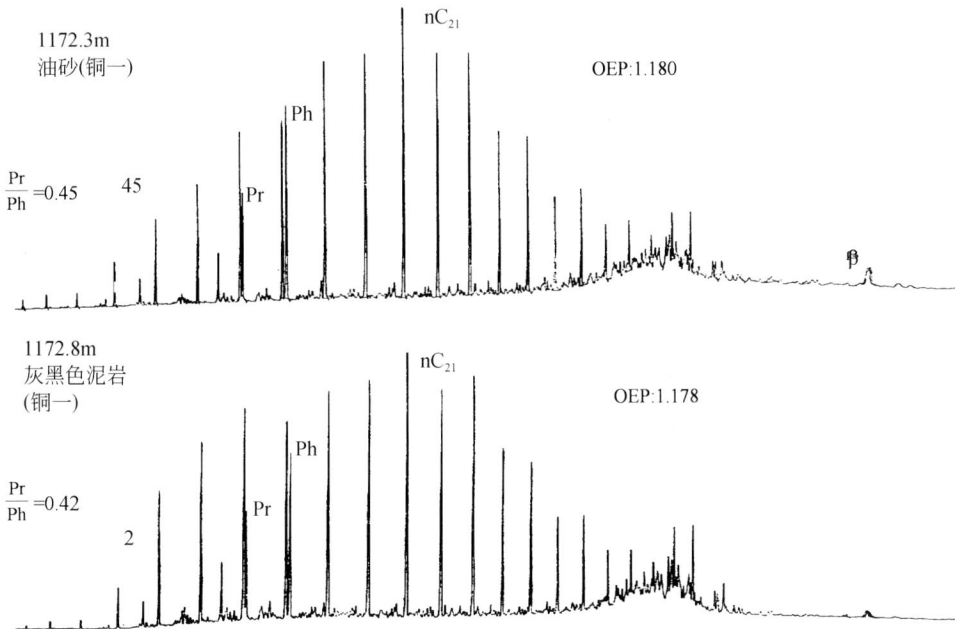

图 7.11   延 14 井油–岩饱和烃色谱对比图

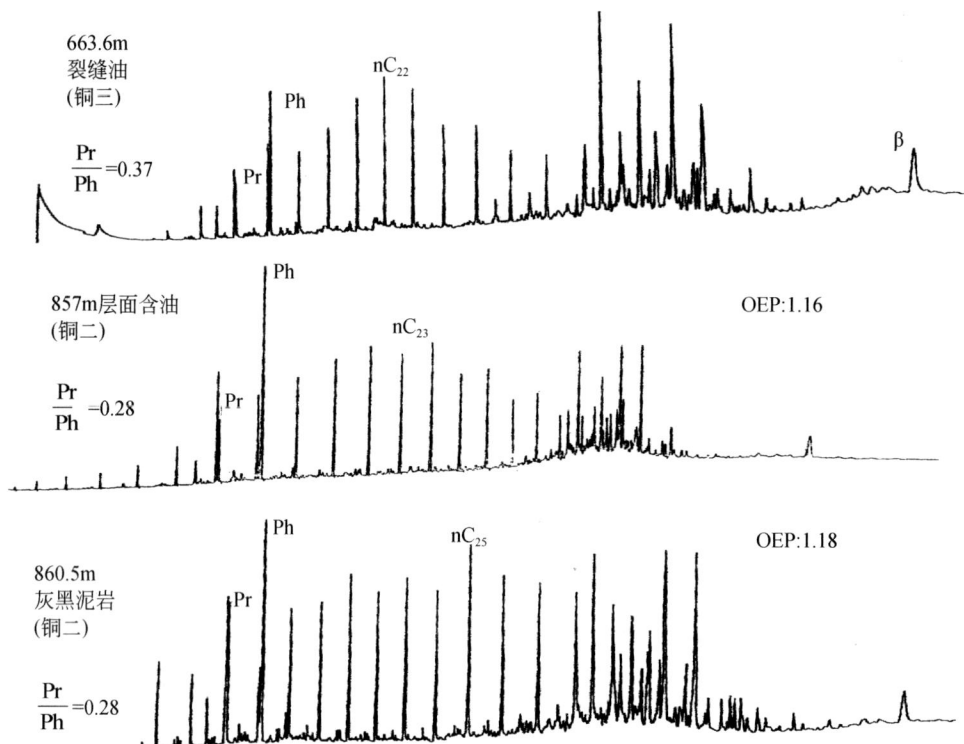

图 7.12　延 5 井油–岩饱和烃对比图

延 5 井原油富含 γ–蜡烷（γ–蜡烷/$C_{30}\alpha\beta$ 达 0.74）。在规则甾烷中（图 7.13），5α–C_{27} 明显增多，$5\alpha C_{27}$/C_{29} 达 0.92，5α–C_{27}、C_{28}、C_{29} 的相对分布呈典型"V"字形。与清茶馆次凹相比，母岩的沉积水介质更加咸化（因而也更加封闭），沉积母质中有较多的低等水生生物藻类等输入，从而有利于像延 5 井原油母岩这样的良好烃源岩发育。

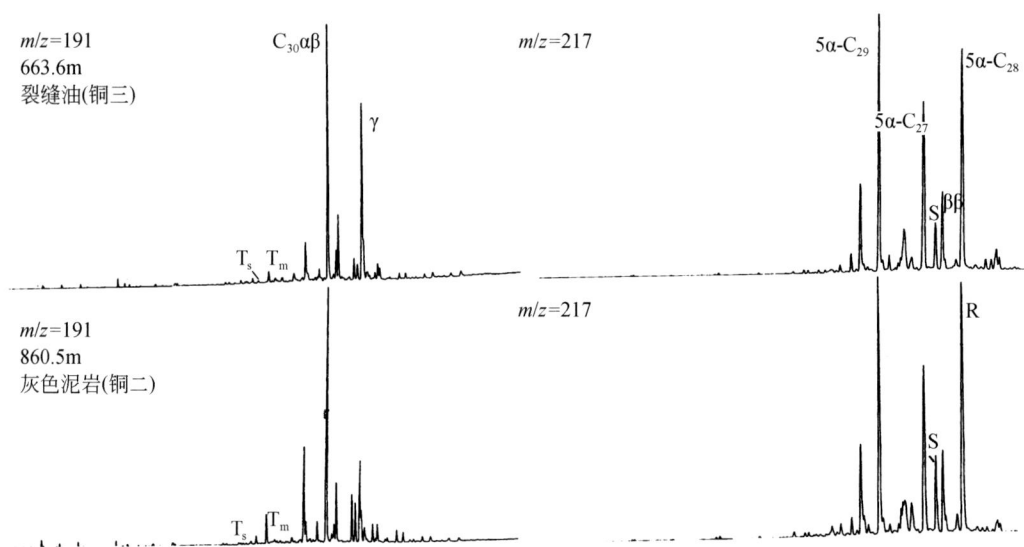

图 7.13　延 5 井油–岩甾萜类化合物对比图

从上面叙述中可以看出，在延吉盆地清茶馆-德新凹陷，由于沉积水介质条件、有机质组成和热演化等差异，其原油相应出现不同类型。有机质组成和原油成熟度的差异更明显：形成以延 5 井 663.6m 为代表的低熟油（图 7.14 中 C 区）、延 12 井 1030m、延 14 井 1712.3m 为代表的成熟早期油（图 7.14 中 B 区）和延 10 井 1018.2m 为代表的成熟中期的油（图 7.14 中 A 区）。

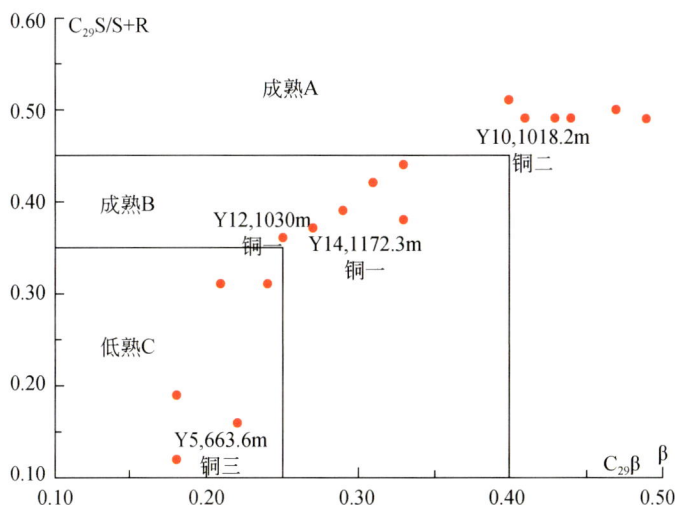

图 7.14 延吉盆地油–油对比和成熟度划分图

（二）油-岩对比

尽管原油埋藏深度差别较大，但油源参数与铜佛寺组烃源岩相近，油层分布均在门限深度以下（表 7.6）。当然，气层另当别论。

1. 清茶馆次凹

延 12 井 1030m（铜一段）油砂和该井 1027m（铜一段）泥岩（图 7.15、图 7.16）在正异构烷烃分布和甾萜组成上都非常相似。其差别主要在于甾萜类异构化所显示的成熟度不同。1027m 泥岩有机质成熟度要明显低于 1030m 油砂成熟度。因此延 D9、延 12 等井原油来源于埋深更大的烃源岩。

延 10 井 1018.3m（铜二段）、延参 2 井 1653m（铜三段）、1792m（铜二段）等油砂，其原油的正构烷烃分布（图 7.17）、植烷优势、高含量 β-胡萝卜烷和甾萜类组成与延参 2 井 1652.5m（铜三段）泥岩可比（图 7.10、图 7.18、表 7.6）。而与该井 2006m（铜二段）、2401m（铜一段）有一定的差异。后者 Pr/Ph>1，γ-蜡烷明显减少，β-胡萝卜烷消失。规则甾烷中 C_{27} 发育，5α-C_{27}/C_{29} 高达 0.96～1.26。此外，在芳烃组成中也显示了一致的异同（图 7.19）。可见延 10 井 1018.3m（铜二段）原油、延参 2 井 1653m（铜三段）油砂源于铜二、三段本身。延参 2 井 1792m（铜二段）原油也与有机质组成相似的铜二、三段烃源岩有关。

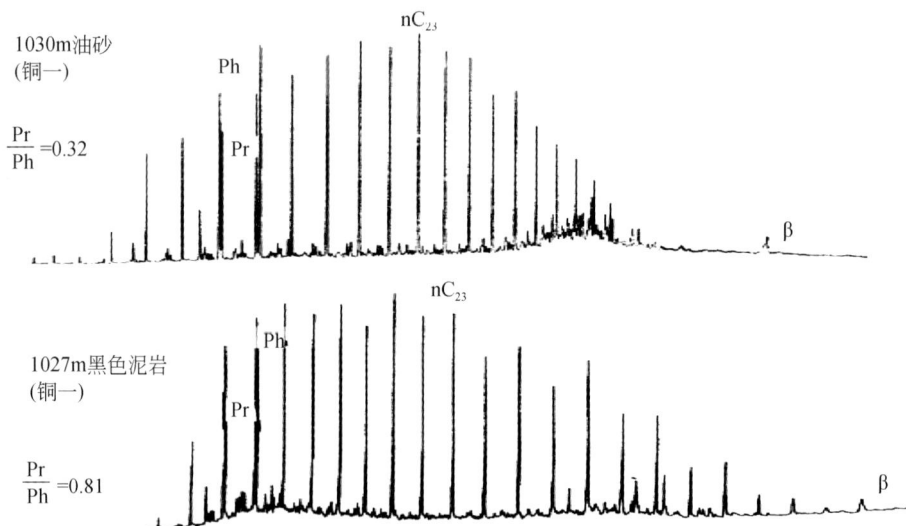

图 7.15　延 12 井油–岩饱和烃色谱对比图

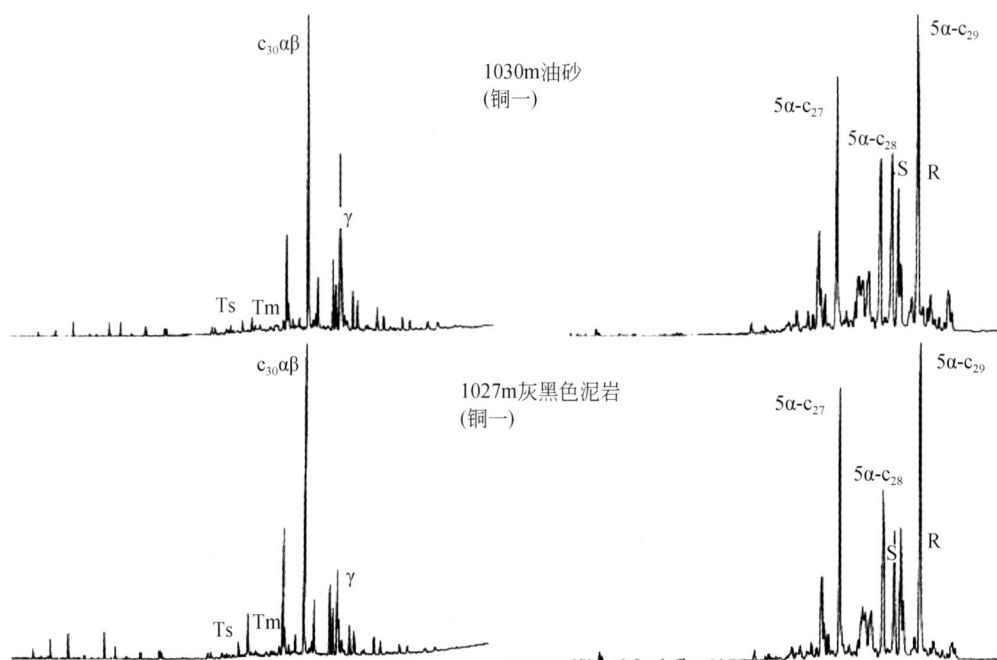

图 7.16　延 12 井油–岩甾萜类化合物对比图

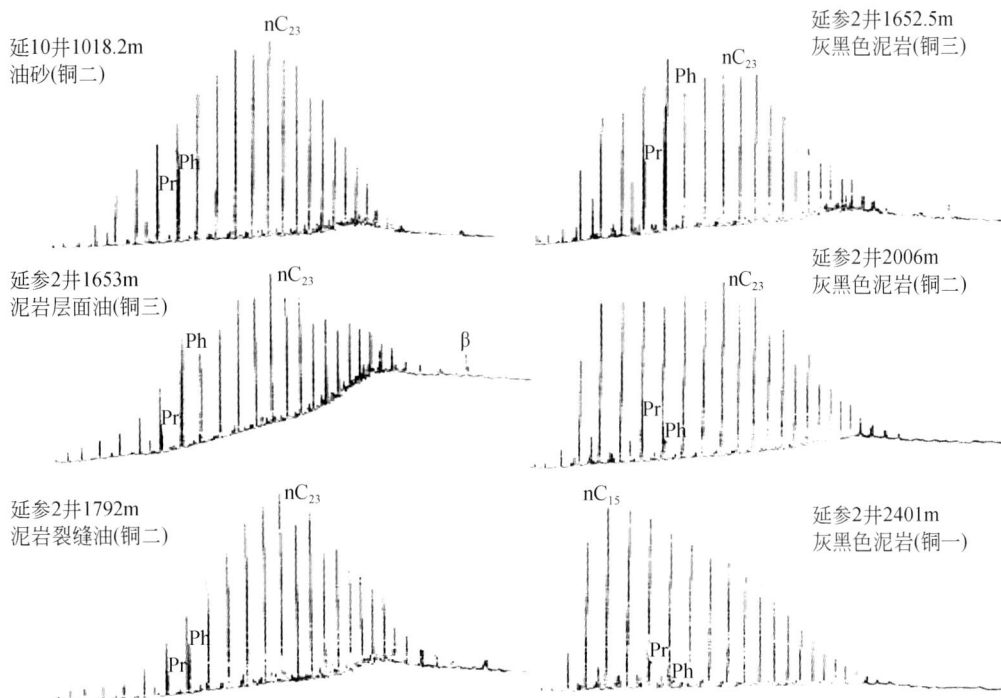

图 7.17　延参 2、延 10 井油-岩饱和烃色谱对比图

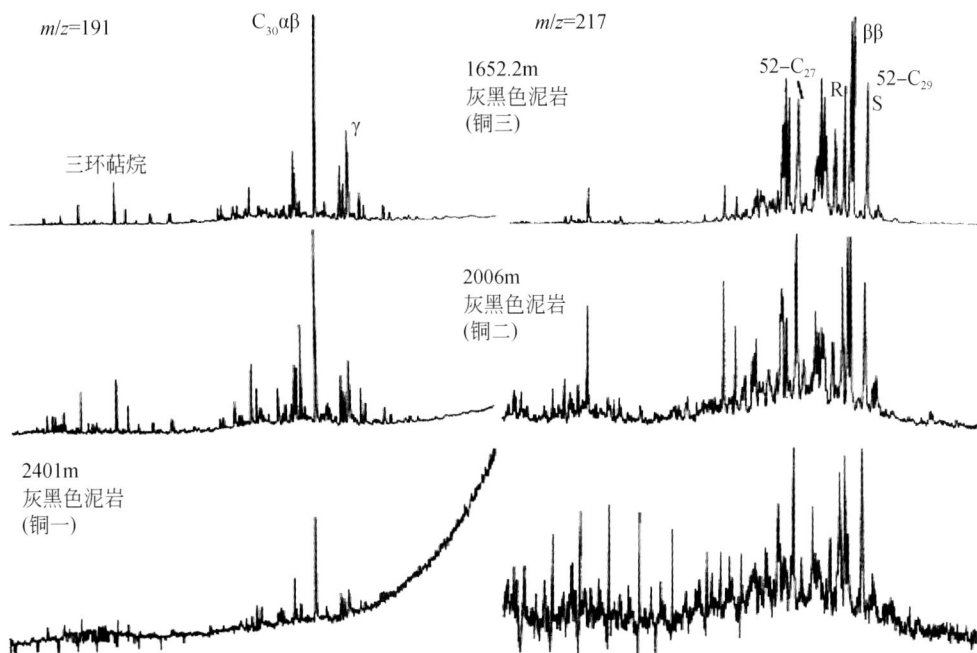

图 7.18　延参 2 井生油岩甾萜类化合物分布图

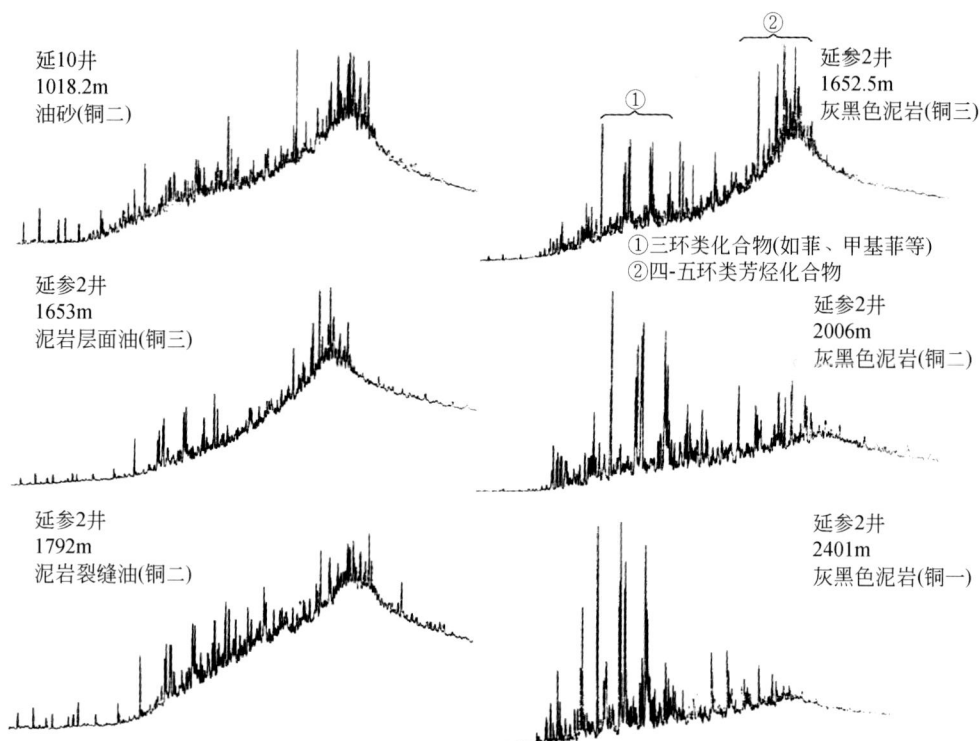

延10井
1018.2m
油砂(铜二)

②

延参2井
1652.5m
灰黑色泥岩(铜三)

①

①三环类化合物(如菲、甲基菲等)
②四-五环类芳烃化合物

延参2井
1653m
泥岩层面油(铜三)

延参2井
2006m
灰黑色泥岩(铜二)

延参2井
1792m
泥岩裂缝油(铜二)

延参2井
2401m
灰黑色泥岩(铜一)

图7.19 延参2井、延10井芳烃色谱对比图

2. 德新次凹

延14、延5井等井原油的烃类组成和分布与下伏烃源岩具有很好的相似性（图7.11、图7.12），且与该两井原油成熟度相对应，即延5井860m（铜二段）泥岩的有机质成熟度较低，而延14井1172.8m（铜一段）泥岩有机质则具有基本成熟的特点。

3. 朝阳川凹陷

朝阳川凹陷的延2井油、岩的甾萜类组成无可比性（图7.20、图7.21）。根据该样品内油沿裂缝分布的情况，结合"油"成熟度明显大于该井1420.2m（铜三段）泥岩成熟度分析，推测油源来自于深部的铜一、二段烃源岩。

从以上油-岩对比中（图7.22），不难看出在清茶馆-德新凹陷目前所获得的原油来自于铜二、三段烃源岩。

986~991m(大二)
深灰色泥岩

$\frac{Pr}{Ph}$=1.25

986m(大二)
油砂
裂缝含油

$\frac{Pr}{Ph}$=0.58

1420.2m(铜三)
深灰色泥岩

$\frac{Pr}{Ph}$=1.53

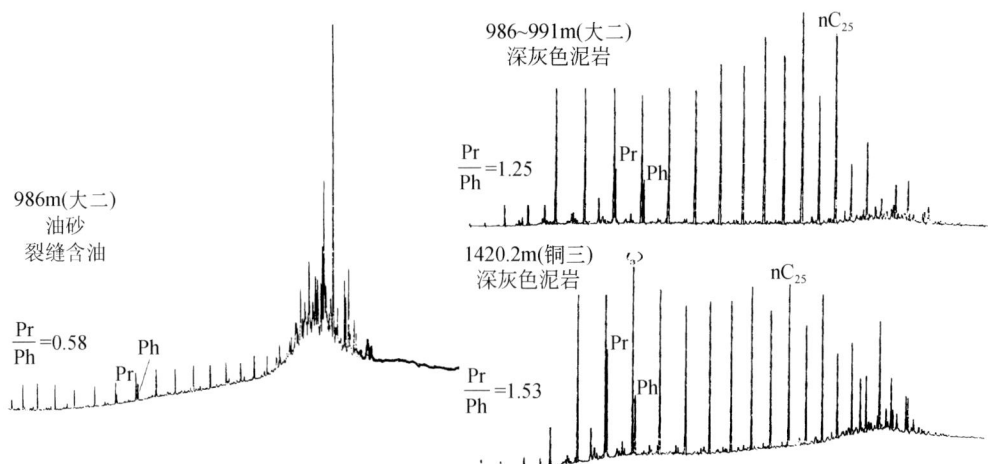

图7.20   延2井油-岩饱和烃色谱对比图

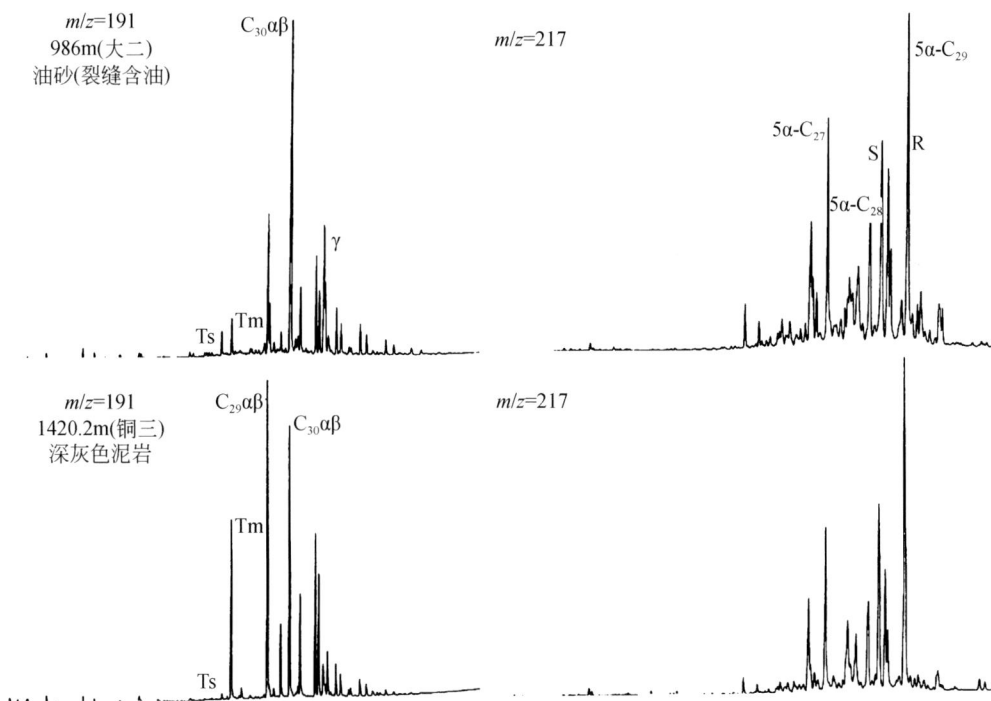

m/z=191
986m(大二)
油砂(裂缝含油)

m/z=217

m/z=191
1420.2m(铜三)
深灰色泥岩

m/z=217

图7.21   延2井油-岩甾萜类化合物对比图

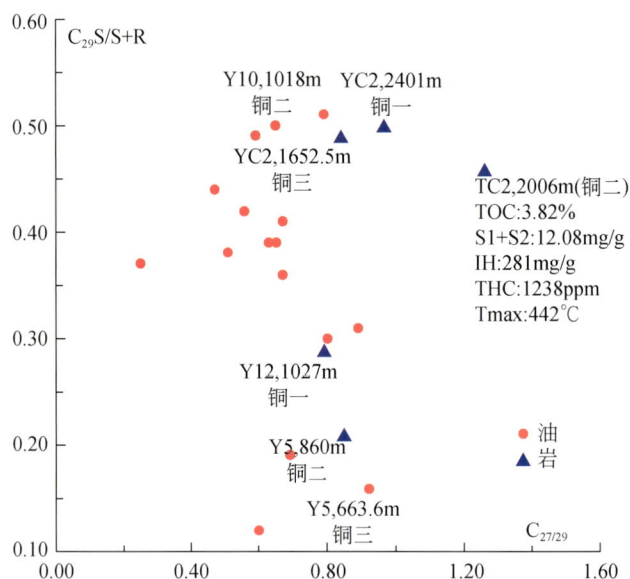

图 7.22　延吉盆地油–岩对比图

第二节　油气藏类型与成藏期

一、油气藏类型

（一）油气藏主要类型

　　油气藏是在具有统一压力系统的油气水界面的单一圈闭中的石油和天然气聚集体，是油气在地壳中聚集的基本单位。它是沉积盆地这个巨大的低温热化学反应器在漫长的地质历史中所发生的各种油气地质动力过程复杂耦合的结果。

　　世界上各含油气盆地中存在着各种类型的油气藏，可以说，已发现的油气藏数以万计。各国石油地质学家从不同的角度对油气藏进行了分类。著名的有石油地质学家布罗德以油气藏形态为依据的分类，有原苏联石油地质学家朱尔钦科以圈闭成因为主、以油藏形态为辅的分类，有美国石油地质学家莱复生根据圈闭成因的分类。也有其他一些石油地质学家从不同的角度对油气藏进行分类，归纳起来有以下四种：①圈闭成因及形态分类；②烃类相态分类；③油气产量和储量规模分类；④油气藏驱油类型分类。

　　圈闭是指能够造成油气聚集，形成油气藏的场所，即圈闭是油气藏的一个综合条件，它也是含油气系统中的生、储、盖、圈、运、封闭等所有要素中重要的要素之一。圈闭的成因不同，所形成的油气藏特点不同，油气藏类型也就不同。因此，搞清油气藏的成因，认识其特点和不同类型油气藏之间的差别，才能较有效地预测同类型断陷中相类似构造带和相似构造带中同类型的油气藏，才能够使用对症下药的适当的勘探思想和方法。也就是说，油气藏分类的原则是具有科学性和实用性的。

依据该区目前的资料和勘探认识程度，主要从构造形态对油气藏进行分类，当然也考虑相关的因素，以便于对形成的油气藏进行解释，具有实用性。

目前主要将延吉盆地已获工业油气流的油气藏分为断背斜、逆牵引背斜油气藏两类。预计也存在断块、侵蚀不整合油气藏、地层不整合油气藏、火山岩油气藏。

（二）典型油气藏解剖

1. 逆牵引背斜型（延 4 井气藏）

目前发现的工业气藏（延 4 井为发现井）是一个受边界断层控制形成的逆牵引背斜构造，又被断层复杂化（图 7.23），整个背斜构造（铜二段顶）圈闭面积 17.1km²，闭合幅度 300m（图 7.24）。所钻遇气层厚 14.0m（507.0～521.0m），孔隙度 6.4%～9.09%，渗透率 $0.02 \times 10^{-3} \sim 0.09 \times 10^{-3} \mu m^2$，气柱高度 142.0m，顶部覆盖有近 120m 厚黑色泥岩，单层最大厚度 85m。

显而易见，虽然该气藏埋藏较浅，但是由于上部有成岩较好的泥岩做盖层，仍然可以形成好的气藏。构造顶部虽有断层发育，但由于恰好与泥岩对置，具有封闭性。为受岩性影响的块状构造气藏。

该区地层水总矿化度为 3373～3609mg/L，平均 3494mg/L；水型为 $NaHCO_3$，与盆地水型一致。

2. 披覆背斜型（延 10 井油藏）

延 10 井所钻油藏是一个受基岩古隆起影响形成的披覆背斜（图 7.25），圈闭面积 12.7km²，闭合幅度 750m，圈闭线海拔 −1100m，平面图显示为半背斜（图 7.25、图 7.26）。

延 10 井从铜三段 57 号层（827.4～830.6m）见 10% 棕灰色含油粉砂岩岩屑（系列对比 10 级）始，到最下部油层铜二段 97 号层（1021.8～10424.6m）见 0.29m 油浸砂岩止，共解释 14.4m/8 层差油层，含油显示段达 197.2m，小于圈闭的闭合幅度。从试油结果看，自然产能和压裂后提捞均产纯油。对 57 号层测试日产油 0.127m³，井深 838.2m，地温梯度 4.1℃/100m，地层压力 8.495MPa，压力系数 1.01MPa/100m。对 74～76 号层（931.0～923.0m）测试，日产油 0.071m³，地温梯度 4.4℃/100m，压力 9.21MPa，压力系数为 0.99MPa/100m。压力系统有一定差异。另外，从原油物性看，也有较大差别，上部 57 号层原油密度 0.8934g/cm³，黏度 59.43mPa·s，含蜡量 18.3%，初馏点 1120℃；而下部的 74～76 号层，原油密度 0.8652g/cm³，黏度 12.52mPa·s，含蜡量 20.9%，初馏点 109.0℃，反映了下面原油性质好于上部，下部原油密度低于上部，也反映了两套油层组不连通，是层状油藏特点。后对 57、74～76 号等多层合压，获油 2.24m³/d 的低产工业油流。但以后在同一构造高部位钻探延 15 井，虽见 13 层

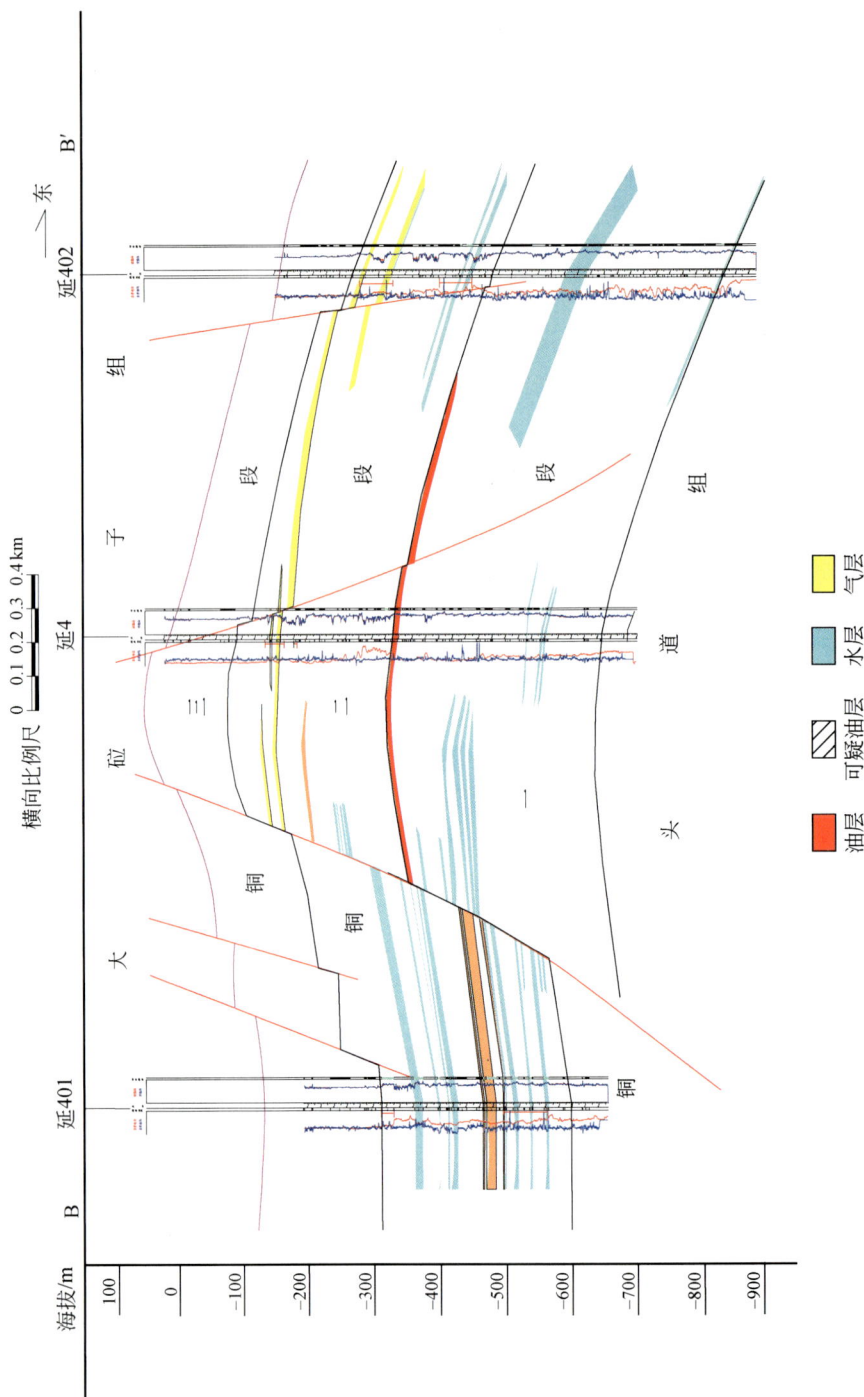

图7.23 延吉盆地德新凹延401—延42井气藏剖面图

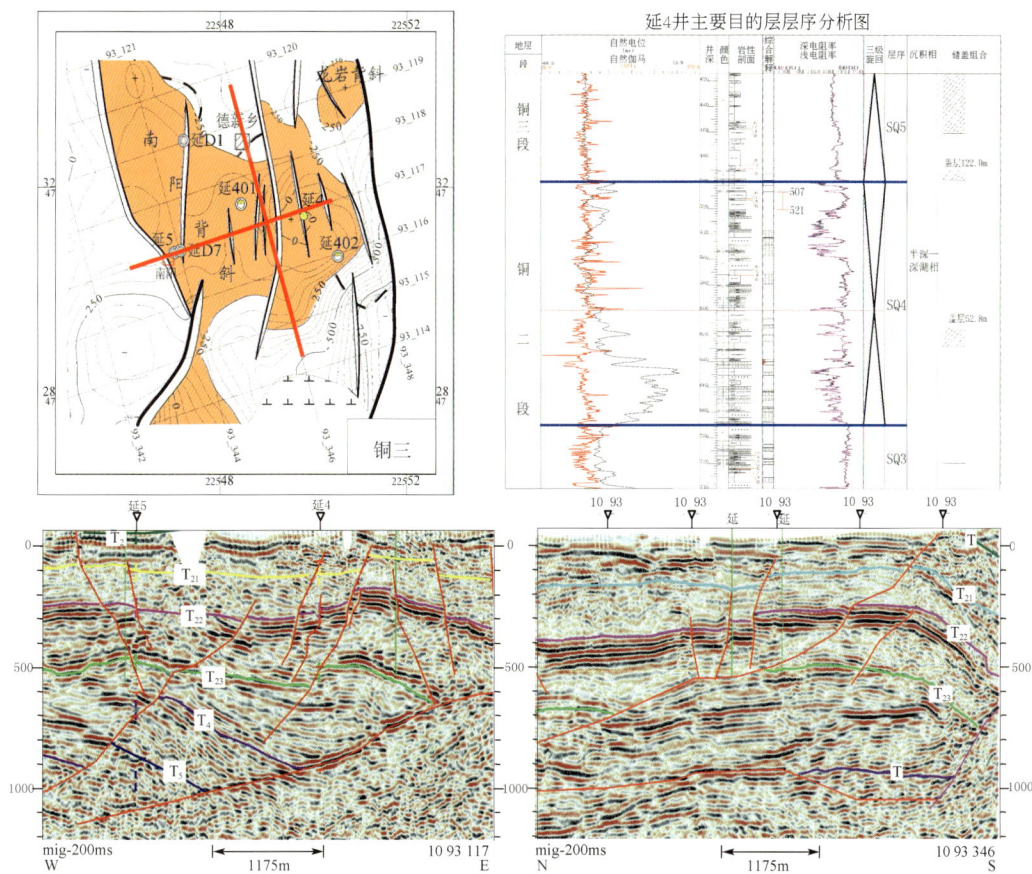

图 7.24 延 4 井综合评价图

1% ~5% 含油砂岩岩屑，8 ~10 级荧光、21 层气测异常。综合解释差油层 1 层 2.0m，可疑气层 1 层 2.4m。选择大一段（438 ~476.5m）的 33、39、40 Ⅰ、40 Ⅱ 号层及铜二段（704.7 ~716m）的 77、79 号层进行测试，结果上部层位日产气 38m³，水 25.68m³，下部层位日产水 0.33m³。水的总矿化度为 1019.83mg/L，与延 10 井 3320mg/L 的地层水相比小许多，显然是受到地面水下渗影响。

应用断层两侧砂泥岩对接概率的计算结果，同一条断层在铜三段、大一段内侧向封闭性好，细相带断层封闭性好。本区大砬子组沉积时期为半深湖相沉积，泥地比大于35%，特别是大一段地层基本是黑色泥岩。延 10 井上倾方向断层断距 100 ~105m，主力含油层（57 号层）直接与铜三段、大一段泥岩对置，阻止了油气向上的扩散而形成断层遮挡。延 15 井与延 10 井间的断层呈封闭状态（图 7.25），但延 15 井西侧断层却是呈开启状态。从而使二者相距不远（约750m），结果迥异。

3. 断鼻–岩性构造型（延 14 井油藏）

延 14 井是延吉盆地清茶馆–德新凹陷陆口洞构造上的一口预探井（图 7.27）。在铜一段受断层的遮挡形成断鼻–岩性构造，圈闭面积约6.0km²。在铜佛寺组一段（SQ2 层

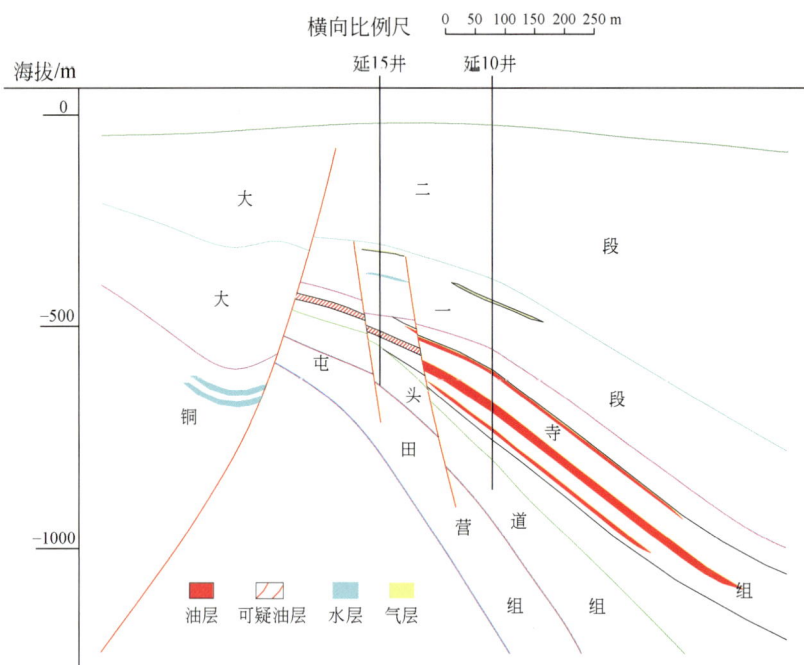

图 7.25　延 15—延 10 井油藏剖面图（图例见图 7.23）

序）发育近岸水下扇外扇和中扇砂体。其中综合解释 67、74、76 号层等差油层 2 层 3.2m，油水同层 1 层 2.2m。

铜一段 67 号层：1074.0～1076.4m，厚 2.4m。岩屑录井见 20% 含油砂岩，3 颗井壁取心见 1 颗棕灰色含油砂岩（具油气味），2 颗荧光砂岩。热解分析 S_1+S_2 值为 11.09mg/g，S_1 为 2.89mg/g，说明油质较轻，气测录井见异常。侧向电阻率 142.8Ω·m，岩石密度 2.46g/cm^3，泥质含量 11%。综合解释为差油层。67 号层上覆直接盖层 8.8m。

76 号层：1171.6～1172.4m，厚 0.8m。取心见油浸砂岩 0.54m，油斑砂岩 0.26m，油浸砂岩呈棕褐色，原油大量外溢。热解分析 S_1+S_2 值在 6.63～15.68mg/g 之间，S_1 在 3.25～10.61mg/g 之间，呈轻质油特征。气相色谱资料的含水特征不明显，侧向电阻率 105.8Ω·m，岩石密度 2.54g/cm^3，泥质含量 19%。本层厚度小，物性差，综合解释为差油界限层。

74 号层：1165.0～1167.2m，厚 2.2m。岩屑录井见荧光砂岩（9 级），井壁取心见 2 颗含油砂岩，棕灰色，热解分析 S_1+S_2 值分别为 8.41mg/g、6.86mg/g，S_1 为 6.02 mg/g、5.03mg/g。两颗井壁取心的物性较好。上部井壁取心含油性相对较好，下部井壁取心含水明显。侧向电阻率 152.9Ω·m，岩石密度 2.38g/cm^3，泥质含量 10%。综合解释为油水同层。74 号层上覆直接盖层 19.4m，盖层质量较佳。

2003 年 3 月 8～13 日 74 号层经 MFEⅡ+抽汲，获油 0.411t/d，水 0.79m^3/d。岩心物性分析：孔隙度为 4.27%，渗透率为 0.127×10^{-3}μm^2。2003 年 3 月 14～19 日 67 号层经 MFEⅡ+抽汲，获油 0.022t/d，试油结论为低产油层。岩心物性分析：孔隙度 4.03%、

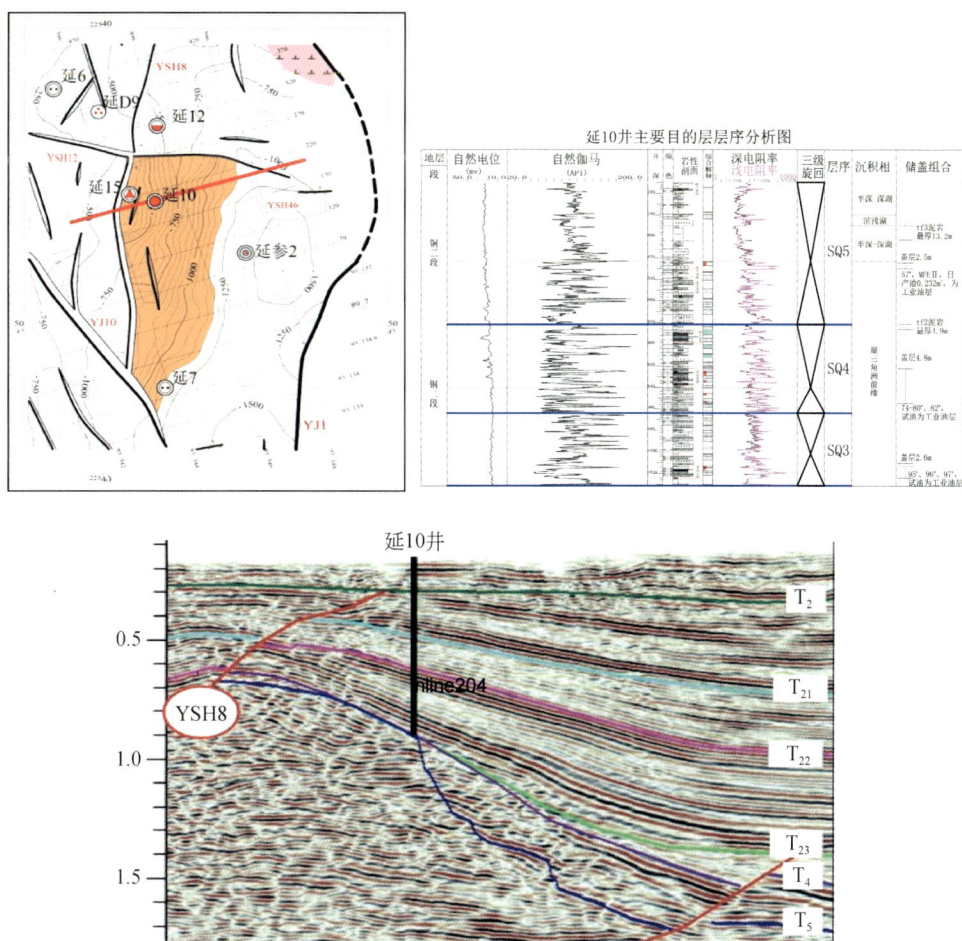

图 7.26 延 10 井综合评价图

渗透率 $0.073 \times 10^{-3} \mu m^2$。后期,对 67 号层和 74 号层进行压裂获工业油流,产量为 8.61t/d。

这一构造位于烃源岩区内,油源充足。受构造岩性(扇体)控制,形成断鼻-岩性油藏。且属重质高蜡高凝原油油藏。

二、流体包裹体特征

(一) 发育两期含烃包裹体

油气运移和成藏是发生在地史时期的地质过程,这些过程已无法在自然界重现。然而,伴随油气运移和成藏过程所形成的流体包裹体记录了当时的温度、压力、盐度和油气成分等方面的地质信息。通过流体包裹体的测试和研究,可以破译这些信息,

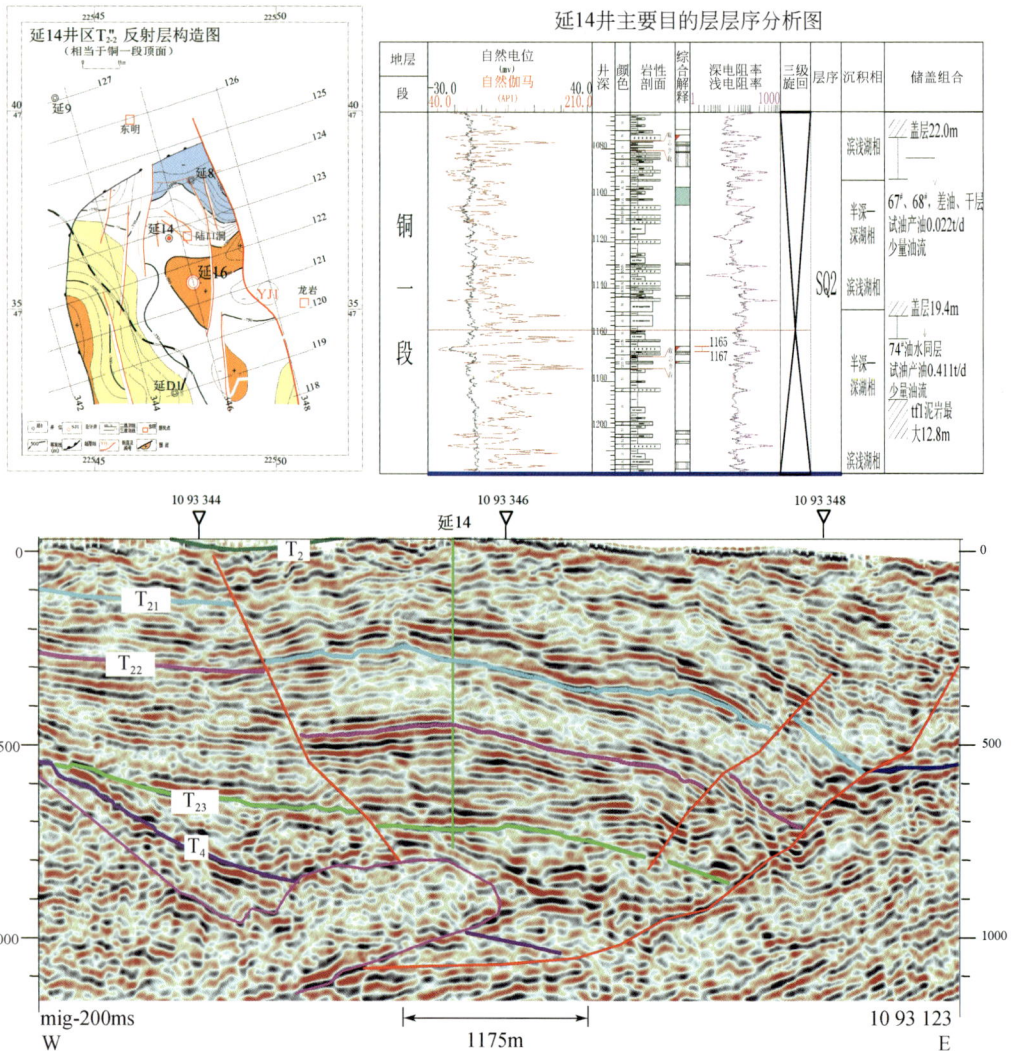

图 7.27　延 14 井综合评价图

更精确地探讨其发生的时间和空间。

所谓流体包裹体是指矿物形成时，一部分成矿流体被包裹在矿物晶体缺陷、窝穴或裂缝中形成的物质（郑浚茂和庞明，1989）。在油气运移、聚集和成藏的过程中，只要发生矿物的自生加大、胶结物的形成和重结晶作用，就会在自生加大、重结晶矿物和新生矿物中形成流体包裹体。包裹体赋存的矿物称为宿主矿物，简称主矿物。根据相态包裹体可分为：①液态包裹体，如盐水包裹体；②气液包裹体，包裹体内有气、液两相，气液比大小可不同；③气态包裹体；④多相包裹体，由气（CO_2，CH_4 等）、液（水，油等）、固（如沥青等）三相组成。根据包裹体内的流体成分，又可分为有机包裹体和无机包裹体，常见的有机包裹体有：液态烃包裹体（OL）、气态烃包裹体（OG）、气液包裹体（OGL）和沥青包裹体（OA）。

目前，均一法是包裹体测温的基本方法。流体包裹体被捕获时，在地下呈均匀相态。在实验室镜下见到的包裹体的气相和液相，是原来呈均匀相的热流体在温度、压力下降后，由于包裹体中流体的收缩系数和主矿物不同，产生流体的相分离而形成的结果。如果在实验室显微冷热台上，通过人工加热的方法，使包裹体内的流体恢复为单一相，此时的温度就称为均一温度。与油气包裹体伴生的盐水包裹体的均一温度，就代表了油气藏形成时的最低温度（卢焕章等，2004；刘德汉等，2005）。

对22块流体包裹体样品进行了测试（表7.7、表7.8，图版Ⅳ），内容包括流体包裹体的大小、气液比、均一温度、盐度、含油包裹体颗粒指数 GOI（GOI = 含油气包裹体的碎屑颗粒/总碎屑颗粒×100%）等。同时，用显微激光拉曼光谱仪测试了包裹体的流体成分（表7.9）。

根据研究区碎屑岩的成岩作用序次和自生矿物形成的期次，经薄片镜下观察发现，研究区目的层的砂岩中发育了两期流体有机包裹体：第 I 期流体包裹体的宿主矿物为次生加大边和早期方解石胶结物；第 Ⅱ 期包裹体发育于晚期亮晶方解石胶结物和切穿石英加大边的石英脉体。其中，石英颗粒成岩次生加大现象分布十分普遍，次生加大特征典型，晚期亮晶方解石胶结物仅分布在极个别视域内。

1. 第 I 期包裹体

主要是液态烃包裹体和结丝网状沥青的气液烃、液态烃包裹体，发育于早期方解石胶结物、石英早期加大边、切及石英颗粒及石英加大边的成岩中早期裂缝和石英粒内缝隙等（图版Ⅳ.1～Ⅳ.17），包裹体的大小分布在 $6 \sim 300 \mu m^2$，偏光显微镜下呈深褐、灰褐和褐黄色，在 UV（紫外光）激发下，显示浅黄、浅黄白色荧光，反映包裹体的流体中含有油气成分。流体包裹体内流体的盐度平均为 2.79wt% NaCl，反映铜佛寺组和大砬子组的沉积环境为淡水湖盆，均一温度为 80.3℃。

2. 第 Ⅱ 期包裹体

主要为气态烃、气烃和液态烃包裹体，发育于切穿石英颗粒及其加大边的成岩期后次生微裂隙，晚期方解石胶结物的次生微裂隙和溶蚀成因的长石颗粒等（图版Ⅳ.18～Ⅳ.42），包裹体大小 $4 \sim 100 \mu m^2$，偏光显微镜下呈褐黄色、黄褐色、浅黄色与透明无色、淡黄色，在 UV 激发下，显示绿色、黄色、浅黄色、褐黄色、褐色荧光与蓝色、浅蓝色荧光。流体包裹体内流体的盐度平均为 3.97%，属于高盐度流体，可能与延吉盆地龙井期以后的岩浆侵入有关。岩浆冷凝之后形成岩浆岩（次辉石安山岩），同时排出了高盐度的岩浆期后热液，这些热液进入沉积岩孔隙后，与沉积流体混合形成了较高盐度的地层水，均一温度为 108.17℃。

由于第 I 期油气包裹体的荧光太强，所以仅对第 Ⅱ 期油气包裹体的拉曼光谱进行了测试。由表7.9可见，包裹体中的烃类气体成分主要是 CH_4、C_6H_6（图7.28），同时含有非烃气体 CO_2、N_2、H_2O（图7.29）。有 CO_2 存在，表明可溶于水中形成酸根离子，有利于储层孔隙的后期改造，形成各种溶蚀孔和次生孔隙，前述次生孔隙发育带与这一深度吻合。再者，CO_2 的溶解度随温度升高或压力降低而减小，一部分 CO_2 便

表7.7 延吉盆地包裹体特征与显微测温（Ⅰ期）

井号	凹陷	样品号	层位	岩性	期次	GOI	赋存矿物产状	井深/m	均一温度/℃	盐度/(wt% NaCl)	大小/μm	气液比/%
延2	朝阳川	B11	大二	灰黄色中砂岩	Ⅰ	2	石英加大边、微裂隙	987.73	61~98/81.45 (11)	1.05~3.06/2.07 (11)	2×4~15×22	≤5
延2	朝阳川	B10	铜三	灰白色粗砂岩	Ⅰ	1	沿石英颗粒成岩期微裂隙	1342.73	72~96/84.88 (8)	0.35~14.29/5.88 (8)	2×3~8×20	≤5
延14	德新	B7	铜三	青灰色细砂岩	Ⅰ	7	石英加大边、微裂隙	889.44	67~84/80.71 (7)	1.91~6.59/4.5 (7)	3×2~15×20	≤5
延14	德新	B8	铜一	灰黑色细砂岩	Ⅰ	2	石英加大边、微裂隙	1171.91	64~93/80.07 (14)	1.23~7.59/5.14 (14)	2×5~8×10	≤5
延14	德新	B9	铜一	油浸灰褐色细砂岩	Ⅰ	2	石英加大边、微裂隙	1172.49	69~99/81.23 (13)	0.53~12.96/2.01 (13)	2×4~15×4	≤5
延4	德新	B12	铜二	灰黄色泥质粉砂岩	Ⅰ	/	石英加大边、微裂隙	715.63	61~64/62.5 (2)	2.07~3.06/2.57 (2)	6×8~10×15	≤5
延4	德新	B13	铜二	灰黑色细砂岩	Ⅰ	1	石英加大边、微裂隙、方解石胶结	724.81	64~82/73.5 (12)	0.53~12.85/3.18 (12)	2×2~10×10	≤5
延401	德新	B14	铜二	灰白色细砂岩	Ⅰ	1	石英加大边、微裂隙	640.01	66~75/70.2 (5)	2.06~3.23/2.93 (5)	3×1~3×3	≤5
延401	德新	B15	铜二	灰白色中砂岩	Ⅰ	5	石英加大边、微裂隙、长石溶蚀	733.64	62~89/74.94 (17)	2.23~14.25/6.63 (17)	2×2~8×18	≤5
延402	德新	B16	铜二	灰色粉细砂岩	Ⅰ	/	沿石英颗粒次生微裂隙	749.04	66	4.65	10×12	≤5
延10	清茶馆	B1	铜二	灰白色粗砂岩	Ⅰ	15	石英加大边、微裂隙	929.66	68~94/74.4 (10)	1.23~3.55/2.39 (10)	2×2~3×25	≤5
延10	清茶馆	B2	铜二	灰白色粗砂岩	Ⅰ	20	方解石	935.74	70~101/85.73 (30)	0.35~1.74/1.09 (30)	6×1~5×30	≤5
延10	清茶馆	B3	铜二	灰白色粗砂岩	Ⅰ	10	石英加大边、微裂隙	1015.66	94~169/100.84 (25)	0.11~3.87/1.74 (25)	2×2~6×6	≤5
延12	清茶馆	B6	大一	浅灰绿色细砂岩	Ⅰ	2	石英加大边、微裂隙	624.1	83~91/87.4 (5)	0.35~5.71/1.46 (5)	3×4~7×16	≤5
延12	清茶馆	B4	铜二	灰白色粗砂岩	Ⅰ	7	方解石	839.9	66~80/71.27 (22)	0.35~2.07/0.83 (22)	1×7~5×15	≤5
延12	清茶馆	B5	铜二	灰白色粗砂岩	Ⅰ	2	石英加大边、微裂隙	1028.71	85~108/89.87 (15)	1.14~5.56/4.24 (15)	2×2~30×14	≤5
延15	清茶馆	B21	大一	灰白色中砂岩	Ⅰ	7	早期方解石胶结	568.5	61~79/71.83 (12)	2.07~4.96/4.15 (12)	8×1~10×16	≤5
延15	清茶馆	B22	铜二	灰褐色粗砂岩	Ⅰ	5	方解石	682.27	75~110/94.8 (5)	3.23~3.55/3.35 (4)	3×2~10×14	≤5
延参2	清茶馆	B18	铜二	灰白色中砂岩	Ⅰ	55	石英加大边、微裂隙	1896.02	65~101/83.7 (10)	0.53~3.23/1.32 (10)	3×4~10×15	≤5
延参2	清茶馆	B19	铜二	灰白色砂岩	Ⅰ	35	石英加大颗粒成岩期、方解石胶结	2096.01	56~99/80.4 (25)	0.18~4.03/0.94 (25)	4×2~20×10	≤5
延参2	清茶馆	B20	铜一	灰白色细砂岩	Ⅰ	8	沿石英颗粒成岩期微裂隙	2251.58	77~105/90.13 (8)	1.91~9.6/5.02 (6)	3×2~4×10	≤5

注：数据为最小值~最大值/平均值（样品数）。

表 7.8 延吉盆地包裹体特征与显微测温（Ⅱ期）

井号	凹陷	样品号	层位	岩性	期次	GOI	赋存矿物产状	井深/m	均一温度/℃	盐度/（wt% NaCl）	大小/μm	气液比/%
延2	朝阳川	B11	大二	灰黄色中砂岩	Ⅱ		石英加大边、微裂隙	987.73	106~122/110.25（4）	1.23~14.29/10.88（4）	3×2~4×8	≤5
延2	朝阳川	B10	铜三	灰白色粗砂岩	Ⅱ	6	沿石英颗粒成岩期微裂隙	1342.73	45~125/94.44（9）	1.23~4.03/2.55（7）	2×2~10×30	≤5
延参1	朝阳川	B17	铜三	灰白色中砂岩	Ⅱ	8	石英加大边、微裂隙、方解石胶结	1823.67	50~127/102.6（7）	0.53~4.8/2.96（5）	5×4~6×11	≤5
延4	德新	B13	铜二	灰黑色细砂岩	Ⅱ	4	石英加大边、微裂隙	724.81	90~112/104.25（8）	0.35~13.07/3.65（8）	3×2~6×6	≤5
延10	清茶馆	B3	铜二	灰白色粗砂岩	Ⅱ	40	石英加大边、微裂隙	1015.66	113~133/125.33（9）	0.11~0.88/0.57（9）	2×2~5×7	≤5
延12	清茶馆	B5	铜一	灰白色粗砂岩	Ⅱ	5	长石溶蚀	1028.71	50~110/79.5（6）	无	3×12~35×25	6~8
延12	清茶馆	B5	铜一	灰白色中砂岩	Ⅱ	5	石英加大边、微裂隙	1028.71	111~126/117.22（9）	4.65~5.41/5.03（9）	2×2~2×8	≤5
延参2	清茶馆	B18	铜二	灰白色中砂岩	Ⅱ	0.5	晚期方解石胶结	1896.02	105~121/114.4（5）	2.24~2.74/2.54（5）	2×8~5×10	≤5
延参2	清茶馆	B19	铜二	灰白色中砂岩	Ⅱ	5	方解石	2096.01	105~131/116.2（5）	0.71~1.74/1.12（5）	6×1~4×20	≤5
延参2	清茶馆	B20	铜一	灰色细砂岩	Ⅱ	3	石英加大边、微裂隙	2251.58	112~133/120.75（16）	0.71~9.86/6.03（16）	3×2~6×15	≤5

注：数据为最小值~最大值/平均值（样品数）。

表 7.9 延吉盆地流体包裹体微显微激光拉曼光谱分析

构造区	样品编号	照片号	钻井深度/m	赋存矿物	包裹体镜下分布特征	测点位置	气体成分
延14	延14-8	Y14-8-01	1171.91	石英	沿次生微裂隙隙分布的气液两相包裹体	气相	CO_2
	延14-8	Y14-8-02	1171.91	石英	沿次生微裂隙隙分布的气液两相包裹体	气相	CO_2
	延14-8	Y14-8-03	1171.91	石英	沿次生微裂隙隙分布的气液两相包裹体	气相	CH_4、H_2O
	延14-8	Y14-8-04	1171.91	石英	沿次生微裂隙隙分布的气液两相包裹体	气相	CO_2、N_2、CH_4
	延14-8	Y14-8-05	1171.91	石英	沿次生微裂隙隙分布的气液两相包裹体	气相	N_2、CH_4
	延14-8	Y14-8-06	1171.91	石英	沿次生微裂隙分布的气体包裹体	气相	CO_2、CH_4
	延14-8	Y14-8-07	1171.91	石英	沿次生微裂隙隙分布的气液两相包裹体	气相	N_2、CH_4、H_2O、碳氢有机物
	延14-8	Y14-8-08	1171.91	石英	沿次生微裂隙隙分布的气体包裹体	气相	CO_2、CH_4
	延14-9	Y14-9-01	1172.49	石英	沿次生微裂隙隙分布的气液两相包裹体	气相	CO_2
	延14-9	Y14-9-02	1172.49	石英	沿次生微裂隙隙分布的气液两相包裹体	气相	CO_2、H_2O
	延14-9	Y14-9-03	1172.49	石英	沿次生微裂隙隙分布的气液两相包裹体	气相	CO_2
	延14-9	Y14-9-04	1172.49	石英	沿次生微裂隙隙分布的气液两相包裹体	气相	CO_2
延参1	延参1-15	YC1-15-01	1823.67	石英	沿次生微裂隙隙分布的气液两相包裹体	气相	CO_2
	延参1-15	YC1-15-02	1823.67	石英	沿次生微裂隙隙分布的气液两相包裹体	气相	CO_2、H_2O
	延参1-15	YC1-15-03	1823.67	石英	沿次生微裂隙分布的气体包裹体	气相	CO_2
延参2	延参2-6	YC2-6-01	1896.02	石英	沿次生微裂隙隙分布的气液两相包裹体	气相	CO_2、N_2、H_2O、CH_4
	延参2-6	YC2-6-02	1896.02	石英	沿次生微裂隙隙分布的气液两相包裹体	气相	CH_4
	延参2-6	YC2-6-03	1896.02	石英	沿次生微裂隙隙分布的气液两相包裹体	气相	CH_4
	延参2-9	YC2-9-01	2251.58	石英	沿颗粒边部次生的气体包裹体	气相	CH_4
	延参2-9	YC2-9-02	2251.58	石英	沿次生微裂隙隙分布的气液两相包裹体	气相	H_2O
	延参2-9	YC2-9-03	2251.58	长石	沿次生微裂隙隙分布的气液两相包裹体	气相	CH_4、C_6H_6
	延参2-9	YC2-9-04	2251.58	石英	沿次生微裂隙隙分布的气液两相包裹体	气相	CO_2

注: 数据为最小值~最大值/平均值 (样品数)。

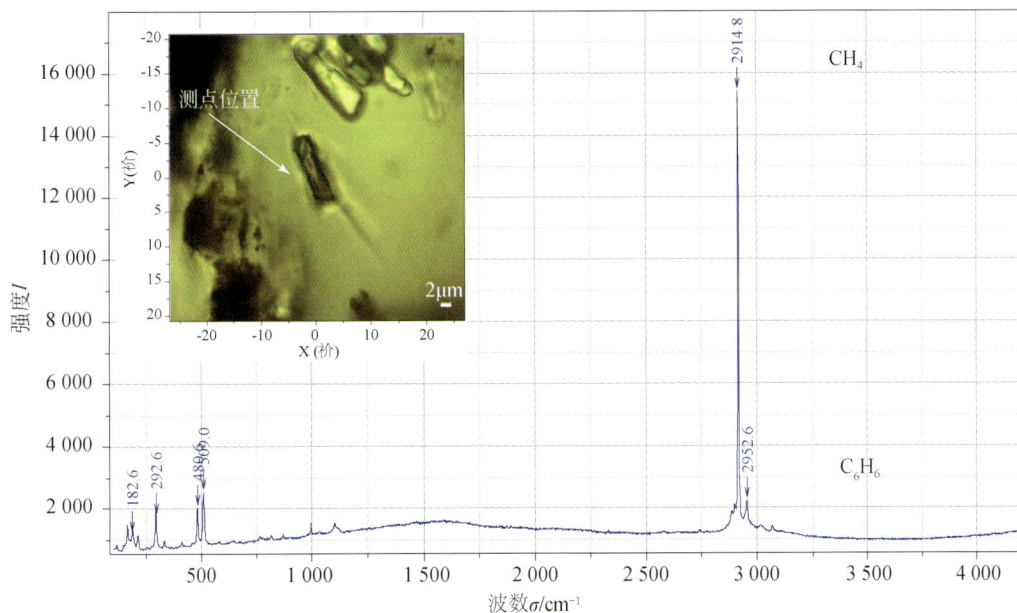

图 7.28   清茶馆次凹延参 2 井 2251.58m （铜一段） 流体包裹体显微激光拉曼光谱图

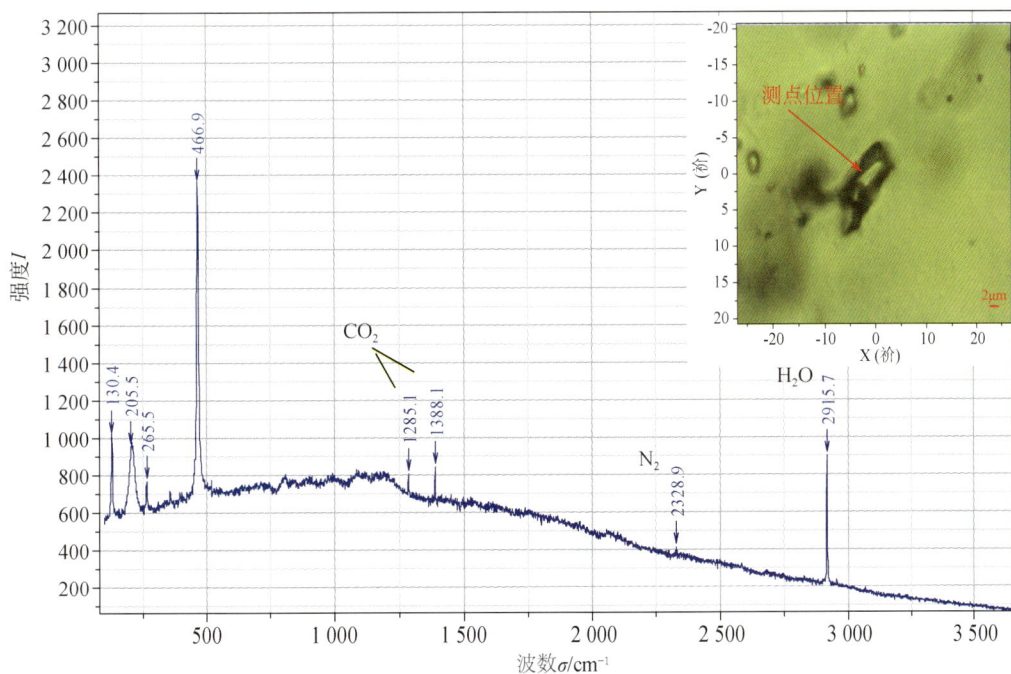

图 7.29   德新次凹延 14 井 1171.91m （铜一段） 流体包裹体显微激光拉曼光谱图

成为游离 CO_2 从水中逸出，脱碳酸的最终结果使地下水中 HCO_3^- 及 Ca^{2+}、Mg^{2+} 减少，矿化度降低。

上述综合反映第 Ⅰ 期属淡水流体，均一温度为 80.3℃；第 Ⅱ 期属于较高盐度流体，均一温度平均为 108.17℃。

无论所获包裹体样品的埋深有多大差别（568.5~2251.58m），其所测温度值较为接近（61~105℃），表明具有较为统一的成藏史，也进一步验证了前述先埋后抬的构造发育史（图7.30）。

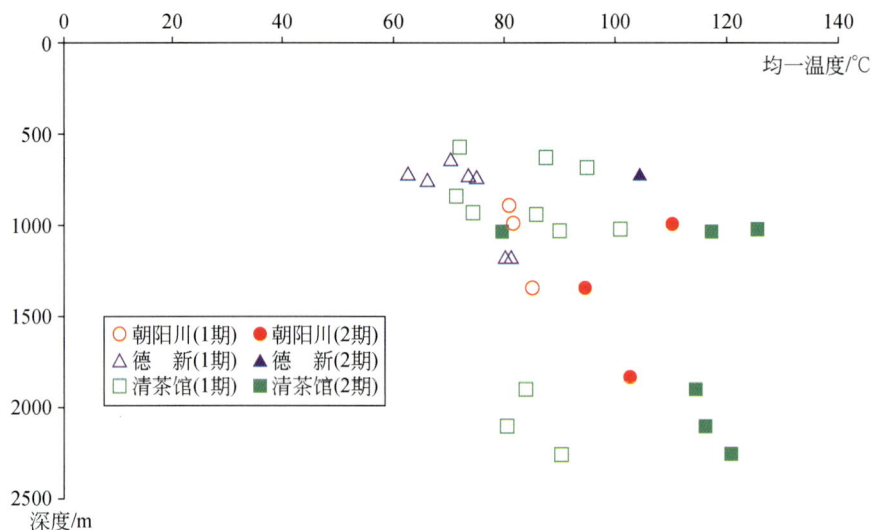

图 7.30　延吉盆地包裹体均一温度随深度分布图

（二）铜佛寺组含油包裹体指数 GOI 较高

GOI（含油包裹体丰度指数）统计法由 Eadington 于 1996 年提出。主要通过透射光和紫外激发荧光技术相结合，任选砂岩薄片中 100 个视域，统计视域中总颗粒数和其中含油气包裹体的颗粒数，计算各种荧光包裹体数量及总包裹体的比例，反映储层中含油包裹体丰度：

$$GOI（\%）= \frac{含油包裹体矿物颗粒数}{总矿物颗粒数} \times 100\%$$

储层 GOI>5% 的层段代表油藏，1%<GOI<5% 区域代表油气运移通道，GOI<1% 的区域为非油藏发育区。由于纯气烃包裹体不发荧光（刘德汉等，2005），所以 GOI 主要反映液态烃，对于气态烃，反映不明显。对研究区 22 块样品的 GOI（含油包裹体丰度指数）统计表明，铜佛寺组储层 GOI 值较高，平均为 7.55%，是延吉盆地油气聚集的主要层段；清茶馆次凹、朝阳川凹陷和德新次凹铜佛寺砂岩的 GOI 分别为 9.6%、5.2%、3.3%（图7.31）。其中清茶馆次凹 GOI 达到 9.6%，在铜佛寺组发育油层。德新次凹发育气藏，GOI 对其反映不明显。

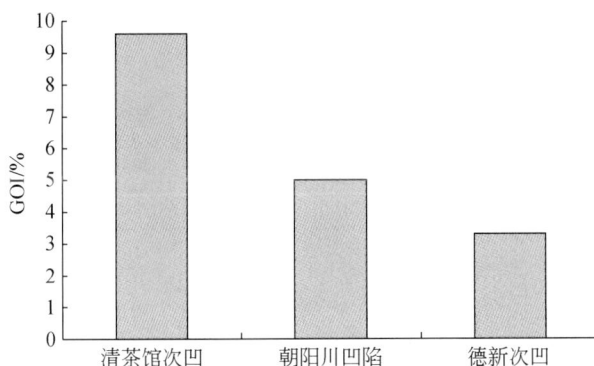

图 7.31 延吉盆地各凹陷 GOI 统计直方图

三、油气成藏年代分析

（一）古热流值估算

1. 古地表温度

地热学的研究表明，在恒温带以下温度才随深度的增加而增加，因此，地热场方程的上边界条件应取作古恒温带温度（肖丽华等，1996），而不应选作古地表温度，更不应该选作今地表温度。古恒温带温度等于古地表温度再加上 2~5℃（王钧等，1990）。参照松辽盆地北部不同地质时期的古地温度（周平等，1990），选取延吉盆地各地质时期的古地表温度分别为：第四纪、新近纪（Q、N）10℃、古近纪（E）11℃、龙井组（K_2l）21℃、大砬子组（K_1d）18℃、铜佛寺组（K_1t）20℃。

2. 古大地热流

古大地热流是影响地热史精度的关键参数。研究表明，区域大地热流主要受深部地壳结构和区域构造的影响（王钧等，1990）。不同类型的盆地内具有不同的热流值。在稳定区，如前寒武地盾区，具有较低的大地热流值；在活动区，如现代火山裂谷区，具有较高的大地热流值。由于同一盆地不同地史时期构造活动的特征和强度不同，所以其古大地热流也就不同。在构造运动强烈的断陷期，具有较高的大地热流值；在构造运动相对较弱的裂后期，大地热流较低（邱楠生等，2004）。综合考虑以上因素，选定各井不同地质时期的古大地热流。并用镜质组反射率 R^o 和古地温对其优化，用黏土矿物伊/蒙混层中蒙皂石的含量 S% 和油气包裹体的均一温度对其加以检验。与此同时，还考虑了构造运动和岩浆侵入对大地热流的影响。在龙井组沉积末期，延吉盆地发生褶皱运动，发育次辉石安山岩侵入体，可使古大地热流值增高 0.4HFU（表 7.10）。将这个增高的大地热流值称为附加大地热流 Q_a。除此之外，位于断裂活动带附近的井的大地热流值也会有所增高。

综合分析各种影响因素，最终确定了各地质时期的大地热流值（表 7.10），由表可见，在延吉盆地构造运动剧烈断陷期和持续活动期，古热流值总体在 1.6 ~ 1.8HFU 范围内。末期，大地热流值达到最高，为 2.2HFU。在构造运动相对较弱的拗陷期，大地热流降低，现今为 1.2HFU 左右。和国内其他含油气盆地相比，延吉盆地属于中地温梯度区（表7.11）。

表7.10　延吉盆地模拟井各时期大地热流值　　　　（单位：HFU）

井号	Q	N	E	K_2l	K_1d_2	K_1d_1	K_1t_3	K_1t_2	K_1t_1
延10	1.15	1.2	1.35	1.7+0.4	2.2+0.4	1.9	1.83	1.78	1.67
延12	1.15	1.2	1.35	1.8+0.2	2.2+0.35	1.85	1.81	1.72	1.56
延14	1.15	1.2	1.35	1.80	1.93	1.83	1.8	1.52	1.55
延15	1.15	1.2	1.35	2	2.2+0.3	1.9	1.85	1.8	1.67
延2	1.05	1.15	1.25	1.78	1.90	1.75	1.71	1.6	1.55
延4	1.15	1.2	1.35	1.65	2.10	1.75	1.62	1.6	1.55
延401	1.15	1.2	1.35	1.65	2.00	1.7	1.62	1.58	1.55
延402	1.15	1.2	1.35	1.65	1.80	1.67	1.63	1.58	1.55
延参1	1.02	1.12	1.22	1.78	1.85	1.7	1.65	1.6	1.5
延参2	1.15	1.2	1.35	1.60	1.70	1.65	1.63	1.57	1.55

注：数值1+数值2 = 区域大地热流 Q+附加大地热流 Q_a。

表7.11　含油气盆地地温梯度分类（据应凤祥等，2004）

项目	高地温梯度区	中地温梯度区	低地温梯度区	
地温梯度/(℃/100m)	>3.7	3 ~ 3.7	2.2 ~ 3	<2.2
大地热流/HFU	>1.5	1.0 ~ 1.5	0.55 ~ 1.0	<0.55
盆地	松辽盆地	渤海湾盆地、延吉盆地	四川盆地	塔里木盆地

（二）　主成藏期的确定

1. 成藏期分析的数理统计法

在统计分析包裹体显微测温的基础上，结合古地温曲线可以确定成藏期。具体为：

（1）作出每一块样品对应取样深度的古地温随时间的变化曲线（图7.32）。

（2）根据各样品中每一期与有机包裹体伴生的盐水包裹体的均一温度，在古地温曲线上确定该期有机包裹体可能被捕获的绝对年龄。例如：延参1井第Ⅱ期流体包裹体的均一温度平均为 102.6℃，在其古地温曲线中，对应 37.2Ma 和 98.2Ma 两个可能的油气运移期（图7.32）。

（3）将延吉盆地各凹陷所有样品不同期次包裹体所记录的油气运移时间的绝对年龄进行数理统计分析，得出各凹陷的初始成藏期和主要成藏期（图7.33）。

2. 各凹陷成藏期确定

由于古地温曲线的非单调性，延吉盆地两期包裹体的均一温度，总共对应着53个可能的油气运移时间。具体情况如下：

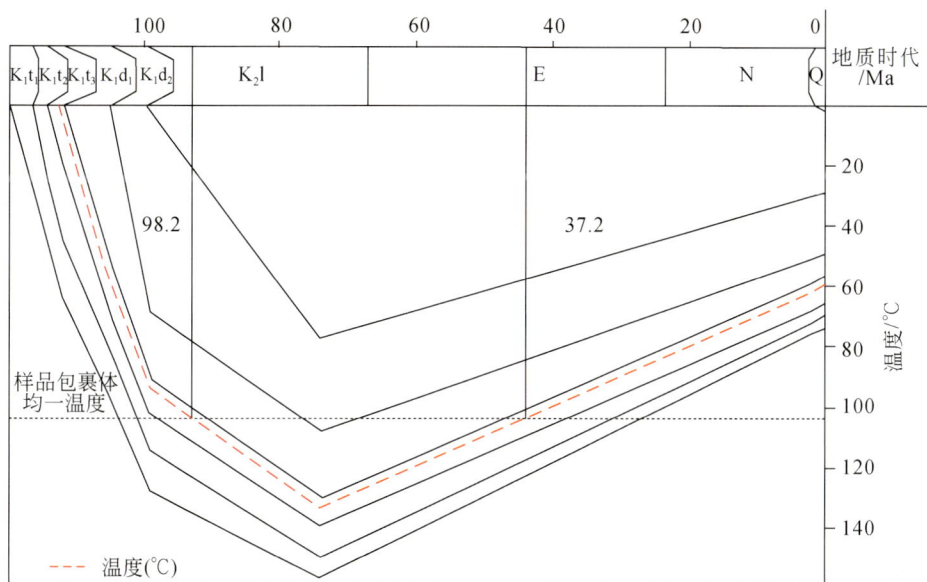

图 7.32　延参 1 井采样点古地温演化与成藏期分析

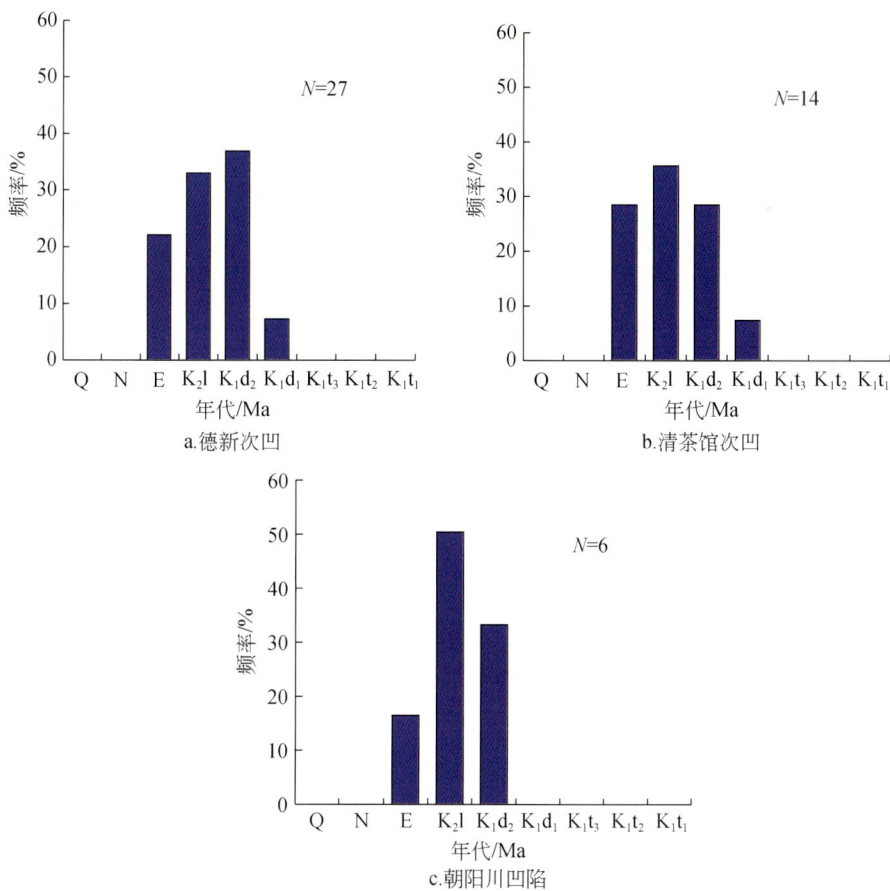

图 7.33　成藏期统计直方图

德新次凹：分析 7 块样品的包裹体数据，对应 14 个可能的油气运移时间，分布在大一段沉积期、大二段沉积期、龙井组沉积期和古近纪共 4 个时期，统计概率分别为 28.57%、35.72%、28.57% 和 7.14%（图 7.33a）。其油气运移与成藏最早发生在大一段沉积时期，油气运移和成藏一直延续到古近纪，大二段、龙井期为主成藏期。

清茶馆次凹：分析 11 块样品的包裹体数据，对应 27 个可能的油气运移时间。大一段沉积期、大二段沉积期、龙井组沉积期和古近纪的统计概率分别为 22.22%、33.33%、37.04% 和 7.41%（图 7.33b）。油气的初始成藏期和成藏时间与德新次凹相同，大二期、龙井期为主成藏期。这可能是由于德新次凹的剥蚀量较大，烃源岩进入油气大量生成的成熟阶段比清茶馆次凹稍晚。

朝阳川凹陷：朝阳川凹陷发现油气显示的井较少，仅分析 3 块样品的包裹体数据。对应着 6 个可能的油气运移与成藏时间。大二段沉积期、龙井组沉积期和古近纪的统计概率分别为 16.67%、50.00% 和 33.33%（图 7.33c）。在大二期才开始油气运移与成藏，龙井期为主成藏期。成藏时间稍晚于清茶馆-德新凹陷。

综上所述，清茶馆-德新凹陷最先开始生烃、成藏，初始成藏期为大一期，而后是朝阳川凹陷生烃、成藏，初始成藏期为大二期。清茶馆-德新凹陷大二期先进入主成藏期，朝阳川凹陷在龙井期才进入主成藏期。清茶馆凹陷成藏期较长。油气运移和成藏在古近纪完成，形成的油气藏一直保存至今。

3. 各凹陷成藏史分析

1）清茶馆次凹

以过延 10—延 15 井的油藏剖面为基础并扩充后进行模拟（图 7.25）。所选用参数见表 7.12。通过计算该剖面各地史时期的古埋深 Z、古地温 T、镜质组反射率 R^o、甾烷异构化指数 SI、I/S 混层中 S% 的含量、自生石英的含量 V_q、成岩指数 ID、生烃率 K、排替压力 P_d，恢复该剖面的构造发育史、地热史、生烃史、成岩史、盖层发育史等，最终展示其成藏史（图 7.34）。

表 7.12　延吉盆地不同成岩阶段所对应的成岩参数和生、储、盖层特征

$T/℃$	$R^o/\%$	SI	I/S 中 S/%	$V_q/\%$	ID	成岩阶段 阶段	成岩阶段 期	有机质热演化	孔隙演化	盖层封闭能力
65	0.35	0.2	>65	<1	0.24	早成岩	A	未成熟	原生孔为主	差-中
85	0.5	0.28	45	1~2	0.35	早成岩	B	半成熟	原生孔及少量次生孔	中-好
100	0.7	0.4	35	2~3	0.45	中成岩	A1	低成熟	次生-原生孔	中-好
140	1.3	0.56	20	3~5	0.71	中成岩	A2	成熟	次生-原生孔	好-中 / 好
175	2.0	0.56	5	5~12	1.00	中成岩	B	高成熟	次生孔-裂缝	中

（1）成藏期（铜佛寺组沉积期）

铜佛寺组沉积时期，延吉盆地进入断陷鼎盛期，伸展断裂系统全面形成，构造圈

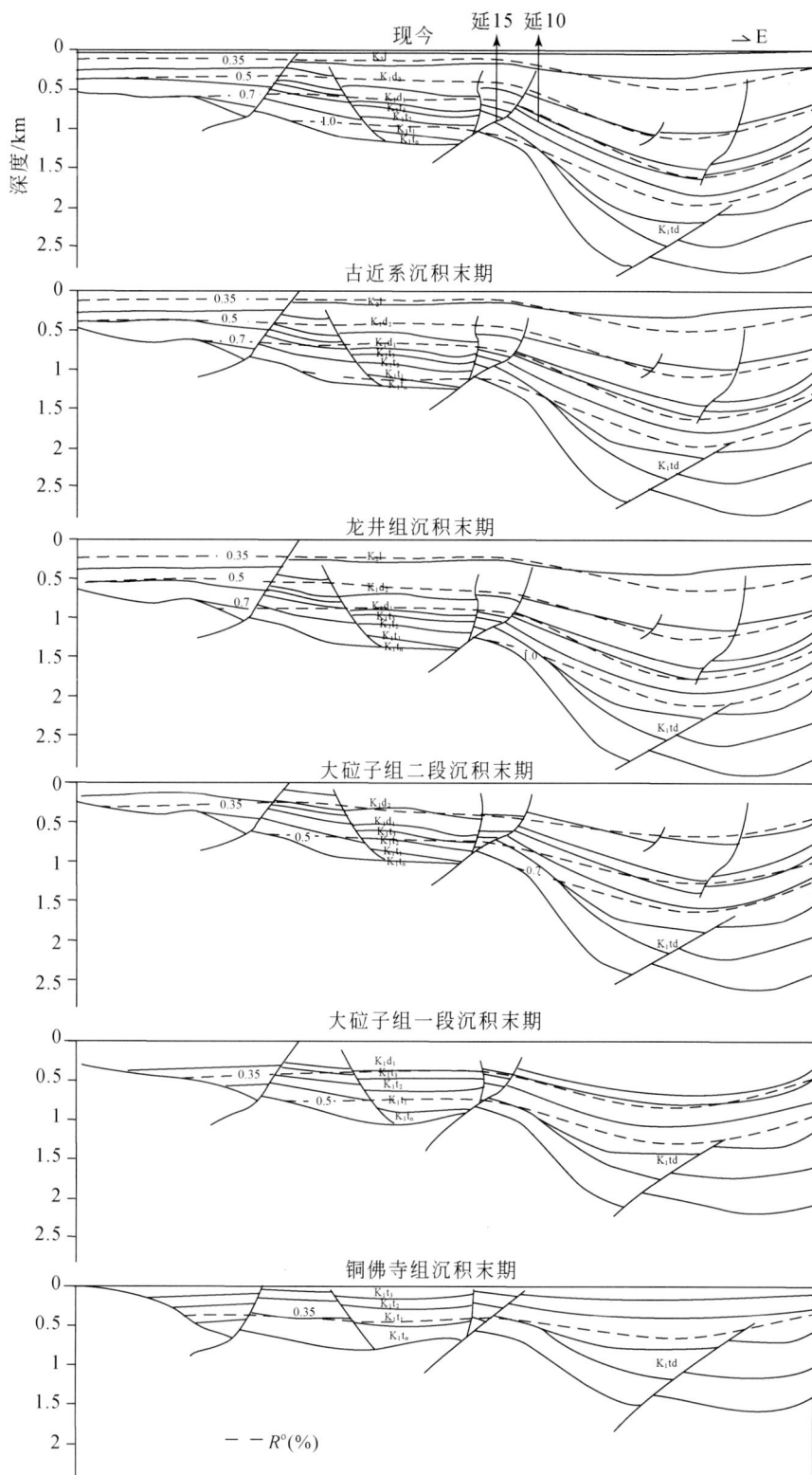

图 7.34　清茶馆次凹成藏史剖面图

闭已具雏形。但新沉积的铜佛寺组烃源岩处于未成熟阶段，不能生烃。尽管储层处于早成岩阶段 A 期，物性较好，而且铜佛寺组上段地层中的泥岩作为盖层，在全区稳定发育，但烃源不足，不能成藏（图 7.34、图 7.35）。

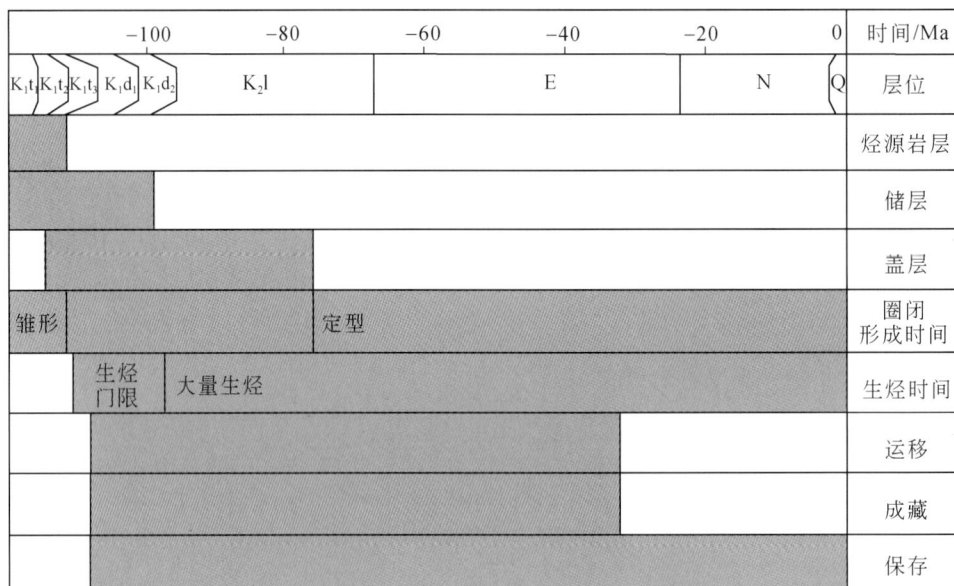

图 7.35　清茶馆次凹油藏形成事件与成藏动力学过程

（2）初始成藏期（大一段沉积期）

在大一段沉积时期，断裂活动减弱，发育少量的小型西倾正断层，断距减小。铜一段烃源岩已进入低成熟阶段，$R^o>0.5\%$，开始生烃，生烃率$>10\text{mg/g Corg}$。铜佛寺组储层主要处于早成岩阶段 B 期，原生孔隙为主，兼有次生孔隙，物性较好。铜佛寺组上部泥岩的排烃压力 $P_d>10\text{MPa}$，具有一定的封闭能力。烃源岩生成的油气从深凹区向西部上倾方向运移，被早期发育的西倾同沉积断层遮挡，开始形成油气藏（图 7.34、图 7.35）。包裹体测试资料也支持了这一观点，延参 2 井在 2096.01m 发育的第 I 期油气包裹体，均一温度为 80.4℃，对应的成藏时间为 106.8Ma，即油气藏在大一段时期形成。

（3）主成藏期（大二段沉积期）

大二段沉积时期，断裂活动趋于停止，延吉盆地进入断陷萎缩期。此时位于深凹区的深部烃源岩已进入成熟阶段，$R^o>0.7\%$，开始大量生烃，生烃率达到 140mg/g Corg。铜佛寺组储层主要处于中成岩阶段 A1 亚期，0.45>ID>0.35，伴随油气的生成，干酪根脱羧形成大量有机酸和 CO_2，进入储层，溶蚀长石和碳酸盐胶结物等，形成次生孔隙；黏土矿物大量脱水，排出 H^+，也溶蚀储层，提高储层物性，储层具有良好的储集能力。铜佛寺组上部地层的泥岩排替压力继续增加，高达 20MPa，封闭性好，油气藏开始大规模形成。该时期成为清茶馆次凹油藏的主成藏期。

（4）成藏持续期（龙井组沉积期）

龙井组沉积期为延吉盆地的拗陷时期，断裂活动基本停止，只有几条控陷断裂持续活动，次凹缓慢沉降，有机质成熟度和成岩强度缓慢增高，更多的铜佛寺组烃源岩进入成熟阶段，总生烃率最高达到 150mg/g Corg，储层处于中成岩阶段 A2 亚期，ID> 0.45，次生孔隙发育，具有良好的储油能力。铜佛寺组上部泥岩盖层的排替压力最高达 30MPa，油藏保存完好。油气的运移、聚集持续进行。

在龙井组沉积末期，区域褶皱运动导致该次凹抬升剥蚀，但凹陷中心部位剥蚀量较小，在 300~350m 左右（表 7.13），因油藏上部沉积地层厚度大，最厚达 2000m 左右，所以剥蚀并未破坏油藏的完整性，所形成的油藏为轻质油。

表 7.13 延吉盆地模拟井剥蚀量恢复结果

井号	不整合位置	不整合埋深/m	剥蚀厚度/m
延 2	龙井组顶	10	400
延 10	龙井组顶	10	300
延 12	龙井组顶	10	310
延 15	龙井组顶	7.5	350
延参 1	龙井组顶	6	310
延 4	龙井组顶	15	750
延 401	龙井组顶	15	600
延 402	龙井组顶	15	590
延 14	龙井组顶	20	450

（5）油藏保存和改造期（古近纪）

在古近纪，延吉盆地大部分时间处于抬升剥蚀状态，深凹区生成的油气仍在向圈闭运移、聚集成藏（图 7.34、图 7.35），一直保存至今。但是构造高部位及次凹北部由于抬起幅度大，已形成的油藏会发生一些改变。主要体现在部分原油由于遭受降解作用而使密度值升高。次凹北部因抬起幅度大油藏极有可能已遭受破坏。

2）德新次凹

同样的，以过延 402—延 4—延 401 井的气藏剖面为基础扩充编制成藏史剖面（图 7.36），其成藏有以下特点：

（1）成藏期（铜佛寺组沉积期）

铜佛寺组沉积时期，德新次凹进入断陷鼎盛期，断裂十分发育，同沉积断层的断距在该时期达到最大，铜佛寺组地层的沉积受控陷断裂控制，地层由西向东呈楔状结构，向东倾，构造圈闭已具雏形。烃源岩处于未成熟阶段，$R^o<0.35\%$，不具备生烃能力，尽管此时储层处于早成岩阶段 A 期，埋藏较浅，物性良好，铜佛寺组顶部地层的泥岩作为盖层，在全区稳定发育，但油气藏仍然难以形成（图 7.36、图 7.37）。

（2）初始成藏期（大一段沉积期）

大一段沉积时期，进入断陷持续期，断裂继续发育，但断距减小。很少的一部分铜一段烃源岩进入低成熟阶段，$R^o>0.5\%$，达到生烃门限，开始生烃，生烃率>10mg/g Corg。铜佛寺组储层处于早成岩阶段 B 期—中成岩阶段 A1 亚期，同时具有原生孔隙和次生孔隙，物性较好。铜佛寺组顶部泥岩的排替压力在 10MPa 左右，泥岩厚度平均 50m

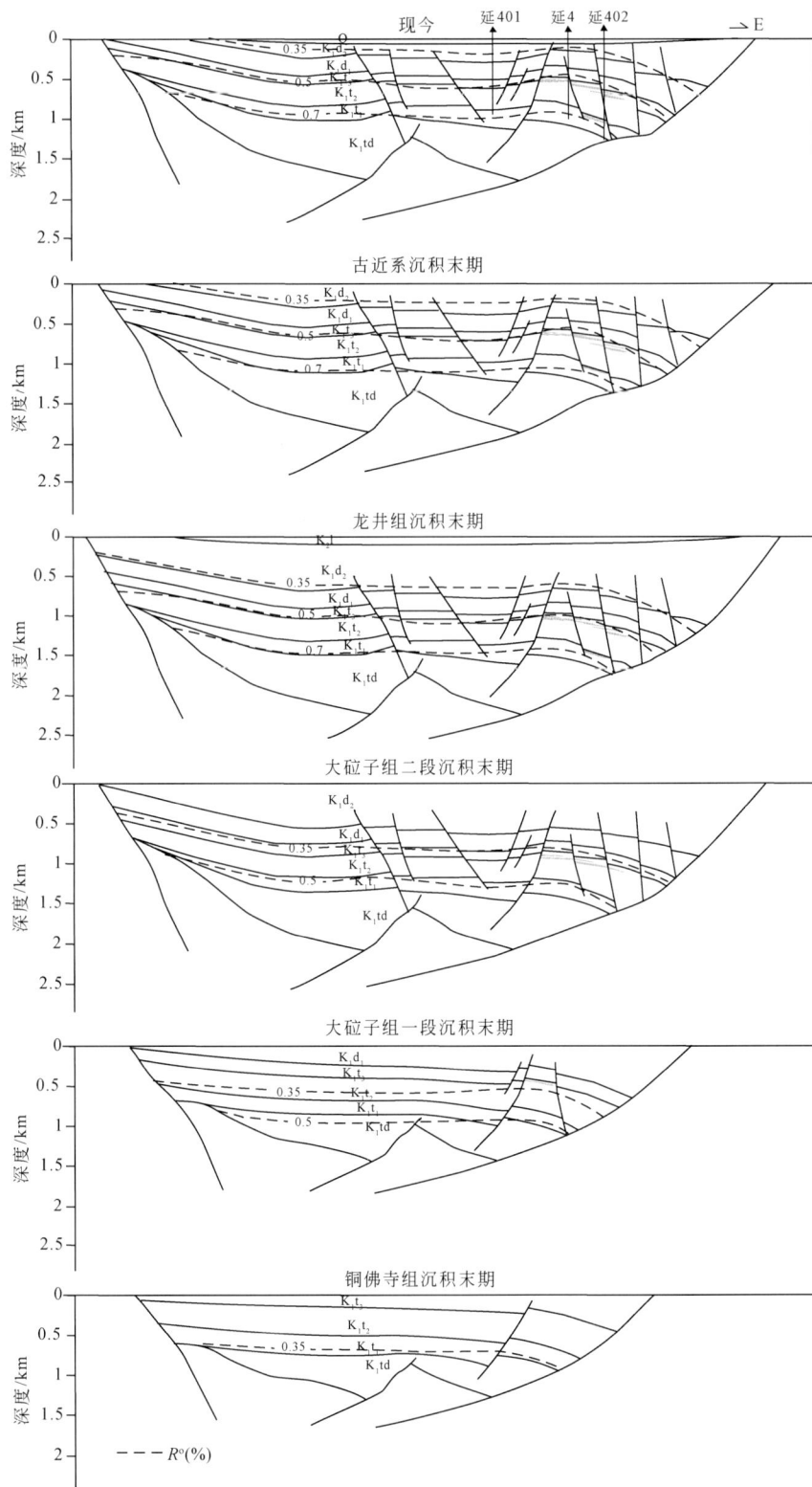

图 7.36　德新次凹二维成藏史剖面图

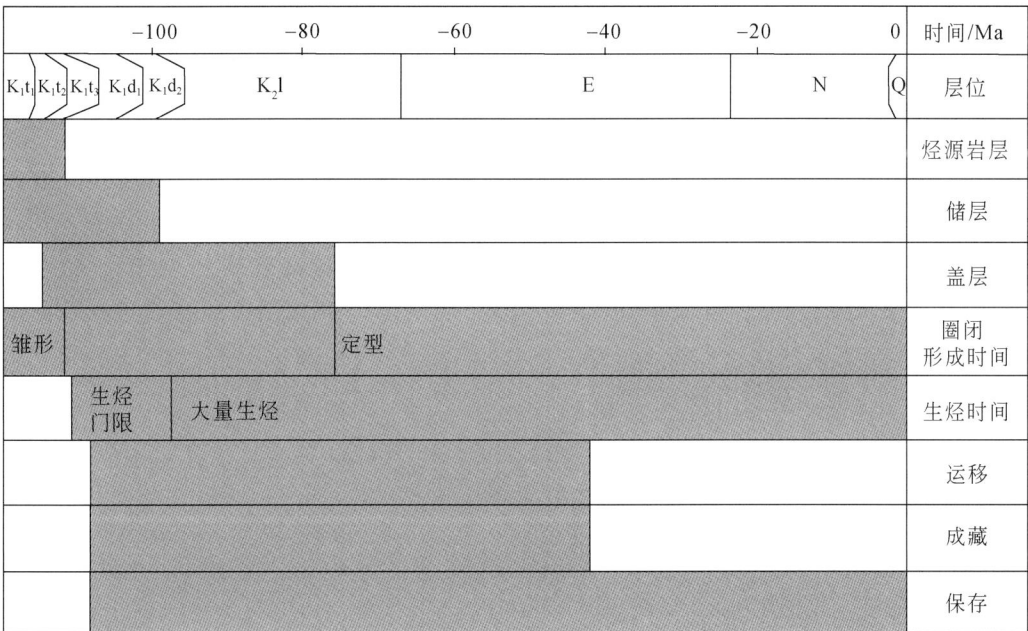

图 7.37 德新次凹油藏形成事件与成藏动力学过程

左右，具有良好的封闭能力。烃源岩生成的原油发生初次运移，进入储层后，沿上倾方向运移，在有利的圈闭开始形成油藏。延 4 井 715.63m 发育的第 I 期油气包裹体，均一温度为 62.5℃，对应的成藏时间为距今 107.1Ma（大一期）。

（3）主成油期（大二段沉积期）

在大二段沉积时期，德新次凹进入断陷萎缩期。此时铜一段烃源岩大部分层段进入低成熟阶段，R^o>0.5%，但生烃量增加，生烃率达到 50mg/g Corg 左右。铜佛寺组下部储层处于中成岩阶段 A1 亚期，次生孔隙发育，物性较好。铜佛寺组顶部泥岩的排替压力增大，最大可达 15MPa 左右，储层上部的直接泥岩盖层厚度平均为 130m，封闭油气能力提高，原油聚集量增加，油藏范围扩大。该时期在背斜顶部发育了一些西倾或东倾的正断层，主要断开铜佛寺组和大砬子组地层，可以起遮挡作用（图 7.36、图 7.37）。延 4 井在 723.4～640.0m（铜二段）见有 5 层 10.6m 油层、延 5 井见有油斑、油迹砂岩、延新 205 井有伴生稠油产出，恰好是有力的佐证。

（4）主成气期（龙井组沉积期）

龙井组沉积时期，盆地进入拗陷期，断裂活动趋于停止。铜佛寺组储层仍然处于中成岩阶段 A1 亚期，在干酪根降解生成油气的同时，干酪根脱羧生成有机酸和 CO_2。从而溶蚀储层，形成次生孔隙，进一步提高了储层的物性，使储层具有良好的储集能力。顶部泥岩的排替压力继续增加，最大可达 20MPa 左右，封闭油气能力增强。此时位于深凹区的烃源岩进入成熟阶段，R^o>0.7%，生烃率最高达到 120mg/g Corg。生成的大量烃类进入储层，被顶部盖层、侧向断层遮挡。延 4 井 724.81m 发育的第 II 期油气包裹体，均一温度为 104.25℃，对应的成藏时间为距今 67.0Ma。

在龙井组沉积末期，区域性褶皱运动导致该次凹大幅度抬升剥蚀，龙井组地层几乎被完全剥蚀，大二段地层也有部分被剥蚀，剥蚀量为 450~750m（表 7.13）。此时，受氧化作用和细菌活动增强的影响，已抬升的油层被降解，形成大量天然气。其中一部分聚集在现今埋深仅 507.0~521.0m 的储层中，并被顶部盖层、侧向断层遮挡形成次生气藏，进入主成气期。

(5) 气藏保存期（古近纪）

在古近纪，延吉盆地大部分时间处于抬升剥蚀状态，深凹区生成的油气仍在向圈闭运移，聚集成藏（图 7.36、图 7.37），一直保存至今。

3) 朝阳川凹陷

朝阳川凹陷的未成藏期、初始成藏期、主成藏期、成藏持续期、油气藏保存期等阶段与清茶馆、德新次凹相近。但发生时间要稍晚（大二开始初始成藏），且晚期是否发生过成气期有待进一步求证。可以肯定的是：深凹部位形成稀油油藏，凹陷边部、尤其是南北两侧油藏被改造甚至被破坏。其成藏过程不再赘述。

第三节　成　藏　系　统

一、油气成藏条件

（一）充足油源是油气成藏的物质基础

由前述，延吉盆地面积较小，但优质烃源岩所占比例较大。优质烃源岩主要发育在铜佛寺组，总有机碳为 1.8183%~2.1187%，氯仿沥青"A"为 0.1436%~0.1515%，S_1+S_2 为 2.69~8.09mg/g，最高可达 23.84mg/g；有机质丰度较好，达到中-好生油岩标准。有机质类型以 II_A、II_B 为主。实测镜质体反射率（R^o）分布范围为 0.5%~1.2%，普遍成熟。生烃总量为 $10.83 \times 10^8 \sim 12.60 \times 10^8$ t。

（二）良好生储盖组合与圈闭合理配置是形成油气藏的先决条件

头道组—铜佛寺组—大砬子组分别对应了低位域—湖侵域—高位域三个阶段，其中铜佛寺组沉积时期水体最大，其中主要发育了三种类型的沉积砂体，包括扇三角洲平原砂体、扇三角洲前缘砂体和近岸水下扇沉积砂体。扇三角洲沉积体系沿朝阳川凹陷、清茶馆-德新凹陷缓坡处发育，近岸水下扇沉积体系沿清茶馆-德新凹陷陡坡处发育。以延 10 井为代表的扇三角洲前缘砂岩和以延 4 井为代表的近岸水下扇沉积体系具有典型的砂泥薄互层沉积，为油气聚集成藏提供了良好的条件。

封堵好是指圈闭的控藏断层侧向封堵能力好。由于局部构造圈闭与控藏断层有关，因此无论发育部位是在断层上升盘或在断层下降盘一侧，都要求断层的侧向封堵性能良好，才能保证圈闭油气富集程度较高。

铜佛寺组上部地层沉积时期，湖盆水体达到最大，全区范围内发育广泛的湖相泥岩，是一套良好的区域性盖层，其他层序段发育的湖相泥岩也是良好的局部盖层，构成了本区良好的储盖组合。

延吉盆地存在两套生储盖组合，即①自生自储式：铜二段（生）、铜二段（储）铜二段（盖）；②正常生储盖式：铜二段（生）、铜三段（储）、大一段（盖）。它们与铜佛寺组末期形成的构造圈闭配置恰可形成油气藏。

（三）多个次生孔隙发育带为油气储集提供了良好空间

延吉盆地砂岩储层以长石砂岩和岩屑长石砂岩为主，砂岩物性整体偏低，以低孔低渗为主。纵向上发育有四个异常高孔隙发育带。自生矿物以绿泥石-次生加大石英-浊沸石为特征，处于早成岩阶段 B 期和中成岩阶段 A 期，砂岩溶蚀溶解作用主要发生在铜二、三段。溶蚀、溶解作用和裂缝发育形成了大量次生孔隙，是改善储层物性的主要因素，其中裂缝发育提高了储层约4%的孔隙度。

（四）上覆层的分布状况

上覆岩层的概念是从含油气系统基本要素中引用而来，主要是指覆盖在烃源岩、盖层和储集岩这三种要素之上的沉积岩，通常占盆地充填的最大部分。特别是在烃源岩生成油气的过程中，上覆岩层的厚度、时代、热导率、剥蚀与分布状况等起着决定性的作用。

上覆岩层的发育促使成岩作用不断发展，从而使烃源岩热成熟、储集层孔隙演化、盖层封闭性能优劣等产生变化，同时其时空展布情况影响着有效烃源岩的范围、生排烃时期、烃源岩演化阶段。上覆岩层的岩性组合往往还对地温场纵向变化、油气纵向分布等产生影响。

上覆岩层影响到含油气系统许多重要的物理作用过程。因为通过埋藏使烃源岩形成油气，储集岩通过压实失去孔隙，盖层能更好地阻止油气运移，如果油气以最佳温度保存在圈闭中，那么便能防止生物降解。上覆岩层沉积的时间顺序影响烃源岩和上覆岩层之间、盖层和储层之间界面的几何形态。反过来，烃源岩-上覆岩层之间界面的几何形态影响油气运移的时间和方向，而盖层-储层反射界面指示圈闭形成的时间及有效性。同样的，上覆岩层对油气的形成、运移、聚集以及油气藏的形成也很重要。

延吉盆地的烃源岩、盖层和储集岩主要分布在铜佛寺组沉积时期。铜佛寺组之上的地层沉积，包括大砬子组、龙井组及新生代地层均为上覆层。

从地层厚度的变化来看，铜佛寺组在控陷断裂根部明显加厚，远离控陷断裂迅速减薄；而龙井组分布十分广泛，分布范围和沉积厚度完全不受断层影响。即龙井组沉积时期，同沉积断裂发育、萎缩、分布范围和沉积厚度完全不受控陷断裂的控制，与下部伸展断陷构造层之间存在区域性充填夷平面和局部剥蚀面，也是上覆层中的重要层系。而新生代地层在整个盆地范围仅有零星分布，应该说对成藏系统影响已很小。

（五）圈闭的形成

延吉盆地主要受三期构造活动的影响，形成了多种类型的圈闭。第一期是早白垩世伸展断陷期发育的圈闭；第二期是早白垩世侵入岩体在上倾方向遮挡形成的岩性圈闭；第三期是龙井组后期褶皱构造运动对早期形成的圈闭进行的不同程度的改造作用，一些圈闭没有受到影响，仍然保持原有的构造形态，有些圈闭形态发生了根本性的改变。

其中早白垩世伸展断陷期发育的圈闭，目前识别出两类。一类是广泛分布的构造类圈闭-断块和断鼻；另一类是地层超覆尖灭形成的超覆圈闭。包括朝阳川凹陷发育的进化断鼻、龙新断鼻、龙新北断鼻、广新断鼻、许家沟断鼻、梨树断鼻、龙坪断鼻、长新圈闭；龙井凸起发育的北兴圈闭；清茶馆-德新凹陷发育的帽儿山断鼻、陆口洞断鼻、东明断鼻、东风断鼻、兴安南断块、兴安断块、凤巢圈闭、卧龙圈闭、利民圈闭等。

侵入岩体遮挡形成的岩性圈闭主要在朝阳川凹陷、清茶馆-德新凹陷南部靠侵入岩体发育，包括兴城背斜、龙鹤断块、富兴断块、勇成圈闭、富岩东等圈闭。

龙井组后期褶皱构造运动使部分形成的背斜圈闭最后定型，如南阳背斜。同时对早期形成的圈闭进行的不同程度的改造作用，使部分圈闭形态发生了根本性的改变。但形成的圈闭均为油气的运移—保存提供了有利位置空间。

圈闭作为油气聚集与保存的最终场所，其形成时间与油气的生成排出时间的匹配关系最终体现了成藏要素的时间配套关系。而构造活动是形成油气藏的主要动力。

当然，断层发育较多且交切复杂将使圈闭形态破碎，导致油水界面关系复杂和断层侧向封堵效果变差，最终使油气富集程度降低。

（六）大二段、龙井组末期为聚集成藏的关键时间

关键时间是一个时间点，它能极好地描述一个含油气系统内大多数油气的生成—运移—聚集的时间。一般来讲，R^o 为 0.5% 时，烃源岩开始进入生烃门限，延吉盆地铜佛寺组发育的烃源岩在大二段时期开始达到生烃门限，为油气的运移聚集成藏提供了充足的油源。大二段末期，整个盆地发生大规模的构造运动，其区域挤压应力方向与早期伸展断陷期形成的断裂走向呈小角度夹角，使断层开启，为油气的运移提供了良好的通道条件，油气通过断层的输导发生近距离运移，开始形成油藏。龙井组末期的构造运动则使已形成的油藏发生变化，形成部分气藏。大规模生成的油气发生运移，最终聚集形成油气藏。

空间配置关系多样，时间配套关系要求较高。对空间配置关系而言，当储层紧邻有效烃源岩发育时，属于有利的配套组合，反之则对油气富集能力有影响，即对圈闭的时空配置关系要求较高。

成藏期及以后的频繁构造活动是形成油气藏的主要动力。龙井组末期发生了一次大规模的区域褶皱构造运动，改变了延吉盆地原型格局，卷入了北东向褶皱系统，使

得油气在烃源岩、储集岩、盖层和圈闭条件均具备的条件下，开始大规模的运移—聚集保存，形成了延吉盆地整个成藏系统。

二、成藏系统划分与模式预测

油气成藏系统系指具有相同油源、相同或相近的地质背景，相似的封盖条件，相近的油藏特征，并具有同一运聚直至保存的动态过程的一个统一体。

目前人们普遍接受的油气成藏系统的概念是 Magoon 和 Dow 关于含油气系统的经典表述：含油气系统（Petroleum system）是一个自然的系统，它包括活跃的烃源岩及与该源岩有关的所有已形成的油、气，并包含油气藏形成时所必不可少的一切地质要素及作用。所谓活跃的烃源岩是指地质历史中曾经活跃的油气源岩，但现在也许已不再活跃或者已经消耗殆尽；所谓油气包括高度聚集赋存于常规储层的任何烃类物质、天然气水合物，致密储集层、裂缝性页岩和煤层中的热成因气及生物成因的天然气，硅质碎屑岩、碳酸盐岩中的凝析油、原油、重油及固态沥青；地质要素包括油气源岩、储集岩、盖层及上覆岩层等静态因素，上覆岩层的厚度、地温是源岩层排烃的决定因素，因而是重要的地质要素之一；地质作用则包括圈闭的形成及烃类的生成、运移和聚集过程。相互依存的地质要素和作用组成了形成油气藏的功能单元即含油气系统。这些基本要素和作用必须有适当的时空配置，才能使源岩中的有机质转化为油气，进而形成油气藏。

依据成藏要素特点，将延吉盆地划分为朝阳川、清茶馆、德新等三个成藏系统。

（一）各成藏系统特征

1. 朝阳川成藏系统

系统内发育良好的烃源岩和砂岩储层，凹陷周边形成一系列构造圈闭，以中等封闭能力盖层发育为主，断层封闭性较好，构造形成期与源岩排烃期匹配较好。

朝阳川凹陷各有油气显示的井均分布在 YJ8 断层和延 3 井西侧断层之间，延 3 井西侧断层为朝阳川凹陷油气运移的有效半径。YJ8 断层成为垂向上连接 SQ2 层段烃源岩和 SQ4 储层的最有效通道（图 7.38），YJ8 断层东侧的其他断层距储层较远，即使油气沿断层运移到 SQ4 层序段，横向运移也较困难。YJ8 断层西侧的其他断层，有的发育规模小，油气运移量有限。有些有一定规模的断层，如距离源岩较远，也较难将油气运移出来。YJ8 断层处于烃源岩和有效砂体之间，构造运动发生时，断层成为垂向上沟通源岩层和储积层的有效通道，在储层、盖层和圈闭条件均发育的地方形成油气藏。根据龙井组末期的区域褶皱构造运动的影响，可将朝阳川凹陷划分为中部向斜聚集单元、南部背斜聚集单元。

2. 清茶馆成藏系统

油气主要来源于铜佛寺组。成熟源岩基本在全系统范围分布，油源充足，烃源岩

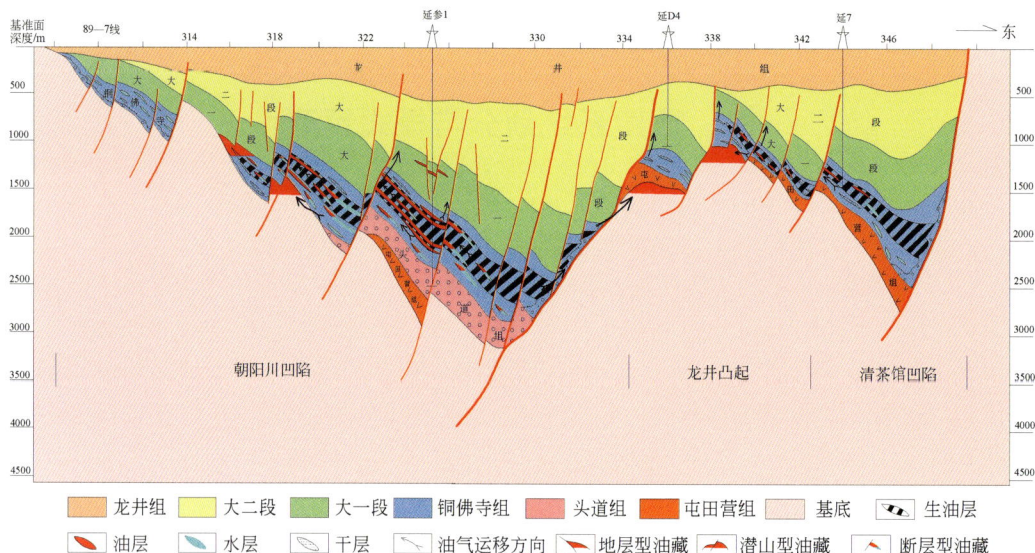

图 7.38 延吉盆地成藏模式图

区内发育断背斜，周边也分布一些局部构造，盖层发育。龙井组末期的区域褶皱构造运动使清茶馆次凹的北部抬升幅度较大，油气聚集难度增大。可进一步划分为中部向斜聚集单元和南部背斜聚集单元。

3. 德新成藏系统

油气来源于铜佛寺组烃源岩，区内断层封闭性较好，也具备良好的盖层条件。油气运移的指向上分布有南阳等圈闭构造，是最有利的油气成藏系统之一。

次凹北部纵横交错的断层成为源岩层和储集层之间最为有效的通道，次凹南部发育的 YJ11 和 YJ13 号断层连通了油源和储层。龙井组末期发生构造运动时，这些断层开启，使油气在垂向上运移到储层中来，之后通过砂体空隙在横向上运移，在油气聚集条件好的地方形成油气藏。

观察整个延吉盆地油气分布特点，德新凹陷内的气藏处于构造高部位处，龙井组末期的大规模构造运动完成之后，地层遭受抬升剥蚀，这些部位遭受剥蚀程度严重，破坏了早期形成的油藏，油被氧化和生物降解，形成次生气藏。其下部往往伴随有油藏，且原油密度较大（图 7.38）。

无论是朝阳川凹陷，还是清茶馆次凹、德新次凹的内部，烃源区的油气主要由向斜的低部位向高部位运移，由凹陷的中心部位向周围的有利位置运移和聚集。

保存时间在油气生成、运移和聚集作用完成之后开始。一个还在活动的或刚完成的含油气系统没有保存时间。在保存时间内，现在的烃类不是被保存就是被改造和破坏。龙井组末期的构造运动，完成了整个含油气系统的形成过程，主要导致南北地层两端遭受严重的抬升剥蚀，相应地油气藏被破坏。而中间向斜部位地层则保存较好，形成的油气藏可以较好保存。

（二）成藏模式预测

从成藏系统的特点看，延吉盆地存在着背斜型（披覆背斜、滚动背斜）、断块型（反向断块、顺向断块）油气藏，在凹陷斜坡部位形成的坡折带可形成地层岩性类型的油气藏，在低凸起（如龙井凸起中段）部位可形成潜山油气藏。区内也可能分布有裂缝、致密砂岩、页岩油气藏（图7.38）。

第四节　小　　结

（1）在延吉盆地轻质、中质和重质油（原油密度分别为 $0.8269g/cm^3$、$0.8745g/cm^3$、$0.9025g/cm^3$）均有分布，属高蜡原油。天然气为原油降解气（密度 $0.57\sim0.59g/cm^3$，甲烷含量 93.97%，碳同位素为 $-50.19‰$）。地层水一般属微咸水，水型较单一，为 $NaHCO_3$ 型。总矿化度在 $1200\sim3000mg/L$。

（2）多井发现的原油成熟度有成熟和低熟之分，其 γ-蜡烷、β-胡萝卜烷含量丰富，为同源。原油和铜佛寺组泥岩在正异构烷烃分布和甾萜烷组成上都非常相似，表明原油来自于铜佛寺组。

（3）延吉盆地已获工业油气流的油气藏有披覆背斜、逆牵引背斜、断鼻-岩性等类型，预计也存在断块、地层-岩性、潜山等多种类型油气藏。延4井气藏是原油降解气，其下部发育油藏。延10井为披覆背斜型油藏，地温梯度 4.1℃/100m，地层压力 8.495MPa，压力系数 1.01。

（4）发育两期含烃包裹体，第Ⅰ期属淡水流体，均一温度为 80.3℃；第Ⅱ期属于较高盐度流体，均一温度平均为 108.17℃。铜佛寺组含油包裹体指数 GOI 较高，平均为 7.55%，其中清茶馆次凹 GOI 达到 9.6%。铜佛寺组是延吉盆地油气聚集的主要层段，古热流值较高，约 $1.6\sim1.8HFU$。延吉盆地的主成藏期为大二期或龙井期。其中清茶馆凹陷成藏期较长，后期北部遭受破坏严重。德新次凹龙井期为主成气期。盆地南北两侧油藏被改造甚至被破坏。

（5）充足油源是油气成藏的物质基础，多个次生孔隙发育带为油气储集提供了良好空间，良好生储盖组合与圈闭合理配置是形成油气藏的先决条件，龙井组末期为聚集成藏的关键时刻，延吉盆地划分为三个成藏系统。即：朝阳川、清茶馆、德新等。朝阳川构造形成期与源岩排烃期匹配较好，以轻质油为主，清茶馆次凹盖层质量较差，造成了油气的散失，以形成油藏为主。德新次凹地层遭受抬升剥蚀，以下油上气为特征。为此，初步预测了成藏模式。

第八章　油气分布规律与勘探方向

第一节　油气分布规律

一、烃源岩内及周边是油气的富集区

延吉盆地的优质烃源岩主要发育于铜二、三段。

早期，延吉盆地并未形成真正意义上的河湖系统。铜二段沉积时期，箕状断陷的沉降格局基本形成，稳定的湖泊区开始出现，形成了延吉盆地断陷期的初始湖泛面。初始湖泛面形成给烃源岩系的沉积提供了良好的地质条件。初始湖泛面控制了有效烃源的发育层系。

延吉盆地有效烃源岩分布面积为 868.0km²，有效烃源岩最大厚度朝阳川凹陷为385m、清茶馆次凹为540m、德新次凹为380m。

延吉盆地铜佛寺组发育的烃源岩在大二段时期开始达到生烃门限。随着上覆岩层的不断加厚和埋深，烃源岩开始大量生烃，为油气的运移聚集成藏提供了充足的油源条件。

龙井组沉积末期，整个盆地发生大规模的构造运动，这次构造运动的区域挤压应力方向与早期伸展断陷期形成的断裂走向呈小角度夹角，使断层开启，为油气的运移提供了良好的通道条件，油气通过断层的输导发生近距离运移，最终聚集形成油气藏。

而烃源区内形成的凹中隆及周缘为油气的指向区。已获工业油气流或低产油气流的井（延4、10、14、延参1井）均符合这一特点。预计在周缘油气指向的有利构造和坡折带仍有油气富集区带。

二、铜佛寺组是主要的含油气层位，油层不受埋深控制

延吉盆地主要的含油层系相对集中于铜二、三段（图8.1）。主要含油气层系显然与湖侵背景下明显的水退过程发育的砂体之间关系密切。但这些层系在各烃源区现在埋深差距较大。

延吉盆地烃类的大规模运聚过程发生于龙井组沉积之后的逆冲褶皱构造运动过程中，其时伸展断陷虽被卷入褶皱构造，但强烈的剥蚀作用尚未发生，所以烃类运聚单元的展布范围远大于现今的地理盆地范围。

油气聚集成藏后，逆冲褶皱构造运动继续进行，导致地层后期抬升，尤其南北两翼抬升幅度大，油层、气层埋深仅 500~700m，而烃源区中心埋深在 1800~2000m 之间。但是主要的含油气层位均为铜佛寺组，表明油层不受埋深控制。

地层(组)	段	井号	朝阳川凹陷 延参1	延2	清茶馆凹陷 延参2	延10	延12	延15	德新凹陷 延4	延5	延14	延401	延402
大砬子组	二段	SQ9		油斑2.5m/1 油迹2.8m/1 荧光3.0m/1									
大砬子组	一段	SQ8					含油2.8m/2 油浸0.8m/1 油迹0.8m/1	含油6.4m/1					
大砬子组	一段	SQ7						含油6.6m/3 荧光2.4m/1					
铜佛寺组	三段	SQ5	饱含油2.0m/1 油浸19.4m/2 油斑15.6m/2	油浸、油斑9.8m/1 荧光13.0m/4		工业油层3.2m/1 厚3.2m		含油6.0m/3		油斑2.0m/1 油浸6.2m/3			差气层5.0m/1
铜佛寺组	二段	SQ4	低产油层13.4m/1		含油10.0m/1 油斑、油迹18.0m/2 荧光11.4m/3	工业油层32.4m/2 厚13.2m	油浸2.2m/1 油斑2.8m/1 荧光3.8m/1	含油8.4m/2	工业气层14.0m/1 油浸4.0m/2 油斑23.2m/3 荧光3.0m/1	油斑5.4m/1 油迹1.6m/1 荧光2.0m/1		差气层30.4m/2 含气水层9.4m/1	工业气层81.8m/2
铜佛寺组	二段	SQ3	低产油层13.4m/1		含油0.6m/1 油浸、油斑9.2m/3 荧光24.6m/7	工业油层9.8m/1 厚7.0m			油浸6.6m/3 油斑11.0m/2	油斑5.0m/1 荧光12.8m/1			
铜佛寺组	一段	SQ2			油浸、油斑1.2m/1	油浸12.4m/3 油斑12.2m/2 油迹5.2m/2 荧光41.2m/7					工业油层4.6m/2		

图例:工业油层　差油层　可疑油层　油斑、油迹　差气层　可疑气层

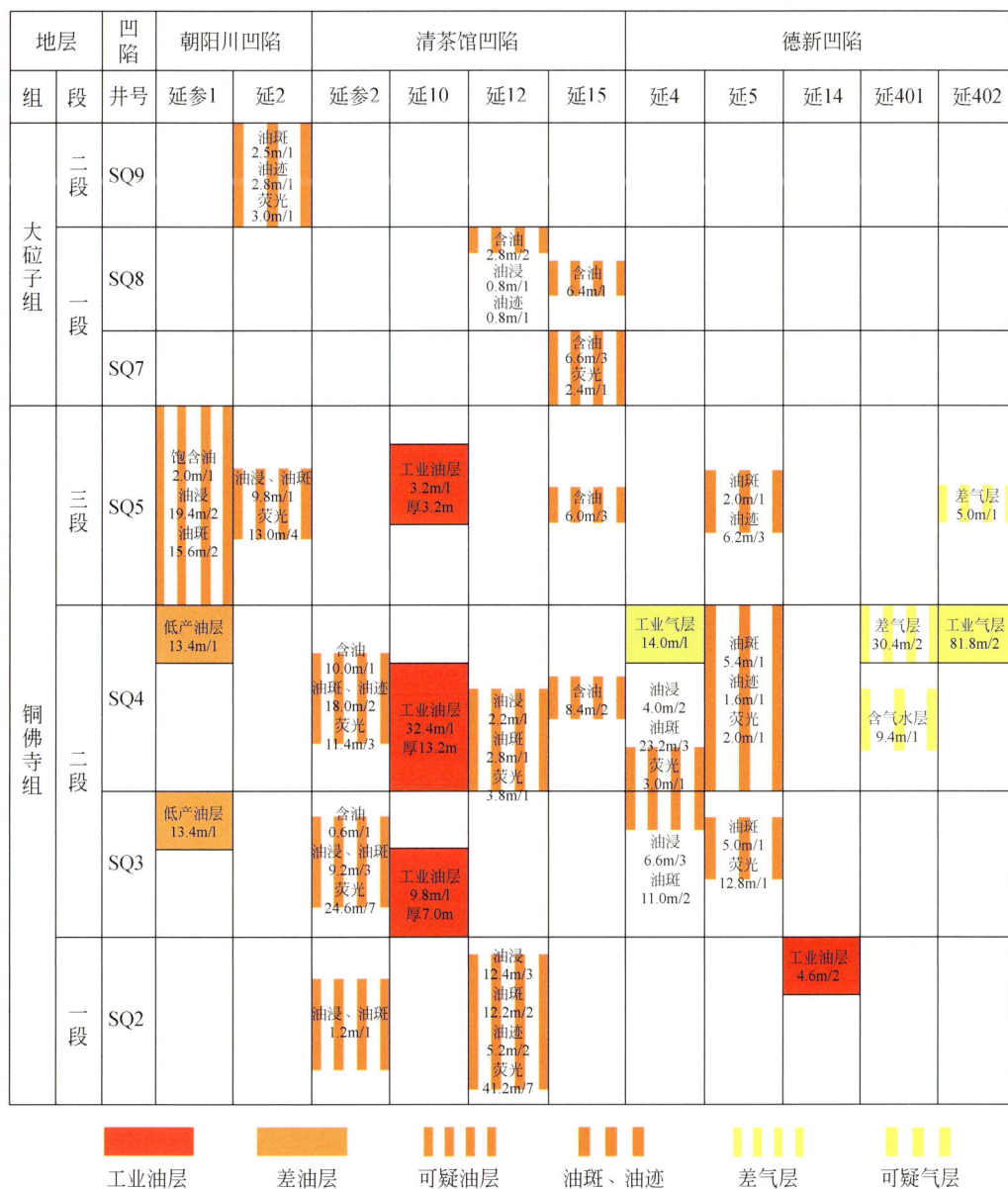

图 8.1　延吉盆地各层序含油气分布状况图

三、上气下油，次生气藏与稠油油藏相伴而生

前已述及，德新次凹南阳构造所钻的延 4 井天然气为原油降解次生型生物气。

在德新次凹南部，由于后期抬升幅度大，储集层埋深变浅，伴随有含细菌、氧气的地表水渗入，使原油发生降解而形成天然气。因此，二者相伴密不可分。前者是在后者发生氧化、降解后形成的原油降解气，而后者则成为稠油油藏。

龙井气田在开采中见有稠油也已证明这一点。

四、不整合与油气关系密切

（一）可形成与不整合有关的溶孔、溶洞型潜山和地层超覆不整合型油气藏

对于基岩顶部，由于成岩程度很强，自身不具备储集条件，孔隙度、渗透率数值很低。但是，在较高位置，经构造断裂、物理风化作用，由不同岩性组成的基岩储集体遭受风化淋滤、溶蚀而发育溶孔、裂缝等次生孔隙，易形成高孔渗带。它们的渗透性从上到下变差，直至基岩内部逐渐消失。表现在深浅侧向电阻率幅度差由大变小。同时，在不整合上覆有烃源岩层（非渗透性地层），可形成新生古储组合。断层面和不整合面作为供油通道，是此类油气藏形成的必要条件，其接触面积大，油源丰富。

在坡折带上不整合线与储集层顶部构造等深线相交时，形成地层超覆不整合油气藏。它们有可能在距 T_{23}、T_{22} 界面以下 100m 范围内发育。

（二）不整合面是油气二次运移的良好通道

延吉盆地成烃的关键时刻大约是大砬子组末期及龙井组末期。而此时已形成的不整合面恰好可以将烃源区和不整合圈闭沟通起来，成为油气二次运移的通道，具体运移方式可能多样，包括薄层运移，且运移距离可以相对较远。

当然，晚期构造活动有利于油气二次运移和聚集，即区域逆冲褶皱作用与大规模油气运聚同步，但不利于油气保存。虽然最大湖泛面控制了区域盖层的发育，但延吉盆地晚期剧烈的构造活动使盆地南部和北部抬起幅度较大，对已形成的油气藏起破坏作用。清茶馆次凹后期破坏比南部的德新次凹严重。从发现的油藏原油性质看，原油密度较高，且油藏上部无次生气藏分布。而德新次凹的气藏虽然埋深仅 $500 \sim 780m$，但由于上覆层有一定厚度的泥岩分布具备盖层条件。同时在气藏下部还形成油藏。

第二节　油气勘探方向

一、大马次凹（含丰满断阶带）、清茶馆次凹、德新次凹中发育的构造带是有利勘探区带

（一）大马次凹（含丰满断阶带）

1. 大马次凹的结构

大马次凹：面积约 165km² （图 8.2）。受 YJ2 和 YJ8 断裂控制。凹陷内头道组、铜

　　铜佛寺组发育于凸起的中段，最厚可达300m左右，大砬子组一段沉积了较厚粉砂质泥岩和泥岩，并夹三层厚约1.2~1.5m的粉、细砂岩，可以形成良好的储盖组合。而凸起两侧紧邻朝阳川凹陷和清茶馆-德新凹陷烃源区，YJ2断层可作为油气运移通道，东部烃源区的油气也可顺坡向上运移。两侧油气运移至龙井凸起顶部有利的圈闭中聚集成藏，预测是较有利勘探区带。

（二）永昌削蚀带

1. 永昌削蚀带的结构

　　永昌削蚀带位于朝阳川凹陷的北部，是盆地发育晚期大幅抬升而后遭受削蚀的区域。其上部分残存有头道组、铜佛寺组和大砬子组，龙井组地层被剥蚀殆尽。

2. 永昌削蚀带的含油气性

　　永昌削蚀带南部发育了新兴坪鼻状构造，其南部倾没端与大马次凹相接。

　　新兴坪鼻状构造是盆地发育后期老头沟—铜佛寺局部抬升而形成的鼻状构造，在 T_{21} 层、T_{22} 层和 T_{23} 层均有发育，但仅 T_{23} 层保存完整，表现为由 YJ8 断层与地层超覆线遮挡的断鼻。圈闭面积 $11.8km^2$，幅度630m。

　　永昌削蚀带距离大马次凹的烃源区近，且砂岩储层较发育，构造条件相对较好，同时不乏盖层条件。且其受力形成机制与德新次凹南阳构造具有相似性，推测可以形成油气藏。

三、细鳞河斜坡、勇新削蚀带是三类区带

（一）细鳞河斜坡

1. 细鳞河斜坡的结构

　　细鳞河斜坡位于盆地西部边缘，YJ6 断层以西，构造面貌上呈被断层复杂化的斜坡，斜坡上发育众多的顺向正断层。面积约 $265km^2$，T_{22} 层埋深-1000m 到250m，T_5 层埋深由-1500m 到150m 左右，地层向东倾，倾角 $20°~25°$。其上覆沉积层包括铜佛寺组、大砬子组和龙井组。在后期的构造活动中均遭受了不同程度的抬升剥蚀。

　　区内铜佛寺组最厚不超过600m。由于 YJ5 断层中间位置的掀斜作用较强，铜佛寺组地层在此处超覆。大一段最厚不超过350m，大二段最厚小于400m。龙井组末期，形成斜坡中间低、南北高的形态。

2. 细鳞河斜坡的含油气性

　　主要目的层 T_{22} 层发育龙坪断鼻和进化断鼻。龙坪断鼻面积 $8.5km^2$，幅度240m。

属于构造–岩性圈闭。因距烃源区较远，不利于油气的储集和运聚，含油性较差。

（二）勇新削蚀带

勇新削蚀带面积125km²。仅有大二段和龙井组，总厚度700m，沉积盖层较薄。含油气性较差。

第三节　小　　结

（1）初始湖泛面控制了有效烃源岩的发育层系。铜佛寺组有效烃源岩分布面积为868.0km²，油气资源丰度较高。油气通过断层的输导发生近距离运移，最终聚集形成油气藏。而烃源区内形成的凹中隆及周缘为油气的指向区。

（2）铜佛寺组是主要的含油气层位，含油层系相对集中于铜二、三段。油层不受埋深控制。盆地南北两翼抬升幅度大，油层、气层埋深仅500~700m，而烃源区中心埋深在1800~2000m。

（3）上气下油，次生气藏与稠油油藏相伴而生。

（4）不整合与油气关系密切。可形成与不整合有关的溶孔、溶洞型潜山和地层超覆不整合型油气藏。不整合面还是油气二次运移的良好通道。

（5）大马次凹（含丰满断阶带）、清茶馆次凹、德新次凹中发育的构造带是有利勘探区带。龙井凸起、永昌削蚀带是较有利勘探区带。

参 考 文 献

白清华，柳益群，樊婷婷．2009．鄂尔多斯盆地上三叠统延长组浊沸石分布及其成因分析．西北地质，
　42（2）：100～107

曹成润，刘志宏．2005．含油气盆地构造分析原理及方法．长春：吉林大学出版社

常丽华，陈曼云，金巍，等．2006．透明矿物薄片鉴定手册．北京：地质出版社

陈丹敏，袁振涛．2009．鄂尔多斯白豹地区三叠系流体包裹体的特征及其在确定油气成藏期中的应用．
　西安石油大学学报（自然科学版），24（2）：31～38

陈发景，汪新文，陈昭年，等．2004．伸展断陷盆地分析．北京：地质出版社

陈发景，汪新文．1997．中国中、新生代含油气盆地成因类型、构造体系及地球动力学模式．现代地
　质，11（4）：409～424

陈发景，张光亚，陈昭年．2004．不整合分析及其在陆相盆地构造研究中的意义．现代地质，18（4）：
　269～275

陈发景，赵海玲，陈昭年，等．1996．中国东部中、新生代伸展盆地构造特征及地球动力学背景．地
　球科学，21（1）：357～365

陈丽华，郭舜玲，王衍琦，等．1994．中国油气储层研究图集（卷五）．北京：石油工业出版社

陈元壮，刘洛夫，蔡勋育，等．2004．广西百色盆地油气勘探潜力分析．西南石油学院学报，26（3）：
　1～4

戴金星，等．1992．中国天然气地质学（卷一）．北京：石油工业出版社

邓宏文，王红亮．2002．高分辨率层序地层学原理及应用．北京：地质出版社

邓聚龙．1987．灰色理论基本方法．武汉：华中理工大学出版社

邸世祥，等．1991．中国碎屑岩储集层的孔隙结构．西安：西北大学出版社

董进，张世红，姜勇彪．2004．正断层位移-长度关系及其研究意义．地学前缘，1（4）：575～584

冯昌寿．2002．延吉盆地下白垩统铜佛寺组、大砬子组沉积与油气特征．吉林地质，21（30）：34～40

付广，冷鹏华，等．1997．利用镜质体反射率计算泥岩排替压力．大庆石油地质与开发，16（4）：6～
　10

付国民，董满仓，张志升，等．2010．浊沸石形成与分布及其对优质储层的控制作用——以陕北富县
　探区延长组长3油层为例．地球科学（中国地质大学学报），35（1）：107～114

付孝悦．2009．残留盆地及其油气保存问题．海相油气地质，14（2）：37～40

高玉巧，欧光习，谭守强，等．2003．歧口凹陷西坡白水头构造沙一段下部油气成藏期次研究．岩石
　学报，19（2）：359～365

郝诒纯．2000．中国地层典白垩系．北京：地质出版社

何登发．2007．不整合面的结构与油气聚集．石油勘探与开发，34（2）：142～149

胡望水．1997．松辽裂谷型盆地构造特征与含油气系统．江汉石油学院学报，19（1）：13～17

黄思静，刘洁，沈立成，等．2001．碎屑岩成岩过程中浊沸石形成条件的热力学解释．地质论评，
　47（3）：301～308

黄文彪，孟元林，卢双舫，等．2009．利用流体包裹体和盆地模拟分析油气成藏史——以鸳鸯沟洼陷
　西斜坡为例．吉林大学学报（地球科学版），39（4）：650～655

吉林省地质矿产局．1988．吉林省区域地质志．北京：地质出版社

姜在兴．2003．沉积学．北京：石油工业出版社

李克永，李文厚，陈全红，等．2010．鄂尔多斯盆地镰刀湾地区延长组浊沸石分布与油藏关系．兰州
　大学学报（自然科学版），46（6）：23～28

李思田，杨士恭，吴冲龙，等.1987.中国东北部晚中生代裂陷作用和东北亚断陷盆地系.中国科学 B辑，（2）：185～195

辽河油田石油地质志编写组.1993.中国石油地质志辽河油田（卷三）.北京：石油工业出版社

林强，葛文春，孙德有，等.1998.东北地区中生代火山岩的大地构造意义.地质科学，（33）：129～139

刘宝珺，张锦泉.1992.沉积成岩作用.北京：科学出版社

刘池洋，孙海山.1999.改造型盆地类型划分.新疆石油地质，20（2）：3～6

刘德汉，宫色，刘东鹰，等.2005.江苏句容–黄桥地区有机包裹体形成期次和捕获温度、压力的 PVTsim模拟计算.岩石学报，21（5）：1435～1448

刘吉余，彭志春，郭晓博.2005.灰色关联分析法在储层评价中的应用——以大庆萨尔图油田北二区为例.油气地质与采收率，12（2）：13～15

卢焕章，范宏瑞，倪培，等.2004.流体包裹体.北京：科学出版社

吕延防，付广，姜振学.1997.延吉盆地东部拗陷油气运聚模式.天然气工业，17（2）：13～17

吕延防，付广，姜振学.1998.延吉盆地东部拗陷油气运聚系统及有利探区预测.长春科技大学学报，28（1）：59～63

吕延防，姜贵周.1997.延吉盆地断裂特征及对油气分布的控制.断块油气田，4（2）：1～4

罗允义，唐宾，林崇献，等.2004.桂西右江裂谷的伸展作用和伸展不整合.地质通报，23（2）：160～168

马文璞.1992.区域构造解析.北京：地质出版社

马杏垣，刘和甫，王维襄，等.1983.中国东部中、新生代裂陷作用和伸展构造.地质学报，57（1）：22～32

庞庆山，齐玉林，王光美.2003.延吉盆地断层侧向封闭性研究.大庆石油地质与开发，22（4）：16～20

平宏伟，陈红汉.2011.影响油包裹体均一温度的主要控制因素及其地质涵义.地球科学（中国地质大学学报），36（1）：131～138

漆家福，夏义平，杨桥.2006.油区构造解析.北京：石油工业出版社

秦建中，等.2005.中国烃源岩.北京：科学出版社

邱楠生，胡圣标，何丽娟，等.2004.沉积盆地热体制研究的理论与应用.北京：石油工业出版社

裘亦楠，薛书浩.1997.油气储层评价.北京：石油工业出版社

沈华，李春柏，陈发景，等.2005.伸展断陷盆地的演化特征——以海拉尔盆地贝尔凹陷为例.现代地质，19（2）：287～294

宋岩，等.2004,中国东部天然气成因类型与成藏特征.见：贾承造.松辽盆地深层天然气勘探研讨会报告集.北京：石油工业出版社：95～106

汤良杰，金之钧，漆家福，等.2002.中国含油气盆地构造分析主要进展与展望.地质论评，48（2）：182～192

唐克东，邵济安，李景春，等.2004.吉林延边缝合带的性质与东北亚构造.地质通报，（23）：885～891

万天丰.2004.中国大地构造学纲要.北京：地质出版社

王成，邵红梅，洪淑新，等.2004.松辽盆地北部深层碎屑岩浊沸石成因、演化及与油气关系研究.矿物岩石地球化学通报，23（3）：213～218

王钧，黄尚瑶，黄歌山，等.1990.中国地温分布的基本特征.北京：地震出版社

王乃军，赵靖舟，罗静兰，等.2010.利用流体包裹体法确定成藏年代——以鄂尔多斯盆地下寺湾地

区三稚系延民组为例. 兰州大学学报（自然科学版），46（2）：22~25

王政军，等.2008. 原油降解气的形成条件及特征. 天然气工业，28（11）：29~33

吴朝东，林畅松.2005. 库车凹陷侏罗系砂岩组分和重矿物组合特征及其源区属性. 自然科学进展，15（3）：37~43

肖丽华，张靖，孟元林，等.1996. 地热参数及边界条件的探讨. 大庆石油学院学报，20（2）：28~31

谢文彦，姜建群，张占文，等.2004. 大民屯凹陷油气系统研究. 石油勘探与开发，31（2）：38-42

邢顺全，张书贵.1982. 砂岩中自生浊沸石的形成条件及其地质意义. 大庆石油，1（2）：79~86

许岩，刘立，赵羽君.2004. 延吉盆地含油气系统与勘探前景，吉林大学学报，34（2）：227~241

杨晓萍，裘怿楠.2002. 鄂尔多斯盆地上三叠统延长组浊沸石的形成机理、分布规律与油气关系. 沉积学报，20（4）：628-632

应凤祥，罗平，何东博，等.2004. 中国含油气盆地碎屑岩储集层成岩作用与成岩数值模拟. 北京：石油工业出版社

张川波.1986. 吉林省延吉盆地早白垩世中晚期地层. 长春地质学院学报，16（2）：15~27

张吉光.2002. 乌尔逊断陷沉积成岩体系与油气分布. 古地理学报，4（3）：74~81

张吉光，王英武.2010. 沉积盆地构造单元划分与命名规范化讨论. 石油实验地质，32（4）：309~313

张军龙，蒙启安，张长厚.2009. 松辽盆地徐家围子断陷边界断裂生长过程的定量分析. 地学前缘，16（4）：87~96

张抗.2000. 盆地的改造及其油气地质意义. 石油与天然气地质，21（1）：38~41

张渝昌.1997. 中国含油气盆地原型分析. 南京：南京大学出版社

张之一，高品文.1989. 延吉盆地构造地质特征及其含油性. 石油与天然气地质，10（4）：398~406

赵文智，何登发.1996. 含油气系统理论在油气勘探中的应用. 勘探家，1（2）：12~19

赵越，杨振宇，马醒华.1994. 东亚大地构造发展的重要转折时期. 地质科学，29（2）：105~119

郑浚茂，庞明.1989. 碎屑储集岩的成岩作用研究. 武汉：中国地质大学出版社

周东升，刘光祥，叶军，等.2004a. 深部砂岩异常孔隙的保存机制研究. 石油实验地质，26（1）：40~46

周东升，饶丹，陆建林，等.2004b. 成岩矿物相带及其与油气的关系——以四川盆地川西拗陷为例. 河南石油，18（2）：17~20

朱国华.1985. 陕北浊沸石次生孔隙砂体的形成与油气关系. 石油学报，6（1）：1~8

朱平，黄思静，李德敏，等.2004. 黏土矿物绿泥石对碎屑储集岩孔隙的保护. 成都理工大学学报（自然科学版），31（2）：153~156

朱志澄.1990. 构造地质学. 北京：中国地质大学出版社

邹才能，陶士振，周慧，等.2008. 成岩相的形成、分类与定量评价方法. 石油勘探与开发，35（5）：526~540

B. P. 蒂索，等.1981. 石油形成和分布——油气勘探的途径. 北京：石油工业出版社

Baker J C，Havord P J，Martin K R，et al. 2000. Diagenesis and Petrophysics of the Early Permian Moogooloo Sandstone，southern Carnarvon Basin，Western Australia. AAPG Bulletin，84（2）：250~265

Blatt H，Middleton G，Murray R. 1980. The Origin of Sedimentary Rocks. Second edition. Englewood Cliffs，New Jersey：Prentice&Hall，Inc. 332~362

Carlos R，Coldstein R H，Ceriani A，et al. 2002. Fluid inclusions record thermal and fluid evolution in reservoir sandstones，Khatatba Formation，Western Desert，Egypt：a case for fluid injection. AAPG

Bulletin, 86 (10): 1773~1800

Chi G X, Chou Y M, Lu H Z. 2003. An overview on current fluidinclusions research and applications. Acta Petrologica Sinica, 19 (2): 201~212

Gautier D L, Claypool G E. 1984. Interpretation of methanic diagenesis in ancient sediments by analogy with processes in modern diagenetic environments. In: McDonald D A, Surdam R C (Eds.). Clastic Diagenesis Am Assoc Pet Geol Mem, 37: 111~123

George S C, Volk H, Ahmed M. 2004. Oilbearing fluid inclusions: geochemical analysis and geological applications. Acta Petrologica Sinica, 20 (6): 1319~1332

Lisk M, O'Brien G W, Eadington P J. 2002. Quantitative evaluation of the oil-leg potential in the Oliver gas field, Timor Sea, Australia. AAPG Bulletin, 86: 1531~1542

Noh J H, Boles J R. 1993. Origin of zeolite cements in the Miocene sandstones, North Tejon oil fields, California. Journal of Sedimentary Petrology, 63 (2): 248~260

Simon C G, Herbert V, Manzur A. 2004. Oilbearing fluid inclusions: geochemical analysis and geological applications. Acta Petrologica Sinica, 20 (6): 1320~1332

Sweeny J J, Burham A K. 1990. Evaluation of a simple model of vitrinite reflectance based on chemical kinetics. AAPG Bulletin, 74: 1559~1570

Tissort B P, Welte D H. 1984. Petroleum Formation and Occurence. Berlin: Springer

Wopfner H, Markwort S, Semkiwe P M. 1991. Early diagenetic laumontite in the Lower Triassic Manda Beds of the Ruhuhu Basin, Southern Tanzania. Journal of Sedimentary Petrology, 61 (1): 65~72

后　记

　　能有一份系统总结成果供今后批判使用，避免以往成果资料分散、查阅困难，这是本书成稿的初衷，另一个想法是能够很好认识小型沉积盆地的油气地质特点，恰当评价其资源潜力。既不能简单否定其潜在的油气资源，又不能夸大其词，这实际上是一件比较难做的事。而借此机会，在国土资源部油气资源战略研究中心的大力支持下，进行了有益尝试。相信将会为我国东北亚长、吉、图经济战略开发区和延边朝鲜族自治州的国民经济发展中长期开发规划提供科学依据。

　　当然，限于时间、水平和资料，定有挂一漏万和不当之处，敬请批评指正。探寻小盆地油气资源勘探开发简捷有效的方法需要长期探索和实践，相信将来定会有更好的发展。

图版 I　延吉盆地钻井岩心特征

图版 I.1　延参 1 井，距顶深度 2363.15m，头道组，中砾岩，砾石直立，冲积扇扇根

图版 I.2　延参 1 井，距顶深度 2142.32m，铜佛寺组一段，砾岩，冲积扇扇中

图版 I.3　延参 1 井，距顶深度 510.34m，龙井组，斜层理，辫状河河道

图版 I.4　延参 1 井，距顶深度 401.30m，龙井组，生物扰动，辫状河泛滥平原

图版 I.5　延 1 井，距顶深度 856.00m，大砬子组二段，平行层理，扇三角洲平原水上分流河道

图版 I.6　延 D3 井，距顶深度 653.60m，大砬子组二段，槽状及交错层理，扇三角洲平原溢岸沉积

图版 I.7　延 1 井，1309.5m，泥砾

图版 I.8　延 1 井，1310m，泥砾

图版 I.9　延参 1 井，距顶深度 1441.55m，大砬子组一段，斜层理，扇三角洲前缘水下分流河道

图版 I.10　延 7 井，距顶深度 826.46m，大砬子组二段，生物扰动（潜穴），扇三角洲前缘水下分流间湾

图版 I.11　延参 1 井，距顶深度 1846.13m，铜佛寺组三段，砂泥韵律层理，扇三角洲前缘河口坝

图版 I.12　延参 1 井，距顶深度 1660.34m，铜佛寺组三段，水平及波状层理，前扇三角洲

图版 I.13　延 5 井，距顶深度 1111.04m，头道组，杂色砾岩，砾石直立，近岸水下扇内扇

图版 I.14　延 11 井，距顶深度 1353.40m，大砬子组一段，含中砾不等粒砂岩，近岸水下扇中扇

图版 I.15　延参 2 井，距顶深度 1898.27m，铜佛寺组二段，泥岩夹中细砂团块，近岸水下扇外扇

图版 I.16　延 D10 井，距顶深度 861.71m，大砬子组一段，斜层理，滨浅湖滩坝砂体

图版 I.17　延 10 井铜二段，848.52m，方解石脉发育的泥岩

图版 I.18　延 2 井，距顶深度 1417.13m，铜佛寺组三段，包卷层理，半深湖 - 深湖深水浊积

图版 I.19　延 10 铜二段，924.88m，黑色泥岩富含
介形虫

图版 I.20　延 6 井大一段，568.11m，富含贝壳

图版 I.21　延 8 井大三段，626.79~623.49m，富含
介形虫

图版 I.22　延 8 井大三段，570.10m，方解石脉

图版 II   延吉盆地岩石类型

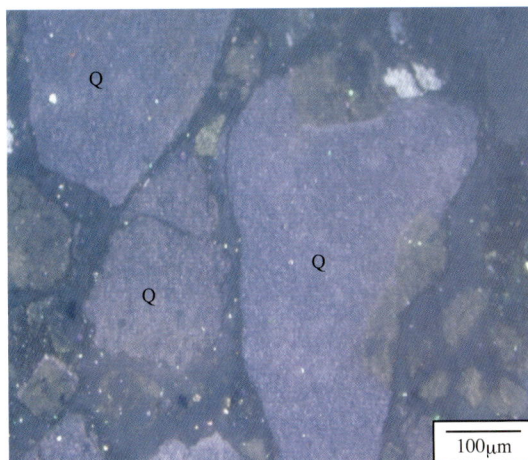

图版 II.1   碎屑石英
（延 D10 井，926.95m，大一段，阴极发光）

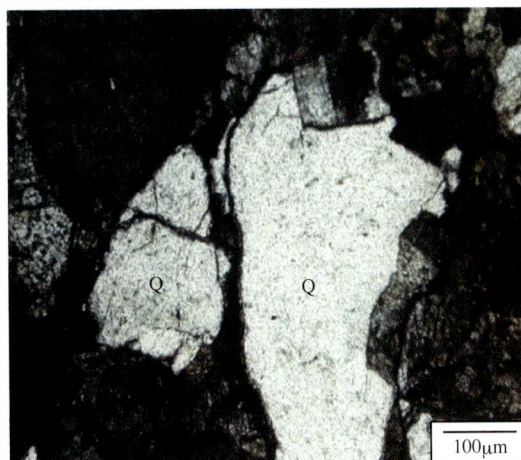

图版 II.2   碎屑石英
（延 D10 井，926.95m，大一段，正交偏光）

图版 II.3   碎屑石英
（延 D10 井，926.95m，大一段，单偏光）

图版 II.4   更长石 Ol 发黄绿色光
（延 2 井，931.28m，大二段，阴极发光）

图版 II.5   更长石 Ol 发黄绿色光
（延 2 井，931.28m，大二段，正交偏光）

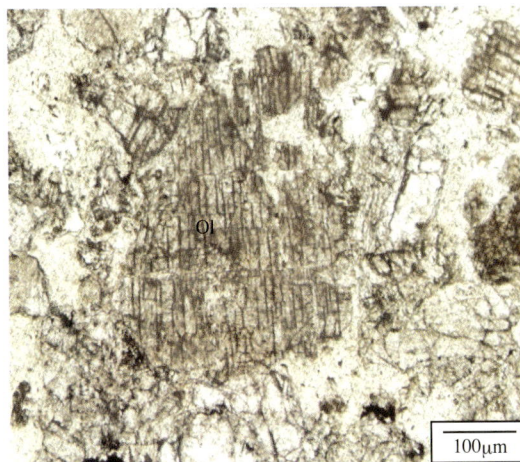

图版 II.6   更长石 Ol 黄绿色光
（延 2 井，931.28m，大二段，单偏光）

图版 II.7　发蓝色光的斜长石
（延 6 井，562.5m，大一段，阴极发光）

图版 II.8　发蓝色光的斜长石
（延 6 井，562.5m，大一段，正交偏光）

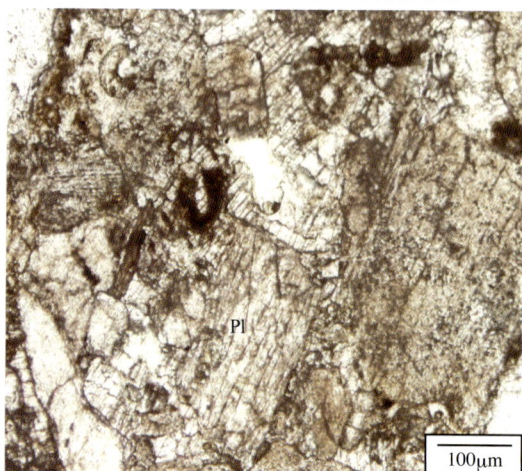

图版 II.9　发蓝色光的斜长石
（延 6 井，562.5m，大一段，单偏光）

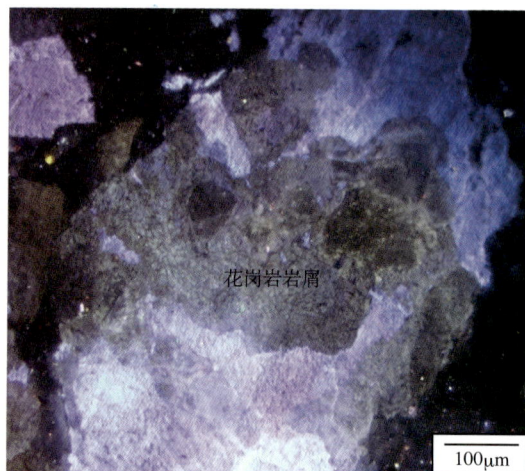

图版 II.10　花岗岩岩屑
（延 11 井，961.82m，大二段，阴极发光）

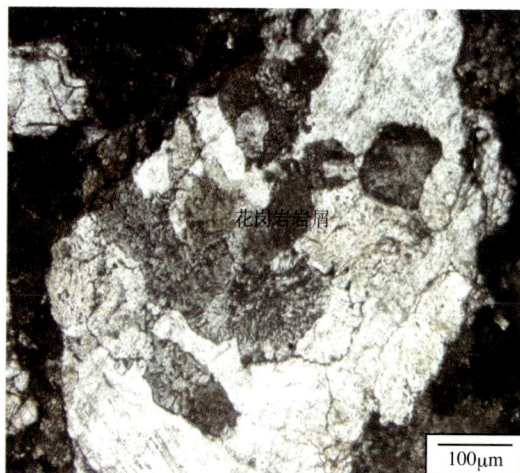

图版 II.11　花岗岩岩屑
（延 11 井，961.82m，大二段，正交偏光）

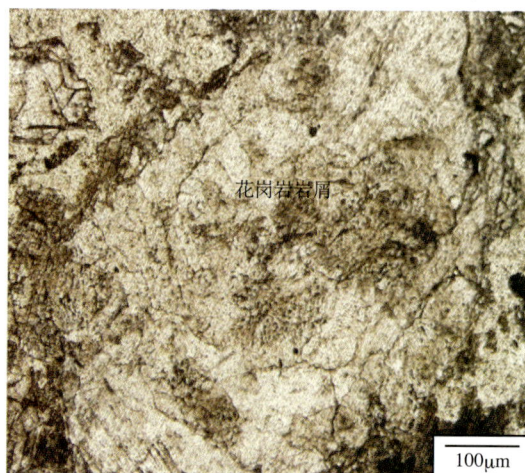

图版 II.12　花岗岩岩屑
（延 11 井，961.82m，大二段，单偏光）

图版 II.13　安山岩岩屑

（延 10 井，1016.03m，铜二段，正交偏光）

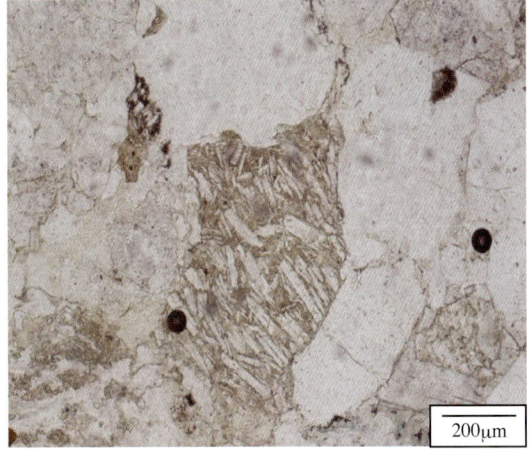

图版 II.14　安山岩岩屑

（延 10 井，1016.03m，铜二段，单偏光）

图版 II.15　黑云母大量发育

（延 6 井，565.63m，大一段，正交偏光）

图版 II.16　黑云母大量发育

（延 6 井，565.63m，大一段，单偏光）

图版 III　延吉盆地成岩作用

图版 III.1　三角形完整原生粒间孔隙

（延 5 井，496.76m，大一段，单偏光）

图版 III.2　四边形完整原生粒间孔隙

（延 10 井，929.66m，铜二段，单偏光）

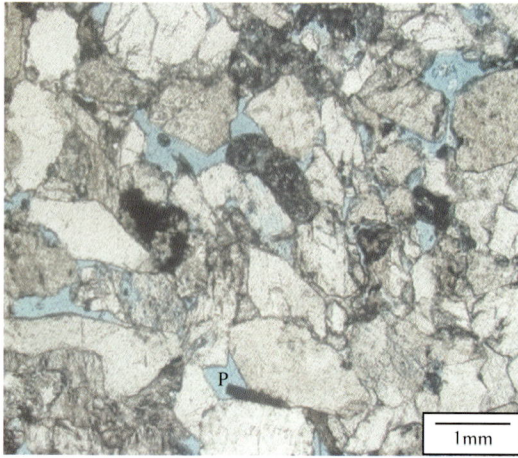

图版 III.3　不规则状完整原生粒间孔隙
（延 D1 井，341.2m，大一段，单偏光）

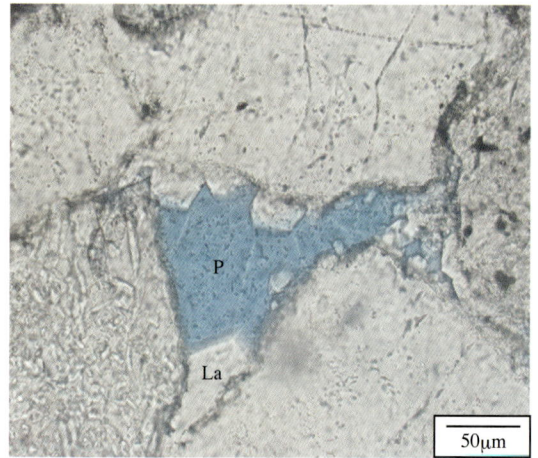

图版 III.4　剩余溶蚀粒间孔隙（浊沸石充填）
（延参 2-3 井，1350.97m，大砬子组，单偏光）

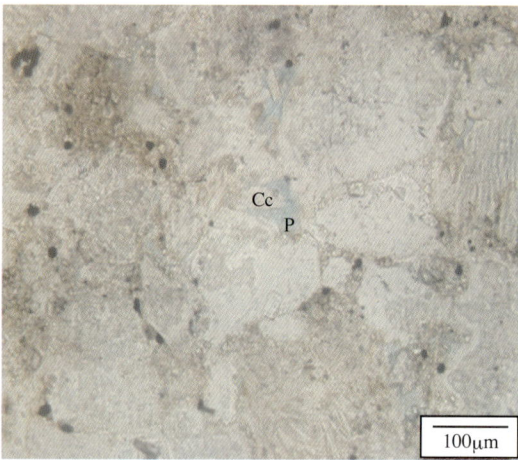

图版 III.5　剩余溶蚀粒间孔隙（方解石充填）
（延 4 井，724.81m，铜二段，单偏光）

图版 III.6　剩余溶蚀粒间孔隙（微晶石英充填）
（延 5 井，496.76m，大一段，单偏光）

图版 III.7　缝状孔隙
（延 1 井，1237.6m，大一段，单偏光）

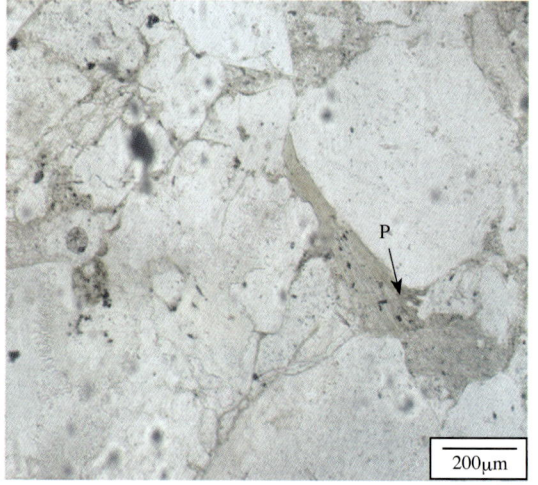

图版 III.8　碎屑矿物晶间孔隙（黑云母）
（延 5 井，496.89m，大一段，单偏光）

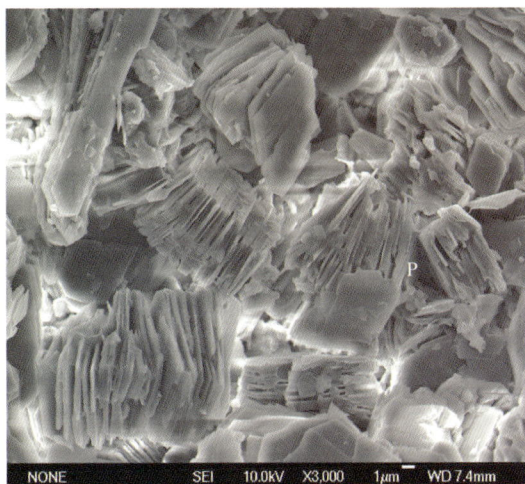

图版 III.9　自生矿物晶间孔隙（高岭石）
（延 12 井，836.49m，铜二段，扫描电镜）

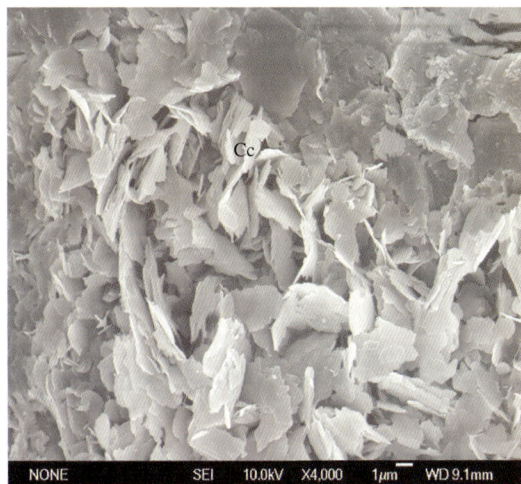

图版 III.10　自生矿物晶间孔隙（绿泥石）
（延 12 井，524.1m，大一段，扫描电镜）

图版 III.11　自生矿物晶间孔隙（微晶石英）
（延 D9 井，784.7m，铜二段，扫描电镜）

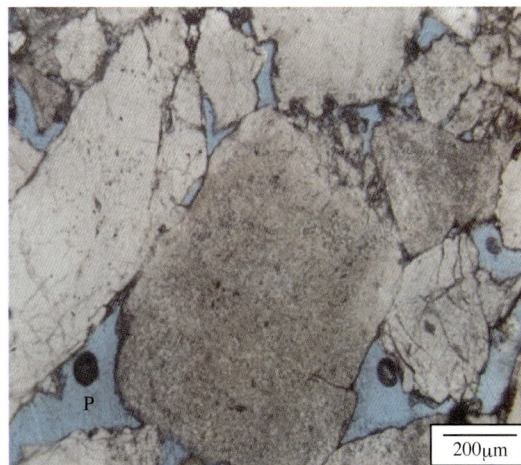

图版 III.12　齿状溶蚀粒间孔隙
（延 5 井，496.41m，大一段，单偏光）

图版 III.13　港湾状溶蚀粒间孔隙
（延 6 井，565.08m，大一段，单偏光）

图版 III.14　圆弧状溶蚀粒间孔隙
（延 8 井，778.24m，大一段，单偏光）

图版 III.15 剩余溶蚀粒间孔隙（黏土包壳）
（延 6 井，561.53m，大一段，单偏光）

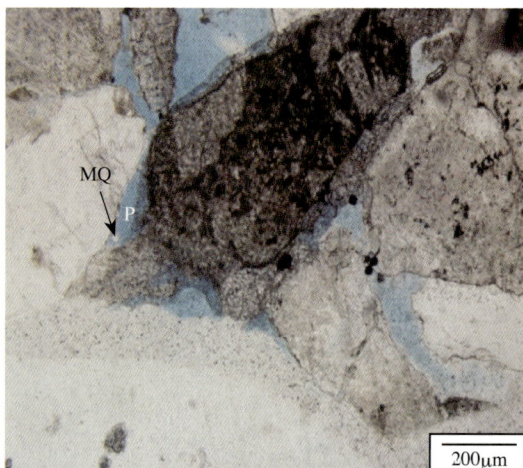

图版 III.16 剩余溶蚀粒间孔隙（微晶石英）
（延 6 井，561.53m，大一段，单偏光）

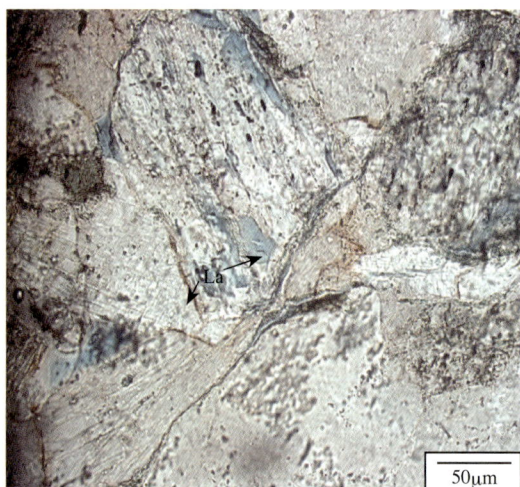

图版 III.17 剩余溶蚀粒间孔隙（浊沸石）
（延 2 井，1289.7m，大一段，单偏光）

图版 III.18 剩余溶蚀粒间孔隙（绿泥石）
（延 D3 井，512.29m，大二段，单偏光）

图版 III.19 超大孔隙
（延 D1 井，340.8m，大一段，单偏光）

图版 III.20 溶蚀裂缝
（延 D3 井，539.09m，大二段，单偏光）

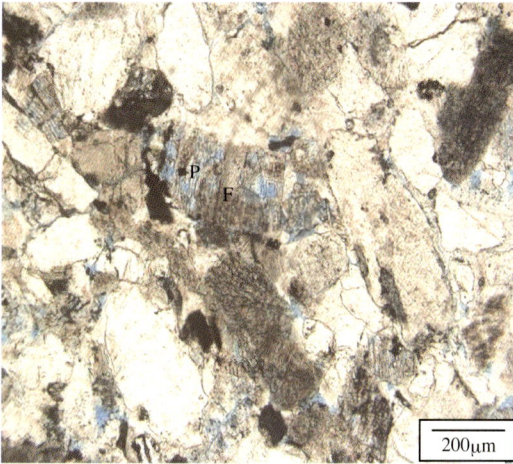

图版 III.21　溶蚀粒内孔隙（长石）
（延 3 井，1078.87m，铜二段，单偏光）

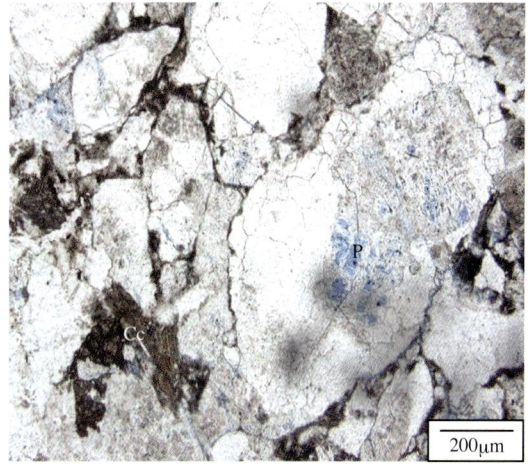

图版 III.22　溶蚀粒内孔隙（岩屑）
（延 D6 井，827.35m，铜二段，单偏光）

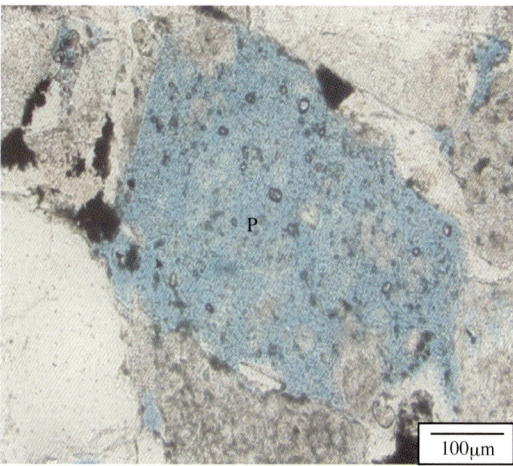

图版 III.23　铸模孔隙
（延 D3-12 井，750.1m，大一段，单偏光）

图版 III.24　溶蚀填隙物内孔隙（方解石）
（延 D6 井，539.05m，大一段，单偏光）

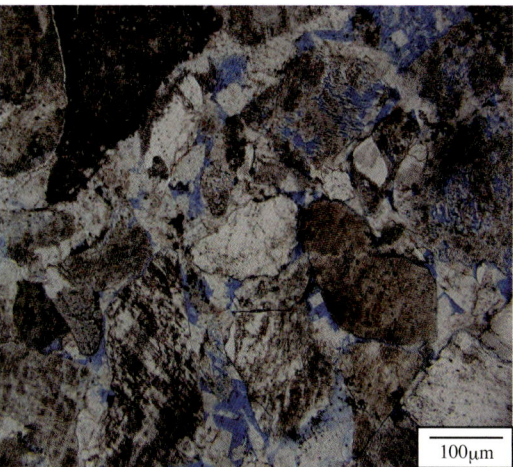

图版 III.25　溶蚀填隙物内孔隙（浊沸石）
（延 D6 井，539.05m，大一段，单偏光）

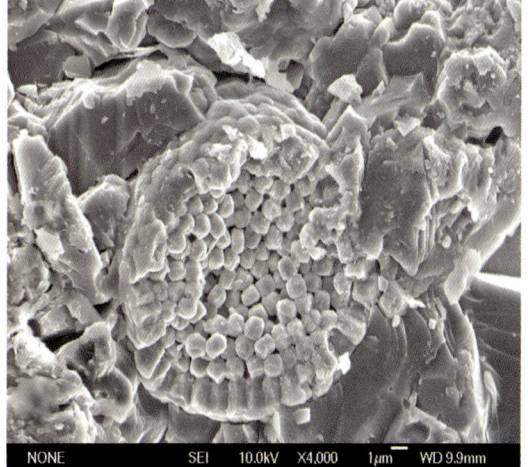

图版 III.26　草莓状黄铁矿
（延 14 井，889.44m，铜三段，扫描电镜）

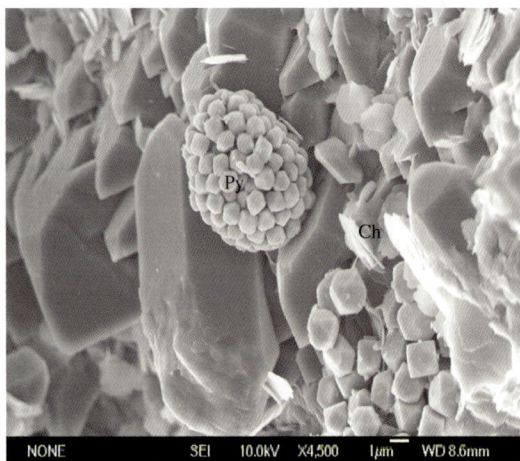

图版 III.27 黄铁矿生长于绿泥石集合体中
（延 D9 井，784.7m，铜二段，扫描电镜）

图版 III.28 黄铁矿被微晶方解石包含
（延 4 井，724.81m，铜二段，单偏光）

图版 III.29 阴极发光系统下次生加大石英不发光
（延 10 井，1016.03m，铜二段，阴极发光）

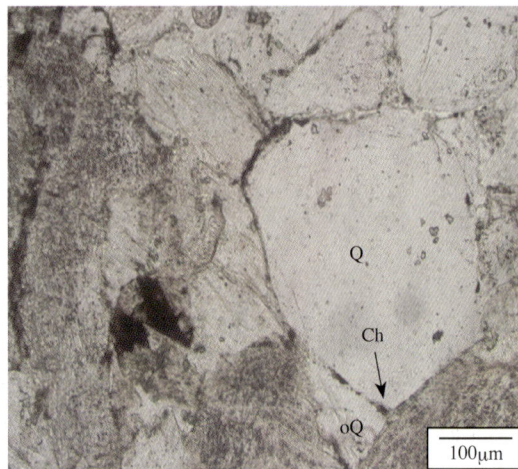

图版 III.30 碎屑石英和石英次生加大间生长的自生绿泥石
（延 D3-17 井，912.45m，大一段，单偏光）

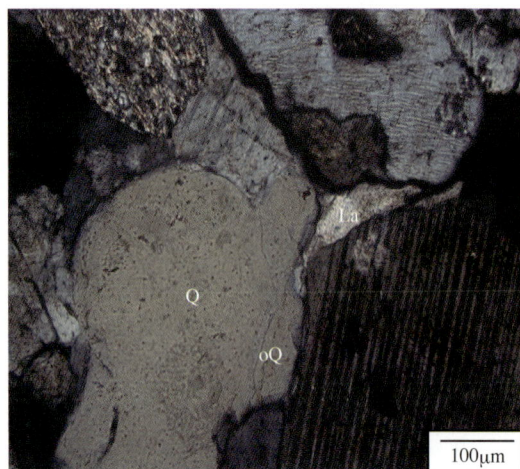

图版 III.31 浊沸石充填于石英次生加大后的剩余孔隙
（延 1 井，951.96m，大二段，正交偏光）

图版 III.32 方解石轻微交代石英次生加大边
（延 8 井，765.61m，大一段，正交偏光）

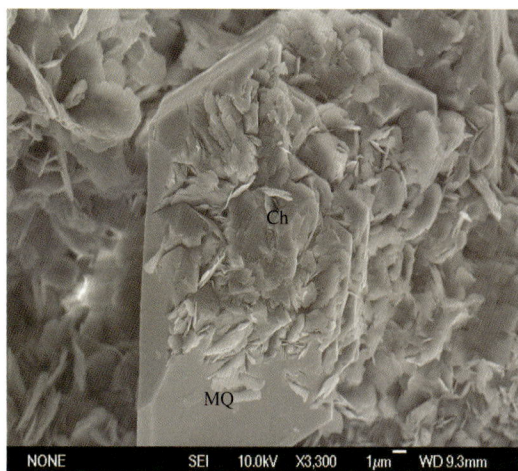

图版 III.33　绿泥石生长导致微晶石英出现晶格缺陷
（延 2 井，1340.77m，铜三段，扫描电镜）

图版 III.34　微晶方解石充填大孔隙
（延 402 井，819.37m，铜二段，正交偏光）

图版 III.35　粗晶方解石吞并微晶方解石
（延 14 井，889.44m，铜三段，正交偏光）

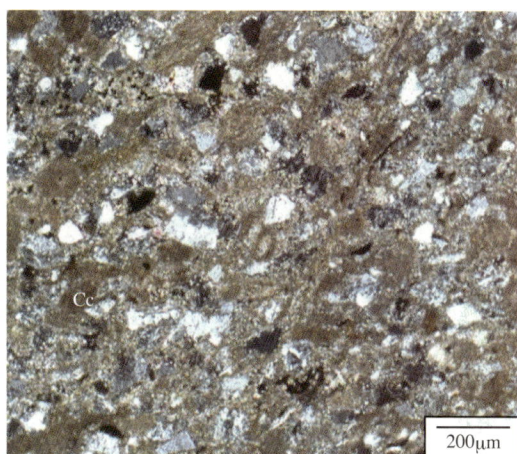

图版 III.36　微晶方解石呈基底式胶结
（延 402 井，747.25m，铜二段，正交偏光）

图版 III.37　微晶方解石平行于层理分布
（延 4 井，715.63m，铜二段，正交偏光）

图版 III.38　微晶方解石外有菱形铁白云石形成
（延 D7 井，739.75m，铜二段，正交偏光）

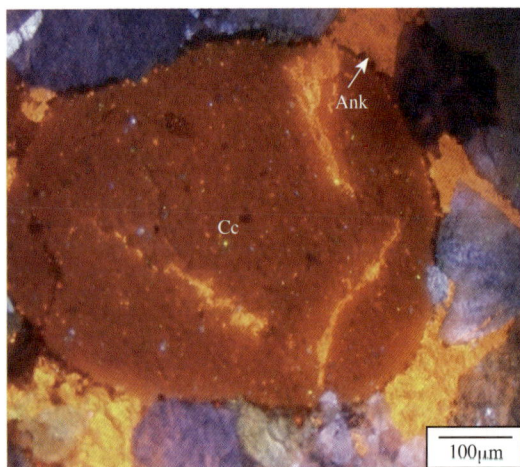

图版 III.39　微晶方解石阴极发光系统下发暗红色光
（延 D7 井，739.75m，铜二段，阴极发光）

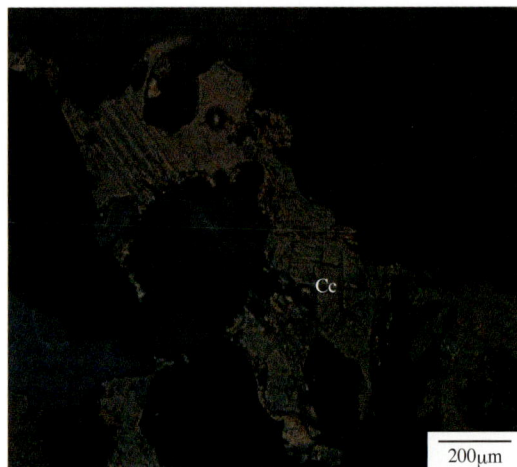

图版 III.40　粗晶方解石
（延 12 井，839.9m，铜二段，正交偏光）

图版 III.41　粗晶方解石充填在三角孔中
（延 12 井，839.9m，铜二段，正交偏光）

图版 III.42　粗晶方解石充填在方形孔中
（延 2 井，1343.56m，铜三段，正交偏光）

图版 III.43　粗晶方解石充填在长条形孔中
（延 2 井，1347.8m，铜三段，正交偏光）

图版 III.44　粗晶方解石交代碎屑颗粒
（延 11 井，1000m，大一段，正交偏光）

图版 III.45　嵌晶状粗晶方解石
（延 D3 井，884.5m，大一段，正交偏光）

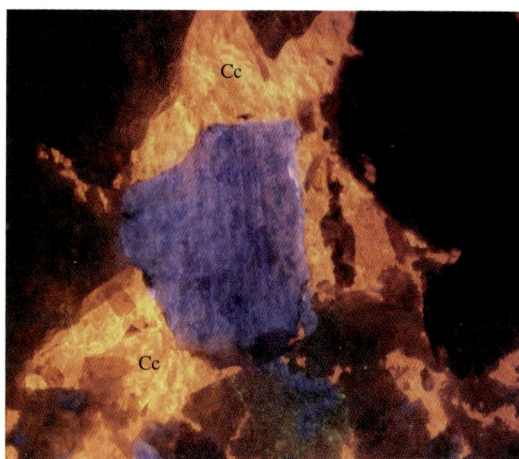

图版 III.46　粗晶方解石
（延 D6 井，539.05m，大一段，阴极发光）

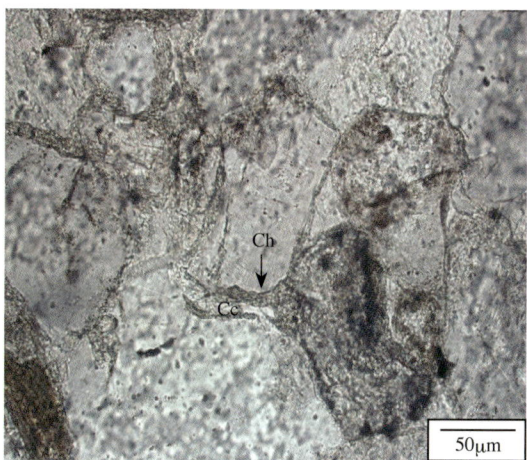

图版 III.47　粗晶方解石充填在绿泥石包膜为衬里
的孔隙
（延 9 井，1026.08m，铜二段，单偏光）

图版 III.48　粗晶方解石晚于石英次生加大
（延 D7 井，714.55m，铜二段，正交偏光）

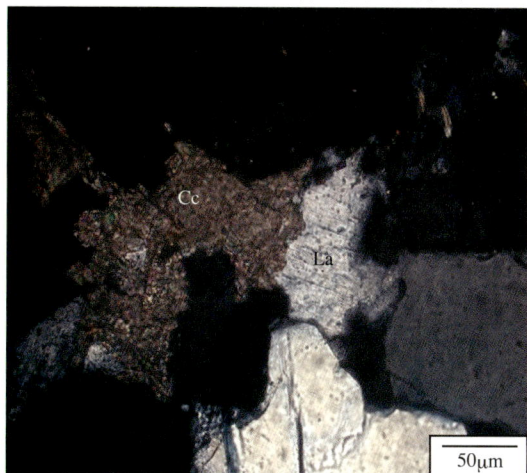

图版 III.49　粗晶方解石交代浊沸石
（延 2 井，1289.98m，大一段，正交偏光）

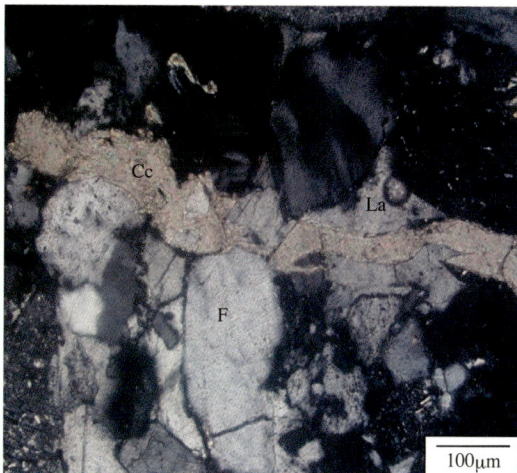

图版 III.50　方解石脉
（延 D8 井，329.7m，大二段，正交偏光）

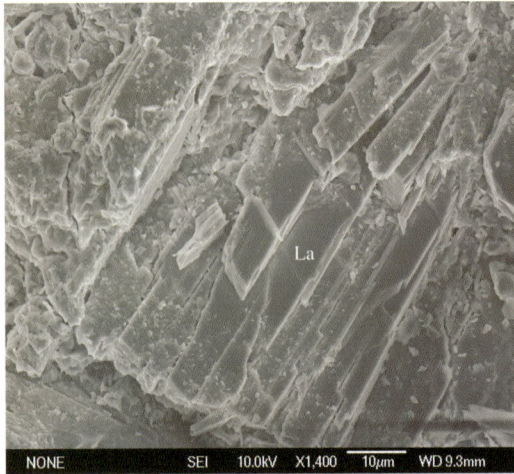

图版 III.51　柱状浊沸石
（延 7 井，1026.91m，大一段，扫描电镜）

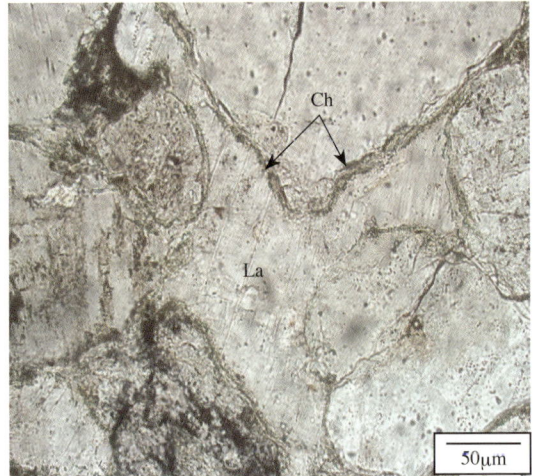

图版 III.52　浊沸石充填在绿泥石包膜为衬里的孔隙
（延 2 井，1076.24m，大一段，单偏光）

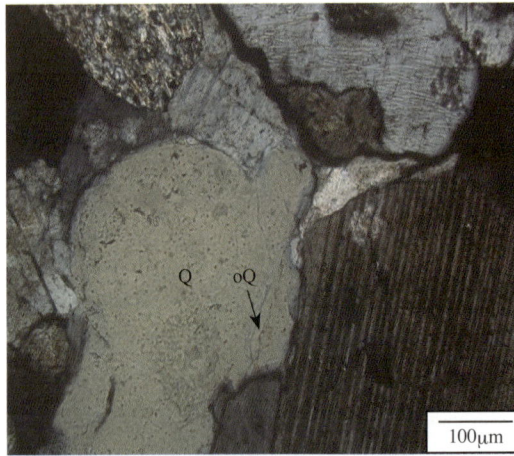

图版 III.53　浊沸石充填在石英次生加大后的剩余
孔隙中
（延 1 井，951.96m，大二段，正交偏光）

图版 III.54　浊沸石交代长石加大边
（延 D10 井，926.2m，大一段，正交偏光）

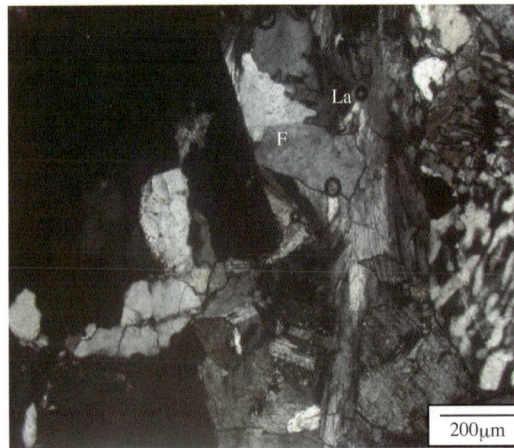

图版 III.55　浊沸石交代碎屑长石
（延 1 井，855.1m，大二段，正交偏光）

图版 III.56　浊沸石脉
（延 D6 井，863m，铜二段，正交偏光）

图版 III.57　颗粒间生长铁白云石

（延 D7 井，774.25m，铜二段，正交偏光）

图版 III.58　铁白云石被方解石脉切穿

（延 D7 井，774.25m，铜二段，正交偏光）

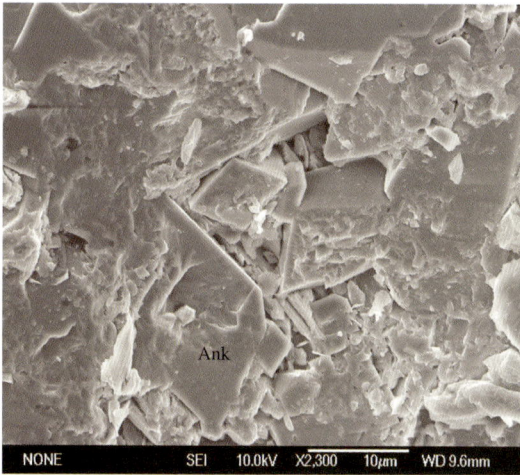

图版 III.59　铁白云石溶蚀现象

（延 D7 井，714.55m，铜二段，扫描电镜）

图版 III.60　斜长石次生加大边

（延 10 井，1017.07m，铜二段，正交偏光）

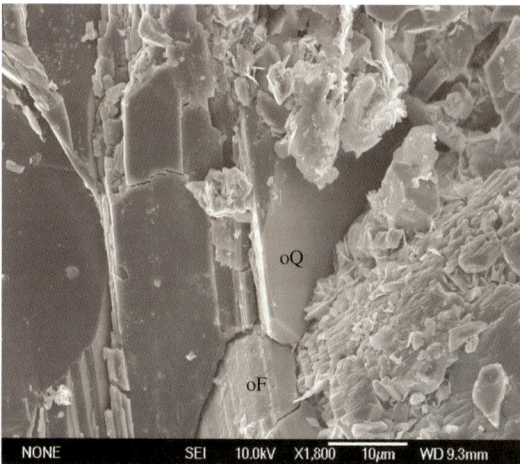

图版 III.61　微晶钠长石生长于石英次生加大后的
剩余孔隙中

（延 3 井，1078.87m，铜二段，扫描电镜）

图版 III.62　贴附颗粒表面的黏土包壳

（延 8 井，721.45m，大一段，正交偏光）

图版 III.63 黏土包壳长出尖状突出
（延 D3 井，512.29m，大二段，正交偏光）

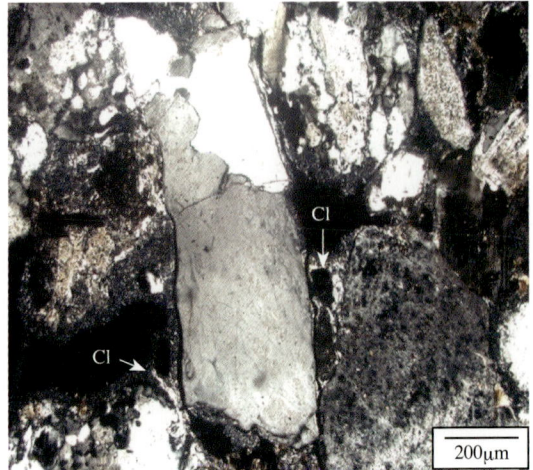

图版 III.64 栉状黏土矿物包壳
（延 D3 井，530.84m，大二段，正交偏光）

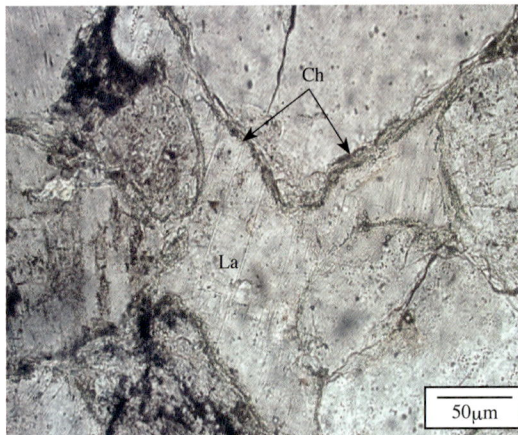

图版 III.65 绿泥石生长于颗粒线接触处
（延 2 井，1076.24m，大一段，单偏光）

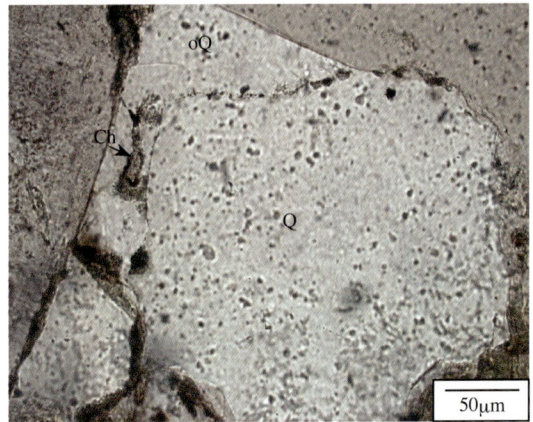

图版 III.66 绿泥石生长于碎屑石英及次生加大石
英间
（延参 2 井，2096.01m，铜二段，单偏光）

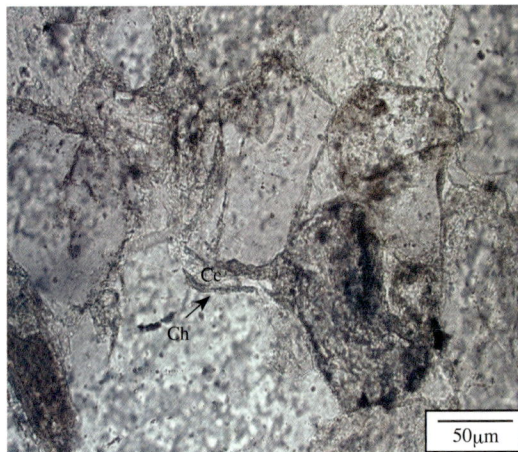

图版 III.67 方解石充填在绿泥石衬边的孔隙中
（延 9 井， 1026.08m，铜二段，单偏光）

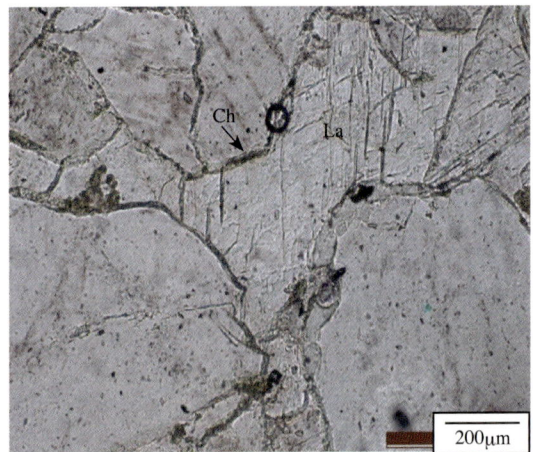

图版 III.68 浊沸石充填在绿泥石衬边的孔隙中
（延 D6 井，521m，大一段，单偏光）

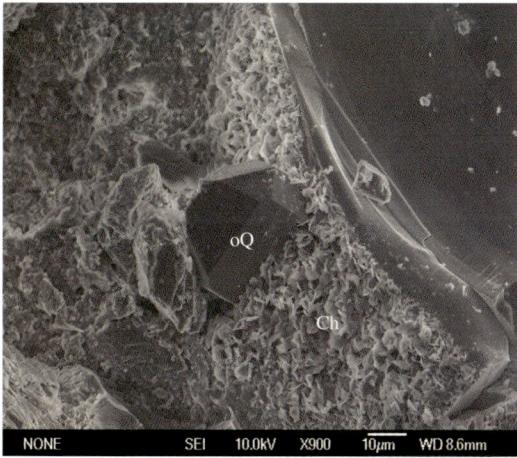

图版 III.69　绒线团状绿泥石附着于碎屑颗粒，
孔隙发育微晶石英
（延 2 井，1340.77m，铜三段，扫描电镜）

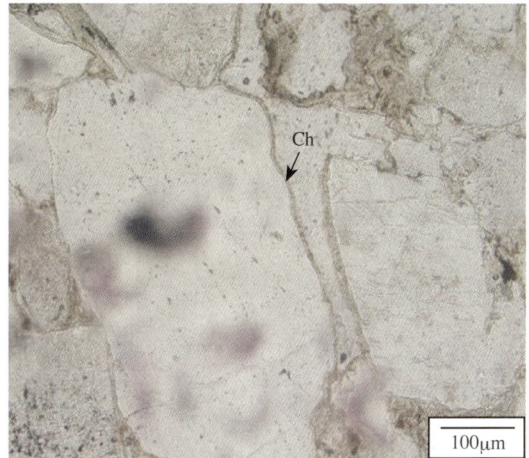

图版 III.70　绿泥石衬边形成后孔隙中无其他自生矿物
（延 6 井，1343.56m，铜三段，单偏光）

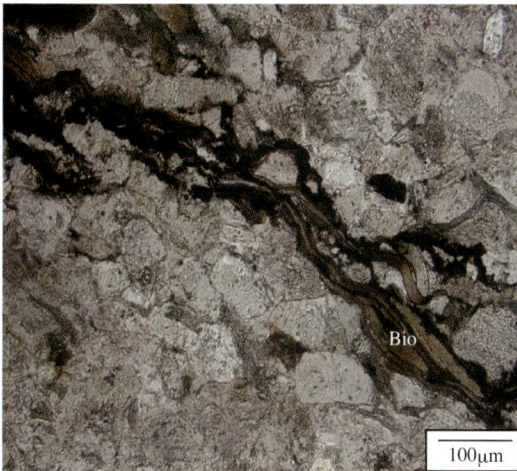

图版 III.71　黑云母转化为绿泥石
（延 1 井，1149m，大一段，单偏光）

图版 III.72　黑云母边缘变为绿色
（延参 1 井，1553.9m，大一段，单偏光）

图版 III.73　黑云母显出绿色色调
（延 1 井，954.8m，大二段，单偏光）

图版 III.74　书页状高岭石集合体
（延 12 井，835.53m，铜二段，扫描电镜）

图版 III.75　沥青分布在浊沸石溶解形成的孔隙边部
（延 2 井，1076.24m，大一段，单偏光）

图版 III.76　沥青分布在次生长石形成后的孔隙中
（延 5 井，496.76m，大一段，单偏光）

图版 III.77　碎屑长石的溶解现象
（延 D7 井，318m，大一段，单偏光）

图版 III.78　安山岩岩屑的溶解现象
（延 D7 井，318m，大一段，单偏光）

图版 III.79　10×（+）石英裂隙发育
（延 2 井，802.6m，大二段，阴极发光）

图版 IV 延吉盆地包裹体类型

图版 IV.1   延 4 井，724.81m，铜佛寺组，第 I 期
包裹体宿赋于石英颗粒加大边内侧，液烃、气液烃包裹体，
单偏光：黄、褐黄、深褐色，（−）×50

图版 IV.2 延 4 井，724.81m，铜佛寺组，第 I 期
包裹体宿赋于石英颗粒加大边内侧，液烃、气液烃包裹体，
荧光：弱黄、褐黄色，（+）×50

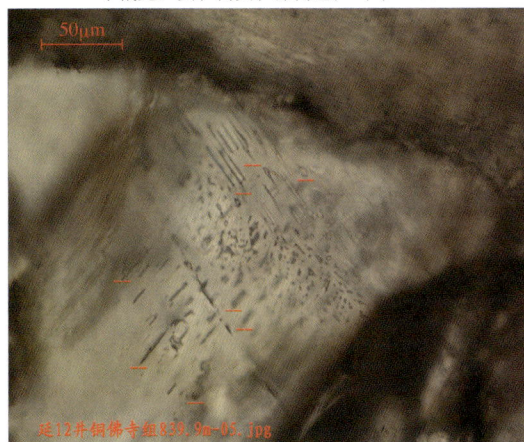

图版 IV.3   延 12 井，839.9m，铜佛寺组，第 I 期
包裹体宿赋于早期方解石胶结物中，含烃盐水包裹体，单偏光：
透明无色、淡褐色，（−）×50

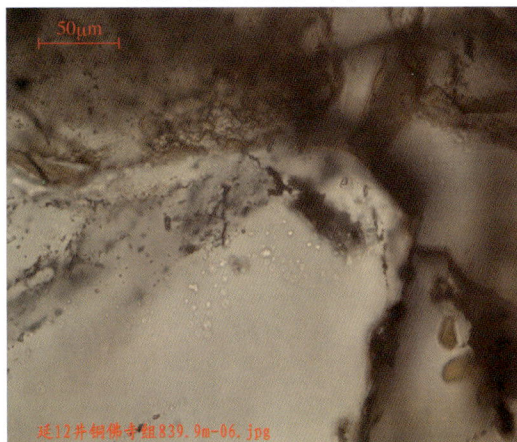

图版 IV.4   延 12 井，839.9m，铜佛寺组，第 I 期
包裹体宿赋于石英加大边内侧，液烃包裹体，单偏光：深褐色，
（−）×50

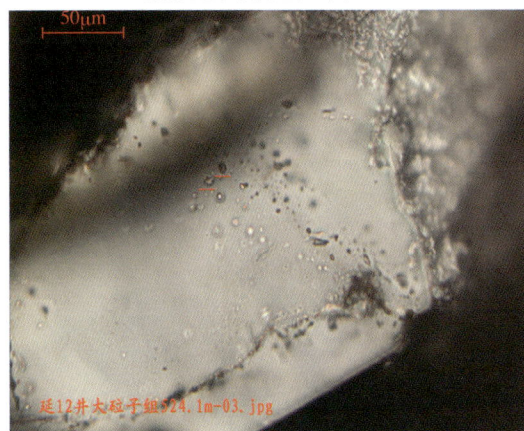

图版 IV.5   延 12 井，524.1m，大砬子组，第 I 期
包裹体宿赋于切及石英颗粒次生加大边的微裂隙中，液烃包
裹体，单偏光：灰褐色，（−）×50

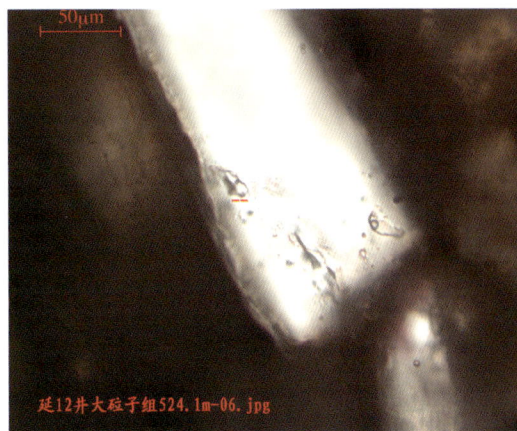

图版 IV.6   延 12 井，524.1m，大砬子组，第 I 期
包裹体宿赋于切及石英颗粒次生加大边的微裂隙中，液烃包
裹体，单偏光：灰褐色，（−）×50

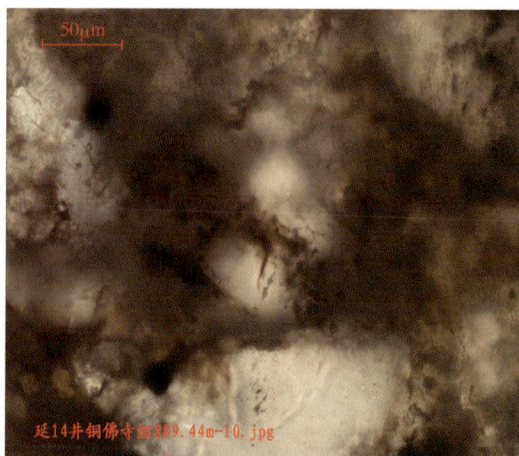

图版 IV.7 延 14 井，889.44m，铜佛寺组，第 I 期
包裹体宿赋于早期方解石胶结物中，富沥青的液烃包裹体，
单偏光：灰褐色，（-）×50

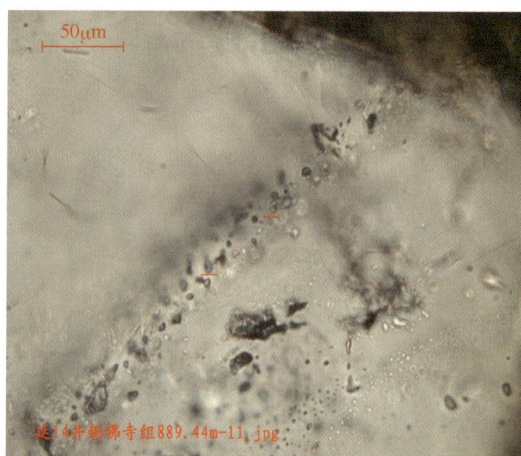

图版 IV.8 延 14 井，889.44m，铜佛寺组，第 I 期
包裹体宿赋于切及石英颗粒次生加大边的微裂隙中，液烃包
裹体，单偏光：灰褐色，（-）×50

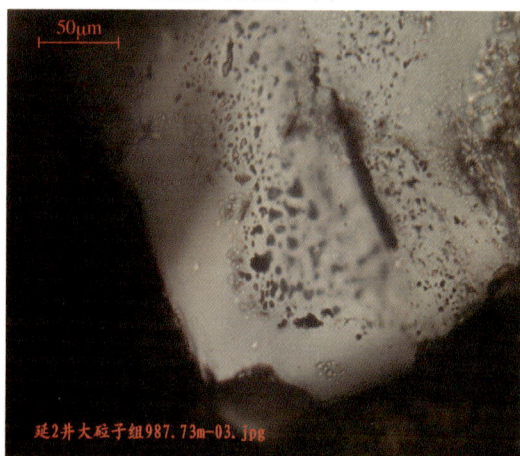

图版 IV.9 延 2 井，987.73m，大砬子组，第 I 期
包裹体宿赋于切及石英颗粒加大边的微裂隙面中，液烃包裹
体，单偏光：深褐色，（-）×50

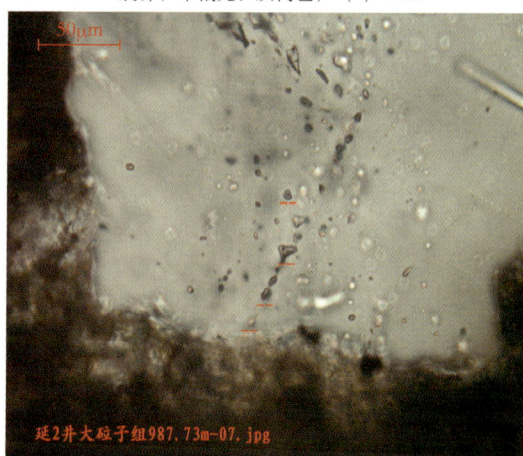

图版 IV.10 延 2 井，987.73m，大砬子组，第 I 期
包裹体宿赋于石英颗粒的成岩早中期微裂隙中，含烃盐水包
裹体，单偏光：淡褐色，（-）×50

图版 IV.11 延 401 井，640.01m，铜佛寺组，第 I 期
包裹体宿赋于石英颗粒加大边内侧中，液烃包裹体，单偏光：
灰褐、深褐色，（-）×50

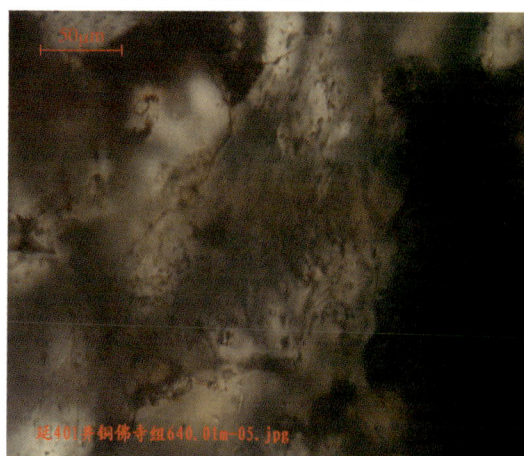

图版 IV.12 延 401 井，640.01m，铜佛寺组，第 I 期
包裹体宿赋于溶蚀成因具有次生加大特征的长石中，液烃包
裹体，单偏光：深褐色，（-）×50

图版 IV.13　延 402 井，749.04m，铜佛寺组，第 I 期
包裹体宿赋于石英颗粒次生微裂隙中，含烃盐水包裹体，单偏光：淡褐色，（-）×50

图版 IV.14　延 15 井，568.5m，大砬子组，第 I 期
包裹体宿赋于石英颗粒成岩早中期微裂隙中，液烃包裹体，单偏光：深褐色，（-）×50

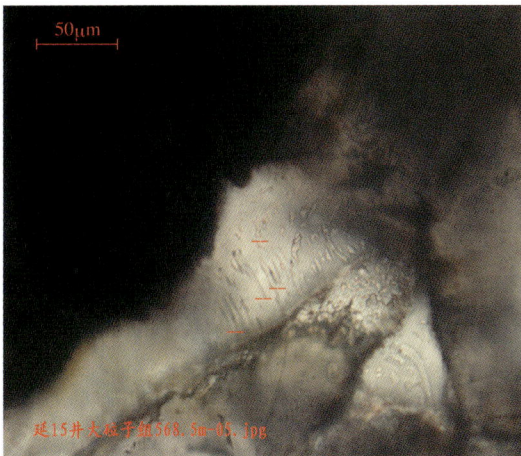

图版 IV.15　延 15 井，568.5m，大砬子组，第 I 期
包裹体宿赋于粒间亮晶方解石胶结物微裂隙面中，含烃盐水包裹体，单偏光：透明无色，（-）×50

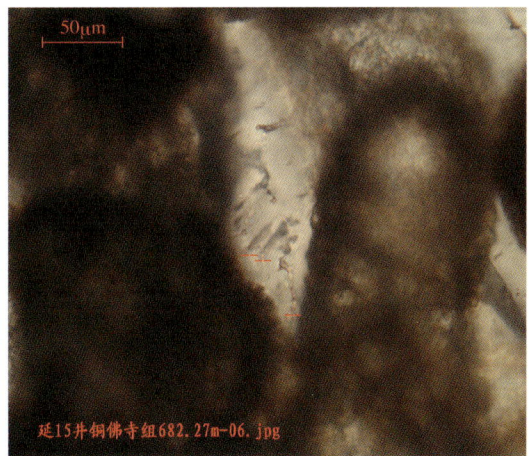

图版 IV.16　延 15 井，682.27m，铜佛寺组，第 I 期
包裹体宿赋于砂岩粒间方解石胶结物中，含烃盐水包裹体，单偏光：淡褐色，（-）×50

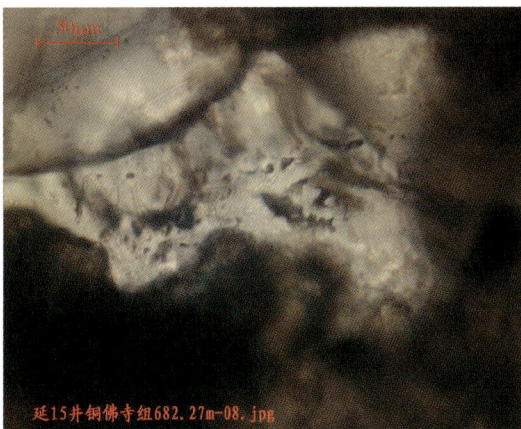

图版 IV.17　延 15 井，682.27m，铜佛寺组，第 I 期
包裹体宿赋于砂岩粒间方解石胶结物中，液烃包裹体，单偏光：深褐色、褐黄色，（-）×50

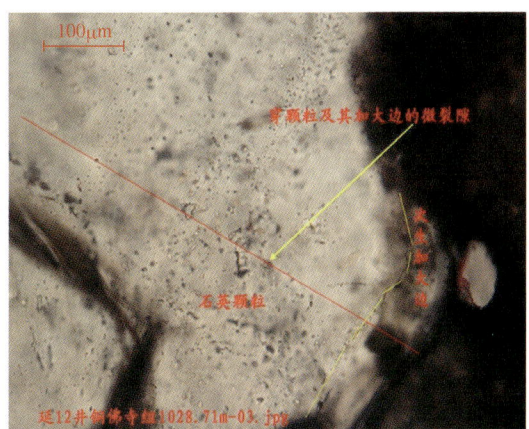

图版 IV.18　延 12 井，1028.71m，铜佛寺组，第 II 期
包裹体宿赋于石英颗粒及加大边的成岩期后裂隙中，液烃包裹体，单偏光：浅黄色，（-）×100

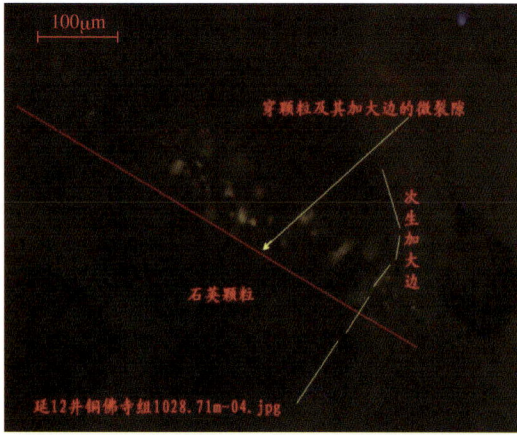

图版 IV.19　延 12 井，1028.71m，铜佛寺组，第 II 期
包裹体宿赋于石英颗粒及加大边的成岩期后裂隙中，液烃包裹体，荧光：浅黄色，（+）×100

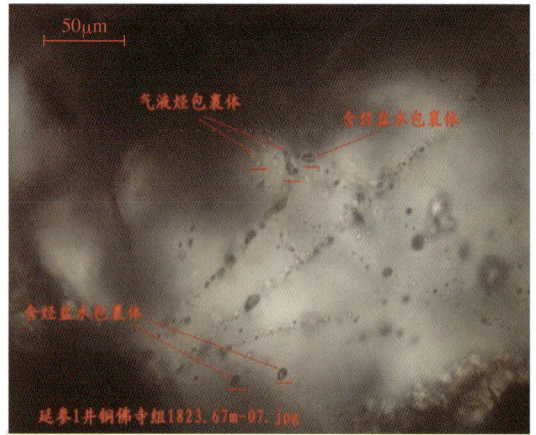

图版 IV.20　延参 1 井，1823.67m，铜佛寺组，第 II 期
包裹体宿赋于切穿石英颗粒成岩期后微裂隙中，气液烃包裹体，单偏光：淡黄色，（-）×50

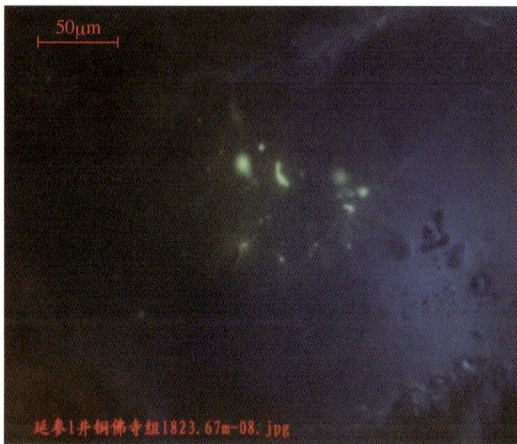

图版 IV.21　延参 1 井，1823.67m，铜佛寺组，第 II 期
包裹体宿赋于切穿石英颗粒成岩期后微裂隙中，气液烃包裹体，荧光：强绿色，（+）×50

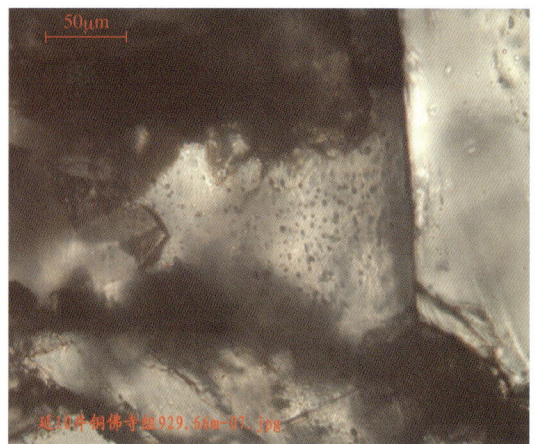

图版 IV.22　延 10 井，929.66m，铜佛寺组，第 II 期
包裹体宿赋于晚期方解石胶结物的微裂隙中，气、气液烃包裹体，单偏光：淡黄色，（-）×50

图版 IV.23　延 10 井，929.66m，铜佛寺组，第 II 期
包裹体宿赋于晚期方解石胶结物的微裂隙中，气、气液烃包裹体，荧光：浅蓝色，（+）×50

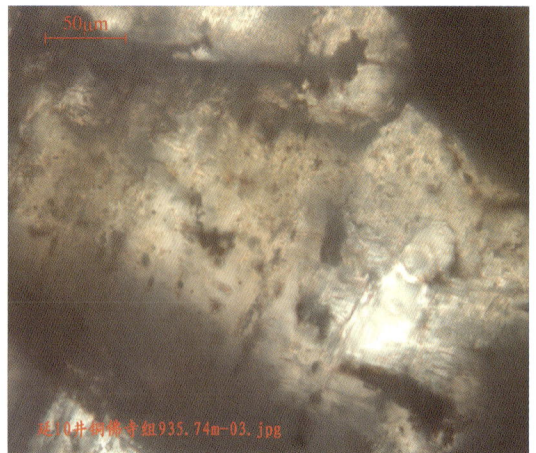

图版 IV.24　延 10 井，935.74m，铜佛寺组，第 II 期
包裹体宿赋于溶蚀成因的长石中，（气）液烃包裹体，单偏光：淡黄色，（-）×50

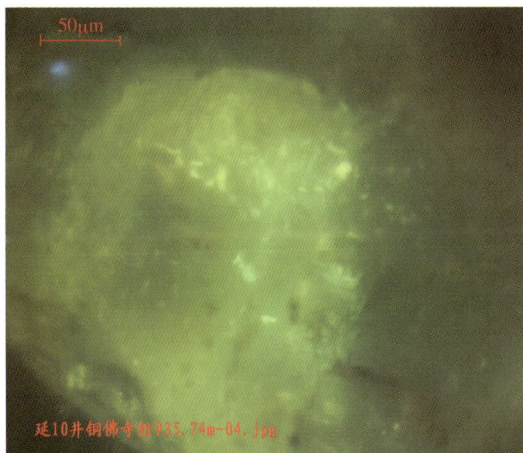

图版 IV.25　延 10 井，935.74m，铜佛寺组，第 II 期
包裹体宿赋于溶蚀成因的长石中，（气）液烃包裹体，荧光：
浅黄绿色，（+）×50

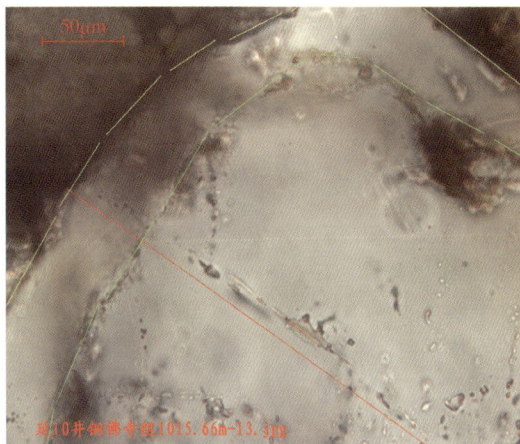

图版 IV.26　延 10 井，1015.66m，铜佛寺组，第 II 期
包裹体宿赋于石英颗粒及加大边的成岩期后裂隙中，液烃包
裹体，单偏光：淡黄色，（-）×50

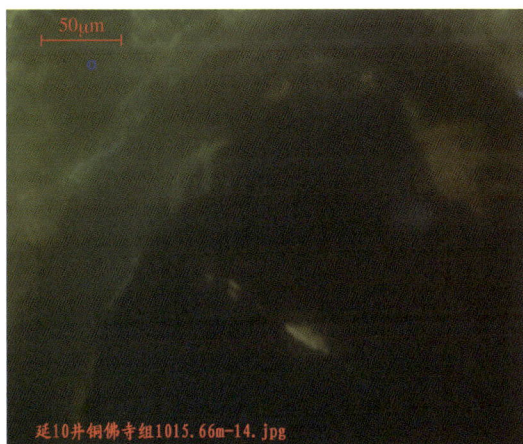

图版 IV.27　延 10 井，1015.66m，铜佛寺组，第 II 期
包裹体宿赋于石英颗粒及加大边的成岩期后裂隙中，液烃包
裹体，荧光：浅黄色，（+）×50

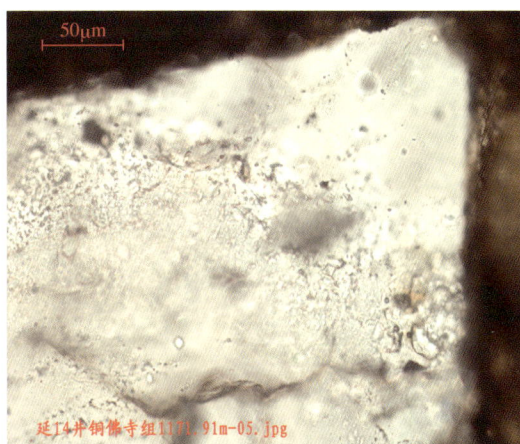

图版 IV.28　延 14 井，1171.91m，铜佛寺组，第 II 期
包裹体宿赋于切穿石英颗粒的成岩期后微裂隙面中，气液烃
包裹体，单偏光：淡黄色，（-）×50

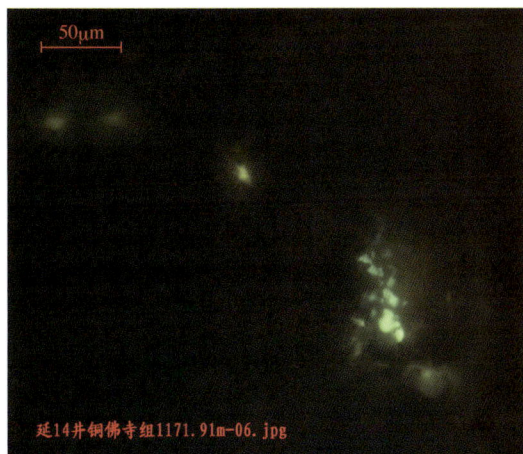

图版 IV.29　延 14 井，1171.91m，铜佛寺组，第 II 期
包裹体宿赋于切穿石英颗粒的成岩期后微裂隙面中，气液烃
包裹体，荧光：浅绿色，（+）×50

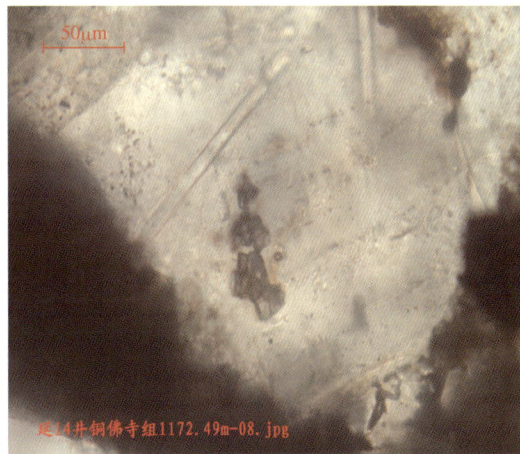

图版 IV.30　延 14 井，1172.49m，铜佛寺组，第 II 期
包裹体宿赋于溶蚀成因的长石中，液烃、气液烃包裹体，单
偏光：淡黄色，（-）×50

图版 IV.31　延 14 井，1172.49m，铜佛寺组，第 II 期
包裹体宿赋于溶蚀成因的长石中，液烃、气液烃包裹体，荧光：
黄绿色，（+）×50

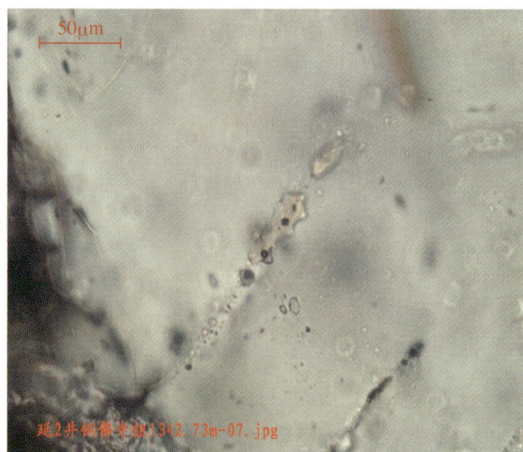

图版 IV.32　延 2 井，1342.73m，铜佛寺组，第 II 期
包裹体宿赋于切穿石英颗粒的成岩期后微裂隙中，气液烃包
裹体，单偏光：淡黄色，（-）×50

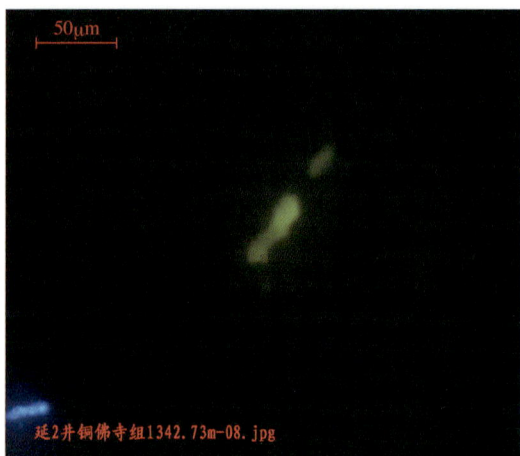

图版 IV.33　延 2 井，1342.73m，铜佛寺组，第 II 期
包裹体宿赋于切穿石英颗粒的成岩期后微裂隙中，气液烃包
裹体，荧光：黄绿色，（+）×50

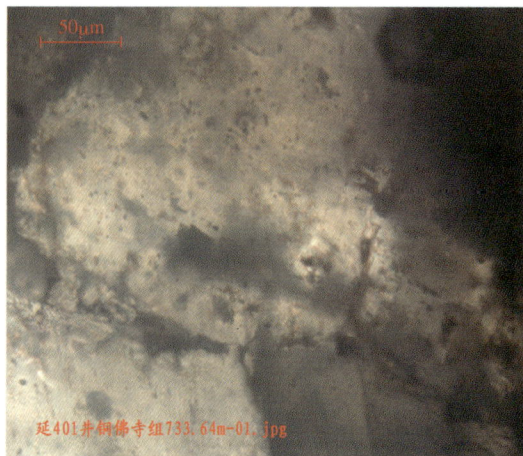

图版 IV.34　延 401 井，733.64m，铜佛寺组，第 II 期
包裹体宿赋于溶蚀成因的长石中，液烃、气液烃包裹体，单
偏光：淡黄色，（-）×50

图版 IV.35　延 401 井，733.64m，铜佛寺组，第 II 期
包裹体宿赋于溶蚀成因的长石中，液烃、气液烃包裹体，荧光：
绿色、黄色，（+）×50

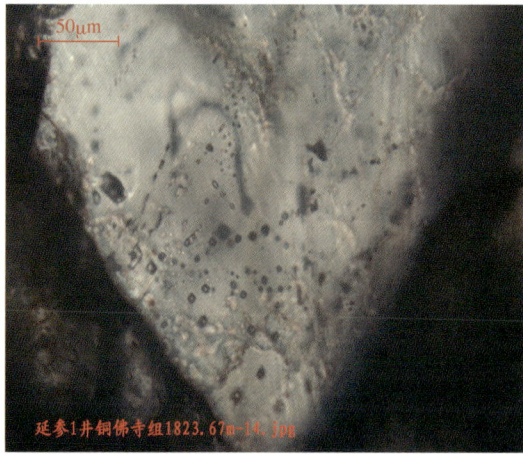

图版 IV.36　延参 1 井，1823.67m，铜佛寺组，第 II 期
包裹体宿赋于晚期亮晶方解石胶结物的次生微裂隙面中，气
烃包裹体，单偏光：深灰色，（-）×50

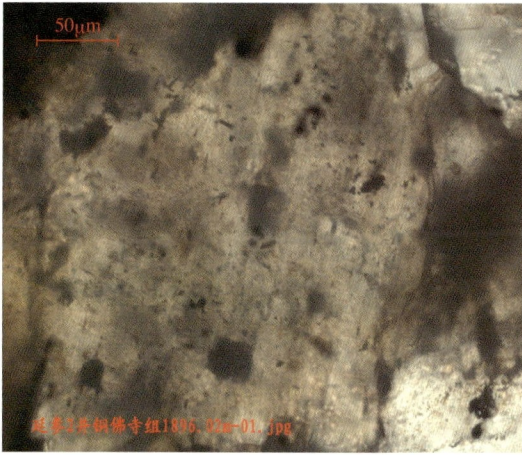

图版 IV.37　延参 2 井，1896.02m，铜佛寺组，第 II 期
包裹体宿赋于溶蚀成因的长石颗粒中，液烃、气液烃包裹体，
单偏光：淡黄色，（-）×50

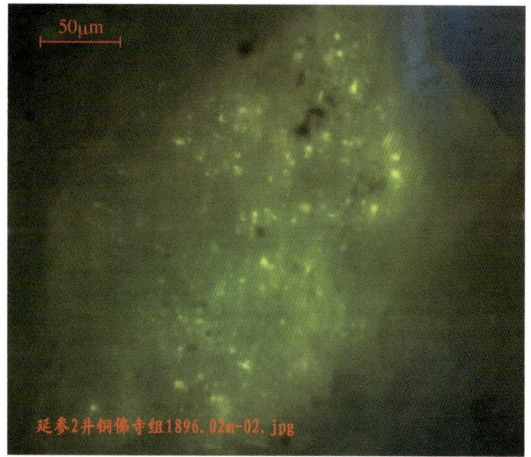

图版 IV.38　延参 2 井，1896.02m，铜佛寺组，第 II 期
包裹体宿赋于溶蚀成因的长石颗粒中，液烃、气液烃包裹体，
荧光：黄色，（+）×50

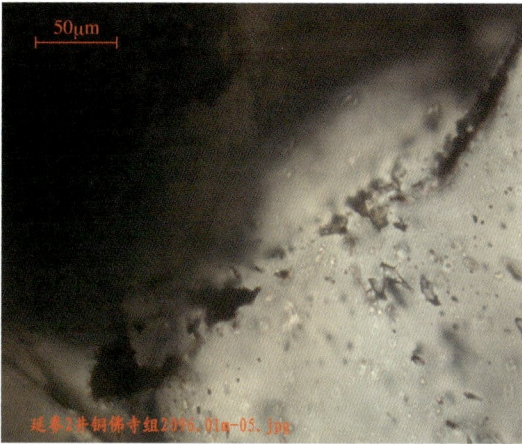

图版 IV.39　延参 2 井，2096.01m，铜佛寺组，第 II 期
包裹体宿赋于石英颗粒加大边的微裂隙中，气液烃包裹体，
单偏光：淡黄色，（-）×50

图版 IV.40　延参 2 井，2096.01m，铜佛寺组，第 II 期
包裹体宿赋于石英颗粒加大边的微裂隙中，气液烃包裹体，
荧光：绿色，（+）×50

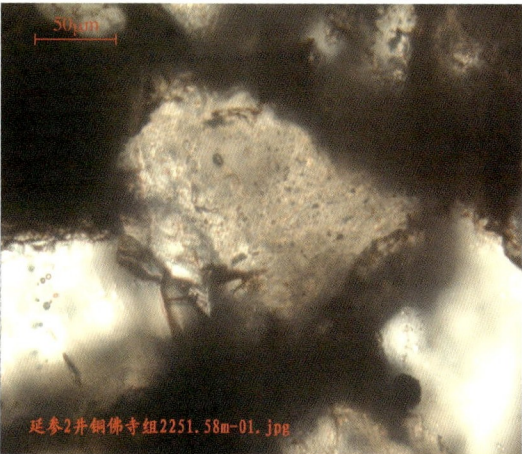

图版 IV.41　延参 2 井，2251.58m，铜佛寺组，第 II 期
包裹体宿赋于溶蚀成因的长石颗粒中，液烃、气液烃包裹体，
单偏光：淡黄色，（-）×50

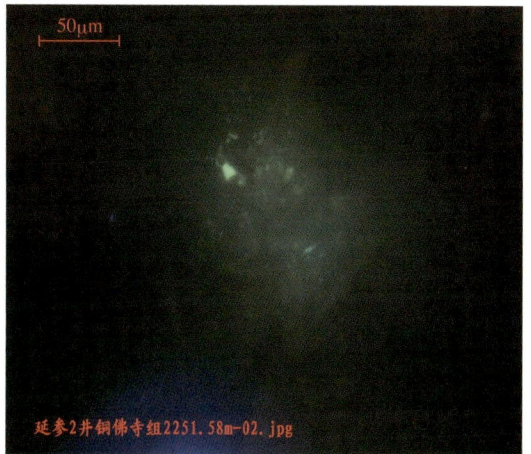

图版 IV.42　延参 2 井，2251.58m，铜佛寺组，第 II 期
包裹体宿赋于溶蚀成因的长石颗粒中，液烃、气液烃包裹体，
荧光：绿色，（+）×50